全国高等院校海岸和海洋工程专业研究生教材

波浪对海上建筑物的作用

Wave Action on Maritime Structures

（第3版）

(3rd Edition)

李玉成　滕斌　编著

海洋出版社

2015年·北京

图书在版编目（CIP）数据

波浪对海上建筑物的作用 / 李玉成，滕斌编著．
——北京：海洋出版社，2015.12（2018.5重印）

ISBN 978-7-5027-9295-4

Ⅰ．①波… Ⅱ．①李… ②滕…
Ⅲ．①波浪－作用－海洋建筑物－研究
Ⅳ．①TV139.2

中国版本图书馆 CIP 数据核字(2015)第 283747 号

责任编辑：赵　武
责任印制：赵麟苏

海洋出版社　出版发行

http://www.oceanpress.com.cn
北京市海淀区大慧寺路 8 号　邮编：100081
北京朝阳印刷厂有限责任公司印制
新华书店发行所经销
2015 年 12 月 第 3 版　2018 年 5 月北京第 4 次印刷
开本：787mm×1092mm　1/16　印张：19.5
字数：360 千字　定价：48.00 元
发行部：62147016　邮购部：68038093　总编室：62114335

海洋版图书印装错误可随时退换

序　言

近几十年以来，港口、海岸及海洋工程的发展极为迅速。波浪是海上建筑物所经受的最主要的动力荷载，是设计海上工程时所需考虑的关键因素。随着海上工程技术的发展，这方面的科学研究工作也得到了很大发展，然而迄今国内外，特别是国内，还很少有论著专门阐述波浪对海上建筑物的作用。

本书的目的旨在比较系统地介绍国内外学者在这方面的工作，特别是近期的新成果以及它们的实际应用。一方面将就所论述问题的理论基础、历史沿革、各国的研究成果作一个综合论述，以利读者对其有一个历史的全面了解，另一方面也着重叙述它们在工程上的实际应用方法。作者希望此书有助于读者在了解已有成果的基础上进行新的研究和探索，并有助于读者在工程实际中正确地理解和应用现有的研究成果。

近 20 年来，波浪理论、它的数值计算及模拟技术有了迅速的发展，在本书的第 1 至第 4 章就此作了比较全面的阐述。防波堤、开敞式码头、海堤及海上平台是目前国内最常见的海上建筑物。就其结构型式而言，它们分别属于直立堤、混成堤、斜坡堤，以及各种布置型式的柱状结构。由于结构型式的不同，建筑物前的波浪形态和波浪对建筑物的作用也各异。在本书的第 7、第 8 和第 9 章中讨论了波浪对直立堤（包括混成堤）、斜坡堤和柱状结构物的作用。此外，波浪在传播过程中的能量损失问题、波浪与水流的相互作用问题也是在海上工程问题中经常遇到而在文献中系统论述不多的问题。在本书第 5 章中对波浪传播过程中的能量损耗及遇障碍的反射量问题进行了论述。在第 6 章中对波浪与水流共同作用下的诸问题作了分析。同时，为了便于读者的理解和应用，在每章的最后部分均附有典型算例或思考题。

本书的第 1 至第 4 章由滕斌编写，第 5 至第 9 章由李玉成编写。

在本书的编写过程中得到了大连理工大学和各兄弟单位的大力支持及帮助，在此一并深致谢意。

最后，要说明的是本版是 2002 年第二版的修订版，在内容上做了些补充和修正。

作　者

2014 年 7 月 5 日

目　次

第1章　基本数学方程和近似方法

波浪与结构物相互作用的理论基础是流体力学与波浪理论。为此，简单地叙述一下理想流体力学的控制方程、波动问题所满足的自由水面和物面条件、水波问题的近似求解技术和水平海床上线性行波的简单特性，将会有助于问题的深入讨论。对于那些希望系统了解这些理论的读者可参考 Batchelor（1967），Paterson（1983），吴望一（1998），Johnson（1997），Crapper（1984），刘应中和缪国平（1991），邹志利(2005)等的著作。

1.1　理想流体的控制方程

在流体力学中一般有两种研究方法：一种是研究流体的质点在不同时刻所处的位置及其所具有的速度和加速度等运动要素的方法，称之为拉格朗日法（Lagrange method)；另一种是在空间中任意取一个定点，研究在不同时刻通过这个定点的不同流体质点所具有的速度和加速度的方法，称之为欧拉法（Euler method)。由于在实际问题中，常常只需要求得空间各点的运动情况及其随时间的变化规律，而不需要求出个别流体质点的运动过程，因此欧拉法在流体力学中得到了更广泛的应用。在本书中除单独指明外，均采用欧拉方法进行分析。

在重力水波与海洋工程结构物相互作用的问题中，水密度的变化通常可忽略不计，因此基本的流体质量守恒（mass conservation）和动量守恒（momentum conservation）定律为

$$\nabla \cdot \boldsymbol{u}=0 \tag{1.1}$$

$$\left(\frac{\partial}{\partial t}+\boldsymbol{u}\cdot\nabla\right)\boldsymbol{u}=-\nabla\left(\frac{p}{\rho}+gz\right)+\nu\,\nabla^2\boldsymbol{u} \tag{1.2}$$

式中：$\boldsymbol{u}(x,t)=(u,v,w)$为速度矢量；$p(x,t)$——压力；

ρ——密度；g——重力加速度；

ν——运动黏性系数（常数）；$\boldsymbol{x}=(x,y,z)$——坐标矢量；

z 轴铅垂向上。

(1.2）式称为耐维-斯托克斯（Navier-Stokes）方程。

定义涡量矢量 $\boldsymbol{\Omega}$ 为速度矢量的旋度

$$\boldsymbol{\Omega} = \nabla \times \boldsymbol{u} \tag{1.3}$$

它是当地转动速率的2倍。取（1.2）式的旋度，利用（1.1）式，可得

$$\left(\frac{\partial}{\partial t} + \boldsymbol{u}\cdot\nabla\right)\boldsymbol{\Omega} = \boldsymbol{\Omega}\cdot\nabla\,\boldsymbol{u} + \nu\,\nabla^2\boldsymbol{\Omega} \tag{1.4}$$

从物理上来看，这一方程意味着：跟随着运动流体的涡量的变化率分别由涡线的伸缩扭曲（右端第一项）、黏性扩散（右端第二项）产生。在水中，ν 值很小（$\sim 10^{-6}\mathrm{m}^2/\mathrm{s}$），除了在速度梯度很大和涡量很大的区域中以外，（1.4）式的末项可以忽略；也就是说，除了在很薄的边界层中以外，忽略黏性是良好的近似，这时（1.4）式变成

$$\left(\frac{\partial}{\partial t} + \boldsymbol{u}\cdot\nabla\right)\boldsymbol{\Omega} = \boldsymbol{\Omega}\cdot\nabla\,\boldsymbol{u} \tag{1.5}$$

以涡量矢量 $\boldsymbol{\Omega}$ 点乘（1.5）式，得到

$$\left(\frac{\partial}{\partial t} + \boldsymbol{u}\cdot\nabla\right)\frac{\boldsymbol{\Omega}^2}{2} = \boldsymbol{\Omega}^2\;\left[\boldsymbol{e}_{\boldsymbol{\Omega}}\cdot\;(\boldsymbol{e}_{\boldsymbol{\Omega}}\cdot\nabla\,\boldsymbol{u})\right] \tag{1.6}$$

其中 $\boldsymbol{e}_{\boldsymbol{\Omega}}$ 为沿 $\boldsymbol{\Omega}$ 方向的单位矢量。因为在有实际物理意义的场合下速度梯度是有限的，所以 $\boldsymbol{e}_{\boldsymbol{\Omega}}\cdot(e_{\Omega}\cdot\nabla\boldsymbol{u})$的最大值必定是有限值，我们设它为 $M/2$，跟随流体质点的 $\boldsymbol{\Omega}^2(\boldsymbol{x},t)$的大小不会超过$\boldsymbol{\Omega}^2(\boldsymbol{x},0)\mathrm{e}^{Mt}$。因此，如果 $t=0$ 时刻的涡量处处为0，则流动永远保持为无旋的。

$\boldsymbol{\Omega}=0$ 是一类重要的情形，相应的流动称作无旋流。对于无黏无旋流动来说，速度 $\boldsymbol{u}$ 可表示成标势——速度势 Φ（velocity potential）的梯度

$$\boldsymbol{u} = \nabla\,\Phi \tag{1.7}$$

于是，质量守恒要求速度势 Φ 满足拉普拉斯（Laplace）方程

$$\nabla^2\Phi = 0 \tag{1.8}$$

如果速度势已知，则可由动量方程式（1.2）求得压力场。

利用矢量恒等式

$$\boldsymbol{u}\cdot\nabla\,\boldsymbol{u} = \nabla\,\frac{\boldsymbol{u}^2}{2} - \boldsymbol{u}\times(\nabla\times\boldsymbol{u})$$

和无旋、无黏的假定，（1.2）式可改写成

$$\nabla\left[\frac{\partial\Phi}{\partial t} + \frac{1}{2}\;(\nabla\,\Phi\cdot\nabla\,\Phi)\right] = -\nabla\left(\frac{p}{\rho} + gz\right)$$

关于空间变量进行积分之后，得到

$$-\frac{p}{\rho} = gz + \frac{\partial\Phi}{\partial t} + \frac{1}{2}\,|\nabla\,\Phi|^2 + C(t) \tag{1.9}$$

其中$C(t)$为 t 的任意函数。一般可在不影响速度场的情况下重新定义 Φ，使$C(t)$为0。因此，不失一般性，可令(1.9)式中 $C(t)=0$,则有

$$-\frac{p}{\rho}=gz+\frac{\partial \Phi}{\partial t}+\frac{1}{2}|\nabla \Phi|^2 \tag{1.10}$$

（1.10）式或（1.9）式称为伯努利（Bernoulli）方程。（1.10）式右端的第一项 gz 为对 p 的流体静压贡献，而其余的项为对 p 的流体动压贡献。

1.2 水波问题的边界条件

在不可渗透的固体边界 S_b 上，如果流体运动不脱离物体表面而形成空隙的话，在固体表面的法线方向上，流体速度应等于固体的运动速度：

$$\frac{\partial \Phi}{\partial \boldsymbol{n}}=U_n \qquad (\text{在 } S_b \text{ 上}) \tag{1.11}$$

式中：$\boldsymbol{n}$——S_b 的单位法矢量；

U_n——物体表面在该点的法向运动速度。物面法线的方向在本书中以指出流体为正。在固定的固体边界 S_b 上，法向速度必须为 0，即

$$\frac{\partial \Phi}{\partial \boldsymbol{n}}=0 \qquad (\text{在 } S_b \text{ 上}) \tag{1.12}$$

把这个条件用于深度为 $d(x,y)$ 的海床底部，可把它写成为

$$\frac{\partial \Phi}{\partial z}=\frac{\partial \Phi}{\partial x}\frac{\partial d}{\partial x}+\frac{\partial \Phi}{\partial y}\frac{\partial d}{\partial y} \qquad [\text{在 } z=-d(x,y) \text{ 上}] \tag{1.13}$$

现在考虑与大气接界的自由面上的边界条件。设自由面的铅垂位移为 $\zeta(x,y,t)$，则自由面的方程为

$$F(\boldsymbol{x},t)=z-\zeta(x,y,t)=0 \tag{1.14}$$

令运动着的自由面上一几何点 $\boldsymbol{x}$ 的速度为 $\boldsymbol{q}$，经过短时间 $\mathrm{d}t$ 后，自由面的方程变为

$$F(\boldsymbol{x}+\boldsymbol{q}\mathrm{d}t,t+\mathrm{d}t)=F(\boldsymbol{x},t)+\left(\frac{\partial F}{\partial t}+\boldsymbol{q}\cdot\nabla F\right)\mathrm{d}t+O[(\mathrm{d}t)^2]=0 \tag{1.15}$$

利用（1.14）式后得到，对于任意的小 $\mathrm{d}t$ 有

$$\frac{\partial F}{\partial t}+\boldsymbol{q}\cdot\nabla F=0 \tag{1.16}$$

流体质点在自由面上并不是单独地运动的，而是要保持与邻近质点的连续性。考虑控制体积 ΔV_f，它是一个薄层，上表面为一小块自由面 ΔS_f，倘若 ΔV_f 中流体质点的法向速度与 ΔS_f 的法向速度不同，那么，

流体就得通过 ΔV_{f} 的底面以有限的速率损失或获得；由于 ΔS_{f} 是物质面，流体必须通过 ΔV_{f} 的侧缘以无限大的速度补充或流失，而这在物理上是不可能的。因此，自由面上流体的法向速度必定与自由面的法向速度相同，也就是说，自由面上的所有流体质点除了随自由面整体移动外，只能作切向移动，有

$$\boldsymbol{u}\cdot\nabla F/|\nabla F| = \boldsymbol{q}\cdot\nabla F/|\nabla F|$$

从而得到

$$\frac{\partial F}{\partial t} + \boldsymbol{u}\cdot\nabla F = 0 \tag{1.17}$$

它等价于

$$\frac{\partial \zeta}{\partial t} + \Phi_x\zeta_x + \Phi_y\zeta_y = \Phi_z \tag{1.18}$$

(1.17) 式或 (1.18) 式称作自由面上的运动学边界条件。显然，如果 $z=\zeta$ 是运动物体的不可穿透的表面，上述条件也是适用的。

上述运动学条件未涉及作用力，下面考虑与作用力有关的动力学条件。对于重力波与海洋结构物相互作用问题，所考虑波浪的波长很大，因而表面张力不起重要作用，紧接自由面之下处的压力必定等于自由面上的大气压力 p_{a} (通常取 $p_{\mathrm{a}}=\mathrm{const}=0$)，把伯努利方程应用到自由面上，得到

$$-\frac{p_{\mathrm{a}}}{\rho} = g\zeta + \frac{\partial \Phi}{\partial t} + \frac{1}{2}|\nabla \Phi|^2 \tag{1.19}$$

这就是自由面上的动力学边界条件。

取大气压强 $p_{\mathrm{a}}=0$，上式可写为

$$g\zeta + \frac{\partial \Phi}{\partial t} + \frac{1}{2}|\nabla \Phi|^2 = 0 \tag{1.20}$$

这一方程通常称为波面方程。

从上述的运动学和动力学方程中消去波面高度 ζ，可得到一个新的仅含速度势的自由水面条件为

$$\frac{\partial^2 \Phi}{\partial t^2} + g\frac{\partial \Phi}{\partial z} + \frac{\partial}{\partial t}|\nabla \Phi|^2 + \frac{1}{2}\nabla \Phi\cdot\nabla|\nabla \Phi|^2 = 0 \tag{1.21}$$

应当注意，在未知自由水面上的边界条件都是非线性的，且在未知的自由水面 $z=\zeta$ 上满足。正是自由面上边界条件 (1.18) 式和 (1.19) 式或 (1.20) 式的这些非线性性质成了求解水波问题的数学困难的根源。

还应指出，当海面之上的空气运动起重要作用时，大气压力不能事先规定；空气的运动一般是与水的运动相耦合的。事实上，空气与海水

的动量交换和能量交换是风场中产生表面波的关键因素，不过我们仅限于讨论较为局部化的问题，其中只涉及遥远的风暴所产生的波浪与结构物的作用问题。由于空气的密度远小于水的密度，且作用的区域较小，可以把空气的作用忽略不计。

1.3 小振幅波近似

上节推导的自由水面条件都是非线性的，且在未知的瞬时水面上满足。求解时通常采用级数展开方法，将边界条件按其小参数在平均边界上做近似展开，然后利用摄动方法建立各阶近似下的控制方程和边界条件，求得各阶近似下的近似解。

对于有限水深中运动的波浪，一般假定波陡 $\varepsilon = kA$（k 为波数，A 为波幅）较小。速度势、波面和流体压强可按波陡 ε 展开为

$$\left.\begin{aligned} \Phi &= \varepsilon\Phi^{(1)} + \varepsilon^2\Phi^{(2)} + O(\varepsilon^3) \\ \zeta &= \varepsilon\zeta^{(1)} + \varepsilon^2\zeta^{(2)} + O(\varepsilon^3) \\ p &= p^{(0)} + \varepsilon p^{(1)} + \varepsilon^2 p^{(2)} + O(\varepsilon^3) \end{aligned}\right\} \tag{1.22}$$

$\zeta^{(i)}$是水平坐标（x，y）和时间 t 的函数，而 $\Phi^{(i)}$是三维坐标（x，y，z）和时间 t 的函数。将速度势的展开式代入拉普拉斯方程可得到

$$\varepsilon\,\nabla^2\Phi^{(1)} + \varepsilon^2\,\nabla^2\Phi^{(2)} + O(\varepsilon^3) = 0 \tag{1.23}$$

因为无论当波陡为何值，拉普拉斯方程总能成立，各阶速度势也应满足拉普拉斯方程

$$\nabla^2\Phi^{(i)} = 0 \quad (i=1, 2, \cdots) \tag{1.24}$$

将速度势和压强的展开式（1.22）代入伯努利方程（1.10），可得到

$$-\frac{1}{\rho}(p^{(0)} + \varepsilon p^{(1)} + \varepsilon^2 p^{(2)}) = gz + \frac{\partial}{\partial t}(\varepsilon\Phi^{(1)} + \varepsilon^2\Phi^{(2)}) + \frac{\varepsilon^2}{2}\nabla\Phi^{(1)}\cdot\nabla\Phi^{(1)} + O(\varepsilon^3) \tag{1.25}$$

按波陡 ε 的阶数整理后，可得到不同阶数下流体压强的表达式为

$$\left.\begin{aligned} -\frac{1}{\rho}p^{(0)} &= gz \\ -\frac{1}{\rho}p^{(1)} &= \frac{\partial}{\partial t}\Phi^{(1)} \\ -\frac{1}{\rho}p^{(2)} &= \frac{\partial}{\partial t}\Phi^{(2)} + \frac{1}{2}\nabla\Phi^{(1)}\cdot\nabla\Phi^{(1)} \\ &\cdots \end{aligned}\right\} \tag{1.26}$$

将波面和速度势的摄动展开式代入自由水面边界条件，得到的自由

水面条件是在未知的瞬时水面 ζ 上满足的，应用起来十分不便。为了克服这一问题，我们应用泰勒（Taylor）级数展开方法，可得到在平均水面 $z=0$ 上满足的自由水面条件。

对于一个任意函数 $f(x, y, \zeta, t)$，可展开成泰勒级数为

$$f(x,y,\zeta,t)=f(x,y,0,t)+\zeta\frac{\partial f}{\partial z}(x,y,0,t)+\frac{\zeta^2}{2}\frac{\partial^2 f}{\partial z^2}(x,y,0,t)+\cdots$$

这样,自由水面条件(1.21)式可近似为

$$(\varepsilon\Phi_{tt}^{(1)}+\varepsilon^2\Phi_{tt}^{(2)}+\varepsilon^2\zeta^{(1)}\Phi_{ttz}^{(1)})+g(\varepsilon\Phi_z^{(1)}+\varepsilon^2\Phi_z^{(2)}+\varepsilon^2\zeta^{(1)}\Phi_{zz}^{(1)})$$
$$+\varepsilon^2\frac{\partial}{\partial t}(\nabla\Phi^{(1)}\cdot\nabla\Phi^{(1)})+O(\varepsilon^3)=0\quad(\text{在 } z=0 \text{ 上})\tag{1.27}$$

整理后可得一阶近似下的自由水面边界条件为

$$\Phi_{tt}^{(1)}+g\Phi_z^{(1)}=0\quad(\text{在 } z=0 \text{ 上})\tag{1.28}$$

二阶近似下的自由水面边界条件为

$$\Phi_{tt}^{(2)}+g\Phi_z^{(2)}=-\zeta^{(1)}\Phi_{ttz}^{(1)}-g\zeta^{(1)}\Phi_{zz}^{(1)}$$
$$-\frac{\partial}{\partial t}(\nabla\Phi^{(1)}\cdot\nabla\Phi^{(1)})\quad(\text{在 } z=0 \text{ 上})\tag{1.29}$$

$$\cdots$$

类似地，波面方程式（1.20）可近似为

$$g(\varepsilon\zeta^{(1)}+\varepsilon^2\zeta^{(2)})+(\varepsilon\Phi_t^{(1)}+\varepsilon^2\Phi_t^{(2)}+\varepsilon^2\zeta_{tz}^{(1)}\Phi_{tz}^{(1)})$$
$$+\varepsilon^2\frac{1}{2}(\nabla\Phi^{(1)}\cdot\nabla\Phi^{(1)})+O(\varepsilon^3)=0$$
$$(\text{在 } z=0 \text{ 上})\tag{1.30}$$

整理后可得一阶近似下的波面高度为

$$\zeta^{(1)}=-\frac{1}{g}\Phi_t^{(1)}\Big|_{z=0}\tag{1.31}$$

二阶近似下的波面高度为

$$\zeta^{(2)}=-\frac{1}{g}\left[\Phi_t^{(2)}+\zeta^{(1)}\Phi_{tz}^{(1)}+\frac{1}{2}\nabla\Phi^{(1)}\cdot\nabla\Phi^{(1)}\right]_{z=0}\tag{1.32}$$

对于在物体表面上满足的物面条件（1.11）式，对固定物体该物面是已知的，该条件是十分简单的；对于运动物体，该条件是在瞬时物体表面上满足的。对于漂浮的、受波浪作用而产生运动响应的物体的表面，该表面的瞬时位置是未知的，与自由水面上边界条件的处理方法相同，需要应用泰勒级数展开的方法，求得在平均物面上满足的近似物面条件。对于以平动运动矢量为 $\boldsymbol{\Xi}$（Ξ_1，Ξ_2，Ξ_3），转动运动矢量为 $\mathbf{A}$（A_1，A_2，A_3）运动的物体，其一阶近似下的物面条件可写为一阶运动分量的时间导数的表达式为

$$\frac{\partial \Phi^{(1)}}{\partial n}=\dot{\boldsymbol{\Xi}}^{(1)}\cdot \boldsymbol{n}+\dot{\boldsymbol{A}}^{(1)}\cdot[(\boldsymbol{x}-\boldsymbol{x}_0)\times \boldsymbol{n}] \quad (\text{在 } S_{\mathrm{m}} \text{上}) \tag{1.33}$$

式中：S_{m}——物体表面的平均位置；

$\boldsymbol{x}_0$——物体的转动中心。

关于物面条件的详细推导，我们留在第3章中讲述。

根据一阶近似下的控制方程和边界条件，可以求得一阶近似下的线性近似解。线性解是最简单而实际中应用最广泛的形式，也是本书介绍的重点。求得了一阶解后，代入（1.29）式可求得二阶解的边界条件，从而求得二阶近似解。

1.4 等水深中的线性行进波

我们考虑线性近似下在等水深 d 中传播的立面二维行进波问题，并且讨论频率为 ω 的简谐运动。由于问题是线性的，波面 $\zeta(x,t)$，$\Phi(x,z,t)$ 和波压力 $P(x,z,t)$ 等物理量将都是频率为 ω 的简谐函数。这样，我们可分离出时间因子 $\mathrm{e}^{-\mathrm{i}\omega t}$：

$$\left.\begin{aligned}\zeta&=\mathrm{Re}[\eta(x)\mathrm{e}^{-\mathrm{i}\omega t}]\\ \Phi&=\mathrm{Re}[\phi(x,z)\mathrm{e}^{-\mathrm{i}\omega t}]\\ P&=\mathrm{Re}[p(x,z)\mathrm{e}^{-\mathrm{i}\omega t}]\end{aligned}\right\} \tag{1.34}$$

当仅考虑线性问题时，为了书写简单，在本节及以后的各章中将忽略摄动展开阶数的上标标记。对于复速度势 $\phi(x,z)$ 和波面 $\eta(x)$，线性化的控制方程和边界条件可写为

$$\nabla^2\phi=0 \quad (-d<z<0) \tag{1.35}$$

$$\frac{\partial \phi}{\partial z}=0 \quad (z=-d) \tag{1.36}$$

$$\frac{\partial \phi}{\partial z}=\frac{\omega^2}{g}\phi \quad (z=0) \tag{1.37}$$

$$\eta=\frac{\mathrm{i}\omega}{g}\phi\Big|_{z=0} \tag{1.38}$$

对于波面为

$$\eta(x)=A\mathrm{e}^{\mathrm{i}kx} \tag{1.39}$$

的右行波，式中 A 为波浪幅值，一般为复数，为简便本书取入射波的初相位为0，这样A为实数。应用分离变量法（见2.1节）容易求得满足（1.35）式和（1.36）式的解为

$$\phi=B\cosh k(z+d)\mathrm{e}^{\mathrm{i}kx} \tag{1.40}$$

由（1.38）式得

$$B=-\frac{\mathrm{i}gA}{\omega}\frac{1}{\cosh kd}$$

由（1.37）式得波浪频率与波数 k 的关系为

$$\omega^2=gk\tanh kd \tag{1.41}$$

从而有

$$\phi=-\frac{\mathrm{i}gA}{\omega}\frac{\cosh k(z+d)}{\cosh kd}\mathrm{e}^{\mathrm{i}kx} \tag{1.42}$$

由上述可见，对一给定的频率 ω，行波一定有由（1.41）式确定的恰当的波数。

水面波与声波等的不同之处也在于水波频率与波数之间有复杂的关系（1.41）式。把它写成无量纲形式

$$\omega^2 d/gkd=\tanh kd$$

并绘制上式左右两部分与无量纲波数 kd 的变化关系（图1.1）。从图中可以看到，两曲线只有一处相交，即方程的解是惟一的。

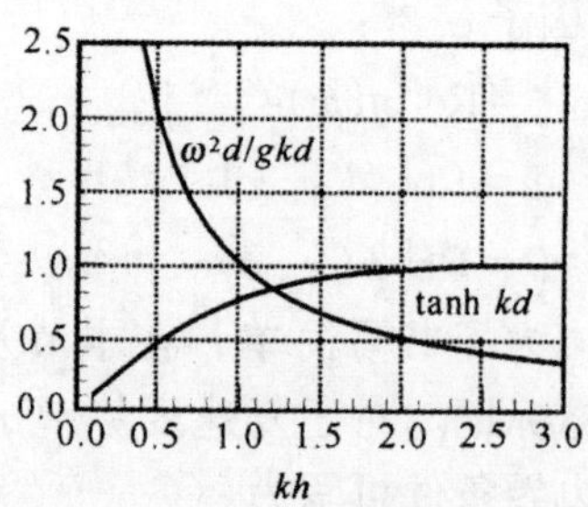

图1.1 （1.41）式单根的示意图（$\omega^2 d/g=1$）

一般情况下是已知波浪频率（或周期），利用色散关系（1.41）式计算波数（或波长），在有限水深条件下必须采用迭代方法求解。为了加快计算速度，可以先给定波数，计算出波浪频率，从而建立起波浪频率与波数间的关系，再通过拟合方式找到无因次波数kd与无因次波浪频率 $\omega^2 d/g$ 间的近似关系，从而可以由波浪频率直接求得波数。Hunt（1979）利用分数函数做了拟合，得到了下述6位精度拟合计算公式

$$(kd)^2=y^2+\frac{y}{1+\sum_{n=1}^{6}C_n y^n}$$

式中 $y=\omega^2 d/g$，$C_1=0.66\dot{6}$，$C_2=0.35\dot{5}$，$C_3=0.1608465608$，$C_4=$

0.0632098765，$C_5=0.0217540484$，$C_6=0.0065407983$。

波浪运动的相速度为

$$C=\frac{\omega}{k}=\left(\frac{g}{k}\tanh kd\right)^{1/2} \tag{1.43}$$

在同样的深度下，较长的波浪具有较快的传播速度。对于具有连续谱密度的傅里叶（Fourier）叠加的随机波列，随着时间的推移，波浪在传播过程中，较长的波将领先于较短的波，这种不同频率的波以不同的速度行进从而导致波的分散的现象称作色散（弥散），而（1.41）式称作色散或弥散方程（dispersion equation）。

由线性化的压力方程（1.26）式求得一阶动压力为

$$\frac{p}{\rho}=\mathrm{i}\omega\phi=gA\frac{\cosh k(z+d)}{\cosh kd}\mathrm{e}^{\mathrm{i}kx}=g\eta\frac{\cosh k(z+d)}{\cosh kd} \tag{1.44}$$

速度场为

$$u=\frac{\partial\phi}{\partial x}=\frac{gkA}{\omega}\frac{\cosh k(z+d)}{\cosh kd}\mathrm{e}^{\mathrm{i}kx} \tag{1.45}$$

$$w=\frac{\partial\phi}{\partial z}=-\frac{\mathrm{i}kgA}{\omega}\frac{\sinh k(z+d)}{\cosh kd}\mathrm{e}^{\mathrm{i}kx} \tag{1.46}$$

由此可见，流体速度和动压力随深度减小，水平方向和铅垂方向速度的相位差为90°，在有限水深下水质点的轨迹是椭圆的，越往深处，此种椭圆越小。

1.5 波能量、波能流和群速度

波浪运动中的波能量可分为动能和势能两个部分。对于常深度水中行进波波列，水平面单位面积上的动能，在一个波浪周期内的平均值为

$$K.E.=\overline{\frac{\rho}{2}\int_{-d}^{\zeta}|\boldsymbol{u}(\boldsymbol{x},t)|^2\mathrm{d}z} \tag{1.47}$$

近似到二阶波陡 $O(\varepsilon^2)$ 时，上式可近似写为

$$K.E.=\overline{\frac{\rho}{2}\int_{-d}^{0}|\boldsymbol{u}(\boldsymbol{x},t)|^2\mathrm{d}z}+O(\varepsilon^3) \tag{1.48}$$

这里积分上限换成了 $z=0$，$\boldsymbol{u}$ 可用一阶线性结果来作近似。为了计算两正弦函数乘积的时均值，以及以后求解二阶问题，下述的复数乘积公式是十分有用的。若

$$a=\mathrm{Re}\left[A\mathrm{e}^{-\mathrm{i}\omega t}\right],\quad b=\mathrm{Re}\left[B\mathrm{e}^{-\mathrm{i}\omega t}\right]$$

式中：A，B——复变量，则

$$ab=\frac{1}{2}\mathrm{Re}[AB\mathrm{e}^{-2\mathrm{i}\omega t}]+\frac{1}{2}\mathrm{Re}[AB^{*}] \tag{1.49}$$

式中上标＊表示共轭复数。利用（1.49）式，（1.48）式可写为

$$K.E.=\frac{\rho}{4}\int_{-d}^{0}(\mathrm{Re}[uu^{*}]+\mathrm{Re}[ww^{*}])\mathrm{d}z \tag{1.50}$$

将（1.45）式和（1.46）式表示的水平和垂向速度代入上式，对 z 积分并利用色散关系式（1.41）后可得

$$K.E.=\frac{\rho}{4}\left(\frac{gkA}{\omega}\right)^{2}\int_{-d}^{0}\frac{\cosh^{2}k(z+d)+\sinh^{2}k(z+d)}{\cosh^{2}kd}\mathrm{d}z=\frac{1}{4}\rho gA^{2} \tag{1.51}$$

另一方面，由波动产生的单位水面上一个周期内的平均势能为

$$P.E.=\overline{\int_{-d}^{\zeta}\rho gz\mathrm{d}z}-\int_{-d}^{0}\rho gz\mathrm{d}z=\frac{1}{2}\rho g\,\overline{\zeta^{2}}=\frac{1}{4}\rho gA^{2} \tag{1.52}$$

于是总的波能量为

$$E=K.E.+P.E.=\frac{1}{2}\rho gA^{2} \tag{1.53}$$

注意，动能与势能是相等的。

现在考虑沿着波峰的单位宽度的铅垂截面。通过这一截面的波能流速率等于波浪动压力做功的平均速率：

$$F=\overline{\int_{-d}^{\zeta}\boldsymbol{P}(\boldsymbol{x},t)\boldsymbol{U}(\boldsymbol{x},t)\mathrm{d}z}=-\overline{\int_{-d}^{\zeta}\rho\left(gz+\Phi_{t}+\frac{1}{2}\nabla\Phi\cdot\nabla\Phi\right)\Phi_{x}\mathrm{d}z}$$

$$\approx-\rho\int_{-d}^{0}\overline{\Phi_{t}\Phi_{x}}\mathrm{d}z=-\frac{\rho\omega}{2}\mathrm{Im}\int_{-d}^{0}[\phi\phi_{x}^{*}]\mathrm{d}z \tag{1.54}$$

代入速度势的线性表达式，由上式可算得

$$F=\frac{1}{2}\rho gA^{2}C\left[\frac{1}{2}\left(1+\frac{2kd}{\sinh 2kd}\right)\right] \tag{1.55}$$

定义

$$n=\frac{1}{2}\left(1+\frac{2kd}{\sinh 2kd}\right) \tag{1.56}$$

$$C_{\mathrm{g}}=Cn \tag{1.57}$$

为波浪的群速度。由上式可见它具有能量输运速度这一动力学意义，即

波能是以波群速度传播的。(1.55)式的另一种解释是波浪运动时波浪的部分能量以波浪的相速度向前传播。

作为一种应用，我们考虑一个单位宽度的波浪水槽，在其一端产生正弦波。造波机启动一段时间 t 后，在造波机与 $C_g t$ 之间可形成稳定的波列，而在 $C_g t$ 与 Ct 之间，虽然波形已传到那里，但波形不能充分发展形成稳定的波列。

【思考题】

(1) 为什么常对自由水面条件做线性近似?

(2) 两个同频率振荡的简谐函数的乘积包含哪些频率的分量?

参考文献

1 Batchelor G.K. An Introduction to Fluid Dynamics. Cambridge University Press, London, 1967

2 Crapper G.D. Introduction to Water Waves. Prentice Hall, 1984

3 Hunt JN. Direct solution of wave dispersion equation, Jour. of Waterway, Port, Coastal and Ocean Engineering, ASCE, 4, 457-459, 1979.

4 Johnson R.S. A Modern Introduction to the Mathematical Theory of Water Waves. Cambridge University Press, 1977

5 Paterson A. R. A First Course in Fluid Dynamics. Cambridge University Press, 1983

6 刘应中，缪国平. 海洋工程水动力学基础. 北京：海洋出版社，1991

7 梅强中. 水波动力学. 北京：科学出版社，1984

8 吴望一. 流体力学. 北京：北京大学出版社，1998

9 邹志利. 水波理论及其应用. 北京：科学出版社，2005

第2章 波浪与二维物体作用的频域解

在海岸工程中，许多结构物（如防波堤等）的某一水平尺度较其他尺度相比很大，严格按照波浪与三维物体作用的求解往往十分复杂且成本很高。对于这些问题，通常可简化为波浪与二维结构物的相互作用问题，并得到很好的近似。在数学上二维解的表达形式较为简单，更能够直接、深入地反映出所研究问题的物理特性和内部机理。另外，它也是研究波浪与三维结构物相互作用的基础。

2.1 二维直角坐标系中拉普拉斯方程的分离变量法

由前章的推导知道，当忽略水体的黏性和可压缩性时，波浪与结构物的相互作用问题可归结为满足一定边界条件和初始条件的拉普拉斯方程的求解问题。对于规则波浪与结构物的相互作用问题，当除掉时间变动项后，可看作拉普拉斯方程边值问题的求解。对于水平海床上的波浪与结构物的作用问题，分离变量法通常是求解其控制方程——拉普拉斯方程的有效手段。

对于线性周期性运动的波动问题，我们可分离出其时间因子，将速度势表示为

$$\Phi(x,z,t)=\mathrm{Re}[\phi(x,z)\mathrm{e}^{-\mathrm{i}\omega t}] \tag{2.1}$$

式中：ω——波浪运动的角频率；

$\phi(x)$——只取决于空间坐标的复速度势；

Re——表示取实部。

复速度势仍满足拉普拉斯方程，在二维直角坐标系 oxz 中可写为

$$\frac{\partial^2\phi(x,z)}{\partial x^2}+\frac{\partial^2\phi(x,z)}{\partial z^2}=0 \tag{2.2}$$

应用分离变量法，可将该方程的解的形式写为

$$\phi(x,z)=X(x)Z(z) \tag{2.3}$$

将上式代入（2.2）式得到

$$\frac{\partial^2 X(x)}{\partial x^2}Z(z)+X(x)\frac{\partial^2 Z(z)}{\partial z^2}=0$$

或者

$$\frac{1}{X(x)}\frac{\partial^2 X(x)}{\partial x^2}=-\frac{1}{Z(z)}\frac{\partial^2 Z(z)}{\partial z^2} \tag{2.4}$$

明显地，上式左边只是 x 的函数，而右边只是 z 的函数，而 x 和 z 是两个独立的变量。这样，它们只能等于某一常数 λ。解的最终形式由常数 λ 的符号所决定。

(1) 若 $\lambda<0$，令 $\lambda=-k^2$，这时（2.1.4）式等价于下列两个常微分方程：

$$\left.\begin{aligned}X''(x)+k^2X(x)=0\\ Z''(z)-k^2Z(z)=0\end{aligned}\right\} \tag{2.5}$$

由此可得 x 和 z 方向的特征函数为

$$\left.\begin{aligned}X(x)=A\mathrm{e}^{\mathrm{i}kx}+B\mathrm{e}^{-\mathrm{i}kx}\\ Z(z)=C\mathrm{e}^{kz}+D\mathrm{e}^{-kz}\end{aligned}\right\} \tag{2.6}$$

(2) 若 $\lambda=0$，这时（2.4）式等价于下列两个常微分方程：

$$\left.\begin{aligned}X''(x)=0\\ Z''(z)=0\end{aligned}\right\} \tag{2.7}$$

由此可得 x 和 z 方向的特征函数为

$$\left.\begin{aligned}X(x)=A+Bx\\ Z(z)=C+Dz\end{aligned}\right\} \tag{2.8}$$

(3) 若 $\lambda>0$，令 $\lambda=\kappa^2$，这时（2.4）式等价于下列两个常微分方程：

$$\left.\begin{aligned}X''(x)-\kappa^2X(x)=0\\ Z''(z)+\kappa^2Z(z)=0\end{aligned}\right\} \tag{2.9}$$

由此可得 x 和 z 方向的特征函数为

$$\left.\begin{aligned}X(x)=A\mathrm{e}^{\kappa x}+B\mathrm{e}^{-\kappa x}\\ Z(z)=C\mathrm{e}^{\mathrm{i}\kappa z}+D\mathrm{e}^{-\mathrm{i}\kappa z}\end{aligned}\right\} \tag{2.10}$$

将上述 3 组解分别代入（2.3）式，拉普拉斯方程的基本解可分别表示为

$$\phi(x,z)=\begin{cases}(A_1\mathrm{e}^{\mathrm{i}kx}+B_1\mathrm{e}^{-\mathrm{i}kx})(C_1\mathrm{e}^{kz}+D_1\mathrm{e}^{-kz})\\ (A_2+B_2x)(C_2+D_2z)\\ (A_3\mathrm{e}^{\kappa x}+B_3\mathrm{e}^{-\kappa x})(C_3\mathrm{e}^{\mathrm{i}\kappa z}+D_3\mathrm{e}^{-\mathrm{i}\kappa z})\end{cases} \tag{2.11}$$

由于拉普拉斯方程的线性性质，上述基本解的线性叠加仍为拉普拉斯方程的解。通解中的系数 A_i，B_i，C_i，D_i 和特征值 k 和 κ 需通过边界条件而确定。

考虑水深 d 中，满足线性自由水面条件

$$\phi_z(x,z)=\frac{\omega^2}{g}\phi(x,z)\quad（在 z=0 上）\tag{2.12}$$

和水底条件

$$\phi_z(x,z)=0\qquad（在 z=-d 上）\tag{2.13}$$

的水波问题，取$\cosh k(z+d)$和 $\sinh k(z+d)$为(2.6)式的垂向特征函数，$\cos\kappa(z+d)$和 $\sin\kappa(z+d)$为(2.10) 式的垂向特征函数，对问题的求解将更为方便。这样 (2.11) 式可写为

$$\phi(x,z)=\begin{cases}(A_1e^{ikx}+B_1e^{-ikx})[C_1\cosh k(z+d)+D_1\sinh k(z+d)]\\(A_2+B_2x)(C_2+D_2z)\\(A_3e^{\kappa x}+B_3e^{-\kappa x})[C_3\cos\kappa(z+d)+D_3\sin\kappa(z+d)]\end{cases}\tag{2.14}$$

代入水底边界条件可得到

$$\left.\begin{aligned}(A_1e^{ikx}+B_1e^{-ikx})kD_1=0\\(A_2+B_2x)D_2=0\\(A_3e^{\kappa x}+B_3e^{-\kappa x})\kappa D_3=0\end{aligned}\right\}\tag{2.15}$$

由于 x 的函数部分不总是为 0，由此可得

$$D_1=D_2=D_3=0\tag{2.16}$$

将 (2.14) 式代入自由水面条件 (2.12) 式后可得

$$(A_1e^{ikx}+B_1e^{-ikx})(k\sinh kd-\frac{\omega^2}{g}\cosh kd)=0\tag{2.17a}$$

$$-(A_2+B_2x)\frac{\omega^2}{g}C_2=0\tag{2.17b}$$

$$(A_3e^{\kappa x}+B_3e^{-\kappa x})(-\kappa\sinh\kappa d-\frac{\omega^2}{g}\cosh\kappa d)=0\tag{2.17c}$$

由 (2.17a) 式得到确定特征值 k 的方程式为

$$\omega^2=gk\tanh kd\tag{2.18}$$

由 (2.17b) 式得到

$$C_2=0\tag{2.19}$$

由 (2.17c) 式得到

$$\omega^2=-g\kappa\tan\kappa d\tag{2.20}$$

(2.18) 式即为波浪的弥散方程，对于给定的波浪频率，仅有一个对应的波数。(2.20) 式经变换后可做成图 2.1，图中曲线的交点即为方程的解。从图中可以看到，由于三角函数

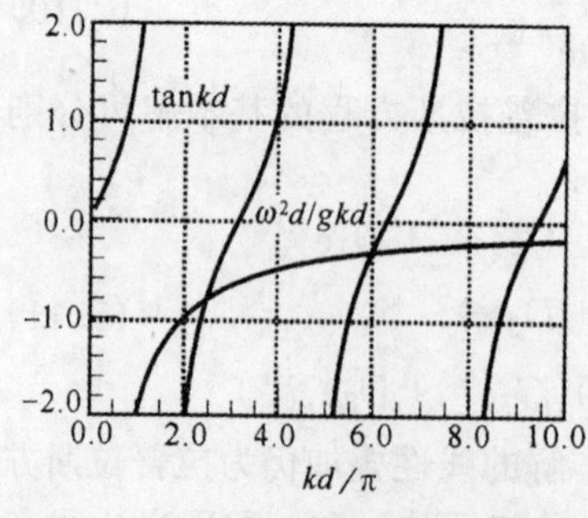

图 2.1　(2.20)式多根示意图
($\omega^2d/g=2$)

tan κd 的周期性，方程的解有无穷多个。

将所有的解线性叠加，并与时间因子 $e^{-i\omega t}$ 相乘后，可得到

$$\Phi(x,t) = \mathrm{Re}\left[\begin{array}{l}(A_0 e^{i(k_0 x-\omega t)} + B_0 e^{-i(k_0 x+\omega t)})Z_0(k_0 z) \\ + \sum_{m=1}^{\infty}(A_m e^{k_m x} + B_m e^{-k_m x})Z_m(k_m z)e^{-i\omega t}\end{array}\right] \tag{2.21}$$

式中：$k_0 = k$；

$k_m = \kappa_m (m = 1,2,3,\cdots)$；

$Z_0(k_0 z) = \cosh k_0(z+d)/\cosh k_0 d$；

$Z_m(k_m z) = \cos k_m(z+d)/\cos k_m d$。

式中的第一项对应着向右传播的传播波浪（propagating waves），第二项对应于向左传播的传播波浪，第三项对应于振幅随 $-x$ 方向离开而衰减的非传播模态（evanescent modes），而第四项对应于振幅随 x 方向的离开而衰减的非传播模态。方程中的系数 $A_m, B_m (m = 0,1,2,\cdots)$ 需通过具体问题而确定。

由斯特姆-刘维尔（Stum-Liouville）本征值问题的特性可知，垂向特征函数 Z_m（$k_m z$）满足正交关系

$$\int_{-d}^{0} Z_m(k_m z) Z_n(k_n z) \mathrm{d}z = 0 \quad (m \neq n) \tag{2.22}$$

而自身平方的垂向积分为

$$N_0 = \int_{-d}^{0} Z_0^2(k_0 z)\mathrm{d}z = \frac{1}{\cosh^2 k_0 d}\left(\frac{d}{2} + \frac{\sinh 2k_0 d}{4k_0}\right)$$

$$N_m = \int_{-d}^{0} Z_m^2(k_m z)\mathrm{d}z = \frac{1}{\cos^2 k_m d}\left(\frac{d}{2} + \frac{\sin 2k_m d}{4k_m}\right) \quad (m = 1,\ 2,\ \cdots) \tag{2.23}$$

垂向特征函数的正交特性对确定速度势（2.21）式中的展开系数 A_m 和 B_m 是十分重要的，在以后的讨论中我们将经常应用这一性质来求解各种问题。

2.2 直墙前波浪的反射

波浪在传播过程中常遇到不同类型的建筑物，受到这些物体的作用将发生反射（reflection）和透射（transmission）等现象，这些复杂现象的出现将改变原来波浪的运动性质。

当行进波浪遇到二维无限长的直墙式建筑物时将发生反射现象。斜

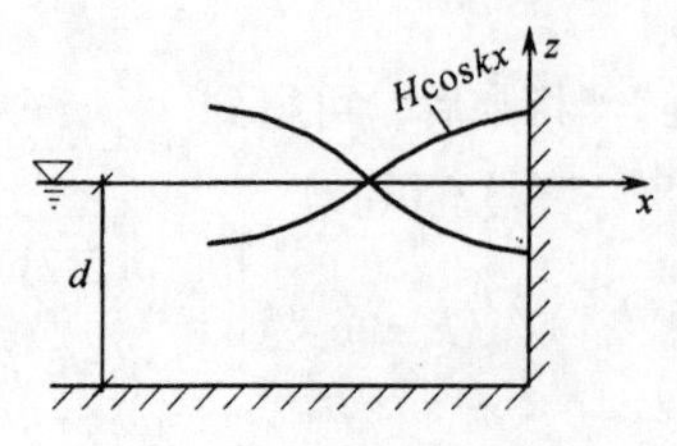

图2.2　直墙前波浪的反射

向入射的波浪，反射角应等于入射角；正向入射波遇到直墙后，反射波与入射波的传播方向相反，构成一个简单的立面二维问题。

我们先考虑一右行入射波遇到直墙后发生正反射的问题。将速度势分解为向右传播的入射势$\phi_i(x,z)$和向左传播的反射势$\phi_r(x,z)$。坐标系如图2.2所示。对于入射波形为

$$\eta_i(x)=\frac{H}{2}e^{ikx} \tag{2.24}$$

的波列，入射势可写为

$$\phi_i(x,z)=-\frac{igH}{\omega\ 2}\frac{\cosh k(z+d)}{\cosh kd}e^{ikx} \tag{2.25}$$

反射势满足拉普拉斯控制方程和下述的边界条件：

（1）自由水面条件

$$\frac{\partial\phi_r(x,z)}{\partial z}=\frac{\omega^2}{g}\phi_r(x,z)\quad（在\ z=0\ 上） \tag{2.26}$$

（2）水底条件

$$\frac{\partial\phi_r(x,z)}{\partial z}=0\quad（在\ z=-d\ 上） \tag{2.27}$$

（3）直墙上的物面条件

$$\frac{\partial\phi_r(x,z)}{\partial x}=-\frac{\partial\phi_i(x,z)}{\partial x}\quad（在\ x=0\ 上） \tag{2.28}$$

（4）反射波向左传播的无穷远条件

$$\frac{\partial\phi_r(x,z)}{\partial x}=-ik\phi_r(x,z)\quad（在\ x=-\infty） \tag{2.29}$$

根据上述边界条件和垂向特征函数的正交关系，可证明反射势将仅包括传播模态，写为

$$\phi_r(x,z)=-\frac{igH}{\omega\ 2}R\frac{\cosh k(z+d)}{\cosh kd}e^{-ikx} \tag{2.30}$$

应用直墙上流体水平速度为0的物面条件（2.28）式，可求得$R=1$，反射系数$K_r=|R|=1$。这样总的速度势为

$$\phi(x,z)=\phi_i(x,z)+\phi_r(x,z)=-\frac{ig}{\omega}H\frac{\cosh k(z+d)}{\cosh kd}\cos kx \tag{2.31}$$

入射波与反射波叠加后的波面为

$$\eta(x)=\frac{i\omega}{g}\phi(x)\big|_{z=0}=H\cos kx \tag{2.32}$$

乘上时间因子后的波面方程为

$$\zeta(x,t)=\mathrm{Re}[H\cos kx\ \mathrm{e}^{-\mathrm{i}\omega t}]=H\cos kx\cos\omega t \tag{2.33}$$

这是一个振幅为 $H\cos kx$，不向任何方向传播的波浪，称为立波。图 2.2 给出了波面振动的包络曲线。在 $kx=-n\pi\ (n=0,1,3,\cdots)$ 处，波动幅值为最大且等于 H（波高为 $2H$），该点称为波腹；在 $kx=-(2n+1)\pi/2\ (n=0,1,2,\cdots)$ 处，幅值为0，该点称为波节。流体中的动水压强可由一阶近似下的伯努利方程确定为

$$p(x,z)=\mathrm{i}\omega\rho\phi(x,z)=\rho g H\frac{\cosh k(z+d)}{\cosh kd}\cos kx \tag{2.34}$$

图 2.3 为波浪压力沿水深的分布。从中可以看到，在长波作用下，直墙上压力的分布较为均匀，而在短波作用下，直墙上的波压力随水深的增加而快速地减小。

直墙上单位长度上的波浪作用力可通过压力积分求得：

$$f=\int_{-d}^{\eta}p(0,z)\mathrm{d}z=\int_{-d}^{0}\rho g H\frac{\cosh k(z+d)}{\cosh kd}\mathrm{d}z+O(\varepsilon^2) \tag{2.35}$$

$$\approx\frac{\rho gH}{k}\tanh kd$$

图 2.4 给出了无因次波浪力 $f/\rho gHd$ 随波数的分布。从图中可以看到在长波作用下，直墙上的总压力较大，而短波作用下直墙上的总波压力较小。

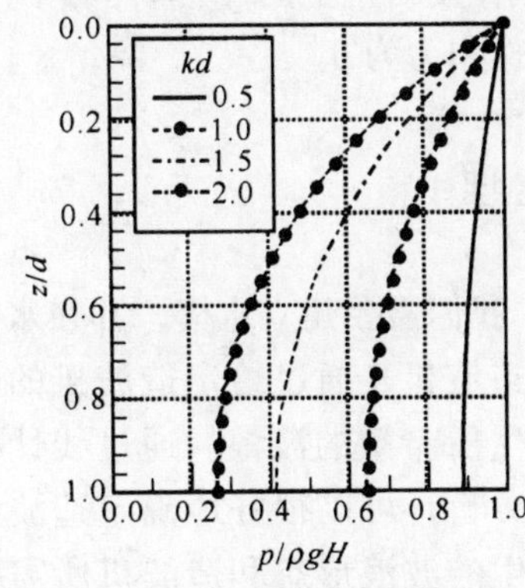

图 2.3　直墙上波动压力沿水深的分布

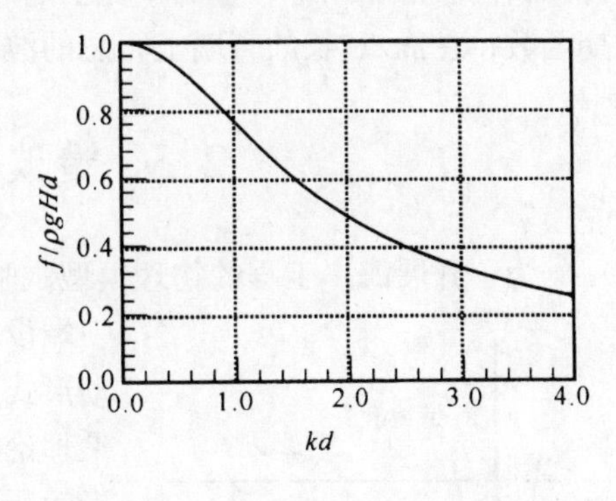

图 2.4　直墙上波浪力随波数的分布

对于斜向入射波浪与直墙作用问题，入射势写为

$$\phi_{\mathrm{i}}(x,y,z)=-\frac{\mathrm{i}g}{\omega}\frac{H}{2}\frac{\cosh k(z+d)}{\cosh kd}\mathrm{e}^{\mathrm{i}(k_x x+k_y y)} \tag{2.36}$$

k_x 和 k_y 分别为波数 k 在 x 和 y 方向的分量：

$$k_x = k \cos\alpha,\ k_y = k \sin\alpha$$

α 为波浪入射方向与 x 轴的夹角。相应地，向左传播的反射势为

$$\phi_r(x,y,z) = -\frac{\mathrm{i}g}{\omega}\frac{H}{2}R\,\frac{\cosh k(z+d)}{\cosh kd}\mathrm{e}^{\mathrm{i}(-k_x x + k_y y)} \tag{2.37}$$

应用直墙上的边界条件[(2.28式)],同样可求得 $R=1$,反射系数 $K_r=1$,这样总的复速度势为

$$\phi(x,y,z) = -\frac{\mathrm{i}g}{\omega}H\,\frac{\cosh k(z+d)}{\cosh kd}\cos k_x x\,\mathrm{e}^{\mathrm{i}k_y y} \tag{2.38}$$

波面高度 η 为

$$\eta = H\cos k_x x\,\mathrm{e}^{\mathrm{i}k_y y} \tag{2.39}$$

乘上时间因子 $\mathrm{e}^{-\mathrm{i}\omega t}$ 后，可得到水面过程为

$$\begin{aligned}\zeta(x,y,t) &= \mathrm{Re}[H\cos k_x x\,\mathrm{e}^{\mathrm{i}(k_y y-\omega t)}]\\ &= H\cos k_x x\cos(k_y y-\omega t)\end{aligned} \tag{2.40}$$

由此可以看出，斜向入射波与反射波叠加后的波动是当地振幅为 $H\cos k_x x$ 并向 y 方向传播的波浪。类似地，可以得到波动压强为

$$p(x,y,z,t) = \rho g H\,\frac{\cosh k(z+d)}{\cosh kd}\cos k_x x\cos(k_y y-\omega t) \tag{2.41}$$

直墙上某一位置处单位宽度上的波浪作用力为

$$f = \int_{-d}^{0} p(0,y,z,t)\mathrm{d}z = \frac{\rho g H}{k}\tanh kd\cos(k_y y-\omega t) \tag{2.42}$$

即在斜向波浪作用下，直墙单宽上的波浪作用力是空间 y 和时间 t 的周期函数，在$2\pi/k_y$长的直墙上，总的波浪作用力为0。

2.3 造波机理论

为了开展海岸工程的物理模型试验，我们需要建立水槽，并在水槽一端设置造波机，通过给定造波机的运动形式产生所希望的波浪。通过线性波浪理论的分析，可以很好地确定造波机运动所产生的波浪形态和造波机所需要的功率。造波机可分为推板式、摇板式、锤击式等。

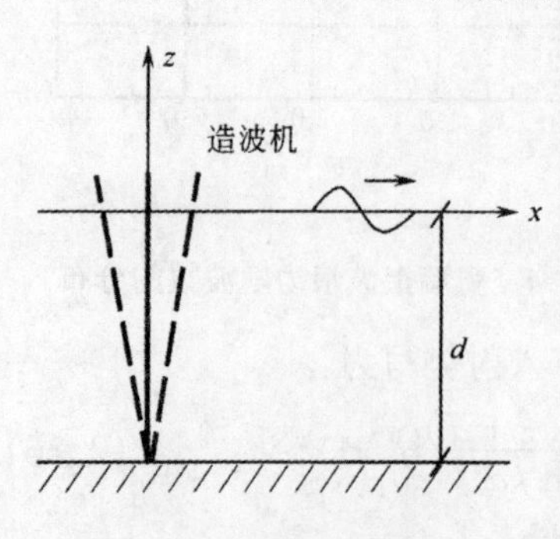

图 2.5 造波机示意图

我们选择坐标系使得 z 轴向上为正并与造波板的平均位置相重合。x 轴与静水面相重合（图 2.5）。如果我们假定

造波板做小振幅简谐运动，造波板的平均位置与 z 轴重合，造波板在某一时刻所处的位置为

$$x(z,t)=\bar{x}+\mathrm{Re}[\xi(z)\mathrm{e}^{-\mathrm{i}\omega t}] \tag{2.43}$$

$\bar{x}$为造波板上某点的平均位置，ξ 为该点的振动幅值。造波板的运动速度为

$$\dot{x}(z,t)=\mathrm{Re}[-\mathrm{i}\omega\xi(z)\mathrm{e}^{-\mathrm{i}\omega t}] \tag{2.44}$$

速度势满足拉普拉斯方程和下述边界条件：

（1）自由水面条件

$$\frac{\partial\phi(x,z)}{\partial z}=\frac{\omega^2}{g}\phi(x,z) \quad (在\ z=0\ 上) \tag{2.45}$$

（2）水底条件

$$\frac{\partial\phi(x,z)}{\partial z}=0 \qquad (在\ z=-d\ 上) \tag{2.46}$$

（3）物面条件

$$\left.\frac{\partial\phi(x,z)}{\partial n}\right|_{x=0}=-\mathrm{i}\omega\xi(z)\cdot\boldsymbol{n} \quad (在造波板上) \tag{2.47}$$

$\boldsymbol{n}$ 为造波板表面的单位法向矢量。

（4）生成波浪向外传播的远场条件

$$\frac{\partial\phi(x,z)}{\partial x}=\mathrm{i}k_0\phi(x,z)$$

对于推板和摇板式造波机，造波板表面的边界条件可近似为（在下一章中将详细推导）

$$\frac{\partial\phi(x,z)}{\partial x}=-\mathrm{i}\omega\xi(z) \quad (在\ x=0\ 上) \tag{2.48}$$

流域中的速度势可写为

$$\phi(x,z)=C_0\mathrm{e}^{\mathrm{i}k_0x}Z_0(k_0z)+\sum_{m=1}^{\infty}C_m\mathrm{e}^{-k_mx}Z_m(k_mz) \tag{2.49}$$

其中$Z_0(k_0z)$和 $Z_m(k_mz)$的定义为

$$Z_0(k_0z)=\cosh k_0(z+d)/\cosh k_0d$$

$$Z_m(k_mz)=\cos k_m(z+d)/\cos k_md \quad (m=1,2,\cdots)$$

k_0 和 k_m 为下述色散方程的正实根：

$$\omega^2=gk_0\tanh k_0d$$

$$\omega^2=-gk_m\tan k_md \quad (m=1,2,\cdots)$$

将速度势(2.49)式代入 $x=0$ 处的边界条件,可得

$$\mathrm{i}k_0C_0Z_0(k_0z)-\sum_{m=1}^{\infty}k_mC_mZ_m(k_mz)=-\mathrm{i}\omega\xi(z) \tag{2.50}$$

乘上垂向特征函数$Z_m(k_m z)$，并对水深积分后有

$$\left.\begin{aligned} C_0 &= -\frac{\omega}{k_0}\int_{-d}^{0}\xi(z)Z_0(k_0 z)\mathrm{d}z/N_0 \\ C_m &= \frac{\mathrm{i}\omega}{k_m}\int_{-d}^{0}\xi(z)Z_m(k_m z)\mathrm{d}z/N_m \quad (m=1,2,\cdots) \end{aligned}\right\} \tag{2.51}$$

N_m 的定义见（2.23）式。

对于推板式造波机，造波板上各点的水平运动的幅值为

$$\xi(z)=S \tag{2.52}$$

式中：S——常数。

速度势的展开系数为

$$\left.\begin{aligned} C_0 &= -\frac{\omega^3 S}{gN_0k_0^3} \\ C_m &= -\frac{\mathrm{i}\omega^3 S}{gN_m k_m^3} \quad (m=1,2,\cdots) \end{aligned}\right\} \tag{2.53}$$

对于绕底部转动的摇板式造波机，造波板上各点的水平运动幅值为

$$\xi(z)=S(1+z/d) \tag{2.54}$$

式中：S——摇板在水面处的运动幅值。

速度势的展开系数为

$$\left.\begin{aligned} C_0 &= -\frac{\omega S}{N_0k_0}\left[\frac{\tanh k_0d}{k_0}+\frac{1}{dk_0^2\cosh k_0d}-\frac{1}{dk_0^2}\right] \\ C_m &= -\frac{\mathrm{i}\omega S}{N_m k_m}\left[\frac{\tan k_md}{k_m}-\frac{1}{dk_m^2\cos k_md}+\frac{1}{dk_m^2}\right] \quad (m=1,2,\cdots) \end{aligned}\right\} \tag{2.55}$$

将展开系数 C_m 代入(2.49)式可确定速度势，水槽中不同位置处产生的水面波动可利用波面方程(1.38)式求得为

$$\eta(x)=\frac{\mathrm{i}\omega}{g}\left(C_0\mathrm{e}^{\mathrm{i}k_0x}+\sum_{m=1}^{\infty}C_m\mathrm{e}^{-k_mx}\right) \quad (x>0) \tag{2.56}$$

上式中第一项为造波机生成的传播波，第二项为非传播波，它随着离开造波机距离的增加而以指数形式衰减。传播波的波幅为

$$A=\left|\frac{\mathrm{i}\omega}{g}C_0\right| \tag{2.57}$$

波能流

$$F=\frac{1}{2}\rho gA^2C_{\mathrm{g}} \tag{2.58}$$

等于造波机造波时对流体输入的平均功率。

2.4 水平台阶对波浪的反射和透射

在上两节研究的问题中，速度势均可用一个特征展开式表达，实际上这样的情况是非常有限的，大多数情况下需要对流域进行分割，然后在各个子域上对速度势做特征展开，并在交界面上根据速度势和速度的连续条件匹配求解。对于分区匹配求解的最简单问题是波浪在水平台阶上的反射和透射问题。对于正向波浪在水平台阶前的反射问题，Miles(1967)给出了解析表达式。

2.4.1 正向入射波的反射和透射

现在考察正向入射波浪遇到海底台阶的反射和透射问题。如图 2.6 所示，设入射波浪为由左向右传播的线性规则波，波浪频率为 ω，台阶的左侧和右侧的水深分别为 d_1 和 d_2。由于台阶的存在，波浪的一部分能量将被反射回来，而另一部分能量则透射过去。

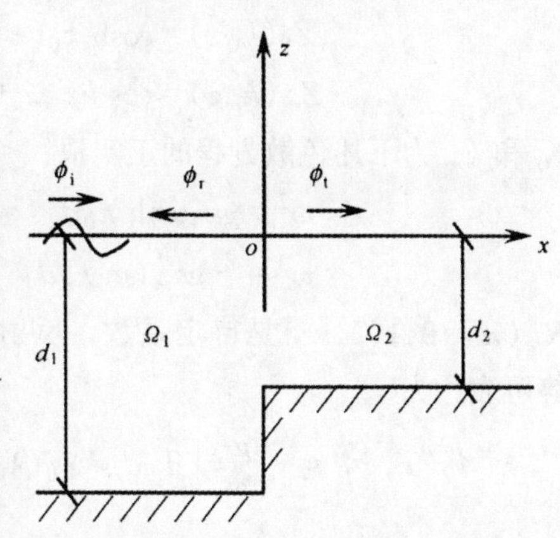

图 2.6 台阶形海底

取直角坐标系 oxz，oz 轴与台阶立面重合，ox 轴在静水面上。为了研究问题的方便，将流域中的台阶分割成左右两个区域 Ω_1 和 Ω_2，不妨一般性，假设 $d_1 > d_2$ 。

在左区域 Ω_1 上速度势 ϕ_1 满足边界条件

$$\left.\begin{aligned} &\phi_{1z}=\omega^2\phi_1/g && (\text{在 } z=0 \text{ 上}) \\ &\phi_{1z}=0 && (\text{在 } z=-d_1 \text{ 上}) \\ &\phi_{1x}=0 && (\text{在 } x=0,\ -d_1<z<-d_2 \text{ 上}) \end{aligned}\right\} \tag{2.59}$$

和反射波有限并向左传播的远场条件。

在右区域 Ω_2 上，速度势 ϕ_2 满足

$$\left.\begin{aligned} &\phi_{2z}=\omega^2\phi_2/g && (\text{在 } z=0 \text{ 上}) \\ &\phi_{2z}=0 && (\text{在 } z=-d_2 \text{ 上}) \end{aligned}\right\} \tag{2.60}$$

并满足透射波有限并向右传播的远场条件。另外在 $x=0$ 的立面上，应满足速度势和速度连续的匹配条件

$$\left.\begin{aligned} \phi_1(x,z)&=\phi_2(x,z) \\ \phi_{1x}(x,z)&=\phi_{2x}(x,z) \end{aligned}\right\} (\text{在 } x=0,\ -d_2\leqslant z\leqslant 0 \text{ 上}) \tag{2.61}$$

在 Ω_1 区域上的速度势可写为

$$\phi_1(x,z) = -\frac{\mathrm{i}gA}{\omega}\left[\begin{array}{l}\mathrm{e}^{\mathrm{i}k_0x}Z_0(k_0z) + R_0\mathrm{e}^{-\mathrm{i}k_0x}Z_0(k_0z)\\ + \sum_{m=1}^{\infty}R_m\mathrm{e}^{k_mx}Z_m(k_mz)\end{array}\right] \tag{2.62}$$

式中的第一项为向右传播的入射波，第二项为向左传播反射波，第三项为在 Ω_1 区域内随着离开台阶水平距离的增加而衰减的局部非传播波系。垂向特征函数 $Z_0(k_0z)$ 和 $Z_m(k_mz)$ 为

$$Z_0(k_0z) = \cosh k_0(z+d_1)/\cosh k_0d_1$$

$$Z_m(k_mz) = \cos k_m(z+d_1)/\cos k_md_1 \quad (m=1,2,\cdots)$$

k_0 和 k_m 为下述色散方程的正实根：

$$\left.\begin{array}{l}\omega^2 = gk_0\tanh k_0d_1\\ \omega^2 = -gk_m\tan k_md_1 \quad (m=1,2,\cdots)\end{array}\right\} \tag{2.63}$$

$R_m(m=0,1,2,\cdots)$ 是待定系数，反射系数 $K_{\mathrm{r}} = |R_0|$。类似地，透射势可表达为

$$\phi_2(x,z) = -\frac{\mathrm{i}gA}{\omega}\left[T_0\mathrm{e}^{\mathrm{i}\lambda_0x}Y_0(\lambda_0z) + \sum_{n=1}^{\infty}T_n\mathrm{e}^{-\lambda_nx}Y_n(\lambda_nz)\right] \tag{2.64}$$

式中第一项为向右传播的推进波，第二项为 Ω_2 区域内随着 x 增大而衰减的局部非传播波系。

垂向特征函数为

$$Y_0(\lambda_0z) = \cosh \lambda_0(z+d_2)/\cosh \lambda_0d_2$$

$$Y_n(\lambda_nz) = \cos \lambda_n(z+d_2)/\cos \lambda_nd_2 \quad (n=1,2,\cdots)$$

λ_0 和 $\lambda_n(n=1,2,\cdots)$ 是下述方程的解：

$$\left.\begin{array}{l}\omega^2 = g\lambda_0\tanh \lambda_0d_2\\ \omega^2 = -g\lambda_n\tan \lambda_nd_2 \quad (n=1,2,\cdots)\end{array}\right\} \tag{2.65}$$

$T_n(n=0,1,2,\cdots)$ 为待定系数，透射系数 $K_{\mathrm{t}} = |T_0|$。

根据波能流守恒定理

$$\overline{\int_{-d_1}^{0}\Phi_{1t}\Phi_{1x}\mathrm{d}z} = \overline{\int_{-d_2}^{0}\Phi_{2t}\Phi_{2x}\mathrm{d}z}$$

可证明反射系数 K_{r} 和透射系数 K_{t} 满足下述关系：

$$K_{\mathrm{r}}^2 + K_{\mathrm{t}}^2C_{\mathrm{g2}}/C_{\mathrm{g1}} = 1 \tag{2.66a}$$

C_{g1} 是 Ω_1 区域（水深 d_1）中的波浪群速度，C_{g2} 是 Ω_2 区域（水深 d_2）中的波浪群速度。为了与水平海床上的透射问题相统一，我们可定义透

射系数为

$$K_t' = \sqrt{C_{g2}/C_{g1}}\,|T_0|$$

在新的定义下，我们有波浪的能量守恒方程为

$$(K_r)^2 + (K_t')^2 = 1 \tag{2.66b}$$

计算中对反射势和透射势分别取 $M+1$ 和 $N+1$ 项近似。将 Ω_1 和 Ω_2 区域上的速度势代入 $x=0$ 处势函数连续的边界条件，有

$$Z_0(k_0 z) + \sum_{m=0}^{M} R_m Z_m(k_m z) = \sum_{n=0}^{N} T_n Y_n(\lambda_0 z) \quad (-d_2 \leqslant z \leqslant 0) \tag{2.67}$$

将上式乘上右区域 Ω_2 上的垂向特征函数 $Y_n(\lambda_n z)(n=0,1,2,\cdots,N)$，并对 z 积分后有

$$\int_{-d_2}^{0} \left[Z_0(k_0 z) + \sum_{m=0}^{M} R_m Z_m(k_m z) \right] Y_n(\lambda_n z)\mathrm{d}z = T_n \int_{-d_2}^{0} Y_n^2(\lambda_n z)\mathrm{d}z \tag{2.68}$$

由此我们可得到线性方程组

$$\{f_n\}_{N+1} + [A_{nm}]_{(N+1)\times(M+1)}\{R_m\}_{M+1} = \{T_n\}_{N+1} \tag{2.69}$$

其中

$$f_n = \int_{-d_2}^{0} Z_0(k_0 z) Y_n(\lambda_n z)\mathrm{d}z \Big/ \int_{-d_2}^{0} Y_n^2(\lambda_n z)\mathrm{d}z$$

$$A_{nm} = \int_{-d_2}^{0} Z_m(k_m z) Y_n(\lambda_n z)\mathrm{d}z \Big/ \int_{-d_2}^{0} Y_n^2(\lambda_n z)\mathrm{d}z$$

由 $x=0$ 处关于水平速度的匹配条件和台阶立面的边界条件可得到

$$\mathrm{i}k_0 Z_0(k_0 z) - \mathrm{i}k_0 R_0 Z_0(k_0 z) + \sum_{m=1}^{M} k_m R_m Z_m(k_m z)$$

$$= \begin{cases} \mathrm{i}\lambda_0 T_0 Y_0(\lambda_0 z) - \sum\limits_{n=1}^{N} \lambda_n T_n Y_n(\lambda_n z) & (-d_2 \leqslant z \leqslant 0) \\ 0 & (-d_1 \leqslant z \leqslant -d_2) \end{cases} \tag{2.70}$$

将上述两式乘上左区域 Ω_1 上的特征函数 $Z_m(k_m z)$，并在各自区域上对 z 积分，然后相加得

$$\mathrm{i}k_0(1-R_0)\int_{-d_1}^{0} Z_0^2(k_0 z)\mathrm{d}z = \int_{-d_2}^{0} \begin{bmatrix} \mathrm{i}\lambda_0 T_0 Y_0(\lambda_0 z) \\ -\sum\limits_{n=1}^{N} \lambda_n T_n Y_n(\lambda_n z) \end{bmatrix} Z_0(k_0 z)\mathrm{d}z \tag{2.71a}$$

$$k_m R_m \int_{-d_1}^{0} Z_m^2(k_m z)\mathrm{d}z = \int_{-d_2}^{0} \begin{bmatrix} \mathrm{i}\lambda_0 T_0 Y_0(\lambda_0 z) \\ -\sum_{n=1}^{N} \lambda_n T_n Y_n(\lambda_n z) \end{bmatrix} Z_m(k_m z)\mathrm{d}z \tag{2.71b}$$

由此我们得到另一组线性方程组

$$\{e_m\}_{M+1} + \{R_m\}_{M+1} = \{B_{mn}\}_{(M+1)\times(N+1)}\{T_n\}_{N+1} \tag{2.72}$$

其中

$$e_0 = -1$$

$$e_m = 0 \quad (m = 1, 2\cdots, M)$$

$$B_{00} = -\frac{\lambda_0}{k_0}\int_{-d_2}^{0} Z_0(k_0 z) Y_0(\lambda_0 z)\mathrm{d}z \Big/ \int_{-d_1}^{0} Z_0^2(k_0 z)\mathrm{d}z$$

$$B_{0n} = -\frac{\mathrm{i}\lambda_n}{k_0}\int_{-d_2}^{0} Z_0(k_0 z) Y_n(\lambda_n z)\mathrm{d}z \Big/ \int_{-d_1}^{0} Z_0^2(k_0 z)\mathrm{d}z$$

$$B_{m0} = \frac{\mathrm{i}\lambda_0}{k_m}\int_{-d_2}^{0} Z_m(k_m z) Y_0(\lambda_0 z)\mathrm{d}z \Big/ \int_{-d_1}^{0} Z_m^2(k_m z)\mathrm{d}z$$

$$B_{mn} = -\frac{\lambda_n}{k_m}\int_{-d_2}^{0} Z_m(k_m z) Y_n(\lambda_n z)\mathrm{d}z \Big/ \int_{-d_1}^{0} Z_m^2(k_m z)\mathrm{d}z$$

由线性方程组(2.69)式和(2.72)式可求得系数$R_m(m=0,1,\cdots,M)$和$T_n(n=0,\ 1,\ \cdots,\ N)$。代回到（2.62）式和（2.64）式，则可得到$\Omega_1$和$\Omega_2$区域上的速度势的近似解。$M$和$N$大小的选取应保证速度势已经收敛，即不随着$M$和$N$的增大而明显变化。

图2.7是波浪在水平台阶上的反射系数。在低频区域台阶对波浪反射的作用非常明显，而在高频区波浪的反射则较小。另外，波浪不仅遇到突出的台阶反生反射，遇到下陷的台阶也发生反射。图2.8是对应的波浪透射系数。在低频区，透射波高的变化比较明显，遇到突出的台阶

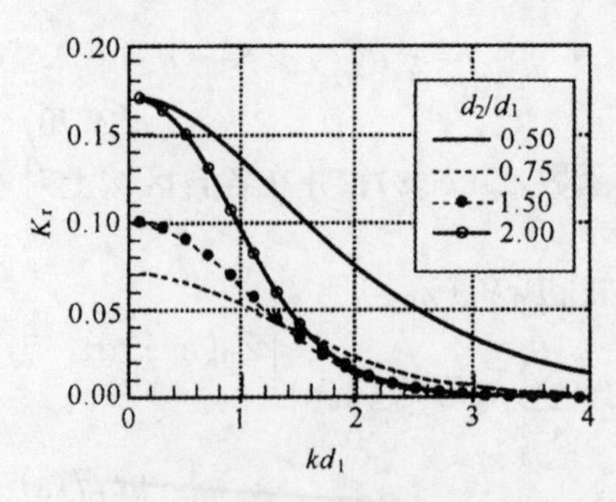

图2.7　波浪在台阶地形的反射

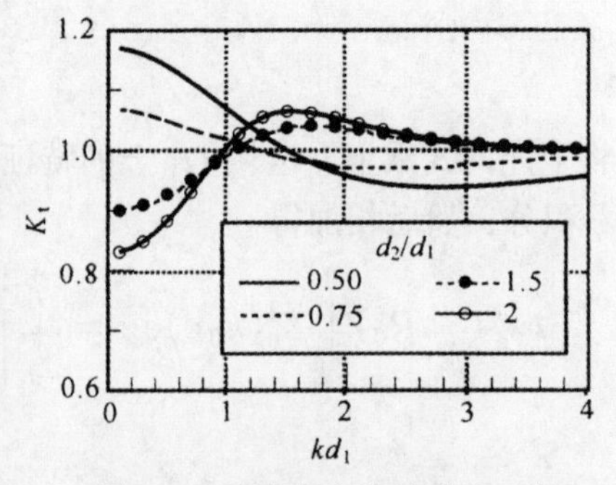

图2.8　波浪在台阶地形的透射

时透射波高将增大，遇到下陷的台阶时波高将减小；在高频区，台阶的影响较小，而波高的变化趋势与低频区相反。

2.4.2 斜向入射波的反射和透射

现在考察斜向入射波遇到海底台阶的反射和透射问题。其控制方程和边界条件与正向入射波完全相同，所不同是速度势的表达形式，而其求解方法与正向入射波的求解方法完全相同。

对于与台阶成斜角入射的波浪，入射势可写为

$$\phi_i(x,y,z) = -\frac{igA}{\omega}Z_0(k_0z)e^{ik_{0x}x}e^{ik_{0y}y} \tag{2.73}$$

k_{0x}和k_{0y}是波数在x和y方向的分量，满足

$$k_{0x} = k_0\cos\alpha$$

$$k_{0y} = k_0\sin\alpha$$

由于入射势沿y方向是周期变化的，反射波系和透射波系也随着y的变化而呈现周期的变化。这样，Ω_1区域内的反射势应当为

$$\phi_r(x,y,z) = -\frac{igA}{\omega}\left[R_0e^{-ik_{0x}x}Z_0(k_0z) + \sum_{m=1}^{\infty}R_me^{k_{mx}x}Z_m(k_mz)\right]e^{ik_{0y}y} \tag{2.74}$$

k_0和k_m是弥散方程（2.63）式的解。将反射势代入拉普拉斯方程后，可得到k_{mx}满足的方程

$$k_m^2 = k_{mx}^2 - k_{0y}^2 \quad (m=1,2,\cdots) \tag{2.75}$$

透射势为

$$\phi_t(x,y,z) = -\frac{igA}{\omega}\left[T_0e^{i\lambda_{0x}x}Y(\lambda_0z) + \sum_{n=1}^{\infty}T_ne^{-\lambda_{nx}x}Y_n(\lambda_nz)\right]e^{ik_{0y}y} \tag{2.76}$$

$\lambda_n(n=0,1,2,\cdots)$是（2.65）式的解，$\lambda_{0x}$和$\lambda_{nx}$满足

$$\lambda_0^2 = \lambda_{0x}^2 + k_{0y}^2$$

$$\lambda_n^2 = \lambda_{nx}^2 - k_{0y}^2$$

待定系数$R_m(m=0,1,2,\cdots)$和$T_n(n=0,1,2,\cdots)$的确定方法与正向入射波完全相同。

将Ω_1和Ω_2区域上的速度势代入$x=0$处势函数连续的边界条件，有

$$Z_0(k_0z) + \sum_{m=0}^{M}R_mZ_m(k_mz) = \sum_{n=0}^{N}T_nY_n(\lambda_nz) \quad (-d_2 \leqslant z \leqslant 0) \tag{2.77}$$

由此我们可得到线性方程组

$$\{f_n\}_{N+1} + [A_{nm}]_{(N+1)\times(M+1)}\{R_M\}_{M+1} = \{T_n\}_{N+1} \tag{2.78}$$

其中矩阵系数 f_n，A_{nm} 与（2.69）式中的矩阵系数相同。

对于 $x=0$ 处，利用水平速度的匹配条件和台阶立面的边界条件，可得到

$$\mathrm{i}k_{0x}Z_0(k_0z) - \mathrm{i}k_{0x}R_0Z_0(k_0z) + \sum_{m=1}^{M}k_{mx}R_mZ_m(k_mz)$$
$$=\begin{cases}\mathrm{i}\lambda_{0x}T_0Y_0(\lambda_0z) - \sum\limits_{n=1}^{N}\lambda_{nx}T_nY_n(\lambda_nz) & (-d_2\leqslant z\leqslant 0)\\ 0 & (-d_1\leqslant z\leqslant -d_2)\end{cases} \tag{2.79}$$

将上述两式乘上左区域 Ω_1 上的特征函数 $Z_m(k_mz)$，并在各自区域上对 z 积分，然后相加得

$$\mathrm{i}k_{0x}(1-R_0)\int_{-d_1}^{0}Z_0^2(k_0z)\mathrm{d}z = \int_{-d_2}^{0}\left[\mathrm{i}\lambda_{0x}T_0Y_0(\lambda_0z) - \sum_{n=1}^{N}\lambda_{nx}T_nY_n(\lambda_nz)\right]\times Z_0(k_0z)\mathrm{d}z$$

$$k_{mx}R_m\int_{-d_1}^{0}Z_m^2(k_mz)\mathrm{d}z = \int_{-d_2}^{0}\left[\mathrm{i}\lambda_{0x}T_0Y_0(\lambda_0z) - \sum_{n=1}^{N}\lambda_{nx}T_nY_n(\lambda_nz)\right]\times Z_m(k_mz)\mathrm{d}z$$

由此我们得到另一组线性方程组

$$\{e_m\}_{M+1} + \{R_m\}_{M+1} = [B_{mn}]_{(M+1)\times(N+1)}\{T_n\}_{N+1} \tag{2.80}$$

其中

$$e_0 = -1$$
$$e_m = 0 \quad (m=1,2,\cdots,M)$$
$$B_{00} = -\frac{\lambda_{0x}}{k_{0x}}\int_{-d_2}^{0}Z_0(k_0z)Y_0(\lambda_0z)\mathrm{d}z \Big/ \int_{-d_1}^{0}Z_0^2(k_0z)\mathrm{d}z$$
$$B_{0n} = -\frac{\mathrm{i}\lambda_{nx}}{k_{0x}}\int_{-d_2}^{0}Z_0(k_0z)Y_n(\lambda_nz)\mathrm{d}z \Big/ \int_{-d_1}^{0}Z_0^2(k_0z)\mathrm{d}z$$
$$B_{m0} = \frac{\mathrm{i}\lambda_{0x}}{k_{mx}}\int_{-d_2}^{0}Z_m(k_mz)Y_0(\lambda_0z)\mathrm{d}z \Big/ \int_{-d_1}^{0}Z_m^2(k_mz)\mathrm{d}z$$
$$B_{mn} = -\frac{\lambda_{nx}}{k_{mx}}\int_{-d_2}^{0}Z_m(k_mz)Y_n(\lambda_nz)\mathrm{d}z \Big/ \int_{-d_1}^{0}Z_m^2(k_mz)\mathrm{d}z$$

由线性方程组（2.78）式和（2.80）式可求得系数 $R_m(m=0,1,\cdots,M)$ 和 $T_n(n=0,1,\cdots,N)$。

图 2.9 是斜向波浪在一水平台阶 $d_2/d_1=0.5$ 上的反射系数。在低频区，小入射角的波浪具有较大的反射系数，而在高频区，较大入射角的波浪具有较大的反射系数。图 2.10 是对应的波浪透射系数。与反射系数不同的是，无论在低频区还是在高频区，小角度入射的波浪都具有较大的透射系数。

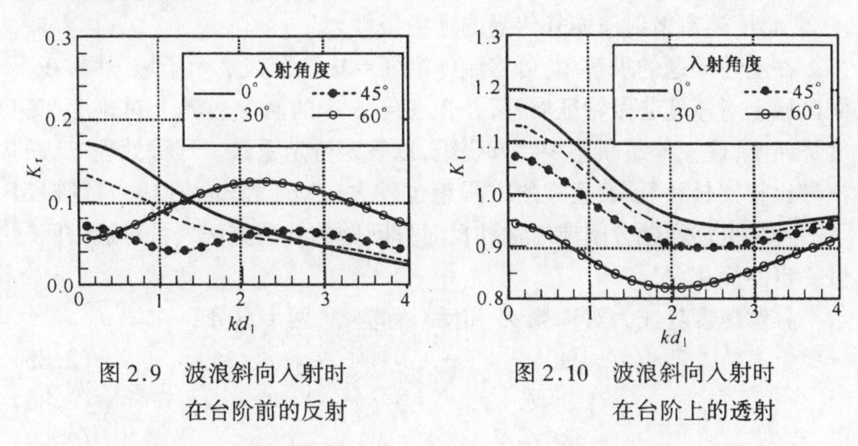

图 2.9 波浪斜向入射时在台阶前的反射

图 2.10 波浪斜向入射时在台阶上的透射

2.5 水面方箱对波浪的反射和透射

波浪从侧面入射，与水面漂浮的浮式防波堤、大型船舶、浮式机场等结构物的相互作用，可以近似简化为波浪与二维水面方箱的相互作用问题。对于这类结构同样可以采用分区的方法加以求解。

考虑均匀水深 d 中，波浪对固定在水面处吃水为 T、宽度为 $2B$ 的方箱的作用问题（图 2.11），方箱下的水深定义为 $S=d-T$。流体中速度势满足的边界条件为

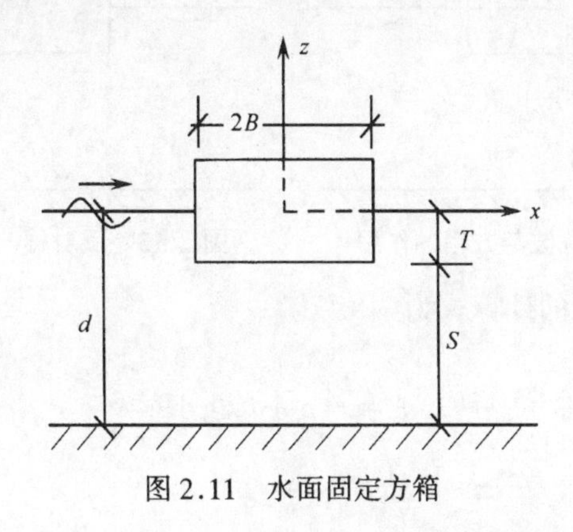

图 2.11 水面固定方箱

$$\phi_z(x,z)=\frac{\omega^2}{g}\phi(x,z)\quad（在|x|\geqslant B,z=0上）\tag{2.81}$$

$$\phi_z(x,z)=0\quad（在z=-d上）\tag{2.82}$$

$$\phi_z(x,z)=0\quad（在|x|\leqslant B,z=-T上）\tag{2.83}$$

$$\phi_x(x,z)=0\quad（在|x|=B,-T\leqslant z\leqslant 0上）\tag{2.84}$$

另外,还有散射波向外传播的远场条件。

在上述问题的求解中,可将流体沿 $x=\pm B$ 分成3个子域,然后在不同区域上对速度势做特征展开,并在 $x=\pm B$ 的两个边界上对速度和速度势匹配,建立4组联立线性方程组,以确定待定系数。这种处理方法的推导比较冗长和复杂,建立的方程组也较大。Mei 和Black(1969)等提出了一种将上述问题分解成对称和反对称问题的处理方法，可对这一问题做一定的简化。

分解速度势成为对称势 ϕ^s 和反对称势 ϕ^a 两个部分:

$$\phi(x,z)=[\phi^s(x,z)+\phi^a(x,z)]/2\tag{2.85}$$

$$\phi^s(-x,z)=\phi^s(x,z)\tag{2.86}$$

$$\phi^a(-x,z)=-\phi^a(x,z)\tag{2.87}$$

这样，该问题可以仅在 $x<0$（或 $x>0$）的半个区域上求解。从物理上讲，对称解对应着从 $x=\pm\infty$处同时入射的同振幅、同相位波浪遇到对称结构物的反射（图2.12），而反对称问题对应着从 $x=\pm\infty$处同时入射的同振幅反相位的波浪遇到对称结构物的反射问题（图2.13）。对称解和反对称解相加后，右侧的入射势将相互抵消掉。

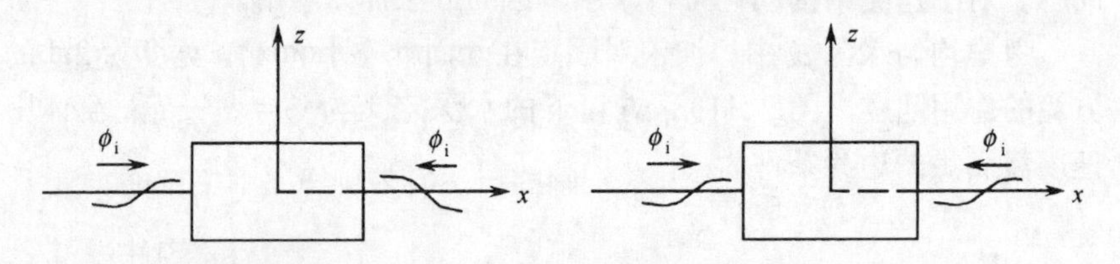

图2.12　对称波与方箱的作用　　　图2.13　反对称波与方箱的作用

由于波能流的计算式为

$$F=-\rho\int_{-d}^{0}\Phi_t\Phi_x\mathrm{d}z\tag{2.88}$$

故对于对称问题，在 $x=0$ 处

$$\Phi_x^s(0,z,t)=0 \tag{2.89}$$

而对反对称问题，在 $x=0$ 处速度势总为 0：

$$\Phi_t^a(0,z,t)=0 \tag{2.90}$$

因而无论是对称问题，还是反对称问题中的波能流均为 0：

$$F^s=F^a=0 \tag{2.91}$$

这样对称和反对称问题中的反射系数的模均为 1：

$$|R_s|=|R_a|=1 \tag{2.92}$$

反射系数的辐角表示反射波与入射波的相位关系。

对称解和反对称解叠加后，可得到总的反射系数为

$$R=(R_s+R_a)/2 \tag{2.93}$$

透射系数为

$$T=(R_s-R_a)/2 \tag{2.94}$$

将反射系数和透射系数表示成矢量形式，由矢量图（图 2.14）可得到下列结果：

$$|\boldsymbol{R}|^2+|\boldsymbol{T}|^2=1 \tag{2.95}$$

$$\boldsymbol{R}\cdot\boldsymbol{T}=0 \quad （正交） \tag{2.96}$$

即反射波的能量与透射波的能量之和等于入射波的能量，反射波的相角与透射波的相角相差 90°。

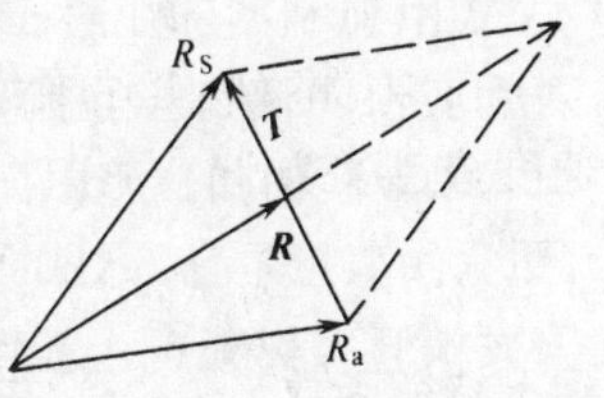

图 2.14 矢量和

下面将就对称解和反对解的展开形式和求解作一介绍。

2.5.1 对称解

将流体的左半域沿 $x=-B$ 分成 Ω_1 和 Ω_2 两个区域（图 2.15）。在区域（$x<-B$，$-d<z<0$）内，速度势可写为

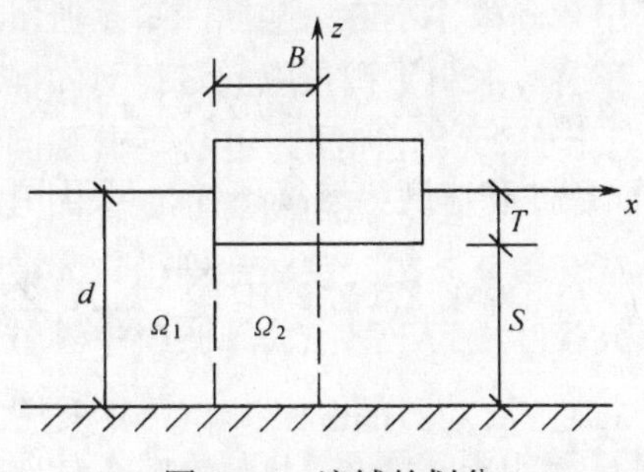

图 2.15 流域的划分

$$\phi_1^s(x,z)=-\frac{igA}{\omega}\Big[\left(e^{ik_0(x+B)}+A_0^s e^{-ik_0(x+B)}\right)Z_0(k_0z)+\sum_{m=1}^{\infty}A_m^s e^{k_m(x+B)}Z_m(k_mz)\Big] \tag{2.97}$$

式中$Z_m(k_m z)$和$k_m(m=0,1,2,\cdots)$的定义如（2.50）式和（2.51）式，式中第一项为入射势，其他项为反射势。

在Ω_2区域（$x>-B$，$-d<z<-T$）内，速度势的特征展开式为

$$\phi_2^{s}(x,z)=-\frac{igA}{\omega}\left[B_0^{s}Y_0(\lambda_0 z)+\sum_{n=1}^{\infty}B_n^{s}\frac{\cosh\lambda_n x}{\cosh\lambda_n B}Y_n(\lambda_n z)\right] \tag{2.98}$$

式中：$\lambda_n=n\pi/S\quad(n=0,1,2,\cdots)$；

$Y_0(\lambda_0 z)=\sqrt{2}/2, Y_n(\lambda_n z)=\cos\lambda_n(z+d)\quad(n=1,2,\cdots)$。

Ω_2区域上的垂向函数$Y_n(\lambda_n z)$满足正交关系

$$\int_{-d}^{-T}Y_i(\lambda_i z)Y_j(\lambda_j z)\mathrm{d}z=\begin{cases}\dfrac{S}{2} & (i=j)\\ 0 & (i\neq j)\end{cases}$$

在Ω_1和Ω_2上速度势分别取M和N项近似，由在$x=-B$处的速度势连续条件，可得

$$Z_0(k_0 z)+\sum_{m=0}^{M}A_m^{s}Z_m(k_m z)=\sum_{n=0}^{N}B_n^{s}Y_n(\lambda_n z)$$

乘上特征函数$Y_n(\lambda_n z)$,并对z积分后得

$$\int_{-d}^{-T}\left[Z_0(k_0 z)+\sum_{m=0}^{\infty}A_m^{s}Z_m(k_m z)\right]Y_n(\lambda_n z)\mathrm{d}z=\frac{S}{2}B_n^{s}$$

这样可建立线性方程组

$$\{f_n\}_{N+1}+[a_{nm}]_{(N+1)\times(M+1)}\{A_m^{s}\}_{M+1}=\{B_n^{s}\}_{N+1} \tag{2.99}$$

其中

$$f_n=\frac{2}{S}\int_{-d}^{-T}Z_0(k_0 z)Y_n(\lambda_n z)\mathrm{d}z$$

$$a_{nm}=\frac{2}{S}\int_{-d}^{-T}Z_m(k_m z)Y_n(\lambda_n z)\mathrm{d}z$$

由$x=-B$处的物面条件和速度势连续条件，可得

$$\mathrm{i}k_0 Z_0(k_0 z)-\mathrm{i}k_0 A_0^{s}Z_0(k_0 z)+\sum_{m=1}^{M}k_m A_m^{s}Z_m(k_m z)$$

$$=\begin{cases}-\displaystyle\sum_{n=1}^{N}\lambda_n B_n^{s}Y_n(\lambda_n z)\tanh\lambda_n B & (-d<z<-T)\\ 0 & (-T\leqslant z\leqslant 0)\end{cases}$$

乘上特征函数$Z_m(k_m z)$，对z在各自的区域积分并相加后得

$$\mathrm{i}k_0(1-A_0^{s})\int_{-d}^{0}Z_0^2(k_0 z)\mathrm{d}z=-\sum_{n=1}^{N}\lambda_n B_n^{s}\tanh\lambda_n B\int_{-d}^{-T}Y_n(\lambda_n z)Z_0(k_0 z)\mathrm{d}z$$

$$k_m A_m^{\mathrm{s}} \int_{-d}^{0} Z_m^2(k_m z)\mathrm{d}z = -\sum_{n=1}^{N} \lambda_n B_n^{\mathrm{s}} \tanh \lambda_n B \int_{-d}^{-T} Y_n(\lambda_n z) Z_m(k_m z)\mathrm{d}z$$

$$(m=1,2,\cdots)$$

这样可建立线性方程组

$$\{e_m\}_{M+1} + \{A_m^{\mathrm{s}}\}_{M+1} = [b_{mn}]_{(M+1)\times(N+1)}\{B_n^{\mathrm{s}}\}_{N+1} \quad (2.100)$$

其中

$$e_0 = -1$$

$$e_m = 0 \quad (m=1,2,\cdots,M)$$

$$b_{0n} = -\frac{\mathrm{i}\lambda_n \tanh \lambda_n B}{k_0}\int_{-d}^{-T} Z_0(k_0 z) Y_n(\lambda_n z)\mathrm{d}z / N_0 \quad (n=1,2,\cdots,N)$$

$$b_{m0} = 0 \quad (m=0,1,2,\cdots,M)$$

$$b_{mn} = -\frac{\lambda_n \tanh \lambda_n B}{k_m}\int_{-d}^{-T} Z_m(k_m z) Y_n(\lambda_n z)\mathrm{d}z / N_m \quad (m,n=1,2,\cdots)$$

联立（2.99）式和（2.100）式，可确定展开系数 A_m^{s} 和B_n^{s}。

2.5.2　反对称解

在 Ω_1 区域($x<-B, d<z<0$)上速度势的展开式如同对称解：

$$\phi_1^{\mathrm{a}}(x,z) = -\frac{\mathrm{i}gA}{\omega}\Big[(\mathrm{e}^{\mathrm{i}k_0(x+B)} + A_0^{\mathrm{a}}\mathrm{e}^{-\mathrm{i}k_0(x+B)})Z_0(k_0 z) + \sum_{m=1}^{\infty} A_m^{\mathrm{a}} \mathrm{e}^{k_m(x+B)} Z_m(k_m z)\Big] \quad (2.101)$$

在 Ω_2 区域（$x>-B$，$-d<z<-T$）上速度势的展开式为

$$\phi_2^{\mathrm{a}}(x,z) = -\frac{\mathrm{i}gA}{\omega}\Big[B_0^{\mathrm{a}}\frac{x}{B}Y_0(\lambda_0 z) + \sum_{n=1}^{\infty} B_n^{\mathrm{a}} \frac{\sinh \lambda_n x}{\sinh \lambda_n B} Y_n(\lambda_n z)\Big] \quad (2.102)$$

如同对称解的求解方法，由 $x=-B$ 处的速度势的连续条件可建立线性方程组

$$\{f_n\}_{N+1} + [a_{nm}]_{(N+1)\times(M+1)}\{A_m^{\mathrm{a}}\}_{M+1} = \{B_n^{\mathrm{a}}\}_{N+1} \quad (2.103)$$

式中

$$f_n = -\frac{2}{S}\int_{-d}^{-T} Z_0(k_0 z) Y_n(\lambda_n z)\mathrm{d}z$$

$$a_{nm} = -\frac{2}{S}\int_{-d}^{-T} Z_m(k_m z) Y_n(\lambda_n z)\mathrm{d}z$$

由 $x=-B$ 处的速度连续条件和物面条件可建立线性方程组

$$\{e_m\}_{M+1} + \{A_m^{\mathrm{a}}\}_{M+1} = [b_{mn}]_{(M+1)\times(N+1)}\{B_n^{\mathrm{a}}\}_{N+1} \quad (2.104)$$

其中

$$e_0 = -1$$

$$e_m = 0 \quad (m = 1,2,\cdots,M)$$

$$b_{00} = \frac{\mathrm{i}}{k_0 B}\int_{-d}^{-T} Z_0(k_0 Z)\,Y_0(\lambda_0 z)\,\mathrm{d}z / N_0$$

$$b_{m0} = \frac{1}{k_m B}\int_{-d}^{-T} Z_m(k_m Z)\,Y_n(\lambda_n)\,\mathrm{d}z / N_m \qquad (m = 1,2,\cdots,M)$$

$$b_{0n} = \frac{\mathrm{i}\lambda_n}{k_0 \tanh \lambda_n B}\int_{-d}^{-T} Z_0(k_0 Z)\,Y_n(\lambda_n z)\,\mathrm{d}z / N_0 \qquad (n = 1,2,\cdots,N)$$

$$b_{mn} = \frac{\lambda_n}{k_m \tanh \lambda_n B}\int_{-d}^{-T} Z_m(k_m Z)\,Y_n(\lambda_n z)\,\mathrm{d}z / N_m \qquad (m, n = 1,2,\cdots)$$

由联立方程组(2.103)式和(2.104)式可求得待定条数 A_m^{a} 和 B_n^{a}。

确定了对称和反对称问题中的速度势后，由（2.85）式可求得总的速度势。

图2.16是半宽B/d=1、不同吃水深度水面方箱对波浪的反射系数。与台阶上的波浪反射不同的是，在低频区波浪反射系数较小，而在高频区波浪的反射系数则较大。图2.17是对应的波浪透射系数。在低频区波浪的透射系数较大，在高频区波浪的透射系数较小。

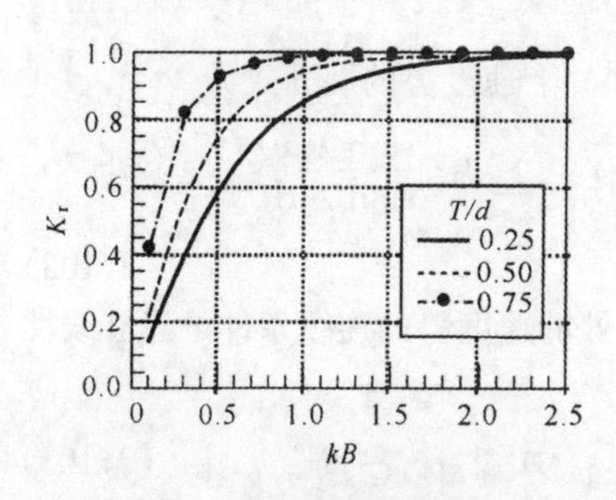

图2.16　波浪与方箱作用下的反射系数，$B=d$

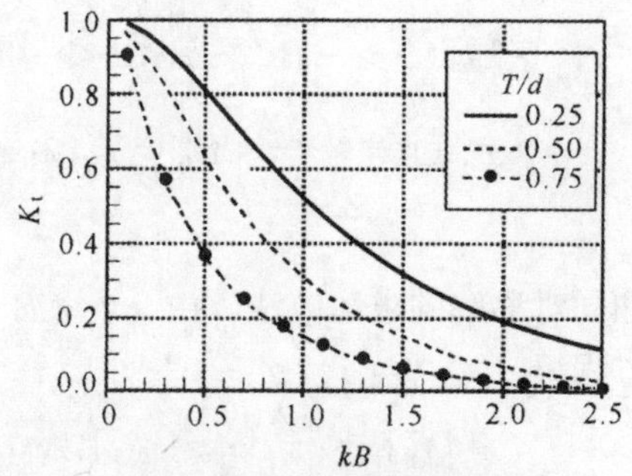

图2.17　波浪与方箱作用下的透射系数，$B=d$

波浪对物体的作用力可由物面上的波浪压强沿物面积分得到

$$\boldsymbol{f} = \int_{S_B} p\boldsymbol{n}\,\mathrm{d}s \tag{2.105}$$

$\boldsymbol{n}$ 为物面的单位法向矢量，指出流体为正。应用线性化的伯努利方程，代入速度势后，可求得波浪作用力的各分量为

$$F_x = \mathrm{i}\omega\rho\left[\int_{-T}^{0}\phi(-B,z)\mathrm{d}z - \int_{-T}^{0}\phi(B,z)\mathrm{d}z\right]$$

$$= \mathrm{i}\omega\rho\int_{-T}^{0}\phi^{\mathrm{a}}(-B,z)\mathrm{d}z$$

$$F_z = \mathrm{i}\omega\rho\int_{-B}^{B}\phi(x,-T)\mathrm{d}x$$

$$= \mathrm{i}\omega\rho\int_{-B}^{0}\phi^{\mathrm{s}}(x,-T)\mathrm{d}x$$

绕 y 轴的力矩为

$$M_y = \mathrm{i}\omega\rho\int_{-T}^{0}\phi(-B,z)z\mathrm{d}z - \int_{-T}^{0}\phi(B,z)z\mathrm{d}z - \int_{-B}^{B}\phi(x,-T)x\mathrm{d}x$$

$$= \mathrm{i}\omega\rho\left[\int_{-T}^{0}\phi^{\mathrm{a}}(-B,z)z\mathrm{d}z - \int_{-B}^{0}\phi^{\mathrm{a}}(x,-T)x\mathrm{d}x\right]$$

图2.18、图2.19和图2.20是上述方箱上的水平、垂向波浪力和绕 y 轴转动的波浪力矩。水平波浪力和绕 y 轴的波浪力矩，在低频区随波数的增加而增大，然后随波数的增加而减小。垂向波浪力在波数 $kB=0$ 时为最大值，随波数的增加而减小。

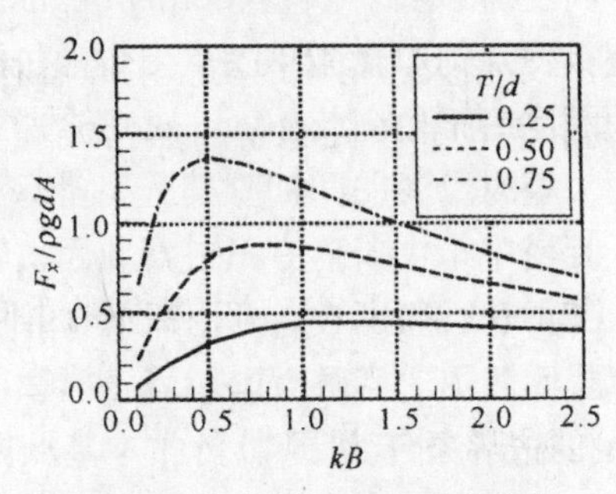

图2.18 方箱上的水平波浪力

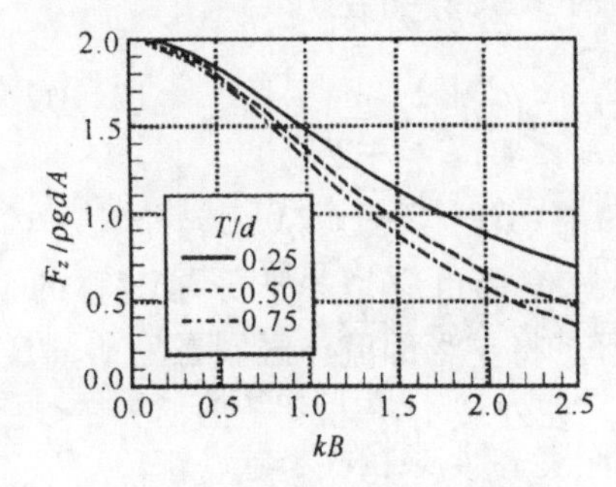

图2.19 方箱上的垂向波浪力

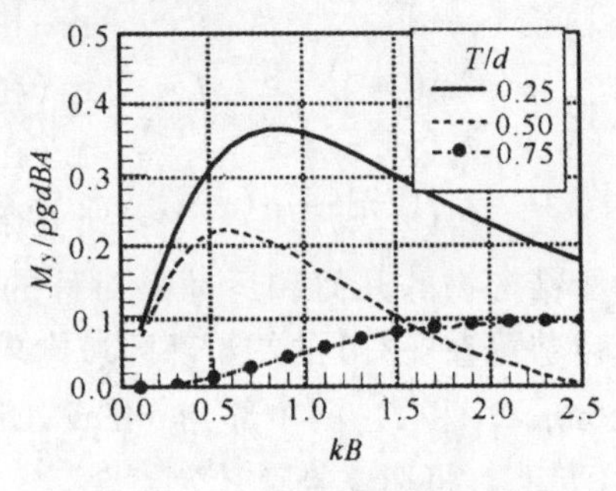

图2.20 方箱上绕 y 轴的力矩

2.6　漂浮方箱运动产生的辐射势

当物体在具有自由水面的开敞流体中运动时，会在流体中产生波浪，波浪运动的形式为以物体为中心向周围各个方向散射，并逐渐衰减为0，这一问题被称为波浪辐射问题，其速度势被称为辐射势（radiation potential）。在二维问题中，辐射势将向左、右两个方向传播，幅度保持不变。在本节中将考虑水面漂浮矩形箱体作简谐运动时产生的辐射问题，对于该问题Black等（1971）给出了变分表达式。以下就特征函数展开法作一介绍。

假定物体的质心为（0，z_0），物体运动可分解为随质心一起运动的平动和绕质心的转动。

箱体上节点在某时刻的位置为

$$\boldsymbol{x}(t)=\bar{\boldsymbol{x}}+\mathrm{Re}\{[(\xi_x+\alpha(z-z_0))\boldsymbol{i}+(\xi_z-\alpha x)\boldsymbol{k}]\mathrm{e}^{-\mathrm{i}\omega t}\} \tag{2.106}$$

$\bar{\boldsymbol{x}}$是该点的平均位置。其运动速度为

$$\boldsymbol{x}(t)=\mathrm{Re}\{-\mathrm{i}\omega[(\xi_x+\alpha(z-z_0))\boldsymbol{i}+(\xi_z-\alpha x)\boldsymbol{k}]\mathrm{e}^{-\mathrm{i}\omega t}\} \tag{2.107}$$

如果假定箱体的运动不是很大，箱体运动产生的辐射势可分别按3个运动分量（升沉、横荡和转动）单独求解，然后线性叠加求得总的辐射势。

2.6.1　升沉运动

对于单位振幅（$\xi_z=1$）的升沉运动，物体的垂向速度为

$$U_z=-\mathrm{i}\omega \tag{2.108}$$

流体中速度势所满足的边界条件为

$$\left.\begin{aligned}
&\phi_z(x,z)=\frac{\omega^2}{g}\phi(x,z) && (\text{在}\,|x|\geqslant B,z=0\,\text{上})\\
&\phi_z(x,z)=0 && (\text{在}\,z=-d\,\text{上})\\
&\phi_z(x,z)=-\mathrm{i}\omega && (\text{在}\,|x|\leqslant B,z=-T\,\text{上})\\
&\phi_x(x,z)=0 && (\text{在}\,|x|=B,-T\leqslant z\leqslant 0\,\text{上})
\end{aligned}\right\} \tag{2.109}$$

由于结构物的几何和运动是对称的，速度势也应是关于z轴对称的，速度势可在$x<0$的左半部区域内求解。将左半部流体区域在$x=-B$处分成Ω_1和Ω_2两个部分（图2.15）。在外域Ω_1（$x<-B$，$-d<z<0$）上，将速度势展开为

$$\phi_1(x,z) = A_0 e^{-ik_0(x+B)} Z_0(k_0 z) + \sum_{m=1}^{\infty} A_m e^{k_m(x+B)} Z_m(k_m z) \tag{2.110}$$

在内域 Ω_2 上，我们将速度势分解成通解和一个特解之和：

$$\phi_2(x,z) = \phi^{g}(x,z) + \phi^{p}(x,z) \tag{2.111}$$

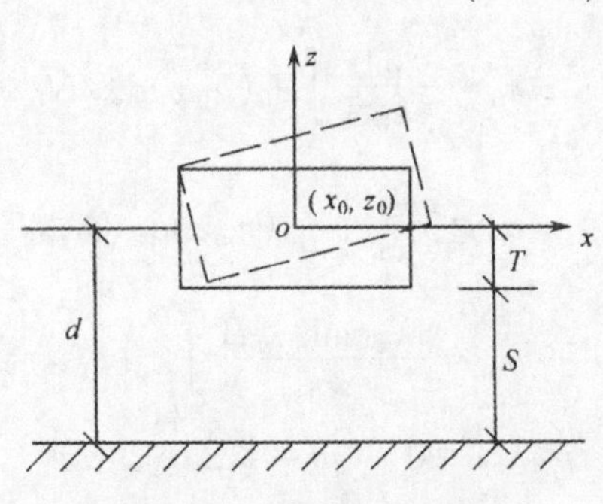

图 2.21 漂浮运动方箱

通解满足的上、下边界条件为

$$\phi_z^{g}(x,z) = 0 \quad (\text{在 } z = -d \text{ 上})$$

$$\phi_z^{g}(x,z) = 0 \quad (\text{在 } z = -T \text{ 上})$$

特解满足的边界条件为

$$\phi_z^{p}(x,z) = 0 \qquad (\text{在 } z = -d \text{ 上})$$

$$\phi_z^{p}(x,z) = -i\omega \quad (\text{在 } z = -T \text{ 上})$$

通解的形式如(2.98)式,可写为

$$\phi^{g}(x,z) = B_0 Y_0(\lambda_0 z) + \sum_{n=1}^{\infty} B_n \frac{\cosh \lambda_n x}{\cosh \lambda_n B} Y_n(\lambda_n z) \tag{2.112}$$

而特解可选取

$$\phi^{p}(x,z) = \frac{-i\omega}{2S}[(z+d)^2 - x^2] \tag{2.113}$$

在 Ω_1 和 Ω_2 区域的边界上，我们利用速度势连续的匹配条件可得

$$\sum_{m=0}^{M} A_m Z_m(k_m z) = \sum_{n=0}^{N} B_n Y_n(\lambda_n z) - \frac{i\omega}{2S}[(z+d)^2 - B^2]$$

由此式可得线性方程组为

$$\{f_n\}_{N+1} + [a_{nm}]_{(N+1)\times(M+1)} \{A_m\}_{M+1} = \{B_n\}_{N+1} \tag{2.114}$$

其中

$$f_n = \frac{i\omega}{S^2} \int_{-d}^{-T} [(z+d)^2 - B^2] Y_n(\lambda_n z) dz$$

$$a_{nm} = \frac{2}{S} \int_{-d}^{-T} Z_m(k_m z) Y_n(\lambda_n z) dz$$

对于 $x = -B$ 处的物面条件和速度连续条件,有

$$-ik_0 A_0 Z_0(k_0 z) + \sum_{m=1}^{M} k_m A_m Z_m(k_m z)$$

$$= \begin{cases} -\sum_{n=1}^{N} \lambda_n B_n Y_n(\lambda_n z) \tanh \lambda_n B - \dfrac{i\omega B}{S} & (-d < z < -T) \\ 0 & (-T \leqslant z \leqslant 0) \end{cases}$$

由此,可得到线性方程组

$$\{e_m\}_{M+1}+\{A_m\}_{M+1}=[b_{mn}]_{(M+1)\times(N+1)}\{B_n\}_{(N+1)} \quad (2.115)$$

其中

$$e_0=-\frac{\omega B}{k_0 S}\int_{-d}^{-T}Z_0(k_0 z)\mathrm{d}z/N_0$$

$$e_m=\frac{\mathrm{i}\omega B}{k_m S}\int_{-d}^{-T}Z_m(k_m z)\mathrm{d}z/N_m \quad (m=1,2,\cdots,M)$$

$$b_{0n}=\frac{\mathrm{i}\lambda_n\tanh\lambda_n B}{k_0}\int_{-d}^{-T}Z_0(k_0 z)Y_n(\lambda_n z)\mathrm{d}z/N_0 \quad (n=1,2,\cdots,N)$$

$$b_{m0}=0 \quad (m=1,2,\cdots,M)$$

$$b_{mn}=-\frac{\lambda_n\tanh\lambda_n B}{k_m}\int_{-d}^{-T}Z_m(k_m z)Y_n(\lambda_n z)\mathrm{d}z/N_m \quad (m,n=1,2,\cdots)$$

求得了系数 A_m,B_n 后可求得速度势、波面高度和波浪作用力等物理量。对于该问题,水平波浪力和绕 y 轴的波浪力矩应为0。

2.6.2 横向振荡

对于单位振幅($\xi_x=1$)的横向振荡问题,物体的水平速度为 $U_x=-\mathrm{i}\omega$,流体中速度势所满足的边界条件为

$$\begin{aligned}
&\phi_z(x,z)=\frac{\omega^2}{g}\phi(x,z) && (\text{在}|x|\geqslant B,z=0\text{上})\\
&\phi_z(x,z)=0 && (\text{在}z=-d\text{上})\\
&\phi_z(x,z)=0 && (\text{在}|x|\leqslant B,z=-T\text{上})\\
&\phi_x(x,z)=-\mathrm{i}\omega && (\text{在}|x|=B,-T\leqslant z\leqslant 0\text{上})
\end{aligned} \quad (2.116)$$

以及辐射波向外传播的无穷远条件。

由于物体运动是反对称的，速度势也应是关于 z 轴反对称的，速度势的求解可在$x<0$的左半部区域内求解。将左半部流体区域分成 Ω_1 和 Ω_2 两个部分（如前节）。在外区域 Ω_1（$x<-B$，$-d\leqslant z<0$）上，速度势的展开式如（2.110）式。在内域 Ω_2 上，由于上下边界均为齐次条件，不需分为通解和特解两个部分，其展开式可取 (2.102) 式的形式：

$$\phi_2(x,z)=B_0\frac{x}{B}Y_0(\lambda_0 z)+\sum_{n=1}^{\infty}B_n\frac{\sinh\lambda_n x}{\sinh\lambda_n B}Y_n(\lambda_n z) \quad (2.117)$$

将内外域上速度势的展开式代入 $x=-B$ 处速度势连续的匹配条件,可得

$$\sum_{m=0}^{M}A_m Z_m(k_m z)=-\sum_{n=0}^{N}B_n Y_n(\lambda_n z)$$

由此可得线性方程组

$$[a_{nm}]_{(N+1)\times(M+1)}\{A_m\}_{(M+1)}=\{B_n\}_{(N+1)} \tag{2.118}$$

式中

$$a_{nm}=-\frac{2}{S}\int_{-d}^{-T}Z_m(k_m z)Y_n(\lambda_n z)\mathrm{d}z$$

对于 $x=-B$ 处的物面条件和速度连续条件，有

$$-\mathrm{i}k_0A_0Z_0(k_0z)+\sum_{m=1}^{M}k_mA_mZ_m(k_mz)$$

$$=\begin{cases}-\mathrm{i}\omega & (-T\leqslant z\leqslant 0)\\ \dfrac{B_0}{B}Y_0(\lambda_0 z)+\displaystyle\sum_{n=1}^{N}\frac{\lambda_nB_n}{\tanh\lambda_nB}Y_n(\lambda_nz) & (-d\leqslant z\leqslant -T)\end{cases}$$

由此可得到线性方程组

$$\{e_m\}_{(M+1)}+\{A_m\}_{(M+1)}=[b_{mn}]_{(M+1)\times(N+1)}\{B_n\}_{(N+1)} \tag{2.119}$$

其中

$$e_0=-\frac{\omega}{k_0}\int_{-T}^{0}Z_0(k_0Z)\mathrm{d}z/N_0$$

$$e_i=\frac{\mathrm{i}\omega}{k_m}\int_{-T}^{0}Z_m(k_mZ)\mathrm{d}z/N_m \quad (m=1,2,\cdots)$$

b_{mn}的定义与（2.93）式中的定义相同。

由（2.118）式和（2.119）式可确定系数 A_m 和 B_n，从而确定 Ω_1 和 Ω_2 区域上的速度势。

对于横向振荡问题，垂向波浪力应为0，而水平波浪力和绕 y 轴的力矩不为0。

2.6.3 转动

对于单位转角（$\alpha=1$）转动振动的箱体，物体的水平速度为

$$U_x=-\mathrm{i}\omega(z-z_0) \tag{2.120}$$

物体的垂向速度为

$$U_z=\mathrm{i}\omega x \tag{2.121}$$

流体中速度势所满足的边界条件为

$$\left.\begin{aligned}&\phi_z(x,z)=\frac{\omega^2}{g}\phi(x,z) && (\text{在}|x|\geqslant B, z=0\text{上})\\ &\phi_z(x,z)=0 && (\text{在}z=-d\text{上})\\ &\phi_z(x,z)=\mathrm{i}\omega x && (\text{在}|x|\leqslant B, z=-T\text{上})\\ &\phi_x(x,z)=-\mathrm{i}\omega(z-z_0) && (\text{在}|x|=B, -T\leqslant z\leqslant 0\text{上})\end{aligned}\right\} \tag{2.122}$$

以及辐射势向外传播的远场条件。

由于物体的运动是反对称的，速度势也应是关于 z 轴反对称的。在外域上速度势可按（2.110）式展开，内域需将速度势分解为通解和特解的形式：

$$\phi(x,z)=\phi^{g}(x,z)+\phi^{p}(x,z) \tag{2.123}$$

通解 ϕ^{g}满足的上、下边界条件为

$$\left.\begin{aligned}&\phi_z^{g}(x,z)=0 \qquad (\text{在 } z=-d \text{ 上})\\&\phi_z^{g}(x,z)=0 \qquad (\text{在 } z=-T \text{ 上})\end{aligned}\right\} \tag{2.124}$$

而特解 ϕ^{p} 满足的上、下边界条件为

$$\left.\begin{aligned}&\phi_z^{p}(x,z)=0 \qquad (\text{在 } z=-d \text{ 上})\\&\phi_z^{p}(x,z)=\mathrm{i}\omega x \qquad (\text{在 } z=-T \text{ 上})\end{aligned}\right\} \tag{2.125}$$

通解 ϕ^{g} 可按（2.117）式展开，而满足上述边界条件和拉普拉斯方程的特解可取

$$\phi^{p}(x,z)=\frac{\mathrm{i}\omega}{2S}\left[(z+d)^2x-\frac{x^3}{3}\right] \tag{2.126}$$

在 $x=-B$ 上，我们应用速度势连续的匹配条件可得

$$\sum_{m=0}^{M}A_mZ_m(k_mz)=-\sum_{n=0}^{N}B_nY_n(\lambda_nz)-\frac{\mathrm{i}\omega B}{2S}\left[(z+d)^2-\frac{B^2}{3}\right]$$

由此可得线性方程组

$$\{f_n\}_{(N+1)}+[a_{nm}]_{(N+1)\times(M+1)}\{A_m\}_{(M+1)}=\{B_n\}_{(N+1)} \tag{2.127}$$

式中 a_{nm}的定义与（2.118）式中的定义相同，且有

$$f_n=\frac{\mathrm{i}\omega B}{S^2}\int_{-d}^{-T}\left[(z+d)^2-\frac{B^2}{3}\right]Y_n(\lambda_nz)\mathrm{d}z$$

对于 $x=-B$ 处的物面条件和速度连续条件，有

$$-\mathrm{i}k_0A_0Z_0(k_0z)+\sum_{m=1}^{M}k_mA_mZ_m(k_mz)$$

$$=\begin{cases}-\mathrm{i}\omega(z-z_0) & (-T\leqslant z\leqslant 0)\\ \dfrac{B_0}{B}Y_0(\lambda_0z)+\displaystyle\sum_{n=1}^{N}\frac{\lambda_nB_n}{\tanh\lambda_nB}Y_n(\lambda_nz)+\frac{\mathrm{i}\omega}{2S}[(z+d)^2-B^2] & (-d\leqslant z\leqslant -T)\end{cases}$$

由此可得到线性方程组

$$\{e_m\}_{(M+1)}+\{A_n\}_{(M+1)}=[b_{mn}]_{(M+1)\times(N+1)}\{B_n\}_{(N+1)} \tag{2.128}$$

其中 b_{mn}与(2.104)式中相同,且有

$$e_0=-\frac{\omega}{k_0}\int_{-T}^{0}(z-z_0)Z_0(k_0Z)\mathrm{d}z/N_0$$

$$e_m = \frac{i\omega}{k_m}\int_{-T}^{0}(z - z_0)Z_m(k_m Z)\mathrm{d}z / N_m \quad (m = 1, 2, \cdots)$$

由（2.127）式和（2.128）式可确定系数 A_m 和 B_n，从而确定 Ω_1 和 Ω_2 区域内的速度势。

2.7 波浪对垂直薄板的作用

在海岸工程中有时利用固定于一定深度处的薄板作为简单的防波设施，这种设施构造简单，施工方便，在某些情况下可以起到海岸和港口的良好掩护作用。在这一问题的研究中，许多学者做了大量的工作，Ursell(1947)早已研究了无限水深中波浪与垂直薄板作用下的反射和透射问题，Eaven 和 Morris (1972)应用变分原理对无限水深中反射系数和透射系数的上、下限作了估计，Liu 和 Abbaspour(1982)应用边界元方法计算了有限水深中倾斜薄板上波浪力、反射系数和透射系数，Losada 等(1992)，Kriebel 和 Bollmann(1996) 应用特征函数展开方法研究了有限水深中波浪与垂直薄板的作用问题，下面就特征函数展开方法予以介绍。

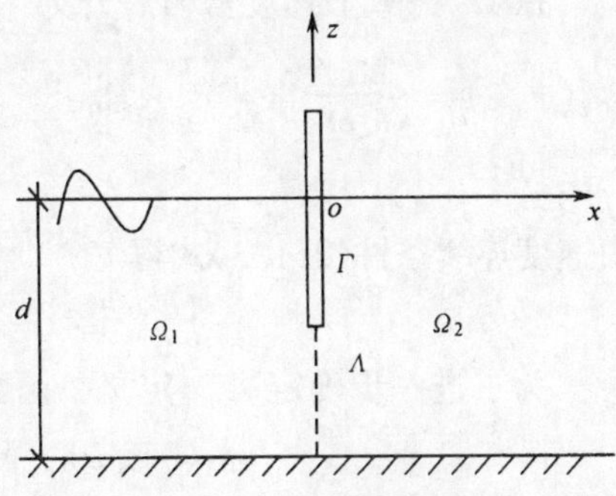

图 2.22　薄板防波堤

考虑波浪对水深 d 中垂直薄板的作用问题（图 2.22）。设薄板的厚度远小于波浪长度，可忽略不计。选取 oxz 坐标系，使得 ox 轴在静水面上，oz 轴与薄板重合，向上为正。定义薄板所占的区域为 Γ，同一立面处流体区域为 Λ。

在理想流体的假设下，速度势满足拉普拉斯方程和下述边界条件：

$$\phi_z(x, z) = \frac{\omega^2}{g}\phi(x, z) \quad (\text{在 } z = 0 \text{ 上}) \tag{2.129}$$

$$\phi_z(x, z) = 0 \quad (\text{在 } z = -d \text{ 上}) \tag{2.130}$$

$$\phi_x(x, z) = 0 \quad (\text{在 } \Gamma \text{ 上}) \tag{2.131}$$

为了研究的方便，将流体分为左右两个区域 Ω_1 和 Ω_2。Ω_1 和 Ω_2 区域上的速度势 ϕ_1 和 ϕ_2 在两域的交界处 $x = 0$ 上满足速度势连续条件

$$\phi_1(0^-, z) = \phi_2(0^+, z) \quad (\text{在 } \Lambda \text{ 上}) \tag{2.132}$$

速度连续条件

$$\phi_{1x}(0^-,z)=\phi_{2x}(0^+,z) \quad (在\ \Lambda\ 上) \tag{2.133}$$

和物面条件

$$\phi_{1x}(0^-,z)=\phi_{2x}(0^+,z)=0 \quad (在\ \Gamma\ 上) \tag{2.134}$$

在 Ω_1 区域上速度势可展开为

$$\phi_1(x,z)=-\frac{igA}{\omega}\left[\left(e^{ik_0x}+A_0e^{-ik_0x}\right)Z_0(k_0z)+\sum_{m=1}^{\infty}A_me^{k_mx}Z_m(k_mz)\right] \tag{2.135}$$

式中特征函数 $Z_m(k_mz)$的定义如前。

在 Ω_2 区域上速度势可展开为

$$\phi_2(x,z)=-\frac{igA}{\omega}\left[\left(e^{ik_0x}+B_0e^{ik_0x}\right)Z_0(k_0z)+\sum_{m=1}^{\infty}B_me^{-k_mx}Z_m(k_mz)\right] \tag{2.136}$$

由速度连续条件(2.133)式得

$$B_m=-A_m \tag{2.137}$$

为了进一步确定 A_m,定义一函数 $G(z)$为

$$G(z)=\begin{cases}\phi_1(0^-,z)-\phi_2(0^+,z)=0 & (z\in\Lambda)\\ \phi_{1x}(0^-,z)=0 & (z\in\Gamma)\end{cases} \tag{2.138}$$

将速度势 ϕ_1 和 ϕ_2[(2.135)式和(2.136)式]代入上式,可得

$$G(z)=\begin{cases}-\dfrac{igA}{\omega}\displaystyle\sum_{m=0}^{\infty}2A_mZ_m(k_mz)=0 & (z\in\Lambda)\\ -\dfrac{igA}{\omega k_0}\left[ik_0(1-A_0)Z_0(k_0z)+\displaystyle\sum_{m=1}^{\infty}A_mk_mZ_m(k_mz)\right]=0 & (z\in\Gamma)\end{cases} \tag{2.139}$$

将特征函数 Z_n (k_nz) 与上述函数相乘并对 z 积分有

$$\int_{-d}^{0}G(z)Z_n(k_nz)dz=0$$

从而可得到

$$\int_{\Lambda}2\sum_{m=0}^{\infty}A_mZ_m(k_mz)Z_n(k_nz)dz=0$$

$$\int_{\Gamma}\left[iZ_0(k_0z)(1-A_0)+\sum_{m=1}^{\infty}A_mZ_m(k_mz)k_m/k_0\right]Z_n(k_nz)dz=0$$

对于速度势的特征展开式取 M 项近似后,利用 $Z_m(k_mz)$函数的正交性,可得到$(M+1)$个未知量的线性方程组

$$([a]+[b])\{A\}=\{f\} \tag{2.140}$$

其中

$$f_n = -\mathrm{i}\int_{\Gamma} Z_0(k_0 z) Z_n(k_n z)\mathrm{d}z \quad (n \geqslant 0)$$

$$a_{mn} = 2\int_{\Lambda} Z_m(k_m z) Z_n(k_n z)\mathrm{d}z \quad (m \geqslant 0, n \geqslant 0)$$

$$b_{0n} = f_n$$

$$b_{mn} = \frac{k_m}{k_0}\int_{\Gamma} Z_m(k_m z) Z_n(k_n z)\mathrm{d}z \quad (m \geqslant 0, n \geqslant 0)$$

图2.23，图2.24和图2.25是布置在水面处的不同吃水薄板上的水平波浪力、波浪反射系数和透射系数，其随波数的变化趋势与水面方箱的情况基本相似。

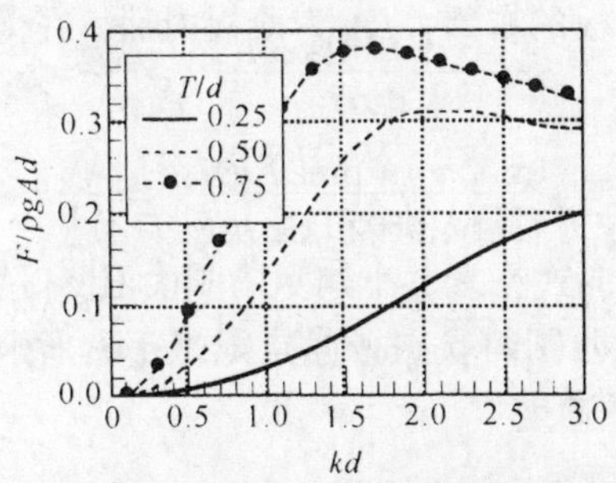

图2.23 薄板上的水平波浪力

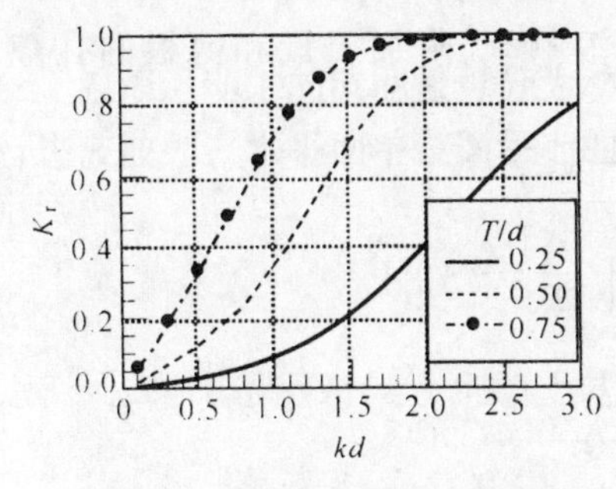

图2.24 薄板对波浪的反射系数

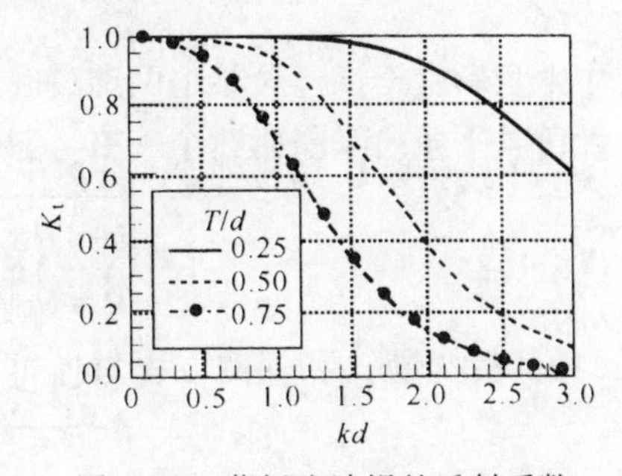

图2.25 薄板防波堤的透射系数

2.8 波浪对透空薄板的作用

直立防波堤和码头是海岸工程中常见的结构形式，近年来透空结构被广泛地应用于这些结构。对于沉箱式结构，若将前面板开孔的话，

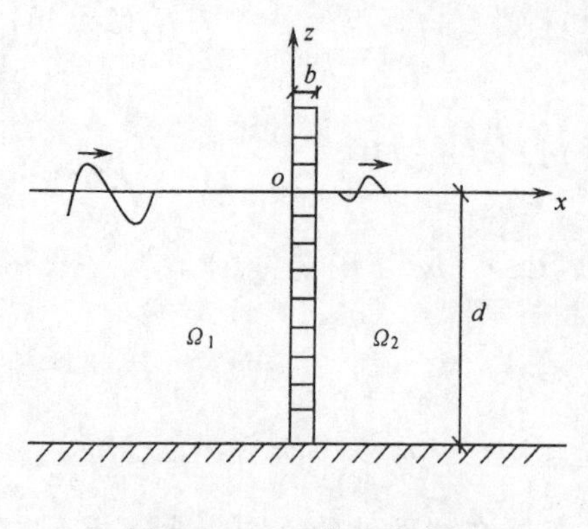

图 2.26　透空薄壁防波堤

波浪与原有直墙的作用会分摊在两个立板上。由于两个立板上的波浪力存在相位差，波浪穿过前透空板时还会造成能量损失，结构上总的波浪力会大大地减小，同时反射波浪的大小也相应地减小。关于这方面的详细工作可参看 Chwang 和 Chen（1998）的述评，下面仅就波浪与二维透空薄壁的作用问题作一介绍。

对于如图 2.26 所示波浪与一厚度为 b 的均匀透空薄板的作用问题，将流体分为 3 个区域，Ω_1 为薄板的左部，Ω_2 为薄板的右部，Ω_3 为薄板内部。在薄板内部，流体流动满足连续方程

$$\nabla \cdot \boldsymbol{U} = 0 \tag{2.141}$$

和忽略对流项的欧拉方程[Sollitt 和 Cross(1972)]

$$\frac{\partial \boldsymbol{U}}{\partial t} = \frac{-\nabla p}{\rho} - f\omega \boldsymbol{U} - C_m \frac{1-\varepsilon}{\varepsilon}\frac{\partial \boldsymbol{U}}{\partial t} \tag{2.142}$$

式中：$\boldsymbol{U}$——流体的速度；

ρ——流体密度；

p——流体压强；

f, ω, C_m 和 ε——阻力系数、波浪频率、附加质量和薄板的孔隙率。

对于速度 $\boldsymbol{U}$ 和压强 P，分离出时间因子

$$\boldsymbol{U} = \mathrm{Re}[\boldsymbol{u}\mathrm{e}^{-\mathrm{i}\omega t}]$$

$$P = \mathrm{Re}[p\mathrm{e}^{-\mathrm{i}\omega t}]$$

可得其复变量 u 和 p 的方程为

$$\nabla \cdot u = 0$$

$$\nabla p + \rho\omega\Omega u = 0$$

式中：$\Omega = f - \mathrm{i}\left(1 + C_M \dfrac{1-\varepsilon}{\varepsilon}\right)$，它的实部和虚部分别对应着介质的阻力和惯性影响。

认为薄壁只横向透水，忽略掉流体的垂向分量，可得到薄壁内水平速度与压力差间的关系为

$$u = (p_0 - p_b)/(\rho\omega b\Omega) \tag{2.143}$$

将孔隙中的流速换算成整个板上的流速，并与外部波动速度相匹配，得

$$u_0^- = u_b^+ = \varepsilon u = \frac{\varepsilon}{\rho\omega b\Omega}(p_0 - p_b)$$

令 $G = \varepsilon/\Omega kb = G_r + iG_i$ 后，上式可写为

$$\frac{\partial\phi_1}{\partial x}\Big|_{x=0} = ikG(\phi_1|_{x=0^-} - \phi_2|_{x=b^+}) \tag{2.144}$$

在 Ω_1 和 Ω_2 区域上，波动速度势满足的自由水面条件为

$$\frac{\partial\phi_j}{\partial z} = \frac{\omega^2}{g}\phi_j \qquad (在\ z=0\ 上, j=1,2)$$

在水底为

$$\frac{\partial\phi_j}{\partial z} = 0 \qquad (在\ z=-d\ 上, j=1,2)$$

以及满足散射波向外传播的远场条件。ϕ_1 和 ϕ_2 分别为 Ω_1 和 Ω_2 区域上的速度势。

若忽略薄壁的厚度，在薄壁处速度的连续条件可写为

$$\frac{\partial\phi_1(0^-, z)}{\partial x} = \frac{\partial\phi_2(0^+, z)}{\partial x} \tag{2.145}$$

速度与压力差之间的关系为

$$\frac{\partial\phi_1}{\partial x}\Big|_{x=0} = ikG(\phi_1|_{x=0^-} - \phi_2|_{x=0^+}) \tag{2.146}$$

可以证明（Yu, 1995）对于均匀开孔的直壁，ϕ_1 和 ϕ_2 中将不包括非传播项，这样 ϕ_1 和 ϕ_2 可写为

$$\left.\begin{aligned}\phi_1(x,z) &= -\frac{igA}{\omega}\frac{\cosh k(z+d)}{\cosh kd}(e^{ikx} - Re^{-ikx})\\ \phi_2(x,z) &= -\frac{igA}{\omega}\frac{\cosh k(z+d)}{\cosh kd}Te^{ikx}\end{aligned}\right\} \tag{2.147}$$

将速度势 ϕ_1 和 ϕ_2 代入薄壁上匹配条件(2.144)式和(2.145)式，可求得反射系数 K_r、透射系数 K_t 与 G 的关系为

$$K_r = |1/(1+2G)| \tag{2.148}$$

$$K_t = |2G/(1+2G)| \tag{2.149}$$

波浪穿过薄壁所造成的能量损失为

$$\begin{aligned}R_1 &= 1 - K_r^2 - K_t^2\\ &= 4G_r/|(1+2G)|^2\end{aligned} \tag{2.150}$$

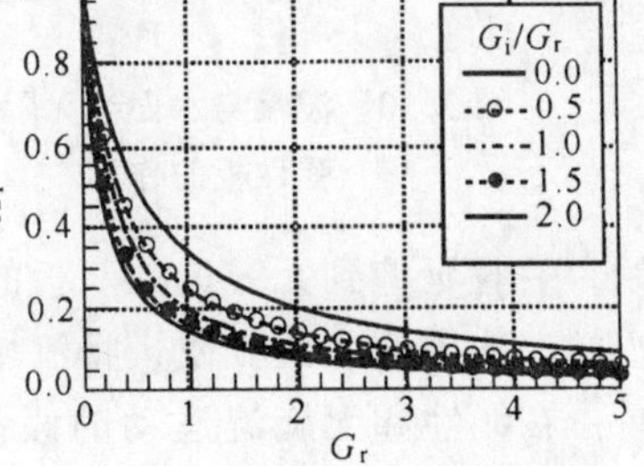

图 2.27　透空薄板的反射系数

图 2.27、图 2.28 和图 2.29 是反射

系数 K_r、透射系数 K_t 和能量损失系数 R_l 与 G 的关系曲线。从图中可以看到，当 $|G|$ 较大时，反射系数较小，透射系数较大；能量损失系数在 $|G|$ 较小和较大时均较小。

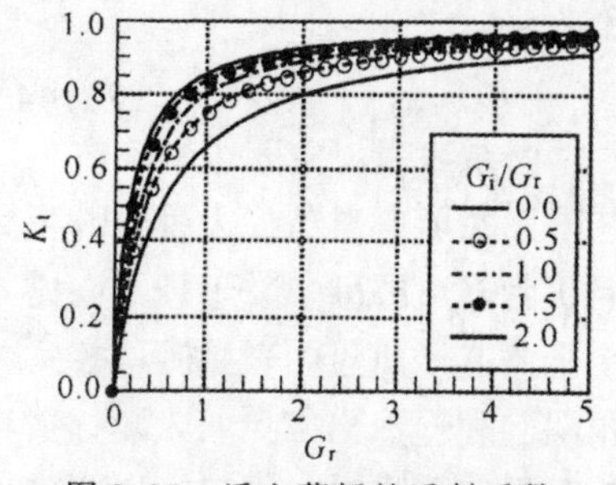

图 2.28 透空薄板的透射系数

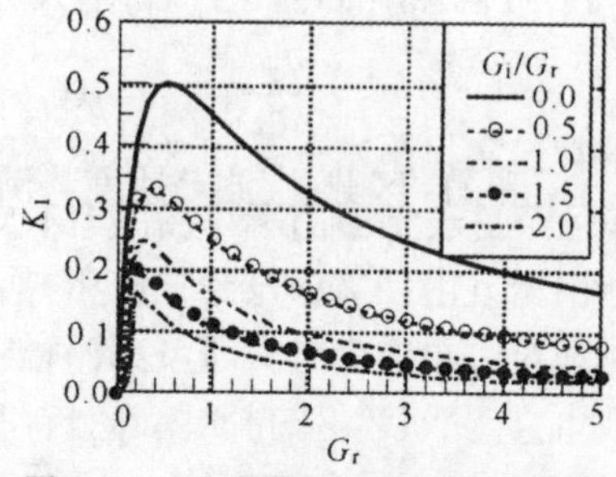

图 2.29 透空薄板的能量损失系数

需注意的是上述研究只是关于无因次参数G的讨论，不是对于某一指定结构的计算分析。对于某一指定结构，结构的透空率、阻力系数和厚度是确定的，G随着入射波浪频率的变化而变化。

2.9 波浪对水面半无限弹性板的作用

对于波浪与海面冰层、漂浮机场等大型水面浮体的相互作用问题，常可简化为波浪与水面上半无限弹性板的相互作用问题。这些问题的共同特点是，由于水面浮体的长度很长而厚度较小，对浮体的弹性变形必须加以考虑。波浪与半无限弹性板的研究可追溯到 Greehill (1887) 对波浪与冰层的相互作用的研究，Squire 等 (1995) 对该问题的研究作了总结和概述。

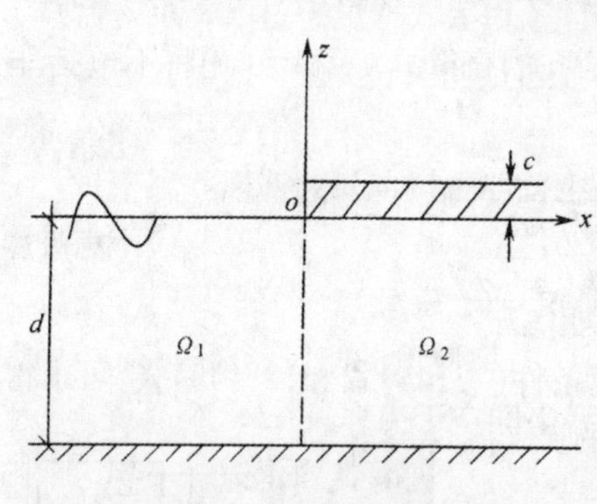

图 2.30 波浪与水面半无限弹性板的作用

考虑波浪与一水面漂浮半无限弹性板的作用问题（图 2.30），取坐标原点在自由水面上，z 轴垂直向上为正。弹性板从 $x=0$ 始，一直延伸到无穷远处。板的厚度为 c，吃水为0，$x<0$ 区域为开敞水域。为了研究的方便，将流域沿 $x=0$ 断面分为 Ω_1 和 Ω_2 两个区域。

在线性和无旋流运动的假设下，速度势存在并可分离出时间因子。分离后的复速度势满足拉普拉斯方程，以及下述的边界条件。

在海床上，满足垂向速度为0的非渗透条件

$$\frac{\partial \phi(x,z)}{\partial z}=0 \quad (\text{在 } z=-d \text{ 上}) \tag{2.151}$$

在开敞水域，满足的自由水面条件为

$$\frac{\partial \phi(x,z)}{\partial z}=\frac{\omega^2}{g}\phi \quad (\text{在 } z=0, x<0 \text{ 上}) \tag{2.152}$$

设弹性板的位移为 ζ，在弹性板的下部，如果流体与固体不产生分离，流体满足的运动和动力条件为

$$\frac{\partial \phi(x,z)}{\partial z}=-\mathrm{i}\omega\zeta \quad (\text{在 } z=0, x>0 \text{ 上}) \tag{2.153}$$

和

$$\frac{p_s}{\rho}=\mathrm{i}\omega\phi-g\zeta \quad (\text{在 } z=0, x>0 \text{ 上}) \tag{2.154}$$

式中：p_s——弹性板底部的压力；

ρ——流体的密度。

假设弹性板的杨氏模量（Young's modulus）为 E、密度为 ρ_s，弹性板的运动方程为

$$p_s=EI\frac{\partial^4\zeta}{\partial x^4}+m_s(-\omega^2\zeta+g) \tag{2.155}$$

式中：$I=c^3/[12(1-\nu^2)]$——板的单宽转动模量；

ν——板的泊松比（Poisson ratio）；

$m_s=\rho_s c$——板单位面积上的质量。

利用（2.153）式和（2.154）式，消去（2.155）式中的压力 p_s 和板位移 ζ，可得到一新的边界条件

$$\left[EI\frac{\partial^4}{\partial x^4}-m_s\omega^2+\rho g\right]\phi_z-\rho\omega^2\phi=0 \quad (\text{在 } z=0,\ x>0 \text{ 上}) \tag{2.156}$$

对于自然漂浮在水面上的结构物或海冰，板的端部条件为

$$\frac{\partial^2}{\partial x^2}\left[\frac{\partial \phi(x,z)}{\partial z}\right]=0 \quad (\text{在 } z=0,\ x=0 \text{ 上}) \tag{2.157}$$

和

$$\frac{\partial^3}{\partial x^3}\left[\frac{\partial \phi(x,z)}{\partial z}\right]=0 \quad (\text{在 } z=0,\ x=0 \text{ 上}) \tag{2.158}$$

在左部区域 $\Omega_1(x<0, -d<z<0)$ 上，速度势可展开成级数的形式：

$$\phi_1=-\mathrm{i}\frac{gA}{\omega}\left[(\mathrm{e}^{\mathrm{i}k_0x}+R_0\mathrm{e}^{-\mathrm{i}k_0x})Z_0(k_0z)+\sum_{m=1}^{\infty}R_m\mathrm{e}^{k_mx}Z_m(k_mz)\right] \tag{2.159}$$

式中：A——入射波浪波幅；

R_m——复展开系数。

垂向特征函数$Z_m(k_m z)$为

$$Z_0(k_0 z)=\frac{\cosh k_0(z+d)}{\cosh k_0 d}$$

$$Z_m(k_m z)=\frac{\cos k_m(z+d)}{\cos k_m d}\quad(m>0)$$

特征值 k_m 是下述弥散方程的根：

$$\omega^2=gk_0\tanh k_0 d$$

$$\omega^2=-gk_m\tan k_m d\quad(m>0)$$

在右部区域$\Omega_2(x>0,-d<z<0)$上，速度势可展开为

$$\phi_2=-\mathrm{i}\frac{gA}{\omega}\left[T_0\mathrm{e}^{\mathrm{i}\lambda_0 x}Y_0(\lambda_0 z)+\sum_{n=1}^{\infty}T_n\mathrm{e}^{-\lambda_n x}Y_n(\lambda_n z)\right]\quad(2.160)$$

式中：T_n——复展开系数。

垂向特征函数$Y_n(\lambda_n z)$为

$$Y_0(\lambda_0 z)=\frac{\cosh\lambda_0(z+d)}{\cosh\lambda_0 d}$$

$$Y_n(\lambda_n z)=\frac{\cos\lambda_n(z+d)}{\cos\lambda_n d}\quad(n>0)$$

特征值$\lambda_n(n=0,1,2,\cdots)$是下述方程的根：

$$1=\lambda_0(K\lambda_0^4+W)\tanh\lambda_0 d\qquad(2.161a)$$

$$1=-\lambda_n(K\lambda_n^4+W)\tan\lambda_n d\quad(n>0)\qquad(2.161b)$$

式中：$K=EI/\rho\omega^2$；

$W=(\rho g-m_s\omega^2)/\rho\omega^2$。

(2.161a) 式只有一个正实根，(2.161b) 式有两个实部为正的复数根$\lambda_1(=\alpha+\mathrm{i}\beta)$和 $\lambda_2(=\alpha-\mathrm{i}\beta)(\alpha\geqslant0,\beta\geqslant0)$，以及无数个正实根（$\lambda_3$，$\lambda_4$，…）。(2.161a) 式的实根对应着向右传播的波浪传播模态；(2.161b) 式的复数根对应着振幅不断衰减的传播模态。(2.161b) 式的实根对应着波浪的非传播模态。在弹性板下面流体各个断面上的波能流是不同的。在波浪的传播过程中流体和弹性板之间要发生能量交换，但随着离开板端距离的增加，(2.161b) 式对应的传播和非传播模态均趋于0，流体和弹性板中的波能流也达到稳定值。

展开系数 R_m 和 $T_n(m=0,1,2,3,\cdots;n=0,1,2,3,\cdots)$需通过 $x=0$ 处的匹配边界条件确定：

$$\Phi_1(0,z)=\Phi_2(0,z)\quad(-d<z<0)\qquad(2.162)$$

$$\Phi_{1x}(0,z)=\Phi_{2x}(0,z)\quad(-d<z<0)\qquad(2.163)$$

Fox 和 Squire(1990)引入了一个误差函数:

$$\varepsilon = \int_{-d}^{0} |\phi_1 - \phi_2|^2 \mathrm{d}z + \mu \int_{-d}^{0} |\phi_{1x} - \phi_{2x}|^2 \mathrm{d}z + \gamma \left[\left| \frac{\partial^2}{\partial x^2}\left(\frac{\partial \phi_2}{\partial z}\right) \right|^2 + \left| \frac{\partial^3}{\partial x^3}\left(\frac{\partial \phi_2}{\partial z}\right) \right|^2 \right]_{z=0} \tag{2.164}$$

通过最小二乘法来确定展开系数 R_m 和 T_n。μ 和 γ 是两个参数，用于调节 3 个部分误差所占的权重，以使计算快速收敛，减少（2.159）式和（2.160）式中展开式的项数。

通过量纲分析，上式可修改为

$$\varepsilon = \int_{-d}^{0} |\phi_1 - \phi_2|^2 \mathrm{d}z + \frac{1}{k^2} \int_{-d}^{0} |\phi_{1x} - \phi_{2x}|^2 \mathrm{d}z + \frac{K^2}{k} \left[\left| k^2 \frac{\partial^2}{\partial x^2}\left(\frac{\partial \phi_2}{\partial z}\right) \right|^2 + k \left| \frac{z^3}{\partial x^3}\left(\frac{\partial \phi_2}{\partial z}\right) \right|^2 \right]_{z=0} \tag{2.165}$$

在这一方程中，各项具有相同的量纲，μ 和 γ 均取为 1，数值计算表明，该方程可以取得快速的收敛结果。

波浪与上述半无限弹性板相遇后的反射系数为

$$K_r = |R_0| \tag{2.166}$$

透射系数定义为

$$K_t = |T_0| \frac{\lambda_0 \tanh \lambda_0 d}{k_0 \tanh k_0 d} \tag{2.167}$$

反射系数和透射系数应满足能量守恒关系，Evans 和 Davies（1968）通过格林定理方法对该守恒关系做了推导。将格林定理应用于速度势和其共轭，得

$$\iint_S (\phi \nabla^2 \phi^* - \phi^* \nabla^2 \phi) \mathrm{d}s = \int_C \left(\phi \frac{\partial}{\partial n} \phi^* - \phi^* \frac{\partial}{\partial n} \phi \right) \mathrm{d}l \tag{2.168}$$

S 是由 $z=0$，$z=-d$，和 $x=\pm x_0$ 构成的矩形区域，C 是其边界，n 指出流体为正。因 ϕ 和 ϕ^* 满足拉普拉斯方程，方程左端为 0。这样，上述方程简化为

$$\mathrm{Im} \int_C \phi \frac{\partial}{\partial n} \phi^* \mathrm{d}l = 0 \tag{2.169}$$

代入 $z=-d$ 和 $z=0$ 处的边界条件后，上式可写为

$$\mathrm{Im}\left[-\int_0^{-d} \left(\phi \frac{\partial}{\partial x} \phi^* \right)\bigg|_{x=-x_0} \mathrm{d}z + \int_0^{-d} \left(\phi \frac{\partial}{\partial x} \phi^* \right)\bigg|_{x=x_0} \mathrm{d}z + \int_0^{x_0} \left(L \frac{\partial^4}{\partial x^4} + W \right) \phi_z \phi_z^* \bigg|_{z=0} \mathrm{d}x \right] = 0 \tag{2.170}$$

对于第一项和第二项，当取 x_0 足够大时，速度势可用其传播模态近似

表示，经积分后可得

$$\mathrm{Im}\left[-\int_0^{-d}\left(\phi\frac{\partial}{\partial x}\phi^*\right)\bigg|_{x=-x_0}\mathrm{d}z\right]=\left(\frac{gA}{\omega}\right)^2\frac{\sinh 2k_0d+2k_0d}{4\cosh^2 k_0d}(1-|R_0|^2)$$

$$\mathrm{Im}\left[\int_0^{-d}\left(\phi\frac{\partial}{\partial x}\phi^*\right)\bigg|_{x=x_0}\mathrm{d}z\right]=-\left(\frac{gA}{\omega}\right)^2\frac{\sinh 2\lambda_0d+2\lambda_0d}{4\cosh^2\lambda_0d}|T_0|^2$$

对于第三项，经分部积分，并利用板的端部条件后，可写为

$$\mathrm{Im}\left[\int_0^{x_0}\left[\left(L\frac{\partial^4}{\partial x^4}+W\right)\phi_z\phi_z^*\right]\bigg|_{z=0}\mathrm{d}x\right]=-2\left(\frac{gA}{\omega}\right)^2L\lambda_0^5\tanh^2\lambda_0d|T_0|^2$$

将上述三式相加，并应用（2.166）式后，可得

$$DK_{\mathrm{t}}^2+K_{\mathrm{r}}^2=1 \tag{2.171}$$

式中 D 为

$$D=\frac{k_0\sinh 2k_0d}{\lambda_0\sinh 2\lambda_0d}\times\left[2\lambda_0d(EI\lambda_0^4+\rho g-m_{\mathrm{s}}\omega^2)+\sinh 2\lambda_0d(5EI\lambda_0^4+\rho g-m_{\mathrm{s}}\omega^2)\right]/\rho g(2kd+\sinh 2kd)$$

图2.31是10 m水深中，水面浮冰厚度为1 m时，波浪的反射和透射系数。冰的物理参数为$E=6\times10^9$ Pa, $\nu=0.3$, $\rho_{\mathrm{s}}=922.5$ kg/m³。虽然冰层延伸到无限远处，但由于其可弹性变形，波浪可在冰层底下的流体中传播。在低频下，波浪的反射系数较小，透射系数较大，大部分波能透射到冰层和冰层下部的流体中；高频下，波浪透射系数较小，反射系数较大，大部分波能将被反射回来。

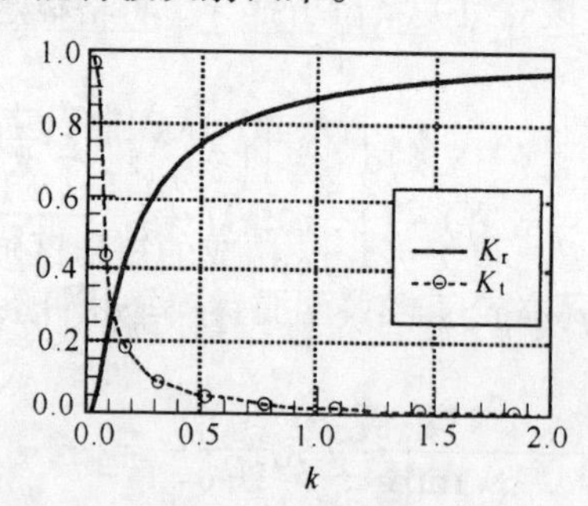

图2.31　10 m水深中1 m浮冰对波浪的反射和透射

【思考题】

（1）直墙前的反射波浪中，为什么不包含非传播模态？

（2）波浪正向相遇一下陷水平台阶，波浪反射系数为0吗？

（3）对于波浪与水面方箱的作用问题，若不分解为对称和反对称问

题，应如何求解？

(4) 推导造波板上波浪作用力和瞬时功率的计算公式。

参 考 文 献

1 Black J.L., C.C.Mei and M.C.G.Bray. Radiation and scattering of water waves by rigid bodies. J. Fluid Mech., 1971, 46: 151~164

2 Chwang A.T., A.T.Chen. Interaction between porous media and wave motion. Annu. Rev. Fluid Mech., 1998, 30: 53~84

3 Das P., D.P. Dolai and B.N.Mandal. Oblique wave diffraction by parallel thin vertical barriers with gaps. Jour. Wtrwy, Port, Coastal and Ocean Eng., ASCE, 1995, 123(4):163~171

4 Evans D.V., T.V. Davies. Wave-ice interaction. New Jersey: Davidson Lab., Stevens Inst. of Technol., Rep. 1968, 1 313

5 Eaven D.V,. C.A.N. Morris. Complementary approximations to the solution of a problem in water waves. J. Inst. Maths Applics., 1972, 10: 1~9

6 Greenhill A.G. Wave motion in hydrodynamics. Am. J. Math., 1887, 9: 62~112

7 Fox C., V.A.Squire. Reflection and transmission characteristics at the edge of shore fast sea ice. J. Geophys. Res., 1990, 95(C7):11 629~11 639

8 Kriebel D.L., C.A. Bollmann. Wave transmission past vertical wave barriers. In: Proc. of 25th Int. Conf. of Coastal Eng., 1996, 2: 2 470~2 483

9 Liu P.L.F., M. Abbaspour. Wave scattering by a rigid thin barrier. Jour. Wtrwy. Port, Coastal and Ocean Eng., ASCE, 1982, 108: 479~491

10 Losada I.J., M.A.Losada and A.J.Roldan. Propagation of oblique incident waves past rigid vertical thin barriers. App. Ocean Res., 1992, 14: 191~199

11 Mei C.C., J. L.Black. Scattering of surface waves by rectangular obstacles in water of finite depth. J. Fluid Mech., 1969, 38: 499~511

12 Miles J.W. Surface-wave scattering matrix for a shelf. J. Fluid Mech., 1967, 28: 755~767

13 Sollitt C.K., R. H.Cross. Wave transmission through permeable breakwater. In: Proc. 13th ASCE Conf. Coastal Eng., 1972, 1827~1846

14 Squire V.A., J.P.Dugan, P.Wadhams, P.J. Rottier and A.K.Liu. Ocean waves and sea ice. Ann. Rev. Fluid Mech., 1995, 27: 115~168

15 Teng B., Cheng L., Liu S.X. and Li F.J. Modified eigenfunction expansion methods for interaction of water waves with a semi-infinite elastic plate. Applied Ocean Res., 2002 (将发表)

16 Ursell F. The effect of a fixed vertical barrier on surface waves in deep water. In: Proc. Camb. Phil. Soc., 1947, 43: 374~382

17 Yu X.P. Diffraction of water waves by porous breakwaters. Jour. Wtrwy, Port, Coastal and Ocean Eng., ASCE, 1995, 121(6):275~282

18 滕斌，李玉成，韩凌. 波浪对透空外壁双筒柱的绕射. 海洋工程，2001；19(1)：32~37

19 梁昆淼. 数学物理方法. 北京：高等教育出版社，1998

第3章　波浪与三维物体作用的频域解

在上一章中讨论了波浪与几种规则二维物体的相互作用问题，并介绍了二维笛卡儿坐标下分离变量法在解决这些问题中的应用。但实际中结构物都是三维的，且常常不能简化为二维物体。本章将介绍三维问题的解析方法和适用于任何几何形状的数值方法，以及如何确定漂浮浮体在波浪作用下的运动响应。

3.1　三维柱坐标系下的分离变量法

在柱坐标系$or\theta z$下拉普拉斯方程$\nabla^2\phi=0$的表达式（梁昆淼，1998）是

$$\frac{\partial^2\phi(r,\theta,z)}{\partial r^2}+\frac{\partial\phi(r,\theta,z)}{r\partial r}+\frac{\partial^2\phi(r,\theta,z)}{r^2\partial\theta^2}+\frac{\partial^2\phi(r,\theta,z)}{\partial z^2}=0 \tag{3.1}$$

采用分离变量法，分解ϕ成为

$$\phi(r,\theta,z)=R(r)\Theta(\theta)Z(z) \tag{3.2}$$

将上式代入（3.1）式，得

$$R''\Theta Z+\frac{1}{r}R'\Theta Z+\frac{1}{r^2}R\Theta''Z+R\Theta Z''=0$$

用$r^2/R\Theta Z$遍乘各项并适当移项后得

$$r^2\frac{R''}{R}+r\frac{R'}{R}+r^2\frac{Z''}{Z}=-\frac{\Theta''}{\Theta}$$

上式左边是r和z的函数,右边是Θ的函数。若使两边相等除非两边是同一个常数,定义这个常数为m^2。由此有

$$\Theta''+m^2\Theta=0 \tag{3.3}$$

$$r^2\frac{R''}{R}+r\frac{R'}{R}+r^2\frac{Z''}{Z}=m^2 \tag{3.4}$$

由于速度势的自然周期条件构成本征值问题，θ方向的本征值和本征函数是

$$\Theta(\theta)=A\cos m\theta+B\sin m\theta\quad(m\geqslant0) \tag{3.5}$$

（3.4）式可进一步写为

$$\frac{R''}{R}+\frac{R'}{rR}-\frac{m^2}{r^2}=-\frac{Z''}{Z}$$

左边是 r 的函数，跟 z 无关；右边是 z 的函数，跟 r 无关。两边若相等，除非等于同一个常数。设这个常数为 $-k^2$，有

$$\frac{R''}{R}+\frac{R'}{rR}-\frac{m^2}{r^2}=-\frac{Z''}{Z}=-k^2$$

这样上式可分解成两个常微分方程：

$$Z''(z)-k^2Z(z)=0 \tag{3.6}$$

$$R''(r)+\frac{1}{r}R'(r)+\left(k^2-\frac{m^2}{r^2}\right)R(r)=0 \tag{3.7}$$

如果 $k=0$，(3.6) 式和 (3.7) 式的解是

$$\left.\begin{aligned}Z(z)&=C+Dz\\R(r)&=Er^m+Fr^{-m}\end{aligned}\right\} \tag{3.8}$$

如果$k^2>0$,(3.6)式和(3.7)式的解是

$$\left.\begin{aligned}Z(z)&=C\mathrm{e}^{kz}+D\mathrm{e}^{-kz}\\R(r)&=E\mathrm{J}_m(kr)+F\mathrm{Y}_m(kr)\end{aligned}\right\} \tag{3.9}$$

$\mathrm{J}_m(x)$是 m 阶贝塞尔(Bessel)函数，$\mathrm{Y}_m(x)$称为 m 阶诺依曼(Neunmann)函数，他们随变量 x 的变化曲线见图 3.1 和图 3.2。(3.9)式的第二式还可表达为

$$R(r)=E\mathrm{H}_m^{(1)}(kr)+F\mathrm{H}_m^{(2)}(kr) \tag{3.10}$$

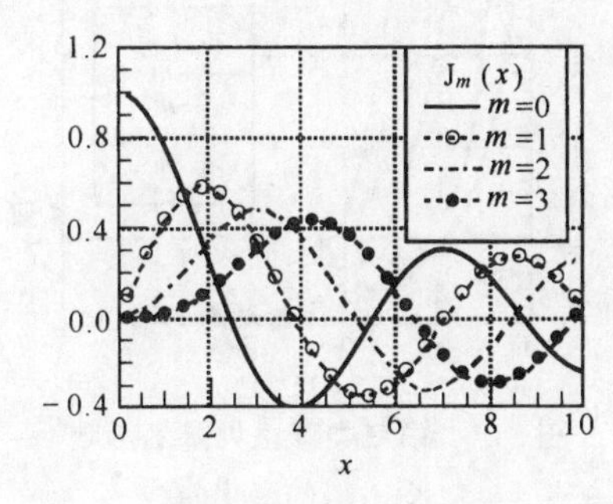

图 3.1 贝塞尔函数$\mathrm{J}_m(x)$的变化曲线

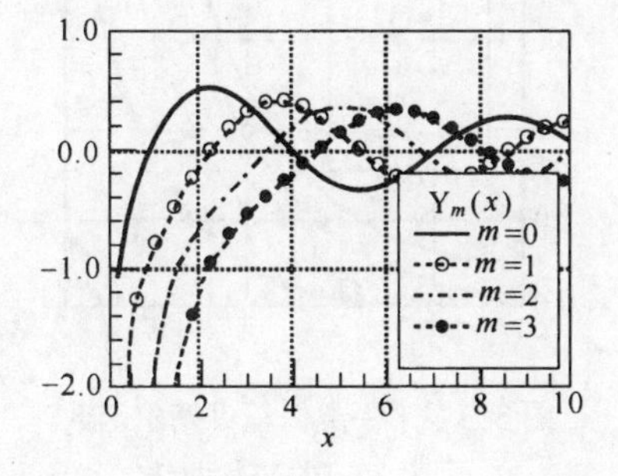

图 3.2 诺依曼函数 $\mathrm{Y}_m(x)$的变化曲线

其中

$$\mathrm{H}_m^{(1)}(x)=\mathrm{J}_m(x)+\mathrm{i}\mathrm{Y}_m(x)$$

$$\mathrm{H}_m^{(2)}(x)=\mathrm{J}_m(x)-\mathrm{i}\mathrm{Y}_m(x)$$

称为第一类和第二类汉开尔(Hankel)函数。这类函数常用于表示波的散射问题。它们在$|x|\to\infty$时的渐近表达式是

$$\mathrm{H}_m^{(1)}(x)=\sqrt{\frac{2}{\pi x}}\mathrm{e}^{\mathrm{i}(x-\frac{m\pi}{2}-\frac{\pi}{4})}+O(x^{-3/2})$$

$$\mathrm{H}_m^{(2)}(x)=\sqrt{\frac{2}{\pi x}}\mathrm{e}^{-\mathrm{i}(x-\frac{m\pi}{2}-\frac{\pi}{4})}+O(x^{-3/2})$$

将汉开尔函数乘上时间因子 $\mathrm{e}^{-\mathrm{i}\omega t}$ 后可以看到，当 kr 很大时 $\mathrm{H}_m^{(1)}(kr)\mathrm{e}^{-\mathrm{i}\omega t}$ 代表一个沿 r 正方向传播的波，$\mathrm{H}_m^{(2)}(kr)\mathrm{e}^{-\mathrm{i}\omega t}$ 代表一个沿 r 负方向传播的波（若乘上 $\mathrm{e}^{\mathrm{i}\omega t}$，两者则相反）。

如果 $k^2<0$，定义 $k=\mathrm{i}\lambda$，则（3.6）式和（3.7）式的解是

$$\left.\begin{aligned}Z(z)&=C\cos\lambda z+D\sin\lambda z\\R(r)&=E\mathrm{K}_m(\lambda r)+F\mathrm{I}_m(\lambda r)\end{aligned}\right\}\tag{3.11}$$

$\mathrm{I}_m(x)$ 和 $\mathrm{K}_m(x)$ 是第一类和第二类修正贝塞尔函数，它们在 $|x|\to\infty$ 时的渐近表达式是

$$\mathrm{I}_m(x)=\sqrt{\frac{\pi}{2x}}\mathrm{e}^{x}[1+O(x^{-1})]$$

$$\mathrm{K}_m(x)=\sqrt{\frac{\pi}{2x}}\mathrm{e}^{-x}[1+O(x^{-1})]$$

即它们以指数形式随 x 的增大而增大或衰减。图 3.3 和 3.4 给出了它们随 x 值的变化曲线。从中可以看到，在大参数下 $\mathrm{I}_m(x)\to\infty$，而在小参数下 $\mathrm{K}_m(x)\to\infty$。

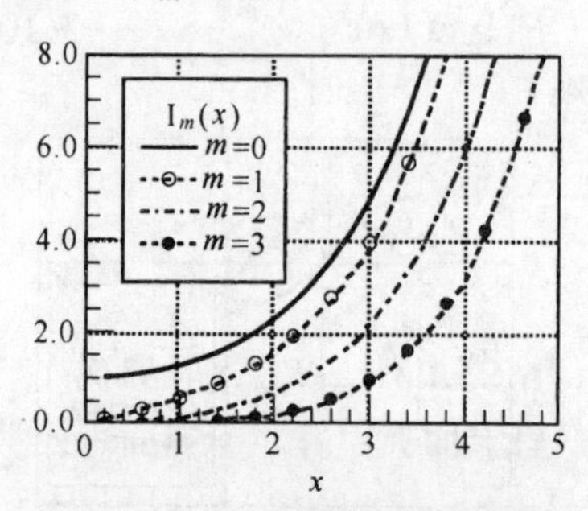

图 3.3 第一类修正贝塞尔函数 $\mathrm{I}_m(x)$ 的变化曲线

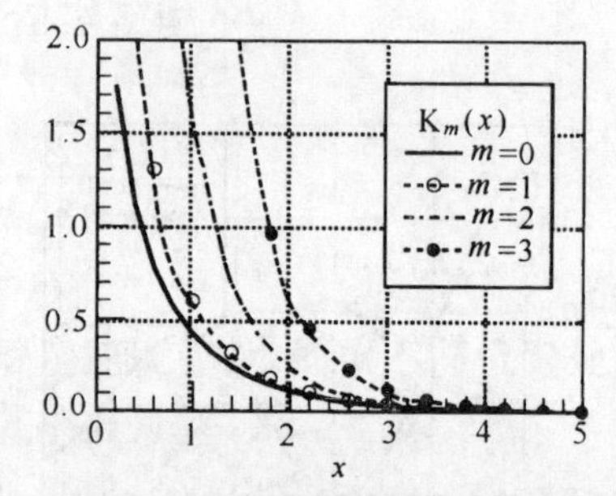

图 3.4 第二类修正贝塞尔函数 $\mathrm{K}_m(x)$ 的变化曲线

特征值 k 和 λ 需通过上下边界条件确定。对于水面条件为

$$\phi_z=\frac{\omega^2}{g}\phi \qquad (\text{在 } z=0 \text{ 上})\tag{3.12}$$

和水底条件为

$$\phi_z=0 \qquad (\text{在 } z=-d \text{ 上})\tag{3.13}$$

的情形，我们可求得 $k=0$ 时（3.8）式的系数均应为 0，（3.9）式和

(3.10) 式中 k 和 λ 分别是下列方程的解：

$$\left.\begin{aligned}\omega^2 &= gk\tanh kd\\ \omega^2 &= -g\lambda\tan\lambda d\end{aligned}\right\} \tag{3.14}$$

由上章的讨论我们知道，第二个方程具有无穷多个根，我们分别记为 λ_i $(i=1,2,\cdots)$。上述特征值对应的垂向特征函数分别为 $\cosh k(z+d)$ 和 $\cos\lambda_i(z+d)$。

若定义 $k_0=k$，$k_i=\lambda_i$ $(i=1, 2, \cdots)$，则速度势的展开形式可写为

$$\begin{aligned}\phi(r,\theta,z) = \sum_{m=0}^{\infty}\{&\cos m\theta[(A_{m0}\mathrm{H}_m^{(1)}(k_0r) + B_{m0}\mathrm{H}_m^{(2)}(k_0r))Z_0(k_0z)\\ &+\sum_{j=1}^{\infty}(A_{mj}\mathrm{K}_m(k_jr) + B_{mj}\mathrm{I}_m(k_jr))Z_j(k_jz))]\\ &+\sin m\theta[(C_{m0}\mathrm{H}_m^{(1)}(k_0r) + D_{m0}\mathrm{H}_m^{(2)}(k_0r))Z_0(k_0z)\\ &+\sum_{j=1}^{\infty}(C_{mj}\mathrm{K}_m(k_jr) + D_{mj}\mathrm{I}_m(k_jr))Z_j(k_jz))]\}\end{aligned} \tag{3.15}$$

$Z_j(k_jz)$ $(j=0,1,2,3,\cdots)$ 的定义如第2章。

上述表达式是极坐标下，满足自由水面和海底条件的完整表达式，实际应用中需根据具体情况对某些项进行取舍。速度势的展开系数需根据具体边界条件确定。

3.2 波浪关于直立圆柱的绕射

在水波问题中只有很少几种几何形状的物体可以找到精确的解析解，其中最简单的情况是横截面沿深度不变的均匀直立圆柱。

对于无限水深中的均匀直立圆柱，Havelock (1940)对波浪绕射问题作了研究，MacCamy 和 Fuchs (1954) 对有限水深中的直立圆柱得到了波浪绕射的解析解。下面对 MacCamy 和 Fuchs 的方法作一介绍。

让我们考虑波浪对在水深 d 中，半径为 a 的圆柱（图3.5）的绕射(diffraction) 问题。取柱坐标系 $or\theta z$，使得 $or\theta$ 在静水面上，oz 轴通过柱中心，向上为正。将速度势分解为入射势 $\phi_{\mathrm{i}}(r,\theta,z)$ 和绕射势 $\phi_{\mathrm{d}}(r,\theta,z)$ 两个部分，由于绕射势是向外传播并逐渐衰减的，常称为散射波。在极坐标系下，入射势可写为

$$\phi_{\mathrm{i}}(r,\theta,z) = -\frac{\mathrm{i}\,gA}{\omega}\frac{\cosh k(z+d)}{\cosh kd}\mathrm{e}^{\mathrm{i}kr\cos\theta} \tag{3.16}$$

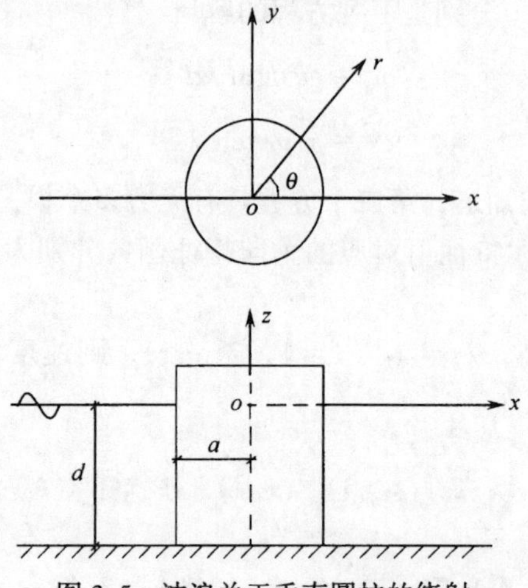

图3.5　波浪关于垂直圆柱的绕射

应用贝塞尔函数的母函数，可将上式指数部分展开成傅里叶级数的形式

$$e^{ikr\cos\theta}=\sum_{m=0}^{\infty}\varepsilon_m i^m J_m(kr)\cos m\theta,\ \varepsilon_m=\begin{cases}1,\ m=0\\2,\ m\geqslant 1\end{cases}$$

这样，入射势在极坐标系下的表达式可写为

$$\phi_i(r,\theta,z)=-\frac{i\,gA}{\omega}\frac{\cosh k(z+d)}{\cosh kd}\sum_{m=0}^{\infty}\varepsilon_m i^m J_m(kr)\cos m\theta \tag{3.17}$$

绕射势 ϕ_d (r,θ,z) 满足的边界条件为

$$\frac{\partial\phi_d}{\partial z}=\frac{\omega^2}{g}\phi_d\qquad(\text{在 } z=0 \text{ 上}) \tag{3.18a}$$

$$\frac{\partial\phi_d}{\partial z}=0\qquad(\text{在 } z=-d \text{ 上}) \tag{3.18b}$$

$$\frac{\partial\phi_d}{\partial r}=-\frac{\partial\phi_i}{\partial r}\qquad(\text{在柱面 } r=a \text{ 上}) \tag{3.18c}$$

和无穷远处的 Sommerfeld 散射条件

$$\lim_{r\to\infty}r^{1/2}\left(\frac{\partial\phi_d}{\partial r}-ik\phi_d\right)=0 \tag{3.18d}$$

根据垂向特征函数的正交性和散射波的无穷远处的散射条件，可将绕射势写为

$$\phi_d(r,\theta,z)=-\frac{i\,gA}{\omega}\frac{\cosh k(z+d)}{\cosh kd}\sum_{m=0}^{\infty}\varepsilon_m i^m A_m H_m(kr)\cos m\theta \tag{3.19}$$

式中：$H_m(kr)$——第一类汉开尔函数。

将入射势（3.17）式和绕射势（3.18a）式代入柱面边界条件（3.18c）式，可求得系数

$$A_m = -J_m'(ka)/H_m'(ka)$$

这样，总的速度势为

$$\phi(r,\theta,z) = -\frac{\mathrm{i}\,gA}{\omega}\frac{\cosh k(z+d)}{\cosh kd} \times \sum_{m=0}^{\infty}\varepsilon_m \mathrm{i}^m\left[J_m(kr) - \frac{J_m'(ka)}{H_m'(ka)}H_m(kr)\right]\cos m\theta \tag{3.20}$$

求得了速度势后，由波面方程可求得波面高度为

$$\eta(r,\theta) = A\sum_{m=0}^{\infty}\varepsilon_m \mathrm{i}^m\left[J_m(kr) - \frac{J_m'(ka)}{H_m'(ka)}H_m(kr)\right]\cos m\theta \tag{3.21}$$

波动压强为

$$p(r,\theta,z) = \rho gA\frac{\cosh k(z+d)}{\cosh kd} \times \sum_{m=0}^{\infty}\varepsilon_m \mathrm{i}^m\left[J_m(kr) - \frac{J_m'(ka)}{H_m'(ka)}H_m(kr)\right]\cos m\theta \tag{3.22}$$

桩柱上的水平波浪力可通过物面积分而得到，代入物面的单位法向矢量

$$\boldsymbol{n}_x = -\cos\theta$$

圆柱上的波浪力可写为

$$f_x = \int_0^{2\pi}\int_{-d}^{0} p(a,\theta,z)n_x a\,\mathrm{d}z\,\mathrm{d}\theta = -\rho gAa\int_{-d}^{0}\frac{\cosh k(z+d)}{\cosh kd}\mathrm{d}z\int_0^{2\pi}\sum_{m=0}^{\infty}\frac{\varepsilon_m \mathrm{i}^m}{H'_m(ka)} \times\left[J_m(ka)H'_m(ka) - J'_m(ka)H_m(ka)\right]\cos m\theta\cos\theta\,\mathrm{d}\theta \tag{3.23}$$

应用余弦函数的正交性和 Wronkcy 恒等式

$$J_m(z)H'_m(z) - J'_m(z)H_m(z) = \frac{2\mathrm{i}}{\pi z}$$

一阶近似下的波浪作用力可写为

$$f_x = \frac{4\rho gAa^2}{ka H'_1(ka)}\frac{\tanh kd}{ka} \tag{3.24}$$

类似地，关于 y 轴的波浪力矩为

$$m_y = -\rho gAa\int_{-d}^{0}\frac{\cosh k(z+d)}{\cosh kd}z\,\mathrm{d}z\int_0^{2\pi}\sum_{m=0}^{\infty}\frac{\varepsilon_i \mathrm{i}^m}{H'_m(ka)}\left[J_m(ka)H'_m(ka) - \right.$$

$$-\mathrm{J}'_m(ka)\mathrm{H}_m(ka)]\cos m\theta\cos\theta\mathrm{d}\theta = \frac{4\rho gA}{k^3\mathrm{H}'_1(ka)}\frac{1-\cosh kd}{\cosh kd} \tag{3.25}$$

图3.6和图3.7是垂直圆柱上水平波浪力和绕y轴的波浪力矩。波浪力和波浪力矩具有相同的分布形式，在低频区随波数的增大而增大，达到极值后，随波数的增大而减小。

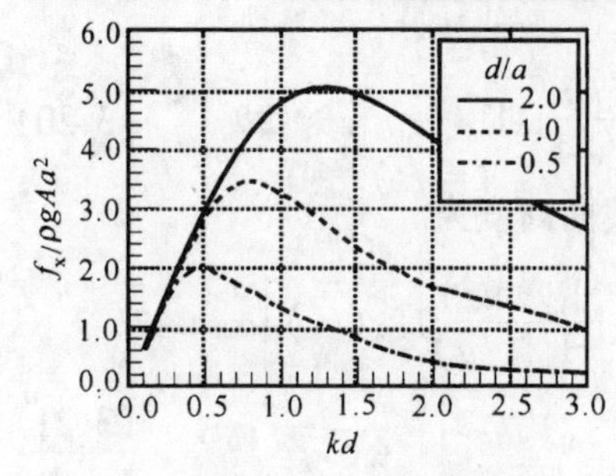

图3.6　垂直圆柱上的水平波浪力

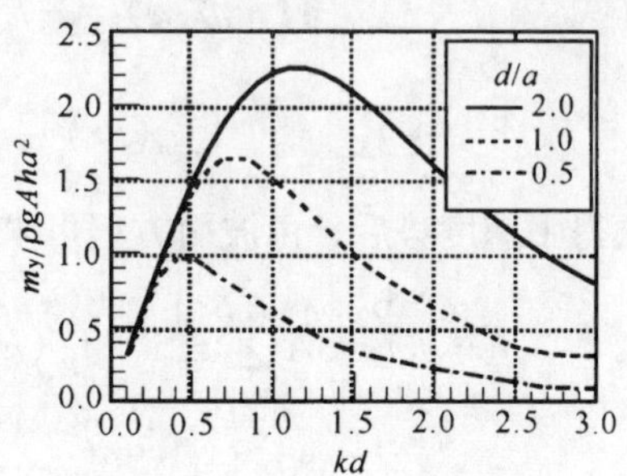

图3.7　垂直圆柱上的波浪力矩

3.3　波浪关于截断圆柱的绕射

波浪与三维结构作用下可求得解析解的另一个例子是波浪关于截断圆柱的绕射（图3.8），Garret（1971）通过分区离散和边界匹配的方法得到了解析解。在这一问题中速度势满足边界条件

$$\phi_z(x,y,z)=\frac{\omega^2}{g}\phi(x,y,z)\quad（在 z=0 上）\tag{3.26a}$$

$$\phi_z(x,y,z)=0\quad（在 z=-d 上）\tag{3.26b}$$

$$\phi_r(x,y,z)=0\quad（在柱侧面 r=a,-T<z<0 上）\tag{3.26c}$$

$$\phi_z(x,y,z)=0\quad（在柱底面 r<a,z=-T 上）\tag{3.26d}$$

并满足散射势向外传播的无限远条件。

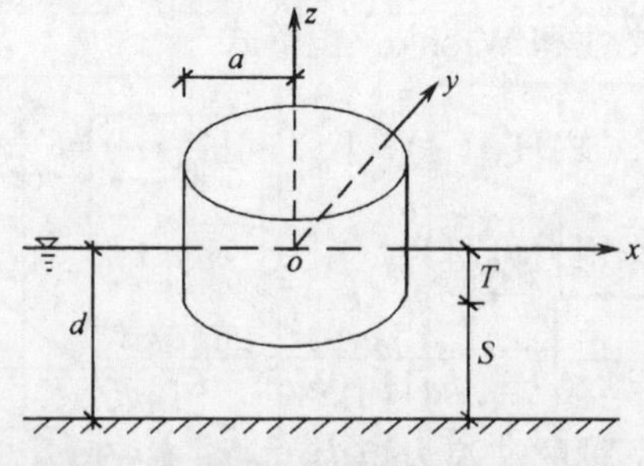

图3.8　波浪关于截断圆柱的绕射

在这一问题的研究中我们将流域分解成内、外域 Ω_1 和 Ω_2。在 Ω_1

和 Ω_2 域的交界处（$r=a$），速度势和流体速度应满足连续匹配条件

$$\phi_1(a,\theta,z)=\phi_2(a,\theta,z) \quad (-d<z<-T) \tag{3.27a}$$

$$\frac{\partial}{\partial r}\phi_1(a,\theta,z)=\frac{\partial}{\partial r}\phi_2(a,\theta,z) \tag{3.27b}$$

在外域上将速度势特征展开为

$$\phi_1(r,\theta,z)=-\frac{igA}{\omega}\sum_{m=0}^{\infty}\varepsilon_m i^m\cos m\theta\{[J_m(k_0r)+A_{m0}H_m(k_0r)]Z_0(k_0z)+\sum_{i=1}^{\infty}A_{mi}K_m(k_ir)Z_i(k_iz)\} \tag{3.28}$$

式中 k_0 和 k_i 是下述方程的根：

$$\omega^2=gk_0\tanh k_0d$$
$$\omega^2=-gk_i\tan k_id$$

垂向特征函数为

$$Z_0(k_0z)=\cosh k_0(z+d)/\cosh k_0d$$
$$Z_i(k_iz)=\cos k_i(z+d)/\cos k_id$$

速度势的第一项为入射波浪，第二项为向外传播的散射势，而第三项为随 r 的增大而衰减的局部振荡项。

在内域上将速度势展开成

$$\phi_2(r,\theta,z)=-\frac{igA}{\omega}\sum_{m=0}^{\infty}\varepsilon_m i^m\cos m\theta\sum_{j=0}^{\infty}B_{mj}V_m(\lambda_jr)Y_j(\lambda_jz) \tag{3.29}$$

式中特征值 $\lambda_j=j\pi/S$,垂向特征函数为

$$\begin{cases}Y_0(\lambda_0z)=\sqrt{2}/2\\ Y_j(\lambda_jz)=\cos\lambda_j(z+d) \quad (j\geqslant 1)\end{cases}$$

径向特征函数为

$$\begin{cases}V_m(\lambda_0r)=(r/a)^m\\ V_m(\lambda_jr)=I_m(\lambda_jr)/I_m(\lambda_ja) \quad (j\geqslant 1)\end{cases}$$

将 Ω_1 和 Ω_2 域上的速度势（3.28）式和（3.29）式代入 Ω_1 和 Ω_2 域交界处的速度势连续条件（3.27a）式，得

$$\sum_{m=0}^{\infty}\varepsilon_m i^m\cos m\theta\{[J_m(k_0a)+A_{m0}H_m(k_0a)]Z_0(k_0z)+\sum_{i=1}^{\infty}A_{mi}K_m(k_ia)Z_i(k_iz)-\sum_{j=0}^{\infty}B_{mj}Y_j(\lambda_iz)\}=0$$

应用 $\cos m\theta$ 的正交性可得

$$[J_m(k_0a)+A_{m0}H_m(k_0a)]Z_0(k_0z)+$$

$$+\sum_{i=1}^{\infty}A_{mi}\mathrm{K}_m(k_ia)Z_i(k_iz)-\sum_{j=0}^{\infty}B_{mj}Y_j(\lambda_jz)=0$$

对于内外域的垂向展开分别取 $I+1$ 和 $J+1$ 项近似，利用内域垂向特征函数$Y_j(\lambda_jz)$的正交性得

$$\{f_{mj}\}_{J+1}+[a_{mji}]_{(J+1)\times(I+1)}\{A_{mj}\}_{I+1}=\{B_{mj}\}_{J+1} \tag{3.30}$$

其中

$$f_{mj}=\frac{2\mathrm{J}_m(k_0a)}{S}\int_{-d}^{-T}Z_0(k_0z)Y_j(\lambda_jz)\mathrm{d}z\quad(j\geqslant 0)$$

$$a_{mj0}=\frac{2\mathrm{H}_m(k_0a)}{S}\int_{-d}^{-T}Z_0(k_0z)Y_j(\lambda_jz)\mathrm{d}z\quad(j\geqslant 0)$$

$$a_{mji}=\frac{2\mathrm{K}_m(k_ia)}{S}\int_{-d}^{-T}Z_i(k_iz)Y_j(\lambda_jz)\mathrm{d}z\quad(i>0,j\geqslant 0)$$

在 $r=a$ 处应用速度势的物面条件和速度连续条件

$$\frac{\partial\phi_1}{\partial r}=\begin{cases}0 & (r=a,-T<z<0)\\ \dfrac{\partial\phi_2}{\partial r} & (r=a,-d<z<-T)\end{cases}$$

将（3.28）式和（3.29）式代入并利用 $\cos m\theta$ 的正交关系，有

$$k_0Z_0(k_0z)\mathrm{J}'_m(k_0a)+k_0A_{m0}Z_0(k_0z)\mathrm{H}'_m(k_0a)+\sum_{i=1}^{I}k_iA_{mi}Z_i(k_iz)\mathrm{K}'_m(k_ia)$$

$$=\begin{cases}0 & (-T<z<0)\\ \displaystyle\sum_{j=0}^{J}B_{mj}\lambda_jY_j(\lambda_jz)V'_m(\lambda_ja) & (-d<z<-T)\end{cases}$$

利用$Z_i(k_iz)$函数的正交关系可得

$$\{e_{mi}\}_{I+1}+\{A_{mi}\}_{I+1}=[b_{mij}]_{(I+1)(J+1)}\{B_{mj}\}_{J+1} \tag{3.31}$$

其中

$$e_{m0}=\mathrm{J}'_m(k_0a)/\mathrm{H}'_m(k_0a)$$

$$e_{mi}=0\quad(i>0)$$

$$b_{moj}=\frac{\lambda_jV'_m(\lambda_ja)}{k_0\mathrm{H}'_m(k_0a)}\int_{-\mathrm{d}}^{-T}Y_j(\lambda_jz)Z_0(k_0z)\mathrm{d}z/N_0$$

$$b_{mij}=\frac{\lambda_jV'_m(\lambda_ja)}{k_i\mathrm{K}'_m(k_ja)}\int_{-\mathrm{d}}^{-T}Y_j(\lambda_jz)Z_i(k_iz)\mathrm{d}z/N_i\quad(i>0)$$

$N_i(i=0,1,2,\cdots)$的定义见（2.23）式。由（3.30）式和（3.31）式可联立求得待定系数 A_{mi} 和 B_{mj}。

物体上的波浪作用力可通过物面上的压强积分求得，在线性理论下圆柱上的水平波浪力为

$$f_x = \iint_{S_b} p n_x \mathrm{d}s = \mathrm{i}\omega\rho a \int_{-T}^{0}\int_{0}^{2\pi} \phi_1(a, z)(-\cos\theta)\mathrm{d}z\mathrm{d}\theta$$

$$= -2\pi\mathrm{i}\rho g A a \int_{-T}^{0}\Big[Z_0(k_0 z)\mathrm{J}_1(k_0 a) + A_{10} Z_0(k_0 z)\mathrm{H}_1(k_0 a)$$

$$+ \sum_{i=1}^{I} A_{1i} Z_i(k_i z)\mathrm{K}_1(k_i a)\Big]\mathrm{d}z \tag{3.32}$$

垂向波浪力为

$$f_z = \iint_{S_b} p n_z \mathrm{d}s = \mathrm{i}\omega\rho \int_{0}^{a}\int_{0}^{2\pi} \phi_2(r, -T) r\mathrm{d}r\mathrm{d}\theta$$

$$= 2\pi\rho g A \sum_{j=0}^{J} B_{0j} Y_j(-\lambda_j T)\int_{0}^{a} V_0(\lambda_j r) r\mathrm{d}r \tag{3.33}$$

绕 y 轴的波浪力矩为

$$m_y = \iint_{S_b} p(z n_x - x n_z)\mathrm{d}s$$

$$= \mathrm{i}\omega\rho\Big[\int_{-T}^{0}\int_{0}^{2\pi} a\phi_1(a, z) z(-\cos\theta)\mathrm{d}\theta\mathrm{d}z - \int_{0}^{a}\int_{0}^{2\pi}\phi_2(r, -T) r^2\cos\theta\mathrm{d}\theta\mathrm{d}r\Big]$$

$$= -2\pi\mathrm{i}\rho g A\Big\{\int_{-T}^{0} a\Big[Z_0(k_0 z)\mathrm{J}_1(k_0 a) + A_{10} Z_0(k_0 z)\mathrm{H}_1(k_0 a)$$

$$+ \sum_{i=1}^{I} A_{1i} Z_i(k_i z)\mathrm{K}_1(k_i a)\Big] z\mathrm{d}z + \sum_{j=0}^{J} B_{1j} Y_j(-\lambda_j T)\int_{0}^{a} V_1(\lambda_j r) r^2\mathrm{d}r\Big\} \tag{3.34}$$

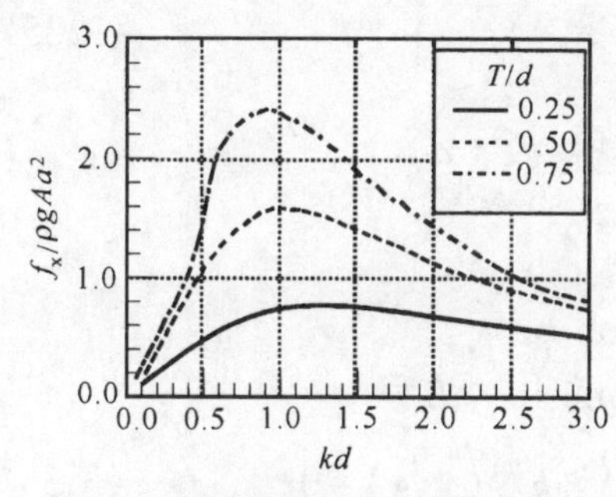

图 3.9　截断圆柱上的水平波浪力

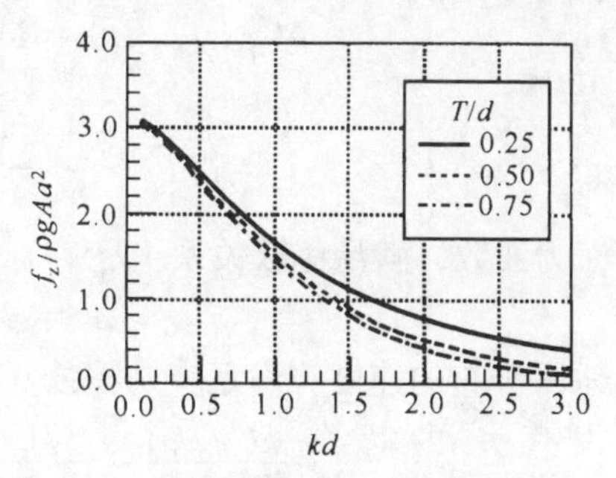

图 3.10　截断圆柱上的垂向波浪力

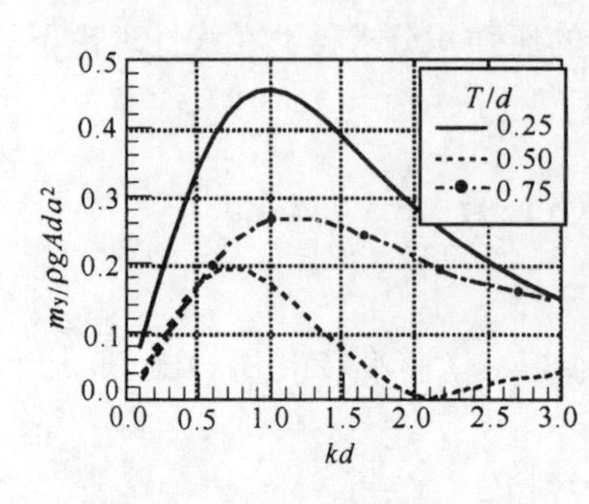

图3.11　截断圆柱上绕 y 轴的波浪力矩

图3.9、图3.10和图3.11是不同吃水截断圆柱上水平、垂向波浪力和绕 y 轴的转动力矩。算例中圆柱半径与水深比为 $a/d=1$。水平力随波数的增大而增大，达到极值后，随波数的增加而减小。深吃水桩柱上的波浪力大于浅吃水桩柱上的波浪力；垂向力在 $k=0$ 处有极大值，随波数的增加而减小。浅吃水桩柱上的波浪力大于深吃水桩柱上的波浪力；波浪力矩是水平力和垂向力共同作用的结果，在本算例下其变化趋势与水平波浪力基本相同，浅吃水桩柱上的波浪力矩大于深吃水桩柱上的波浪力矩。

对于截断圆柱的辐射问题，请参看 Yeung（1981）的文章。

3.4　波浪与垂直桩群的相互作用

在海岸工程和海洋工程中有许多结构物是由桩群组成的，波浪与桩群的作用问题因而得到了人们的重视，近年来在这一领域上开展了很多研究工作。多桩柱对势流场绕射的解析分析问题，可追朔到 Záviška（1913）对电磁场绕射的研究，对于水波与多桩柱的作用，Spring 和 Monkneyer（1974）重新发现和应用了这一方法，Linton 和 Evans（1990）对柱桩周围的速度场做了简化，得到了桩柱上作用力的简单表达式。下面将就 Linton 和 Evans（1990）的方法作一介绍。

通过前几节的分析我们知道，对于垂直均匀圆柱的绕射问题，绕射势将不包括局部振荡项，因此可将速度势写为

$$\Phi(x,y,z,t)=\mathrm{Re}\{\phi(x,y)f(z)\mathrm{e}^{-\mathrm{i}\omega t}\} \tag{3.35}$$

其中

$$f(z)=-\frac{\mathrm{i}gA}{\omega}\frac{\cosh k(z+d)}{\cosh kd}$$

k 为波数，满足色散关系

$$\omega^2=gk\ \tanh kd$$

水平分布的速度势满足亥姆霍兹（Helmholtz）方程

$$\frac{\partial^2\phi(x,y)}{\partial x^2}+\frac{\partial^2\phi(x,y)}{\partial y^2}+k^2\phi(x,y)=0 \tag{3.36}$$

假设共有 N 个桩柱，我们取一个总体坐标系和 N 个原点在各个圆

柱中心的极坐标系（图 3.12）。

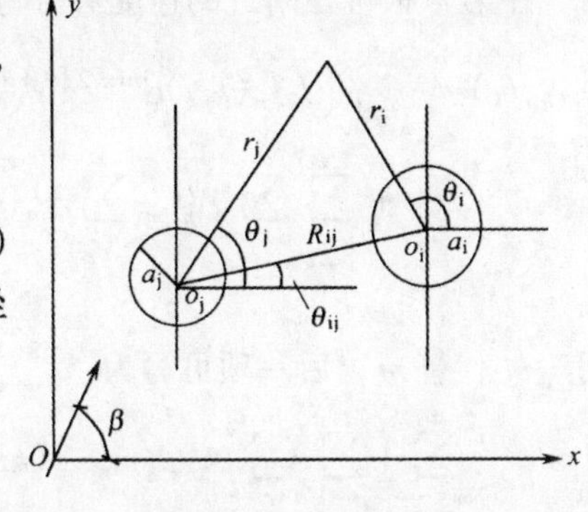

图 3.12 坐标定义图

若入射波方向与 x 轴成 β 角，则入射势在总体坐标系下可写为

$$\phi_i = e^{ik(x\cos\beta + y\sin\beta)} = e^{ikr\cos(\theta-\beta)} \tag{3.37}$$

而在以各个圆柱轴心为原点的极坐标系 $o_j r_j \theta_j$ 下可写为

$$\phi_i = I_j e^{ikr_j\cos(\theta_j-\beta)} = I_j \sum_{n=-\infty}^{\infty} J_n(kr_j) e^{-in\theta_j} e^{in\left(\frac{\pi}{2}+\beta\right)} \tag{3.38}$$

式中 $I_j = e^{ik(x_j\cos\beta + y_j\sin\beta)}$ 表示由桩柱位置引起的相位差，$(x_j,\ y_j)$ 为桩柱中心在总体坐标系的位置。

对于第 j 个桩柱产生的绕射势在其自身坐标下可写为

$$\phi_d^j = \sum_{n=-\infty}^{\infty} A_n^j C_n^j H_n(kr_j) e^{in\theta_j} \tag{3.39}$$

式中：A_n^j——待定系数；

$C_n^j = J_n'(ka_j)/H'_n(ka_j)$；

$H_n(x)$——第一类汉开尔函数；

a_j——第 j 根柱的半径。

流场中总的速度势可以写为

$$\phi = \phi_i + \sum_{j=1}^{N} \phi_d^j = e^{ikr\cos(\theta-\beta)} + \sum_{j=1}^{N}\sum_{n=-\infty}^{\infty} A_n^j C_n^j H_n(kr_j) e^{in\theta_j} \tag{3.40}$$

待定系数应通过在各个桩柱表面上流体法向速度为 0 的物面条件确定：

$$\frac{\partial\phi}{\partial r_k} = 0 \quad (\text{在 } r_k = a_k \text{ 上}, k = 1, \cdots, N) \tag{3.41}$$

应用 Graf 加法定理

$$H_n(kr_j) e^{in\theta_j} = \sum_{m=-\infty}^{\infty} H_{n+m}(kR_{jk}) J_m(kr_k) e^{i(m\theta_{kj} + n\theta_{jk})} e^{-im\theta_k} \quad (\text{当 } r_k < R_{jk}) \tag{3.42}$$

上述物面条件（3.40）式可改写为

$$A_m^k + \sum_{\substack{j=1 \\ j\neq k}}^{N} \sum_{n=-\infty}^{\infty} A_n^j C_n^j e^{i(n-m)\theta_{jk}} H_{n-m}(kR_{kj}) = -I_k e^{im(\pi/2-\beta)} \tag{3.43}$$

若对各桩柱的绕射势 ϕ_j 均取 $2M+1$ 项近似，则可得到关于 $N\times(2M+1)$ 个未知数 A_m^k 的 $N\times(2M+1)$ 个联立方程，从而可求得待定系数 A_m^k。

在第 k 根桩柱附近的速度势可写为

$$\phi(r_k,\theta_k) = \sum_{n=-\infty}^{\infty}\left[I_k \mathrm{J}_n(kr_k)\mathrm{e}^{\mathrm{i}n(\pi/2-\theta_k+\beta)} + A_n^k C_n^k \mathrm{H}_n(kr_k)e^{\mathrm{i}n\theta_k}\right]$$
$$+\sum_{\substack{j=1\\ j\neq k}}^{N}\sum_{n=-\infty}^{\infty} A_n^j C_n^j \sum_{m=-\infty}^{\infty} \mathrm{J}_m(kr_k)\mathrm{H}_{n+m}(kR_{jk})\mathrm{e}^{-\mathrm{i}m(\pi-\theta_k)}\mathrm{e}^{\mathrm{i}(n+m)\theta_{jk}}$$
$$(r_k < R_{jk}) \quad (3.44)$$

用 $-m$ 代替 m，后一项可写为

$$\sum_{m=-\infty}^{\infty}\left[\sum_{\substack{j=1\\ j\neq k}}^{\mathrm{N}}\sum_{n=-\infty}^{\infty} A_n^j C_n^j \mathrm{H}_{n-m}(kR_{jk})\mathrm{e}^{\mathrm{i}(n-m)\theta_{jk}}\right]\mathrm{J}_m(kr_k)\mathrm{e}^{\mathrm{i}m\theta_k}$$

利用（3.43）式，（3.44）式可简化为

$$\phi(r_k,\theta_k) = \sum_{n=-\infty}^{\infty} A_n^k\left[C_n^k \mathrm{H}_n(kr_k) - \mathrm{J}_n(kr_k)\right]\mathrm{e}^{\mathrm{i}n\theta_k}$$
$$(r_k < R_k) \quad (3.45)$$

而在物体表面上，应用 Wronskian 关系式并对展开式截断后，速度势可写为

$$\phi(a_k,\theta_k) = -\frac{2\mathrm{i}}{\pi ka_k}\sum_{n=-M}^{M}\frac{A_n^k}{\mathrm{H}_n'(ka_k)}\mathrm{e}^{\mathrm{i}n\theta_k}$$

第 j 根桩柱上的波浪力可通过物面积分求得为

$$\begin{Bmatrix} f_x \\ f_y \end{Bmatrix} = -\frac{\rho gAa_j}{k}\tanh kd\int_0^{2\pi}\phi(a_j,\theta_j)\begin{Bmatrix}\cos\theta_j\\ \sin\theta_j\end{Bmatrix}\mathrm{d}\theta_j$$
$$= -\begin{Bmatrix}\mathrm{i}\\ 1\end{Bmatrix}\frac{2\rho gA\tanh kd}{k^2\mathrm{H}_1'(ka_j)}\left(A_{-1}^j\begin{Bmatrix}-\\ +\end{Bmatrix}A_1^j\right)$$

作为算例，取波浪与图 3.13 所示按方阵布置的 4 个圆柱的作用问题加以研究，圆柱半径与水深之比为 $a/d=0.5$，方阵边长与水深之比为 $L/d=2$。桩柱 1～4 的中心分别在（d，d），（d，$-d$），（$-d$，d）和（$-d$，$-d$）。图 3.14 是波浪入射角 $\beta=0°$时，桩群中各桩上所受波浪力与孤立单桩上受力之比。由于桩柱之间的干涉影响，波浪正向入射时桩群中桩柱上的波浪力可达到单桩上波浪力的 1.4 倍左右。图 3.15 是波浪入射角 $\beta=45°$时，桩群中各桩上所受波浪力与孤立单桩上受力之比。波浪按这一角度入射时，桩群中桩柱上的波浪力可达到

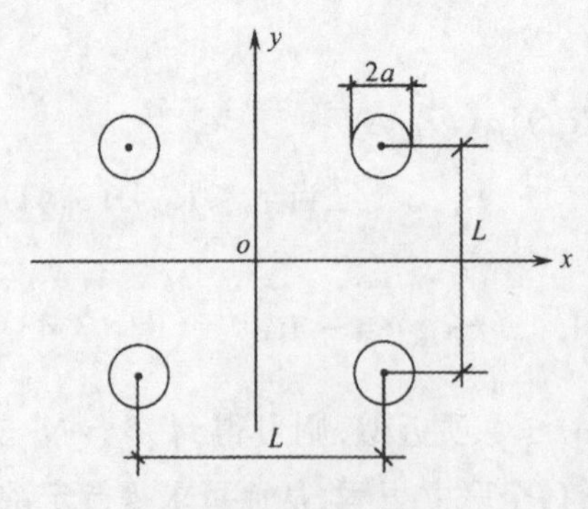

图 3.13 方阵布置图

单桩上波浪力的 2.2 倍左右。总之，在波浪与桩群作用时，由于桩柱间的干涉影响，最大波浪力有增加的可能。

关于波浪与大数量桩柱间作用而产生的干涉和陷波问题，可进一步参看 Manier 和 Newman (1997), Evans 和 Porter (1997) 等的文章。

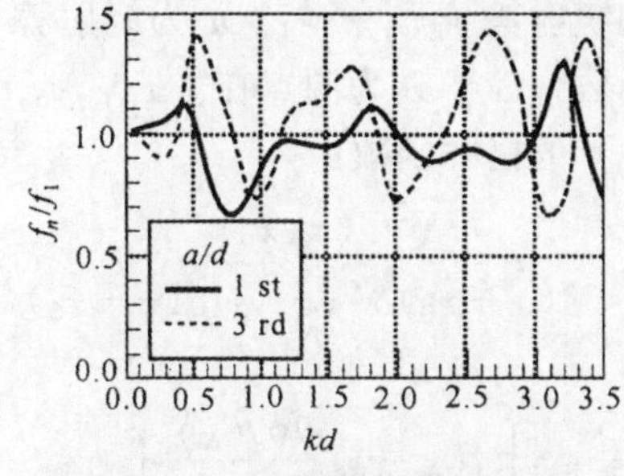

图 3.14 0°入射波下方阵布置圆柱上波浪力

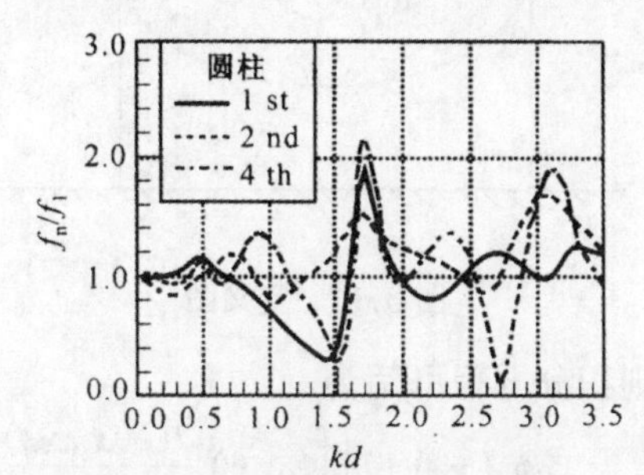

图 3.15 45°入射波下方阵布置圆柱上波浪力

对于波浪与多个截断桩柱间的相互作用问题，请参看 Kagemoto 和 Yue（1986）的文章。

3.5 波浪对任意三维物体的作用

解析分析方法仅适用于几种简单几何形状的物体，而对于工程中复杂的实际结构物（如船舶、混凝土平台、人工岛、半潜式平台等）则需要采用数值方法加以计算。数值方法可分为有限元方法（Mei，1978，1983）和边界元方法（Hess 和 Smith，1964；Garrison，1974；Liu 等，1991；Teng 和 Eatock Taylor，1995a）等。应用有限元方法时需对流体区域进行离散，而边界元方法只需对流体的边界进行离散，应用起来更为方便和简单。根据应用的格林函数的不同，边界元方法有内域应用简单格林函数、外域应用级数展开的混合方法和应用满足自由水面条件格林函数的方法。另外，由于建立积分方程的方法的不同，还可分为直接边界元方法和间接边界元方法等，对于边界元方法的系统知识可参看 Brebbia 和 Walker（1980）、卢盛松（1990）、姚振汉和王海涛(2010)等人的著作。下面将对应用直接边界元方法计算波浪与结构物的相互作用问题作一介绍。

对于流域内在具有二阶导数且边界上具有一阶导数的两个函数，他们满足第二格林公式

$$\iiint_{\Omega}\left[u\,\nabla^2 w - w\,\nabla^2 u\right]\mathrm{d}v = \iint_{S}\left(u\,\frac{\partial w}{\partial \boldsymbol{n}} - w\,\frac{\partial u}{\partial \boldsymbol{n}}\right)\mathrm{d}s \quad (3.46)$$

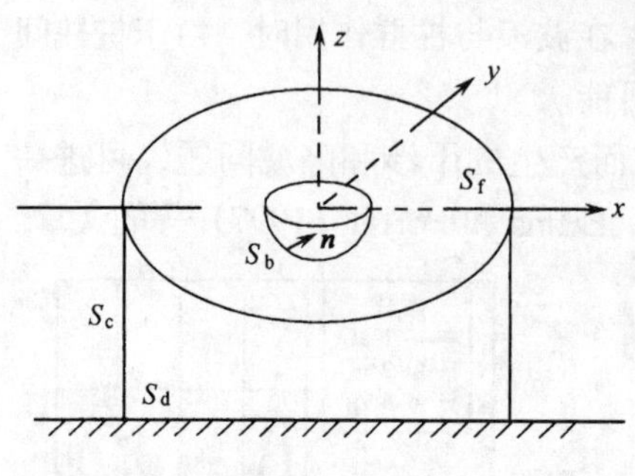

图3.16　定义图

其中 $S=S_b+S_f+S_d+S_\infty$，$\boldsymbol{n}$ 为物面的单位法向矢量，指出流体为正（图3.16）。

若将速度势分解为入射势 ϕ_i 和绕射势 ϕ_d，令 $\phi_d=u$ 为绕射势函数，$G=w$ 为源点在（x_0，y_0，z_0）的格林函数：

$$\nabla^2 G(\boldsymbol{x},\boldsymbol{x}_0)=\delta(x-x_0)\delta(y-y_0)\delta(z-z_0)$$

则积分方程可写为

$$\alpha\phi_d(\boldsymbol{x}_0)-\iint_S \phi_d(\boldsymbol{x})\frac{\partial G(\boldsymbol{x},\boldsymbol{x}_0)}{\partial n}\mathrm{d}s=-\iint_S G(\boldsymbol{x},\boldsymbol{x}_0)\frac{\partial \phi_d(\boldsymbol{x})}{\partial n}\mathrm{d}s \tag{3.47}$$

式中

$$\alpha=\begin{cases}1 & (x_0\text{ 在 }\Omega\text{ 内})\\ 0 & (x_0\text{ 在 }\Omega\text{ 外})\\ 1-\text{固角}/4\pi & (x_0\text{ 在 }S\text{ 上})\end{cases}$$

固角为物体表面所占的空间角度。对于一正立方体，侧面处为 2π，棱柱处为 π，角点处为$\frac{\pi}{2}$。

利用绕射势的物面条件

$$\frac{\partial\phi_d}{\partial n}=-\frac{\partial\phi_i}{\partial n}$$

散射势满足的积分方程为

$$\alpha\phi_d(\boldsymbol{x}_0)-\iint_S \phi_d(\boldsymbol{x}_0)\frac{\partial G(\boldsymbol{x},\boldsymbol{x}_0)}{\partial n}\mathrm{d}s=\iint_S G(\boldsymbol{x},\boldsymbol{x}_0)\frac{\partial \phi_i(\boldsymbol{x})}{\partial n}\mathrm{d}s \tag{3.48}$$

最简单的格林函数是 Rankine 源

$$G_0=-\frac{1}{4\pi}\frac{1}{r}$$

式中

$$r^2=(x-x_0)^2+(y-y_0)^2+(z-z_0)^2$$

若取 Rankine 源和它关于海底的像作为格林函数：

$$G_1(\boldsymbol{x},\boldsymbol{x}_0)=-\frac{1}{4\pi}\left[\frac{1}{r}+\frac{1}{r_1}\right]$$

则(3.47)式中关于水底的积分可消除掉，相应的积分域为，$S_1=S_b+S_f+S_\infty$

其中

$$r_1^2=(x-x_0)^2+(y-y_0)^2+(z+z_0+2d)^2$$

由于自由水面上的积分需要积分到无穷远处,因此上述积分方程是无法直接应用的。一种处理方法是将流体分成内、外两个区域(图 3.17)。在内部区域上应用积分方程方法表示,而在外域上将散射势展开成级数形式:

$$\phi_{\mathrm{d}} = \sum_{m=-\infty}^{\infty} \varepsilon_m \mathrm{i}^{m\cos m\theta}\Big[A_{m0}\cosh k_0(z+d)\mathrm{H}_m(k_0 r) + \sum_{i=1}^{I} A_{mi}\cos k_i(z+d)\mathrm{K}_m(k_i r)\Big]$$

如果 S_c 断面离物体较远，上述方程中第二项非传播项可以忽略掉。系数 A_{mi} 和内域边界上的速度势需通过内外域交界面 S_c 上速度势连续、法向速度连续和内域的边界条件联立确定。

若应用满足波浪自由水面条件的格林函数（见 3.7 节），(3.48) 式可简化为

$$\alpha\phi_{\mathrm{d}}(\boldsymbol{x}_0)-\iint_{S_{\mathrm{b}}}\phi_{\mathrm{d}}(\boldsymbol{x})\frac{\partial G(\boldsymbol{x},\boldsymbol{x}_0)}{\partial n}\mathrm{d}s=\iint_{S_{\mathrm{b}}}G(\boldsymbol{x},\boldsymbol{x}_0)\frac{\partial\phi_{\mathrm{i}}(\boldsymbol{x})}{\partial n}\mathrm{d}s \tag{3.49a}$$

即积分区域和未知量仅局限于物体的表面上，这样可大大地减小对计算机内存的需求。也可将总速度势和满足水面条件的格林函数代入格林第二定理，而得到下述积分方程（证明留给读者完成）。

$$\alpha\phi(x_0)-\iint_{S_B}\phi(x)\frac{\partial G(x,x_0)}{\partial n}ds=\phi_I(x_0) \tag{3.49b}$$

积分方程的求解需通过边界元方法先将物体表面离散成一定数目的单元（图 3.18），然后假定每个单元内部的速度势可通过单元节点势的多项式（或其他已知函数）予以表达，通过配点法或伽辽金（Galerkin）方法等建立起节点势的线性方程组，最后求得节点处的速度势。下面将就常数元和等参元离散下，用配点法求解的过程作一介绍。

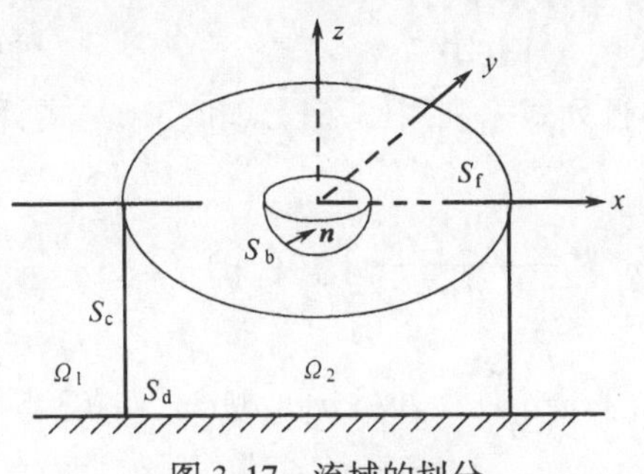

图 3.17 流域的划分

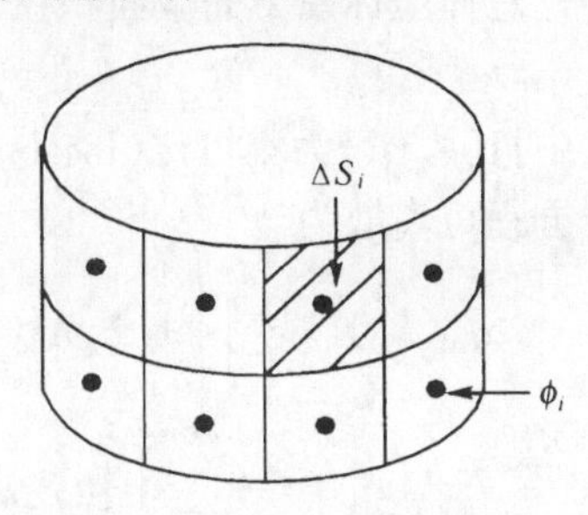

图 3.18 定义图

3.5.1 常数元离散法

将物体表面离散成 N 个平面单元，常称为板元。每个单元的面积分别为 ΔS_i，在每个单元上速度势为常量 ϕ_i。将格林函数的源点依次放在每个单元的形心上，可得到

$$\frac{1}{2}\phi_{\mathrm{d}}(\boldsymbol{x}_j) - \sum_{i=1}^{N}\phi_{\mathrm{d}}(\boldsymbol{x}_j)\iint_{\Delta S_i}\frac{\partial G(\boldsymbol{x},\boldsymbol{x}_j)}{\partial n}\mathrm{d}s = \sum_{i=1}^{N}\iint_{\Delta S_i}G(\boldsymbol{x},\boldsymbol{x}_j)\frac{\partial \phi_{\mathrm{i}}(\boldsymbol{x})}{\partial n}\mathrm{d}s \tag{3.50}$$

由此可得到线性方程组

$$[A]\{\phi\} = \{B\} \tag{3.51}$$

用于确定各个板元上的速度势。关于这一方面的详细工作可参看 Hess 和 Smith（1964），Garrison（1974）等的文章。

3.5.2 等参元离散法

将物体表面离散成 N 个曲面单元，对于每个单元可通过数学变换，变换成参数坐标 ξ，η 下的等参元（图 3.19）。在等参元内引入形状函数$h(\xi,\eta)$，单元内任一点的势函数可通过节点势 ϕ^k 表示为

$$\phi(\xi,\eta) = \sum_{k=1}^{K}h^k(\xi,\eta)\phi^k \tag{3.52}$$

式中：K——单元的节点个数。

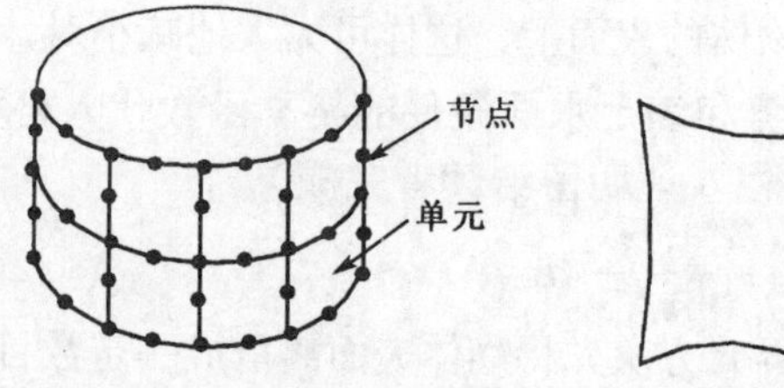

图 3.19 物面单元的划分

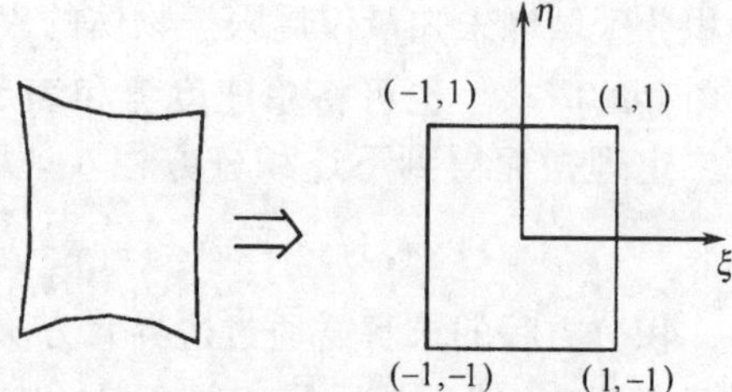

图 3.20 四边形单元的变换

对于四边单元，K 可取 4（线性元），8（二次元）或 12（三次元）（图 3.20）；对于三角单元，K 可取 3（线性元），6（二次元）或 9（三次元）。

总体坐标系下的微面积在等参坐标系下为

$$\mathrm{d}s = |\mathrm{J}(\xi,\eta)|\,\mathrm{d}\xi\mathrm{d}\eta \tag{3.53}$$

式中$|\mathrm{J}(\xi,\eta)|$为雅可比（Jacobian）行列式。利用（3.51）式和（3.52）式，积分方程可离散为

$$\begin{aligned}&\alpha\phi_{\mathrm{d}}(\boldsymbol{x}_0) - \sum_{i=1}^{N}\int_{-1}^{1}\int_{-1}^{1}\sum_{k=1}^{K}h^k(\xi,\eta)\phi_{\mathrm{d}}^k\frac{\partial G(\boldsymbol{x},\boldsymbol{x}_0)}{\partial n}\,|\mathrm{J}(\xi,\eta)|\,\mathrm{d}\xi\mathrm{d}\eta \\ &= -\sum_{i=1}^{N}\int_{-1}^{1}\int_{-1}^{1}G(\boldsymbol{x},\boldsymbol{x}_0)\frac{\partial \phi_{\mathrm{i}}(\boldsymbol{x})}{\partial n}\,|\mathrm{J}(\xi,\eta)|\,\mathrm{d}\xi\mathrm{d}\eta\end{aligned} \tag{3.54}$$

式中对 ξ，η 的积分可采用标准的高斯数值积分方法计算。关于系数 α

的确定和当 $x \to x_0$ 时格林函数及其空间导数的奇异积分的计算可参见 Teng 和 Eatock Taylor (1995)，Liu 等 (1991)，Li 等 (1985) 和滕斌等 (2006) 的文章。

将源点 x_0 分别取在各个节点上，可得到线性方程组

$$[A]_{M \times M}\{\phi\} = \{B\} \tag{3.55}$$

式中：M——总的节点数(与单元数 N 不同)。

物体上的波浪作用力可通过物面上压强的积分求得。在一阶近似下，物体上的波浪作用力可写为

$$\boldsymbol{f} = \iint_{S_b} p\boldsymbol{n}\,\mathrm{d}s = \mathrm{i}\omega\rho\iint_{S_b} \phi\boldsymbol{n}\,\mathrm{d}s \tag{3.56}$$

对于等参元离散的物体表面，波浪作用力可写为

$$\boldsymbol{f} = \mathrm{i}\omega\rho \sum_{i=1}^{N} \int_{-1}^{1}\int_{-1}^{1} \sum_{k=1}^{K} h^k(\xi,\eta)\phi^k \mid \mathrm{J}(\xi,\eta) \mid \boldsymbol{n}\,\mathrm{d}\xi\mathrm{d}\eta \tag{3.57}$$

(3.56) 式中 $\phi = \phi_{\mathrm{i}} + \phi_{\mathrm{d}}$ 为总速度势。在绕射效果较弱的情况下(如：结构迎浪尺度较小或波长很长的情况)，可近似地仅应用入射势计算物体上的波浪作用力

$$\boldsymbol{f} = \mathrm{i}\omega\rho\iint_{S_b} \phi_i\boldsymbol{n}\,\mathrm{d}s$$

这部分作用力称为Froude-Krylov力，或Froude–Kriloff力。

3.6 漂浮物体在波浪作用下的运动响应

轮船、浮筒、浮式防波堤、半潜式平台等海工建筑物的安全稳定和工作性能取决于它们在波浪激振下的运动响应。在平静的海面上，物体的重力、浮力和外部约束力使物体保持静平衡，然而在波浪的作用下，物体会在其平衡位置周围按照波浪频率发生振动。当入射波浪的频率与结构系统的自振频率接近时，结构物会发生强烈的共振响应。下面将对线性假设下物体在波浪作用下的运动响应理论作一介绍，对于物体在波浪中动力响应方面的系统知识以及更高阶理论，可参见 Wehausen(1971)，Ogilvie(1983)等的概述。

3.6.1　物面条件和速度势

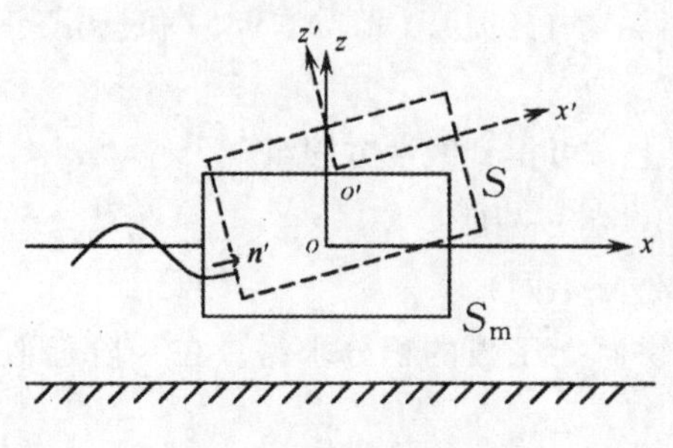

图 3.21　坐标定义图

对于图 3.21 所示的运动物体，取两组坐标系加以描述，$oxyz = ox_1x_2x_3$ 为空间固定的坐标系，$o'x'y'z' = o'x_1'x_2'x_3'$，为固定于物体上的坐标系。当物体处于静平衡位置时，两组坐标系完全重合。如用 $\Xi(\Xi_1, \Xi_2, \Xi_3)$ 和 $A(A_1, A_2, A_3)$ 表示 $o'x_1'x_2'x_3'$ 坐标系相对于 $ox_1x_2x_3$ 坐标系的平动位移和转角，在小转角的假设下，任一空间点在两组坐标系下的坐标满足关系式

$$\boldsymbol{x} = \boldsymbol{x}' + \Xi + A \times (\boldsymbol{x}' - \boldsymbol{x}_0') + O(\varepsilon^2) \tag{3.58}$$

式中：ε——无量纲运动参量；

　　$\boldsymbol{x}_0'$——转动中心。

物体上某点的运动速度为

$$\boldsymbol{U} = \dot{\boldsymbol{x}} = \dot{\Xi} + \dot{A} \times (\boldsymbol{x}' - \boldsymbol{x}_0') \tag{3.59}$$

同样，在两组坐标系下物面上的法向矢量满足关系式

$$\boldsymbol{n} = \boldsymbol{n}' + A \times \boldsymbol{n}' \tag{3.60}$$

在 $ox_1x_2x_3$ 空间固定的坐标系下，物面的运动条件为

$$\boldsymbol{U} \cdot \boldsymbol{n} = \boldsymbol{\nabla}\, \Phi \cdot \boldsymbol{n} \qquad (\text{在 } S \text{ 上}) \tag{3.61}$$

式中：S——物体处于瞬时位置的湿表面。

如同水面条件的推导，瞬时位置 S 上的速度势可用平均位置湿表面 S_m 上的物理量加以表示：

$$\boldsymbol{\nabla}\Phi|_S = \boldsymbol{\nabla}\, \Phi|_{S_m} + [(\boldsymbol{x} - \boldsymbol{x}') \cdot \boldsymbol{\nabla}]\boldsymbol{\nabla}\, \Phi|_{S_m} + \cdots$$

注意到物面上任一点的坐标和法向矢量在 $o'x_1'x_2'x_3'$ 坐标系的矢量与该点在静平衡位置时固定坐标系下的矢量是相同的，(3.61) 式可写成

$$[\dot{\Xi} + \dot{A} \times (\boldsymbol{x} - \boldsymbol{x}_0)] \cdot [\boldsymbol{n} + A \times \boldsymbol{n}]$$

$$\approx [\nabla\Phi + ((\boldsymbol{x} - \boldsymbol{x}') \cdot \nabla)\nabla\Phi] \cdot (\boldsymbol{n} + A \times \boldsymbol{n}) \qquad (\text{在 } S_m \text{ 上})$$

忽略掉二阶项，上式可写为

$$\frac{\partial \Phi}{\partial n} = \dot{\Xi} \cdot \boldsymbol{n} + \dot{A} \cdot [(\boldsymbol{x} - \boldsymbol{x}_0) \times \boldsymbol{n}] \qquad (\text{在 } S_m \text{ 上}) \tag{3.62}$$

对于简谐波与结构物作用问题，结构的运动响应也应是同频率下的

简谐运动。因此，我们可分离出时间因子 $e^{-i\omega t}$

$$\Phi=\mathrm{Re}[\phi e^{-i\omega t}],\ \Xi=\mathrm{Re}[\xi e^{-i\omega t}],A=\mathrm{Re}[\alpha e^{-i\omega t}]$$

这样,(3.62)式可写为

$$\frac{\partial\phi}{\partial n}=-i\omega\{\boldsymbol{\xi}\cdot\boldsymbol{n}+\alpha\cdot[(\boldsymbol{x}-\boldsymbol{x}_0)\times\boldsymbol{n}]\}\quad(\text{在 } S_{\mathrm{m}} \text{ 上})\tag{3.63}$$

如果我们定义广义方向$(n_4,n_5,n_6)=(\boldsymbol{x}-\boldsymbol{x}_0)\times\boldsymbol{n}$,并将转动矢量写为$(\alpha_1,\alpha_2,\alpha_3)=(\xi_4,\xi_5,\xi_6)$,(3.63)式可进一步写为

$$\frac{\partial\phi}{\partial n}=-i\omega\boldsymbol{\xi}\cdot\boldsymbol{n}\quad(\text{在 } S_{\mathrm{m}} \text{ 上})\tag{3.64}$$

这 6 个方向的运动分别称为纵荡（surge)、横荡（sway)、升沉(heave)、横摇（roll)、纵摇（pitch）和回转（yaw)。

速度势分解为

$$\phi=\phi_{\mathrm{i}}+\phi_{\mathrm{d}}+\phi_{\mathrm{r}}\tag{3.65}$$

式中:ϕ_{i}——已知的入射势;

ϕ_{d}——物体不运动时的绕射势;

ϕ_{r}——物体运动时产生的辐射势。

ϕ_{d} 和 ϕ_{r} 均为向外传播的散射势,在无穷远处满足 Sommerfeld 条件

$$\lim_{r\to\infty}\sqrt{r}\left(\frac{\partial\phi_{\mathrm{S}}}{\partial r}-ik\phi_{\mathrm{S}}\right)=0$$

在自由水面和海床上，ϕ_{i}，ϕ_{d} 和 ϕ_{r} 满足自由水面方程和不透水条件。

为了研究问题的方便，将辐射势按物体运动的 6 个分量进一步分解为

$$\phi_{\mathrm{r}}=\sum_{j=1}^{6}-i\omega\xi_j\phi_j\tag{3.66}$$

如果我们类似地记 $\phi_0=\phi_{\mathrm{i}}$，$\phi_7=\phi_{\mathrm{d}}$，则物面条件可写为

$$\frac{\partial\phi_j}{\partial n}=\begin{cases}n_j & (j=1,\cdots,6)\\ -\dfrac{\partial\phi_0}{\partial n} & (j=7)\end{cases}\tag{3.67}$$

关于各个散射势的积分方程可写为

$$\alpha\phi_j(\boldsymbol{x}_0)-\iint_{S_{\mathrm{b}}}\frac{\partial G(\boldsymbol{x},\boldsymbol{x}_0)}{\partial n}\phi_j(\boldsymbol{x})\mathrm{d}s$$

$$
= \begin{cases} -\iint\limits_{S_b} n_j G(\boldsymbol{x}, \boldsymbol{x}_0) \mathrm{d}s & (j = 1, \cdots, 6) \\ \iint\limits_{S_b} \dfrac{\partial \phi_0(\boldsymbol{x})}{\partial n} G(\boldsymbol{x}, \boldsymbol{x}_0) \mathrm{d}s & (j = 7) \end{cases} \tag{3.68}
$$

S_b 为物体在静水中的湿面积。上述方程经离散后，可得到线性方程组

$$
[A]\{\phi_j\} = \{B_j\} \quad (j = 1, 2, \cdots, 7) \tag{3.69}
$$

即方程的左端矩阵 $[A]$ 对 6 个辐射势和 1 个绕射势是完全相同的，所不同的只是右端矩阵 $\{B_j\}$。

3.6.2　物体的运动响应

物体的运动响应幅值需通过刚体运动方程确定：

$$
-\omega^2[M]\{\xi\} - \mathrm{i}\omega[B]\{\xi\} + [K]\{\xi\} = \{f\} - Mgn_3 + \{f_e\} \tag{3.70}
$$

式中：$[M]$ ——物体的质量矩阵；　$[B]$ ——系统阻尼矩阵；
$[K]$ ——系泊系统的刚度矩阵；　$\{f\}$ ——流体作用力；
Mgn_3——物体的重量；　$\{f_e\}$ ——来自外部系泊系统的静力部分。

质量矩阵的形式为

$$
[M] = \begin{bmatrix} M & 0 & 0 & 0 & M(z_c - z_0) & -M(y_c - y_0) \\ 0 & M & 0 & -M(z_c - z_0) & 0 & M(x_c - x_0) \\ 0 & 0 & M & M(y_c - y_0) & -M(x_c - x_0) & 0 \\ 0 & -M(z_c - z_0) & M(y_c - y_0) & I_{22}^b + I_{33}^b & -I_{21}^b & -I_{31}^b \\ M(z_c - z_0) & 0 & -M(x_c - x_0) & -I_{12}^b & I_{11}^b + I_{33}^b & -I_{32}^b \\ -M(y_c - y_0) & M(x_c - x_0) & 0 & -I_{13}^b & -I_{23}^b & I_{22}^b + I_{11}^b \end{bmatrix}
$$

式中：$(x_c,\ y_c,\ z_c)$ ——物体的质心坐标；

I_{ij}^b——物体的转动惯量。其定义为

$$
I_{ij}^b = \iiint\limits_V (x_i - x_{0i})(x_j - x_{0j}) \rho_s \mathrm{d}v
$$

ρ_S为结构物的分布密度，流体作用力可通过瞬时湿物面 S 上的流体压强积分求得：

$$\boldsymbol{f}=\iint_S p\boldsymbol{n}\mathrm{d}s=\iint_{S_m} p\boldsymbol{n}\mathrm{d}s+\iint_{S_m}(\boldsymbol{x}-\boldsymbol{x}')\cdot\nabla p\boldsymbol{n}\mathrm{d}s+O(\varepsilon^2) \tag{3.71}$$

应用线性化的伯努利方程，上式可写为

$$\begin{aligned}\boldsymbol{f}=&-\rho\iint_{S_b}[gz-\mathrm{i}\omega(\phi_i+\phi_d+\phi_r)]\boldsymbol{n}\mathrm{d}s\\&-\rho g\iint_{S_b}[\boldsymbol{\xi}+\boldsymbol{\alpha}\times(\boldsymbol{x}-\boldsymbol{x}_0)]\cdot\boldsymbol{n}_3\boldsymbol{n}\mathrm{d}s+O(\varepsilon^2)\end{aligned} \tag{3.72}$$

第一项的积分为

$$\begin{aligned}\boldsymbol{f}_1&=-\rho g\iint_{S_b} z\boldsymbol{n}\mathrm{d}s\\&=\rho g[0,0,V,V(y_b-y_0),-V(x_b-x_0),0]^{\mathrm{T}}\end{aligned} \tag{3.73}$$

式中：V——物体排开水体的体积；

$(x_b,\ y_b)$——浮心的水平坐标。

垂向分量为向上的浮力，绕 x 轴和 y 轴的力矩为浮力矩。

$\boldsymbol{f}_1$ 与物体重力、外部静作用力之和为 0：

$$\boldsymbol{f}_1-Mg\boldsymbol{n}_3+\boldsymbol{f}_e=0$$

第二、三项是入射势和绕射势的贡献

$$\boldsymbol{f}_{ex}=\mathrm{i}\omega\rho\iint_{S_b}(\phi_i+\phi_d)\boldsymbol{n}\mathrm{d}s \tag{3.74}$$

它定义为波浪激振力，与固定物体上的波浪作用力是相同的。

由辐射势产生的第四项可写为

$$\boldsymbol{f}_4=\mathrm{i}\omega\rho\iint_{S_b}\phi_r\boldsymbol{n}\mathrm{d}s=\omega^2\rho\sum_{j=1}^{6}\xi_j\iint_{S_b}\phi_j\boldsymbol{n}\mathrm{d}s \tag{3.75}$$

水动力学系数定义为

$$f_{ij}=\omega^2\rho\iint_{S_b}\phi_j n_i\mathrm{d}s=\omega^2 a_{ij}+\mathrm{i}\omega b_{ij} \tag{3.76}$$

式中：a_{ij}——附加质量；

b_{ij}——辐射阻尼。

最后一项，经过冗长的推导，可得到

$$f_5 = -\rho g \iint_{S_b} \{[\xi + \alpha \times (x - x_0)] \cdot n_3 n + z\alpha \times n\} ds = -[C]\{\xi\} \tag{3.77}$$

$[C]$ 称为恢复力矩阵，它的形式为

$$[C] = \begin{bmatrix} 0 & 0 & 0 & 0 & 0 & 0 \\ 0 & 0 & 0 & 0 & 0 & 0 \\ 0 & 0 & \rho g A & \rho g I_2^A & -\rho g I_1^A & 0 \\ 0 & 0 & \rho g I_2^A & \rho g(I_{22}^A + I_3^V) - Mg(z_c - z_0) & -\rho g I_{12}^A & [-\rho g I_1^V + Mg \times (x_c - x_0)] \\ 0 & 0 & -\rho g I_1^A & -\rho g I_{21}^A & \rho g(I_{11}^A + I_3^V) - Mg(z_c - z_0) & [-\rho g I_2^V + Mg \times (y_c - y_0)] \\ 0 & 0 & 0 & 0 & 0 & 0 \end{bmatrix}$$

式中：上标 A——关于水面 A 的物理量；

上标 V——关于排开水体体积的物理量；

A——水面面积。

各阶矩的定义为

$$I_i^A = \iint_A (x_i - x_{i0}) ds = A(x_{Ai} - x_{i0}), \quad I_{ij}^A = \iint_A (x_i - x_{i0})(x_j - x_{j0}) ds$$

$$I_i^V = \iiint_V (x_i - x_{i0}) dv = V(x_{fi} - x_{i0}), \quad I_{ij}^V = \iiint_V (x_i - x_{i0})(x_j - x_{j0}) dv$$

式中 x_A 为水面中心坐标，x_f 为浮心坐标。

将上述各个分力代入刚体运动方程（3.70）式后可得

$$[-\omega^2([M] + [a]) - i\omega([B] + [b]) + ([k] + [C])]\{\xi\} = \{f_{ex}\} \tag{3.78}$$

由此方程可求得物体的刚体运动响应。

将运动响应值代入（3.66）式可最终求得辐射势和总速度势。

3.6.3 水动力系数间的关系和特性

对于任意两个辐射势 ϕ_i 和 ϕ_j，利用格林公式可得到

$$\iint_{S_b} \left(\phi_i \frac{\partial \phi_j}{\partial n} - \phi_j \frac{\partial \phi_i}{\partial n} \right) ds = 0 \tag{3.79}$$

利用辐射势的边界条件，上式可写为

$$\iint_{S_b} \phi_i n_j ds = \iint_{S_b} \phi_j n_i ds$$

即水动力系数矩阵为对称矩阵

$$f_{ij} = f_{ji}, \quad a_{ij} = a_{ji}, \quad b_{ij} = b_{ji} \tag{3.80}$$

对于任意的一个辐射势 ϕ_i 和另一个辐射势的复共轭 ϕ_j^*，应用格林公式可得

$$\iint_{S_b}\left[\phi_i\frac{\partial\phi_j^*}{\partial n}-\phi_j^*\frac{\partial\phi_i}{\partial n}\right]ds=-\iint_{S_\infty}\left[\phi_i\frac{\partial\phi_j^*}{\partial n}-\phi_j^*\frac{\partial\phi_i}{\partial n}\right]ds \quad (3.81)$$

应用散射势物面条件和远场Sommerfeld条件，上式可写为

$$b_{ij}=\rho\omega k\iint_{S_\infty}\phi_i\phi_j^*\,ds \quad (3.82\mathrm{a})$$

当 $i=j$ 时

$$b_{ii}=\rho\omega k\iint_{S_\infty}|\phi_i|^2ds\geqslant 0 \quad (3.82\mathrm{b})$$

即主对角线上的波浪幅射阻尼总是大于等于0的。

上述两个性质是十分重要的， 我们可据此来判断数值解的正确与否。

3.7 满足波浪条件的格林函数

在求解波浪与任意几何形状结构物相互作用的研究中，一个广泛应用的方法是频域内的积分方程方法。在这一方法中如果应用一个满足除了物面条件以外的线性简谐散射波的所有边界条件的格林函数，可使积分区域仅限制于物体表面上，从而大量地减少对计算机内存的需求。

对于频域内的格林函数 $G(\boldsymbol{x},\xi;\omega)$，应当满足下述的控制方程和边界条件：

$$\nabla^2G(\boldsymbol{x},\xi;\omega)=\delta(x-\xi)\delta(y-\eta)\delta(z-\zeta)\quad(-d<z<0)\quad(3.83)$$

$$G_z=\frac{\omega^2}{g}G\quad(z=0)\quad(3.84)$$

$$G_z=0\quad(z=-d)\quad(3.85)$$

$$\lim_{r\to\infty}\sqrt{kr}\left(\frac{\partial G}{\partial r}-ikG\right)=0\quad(r\to\infty)\quad(3.86)$$

式中：$\delta(x)$——狄拉克 δ 函数。

John（1950）导得满足上述条件的格林函数为

$$G=-\frac{1}{4\pi}\left(\frac{1}{r}+\frac{1}{r_2}\right)+\frac{1}{4\pi}\int_0^\infty d\mu\,\frac{2(\nu+\mu)e^{-\mu d}\cosh\mu(z+d)\cosh\mu(\zeta+d)}{\nu\cosh\mu d-\mu\sinh\mu d}J_0(\mu R)\quad(3.87)$$

式中：$r=[R^2+(z-\zeta)^2]^{1/2}$；　$r_2=[R^2+(z+\zeta+2d)^2]^{1/2}$；

R——场点和源点间的水平距离；$\nu=\omega^2/g$——深水中波数。

上式积分部分在 $\mu=k_0$ 处有奇点，k_0 为下述弥散方程的实根：

$$\omega^2=gk_0\tanh k_0d$$

积分路径从下部绕过奇点。根据留数定理，上式还可写为

$$\begin{aligned}G=&-\frac{1}{4\pi}\left(\frac{1}{r}+\frac{1}{r_2}\right)\\&+\frac{1}{4\pi}PV\int_0^\infty\mathrm{d}\mu\,\frac{2(\nu+\mu)\mathrm{e}^{-\mu d}\cosh\mu(z+d)\cosh\mu(\zeta+d)}{\nu\cosh\mu d-\mu\sinh\mu d}\mathrm{J}_0(\mu R)\\&+\frac{\mathrm{i}}{2}\,\frac{(\nu+k_0)\mathrm{e}^{-k_0d}\sinh k_0d\cosh k_0(z+d)\cosh k_0(\zeta+d)}{\nu d+\sinh^2k_0d}\\&\times\mathrm{J}_0(k_0R)\end{aligned}\tag{3.88}$$

式中 PV 表示柯西主值积分。格林函数的这一表达式，由于需要计算 0 ～∞的积分，当源点和场点均接近于水面时其数值实现是不利的，实际计算中还可应用它的级数表达式。

应用关系式

$$\frac{1}{r}+\frac{1}{r_2}=\int_0^\infty\mathrm{d}\mu\left[\mathrm{e}^{-\mu|z-\zeta|}-\mathrm{e}^{-\mu|z+\zeta+2d|}\right]\mathrm{J}_0(\mu R)$$

当 $z-\zeta\geqslant0$ 时，(3.87) 式可写为

$$\begin{aligned}G^+=-\frac{1}{2\pi}\int_0^\infty\mathrm{d}\mu\Big[&\frac{\mu\cosh\mu d-\nu\sinh\mu d}{\nu\cosh\mu d-\mu\sinh\mu d}\cosh\mu(z+d)\\&-\sinh\mu(z+d)\Big]\cosh\mu(\zeta+d)\mathrm{J}_0(\mu R)\end{aligned}\tag{3.89}$$

而当 $z-\zeta<0$ 时，格林函数可写为

$$\begin{aligned}G^-=-\frac{1}{2\pi}\int_0^\infty\mathrm{d}\mu\Big[&\frac{\mu\cosh\mu d-\nu\sinh\mu d}{\nu\cosh\mu d-\mu\sinh\mu d}\cosh\mu(\zeta+d)\\&-\sinh\mu(\zeta+d)\Big]\cosh\mu(z+d)\mathrm{J}_0(\mu R)\end{aligned}\tag{3.90}$$

以下仅就 $z-\zeta\geqslant0$ 的情况作一介绍，对于 $z-\zeta<0$ 的情况可类似地导得。

对于 $z-\zeta>0$ 的情形，将贝塞尔函数用汉开尔函数予以表达，(3.89) 式可写为

$$G^+=-\frac{1}{4\pi}\left[J_c^++J_c^--J_s^+-J_s^-\right]\tag{3.91}$$

式中

$$J_c^{\pm}=\int_0^\infty\mathrm{d}\mu\,\frac{\mu\cosh\mu d-\nu\sinh\mu d}{\nu\cosh\mu d-\mu\sinh\mu d}\cosh\mu(z+d)\times$$

$$\times \cosh \mu(\zeta + d)\begin{Bmatrix} \mathrm{H}_0^{(1)}(\mu R) \\ \mathrm{H}_0^{(2)}(\mu R) \end{Bmatrix}$$

$$J_s^{\pm} = \int_0^{\infty} \mathrm{d}\mu \sinh \mu(z + d) \cosh \mu(\zeta + d)\begin{Bmatrix} \mathrm{H}_0^{(1)}(\mu R) \\ \mathrm{H}_0^{(2)}(\mu R) \end{Bmatrix}$$

作图 3.22 所示的路径变换，对 J_s^+ 和 J_s^- 可得到

$$J_s^+ = -\int_0^{\infty} \mathrm{i}\mathrm{d}\lambda \sinh \mathrm{i}\lambda(z + d)\cosh \mathrm{i}\lambda(\zeta + d)\mathrm{H}_0^{(1)}(\mathrm{i}\lambda R)$$

$$= \frac{2\mathrm{i}}{\pi}\int_0^{\infty} \mathrm{d}\lambda \sin \lambda(z + d)\cos \lambda(\zeta + d)\mathrm{K}_0(\lambda R)$$

$$J_s^- = -\frac{2\mathrm{i}}{\pi}\int_0^{\infty} \mathrm{d}\lambda \sin \lambda(z + d)\cos \lambda(\zeta + d)\mathrm{K}_0(\lambda R)$$

这样，两式之和为

$$J_s^+ + J_s^- = 0$$

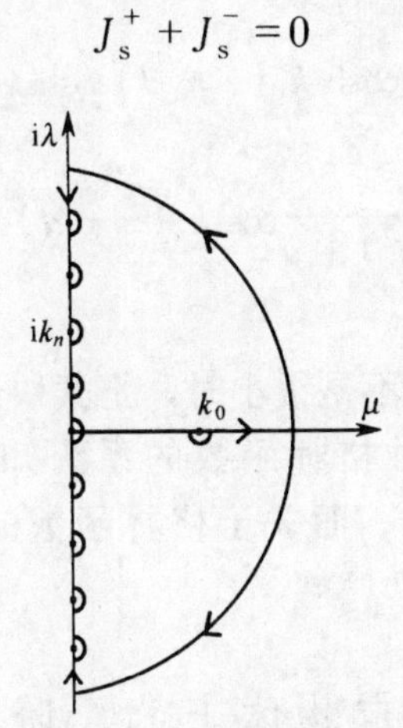

图 3.22　积分路径

另一方面，对于 J_c^+，经过上部路径的变换，可写为

$$J_c^+ = -\frac{2\mathrm{i}}{\pi}\int_0^{\infty} \mathrm{d}\lambda \frac{\lambda \cos \lambda d - \nu \sin\lambda d}{\nu\cos \lambda d + \lambda \sin\lambda d}\cos \lambda(z + d)\cos \lambda(\zeta + d)\mathrm{K}_0(\lambda R)$$

$$+ J_{c0}^+ + \sum_{n=1}^{\infty} J_{cn}^+ \tag{3.92}$$

J_{c0}^+ 为绕实轴奇点的留数：

$$J_{c0}^+ = -2\pi\mathrm{i}\,\frac{k_0^2 - \nu^2}{d(k_0^2 - \nu^2) + \nu}\cosh k_0(z + d)\cosh k_0(\zeta + d)\mathrm{H}_0(k_0 R)$$

$J_{cn}^{+}(n=1,2,\cdots)$ 为沿虚轴各奇点半圈的留数：

$$J_{cn}^{+}=\frac{1}{\pi}\sum_{n=1}^{\infty}\frac{k_n^2+\nu^2}{-d(k_n^2+\nu^2)+\nu}\cos k_n(z+d)\cos k_n(\zeta+d)\mathrm{K}_0(k_nR)$$

虚轴上的奇异点在 $\lambda=k_n$ 处，k_n 为下述方程的实根：

$$\omega^2=-gk_n\tan k_nd \qquad (n=1,2,\cdots)$$

类似地，积分 J_c^- 可写为

$$J_c^-=\frac{2\mathrm{i}}{\pi}\int_0^{\infty}\mathrm{d}\lambda\frac{\lambda\cos\lambda d-\nu\sin\lambda d}{\nu\cos\lambda d+\lambda\sin\lambda d}$$

$$\times\cos\lambda(z+d)\cos\lambda(\zeta+d)\mathrm{K}_0(\lambda R)+\sum_{n=1}^{\infty}J_{cn}^- \quad (3.93)$$

其中

$$J_{cn}^-=J_{cn}^+ \qquad (n=1,2\cdots)$$

将（3.92）式和（3.93）式相加后，可得

$$G=-\frac{\mathrm{i}}{2}\frac{k_0^2-\nu^2}{d(k_0^2-\nu^2)+\nu}\cosh k_0(z+d)\cosh k_0(\zeta+d)\mathrm{H}_0(k_0R)$$

$$+\frac{1}{\pi}\sum_{n=1}^{\infty}\frac{k_n^2+\nu^2}{-d(k_n^2+\nu^2)+\nu}\cos k_n(z+d)\cos k_n(\zeta+d)\mathrm{K}_0(k_nR)$$

$$(3.94)$$

当场点和源点间水平距离不是很小时，上式快速收敛。

关于水波问题的各种格林函数的系统知识可参看 Wehausen 和 Laitone（1960）等的文章，而关于格林函数的数值计算方法可参看 Newman（1992）等的文章。

3.8 固定物体上的二阶波浪力

当入射波高不是很小时，非线性波浪力往往是不能忽略的，特别当考虑结构物在波浪作用下的运动响应问题时，由于非线性波浪力的作用频率与一阶波浪力的频率是不同的，非线性波浪力的频率有可能与结构系统的自然频率更为接近，从而造成结构的共振响应。为了突出讲述二阶力计算中的关键问题，本节仅限于固定物体的情形。

对于波浪与结构物的二阶作用问题，目前有两种研究方法，一种是 Eatock Taylor 和 Chau（1992）等应用的直接方法，另一种是 Molin（1979）和 Lighthill（1979）提出的间接方法。直接方法首先求出物面上的二阶速度势，然后通过物面上压力积分求得总的二阶波浪力；间接

方法通过积分变换，可在不求得物面压力的前提下直接求得物体上总的二阶波浪力。实际上两种算法的工作量基本相同，计算中主要的工作都是花费在水面的无穷积分上。下面将就直接法作一介绍，关于间接方法可参阅 Molin（1979），Eatock Taylor 和 Hung（1987）的文章。

在第一章已经得到了二阶速度势所满足的自由水面条件为

$$\frac{\partial^2 \Phi^{(2)}}{\partial t^2}+g\frac{\partial \Phi^{(2)}}{\partial z}=Q^{(2)}(\boldsymbol{x},t) \quad（在\ z=0\ 上） \tag{3.95}$$

式中水面上的强迫项 $Q^{(2)}(\boldsymbol{x},t)$为

$$Q^{(2)}(\boldsymbol{x},t)=\frac{1}{g}\Phi_t^{(1)}\frac{\partial^3 \Phi^{(1)}}{\partial t^2 \partial z}+\Phi_t^{(1)}\frac{\partial^2 \Phi^{(1)}}{\partial z^2}-2\nabla\Phi^{(1)}\cdot\nabla\Phi_t^{(1)}$$

另外,二阶速度势满足物面条件

$$\frac{\partial \Phi^{(2)}}{\partial n}=0 \quad（在物体表面\ S_b\ 上） \tag{3.96}$$

水底条件

$$\frac{\partial \Phi^{(2)}}{\partial z}=0 \quad（在水底\ z=-d\ 上） \tag{3.97}$$

以及二阶散射势向外传播的无穷远条件。

对于单色的入射波浪,一阶速度势可写为

$$\Phi^{(1)}(\boldsymbol{x},t)=\mathrm{Re}[\phi^{(1)}(\boldsymbol{x})\mathrm{e}^{-\mathrm{i}\omega t}]$$

应用(1.49)式两个一阶简谐量的乘积公式,水面上的二阶强迫项可写为

$$Q^{(2)}(\boldsymbol{x},t)=\mathrm{Re}[q^{(2)}(\boldsymbol{x})\mathrm{e}^{-2\mathrm{i}\omega t}]+\bar{q}^{(2)}(\boldsymbol{x}) \tag{3.98}$$

其中

$$q^{(2)}(\boldsymbol{x})=\frac{\mathrm{i}\omega^3}{2g}\phi^{(1)}\phi_z^{(1)}-\frac{\mathrm{i}\omega}{2}\phi^{(1)}\phi_{zz}^{(1)}+\mathrm{i}\omega\nabla\phi^{(1)}\cdot\nabla\phi^{(1)}$$

$$\bar{q}^{(2)}(\boldsymbol{x})=\mathrm{Re}\left[\frac{\mathrm{i}\omega}{2g}\phi^{(1)}(\omega^2\phi_z^{(1)}-g\phi_{zz}^{(1)})^*\right]$$

相应地二阶速度势也包括两个部分

$$\Phi^{(2)}(\boldsymbol{x},t)=\mathrm{Re}[\phi^{(2)}(\boldsymbol{x})\mathrm{e}^{-2\mathrm{i}\omega t}]+\bar{\phi}^{(2)}(\boldsymbol{x}) \tag{3.99}$$

对于纯粹波浪(无水流)与结构物的作用问题，在二阶近似下时间平均项$\bar{\phi}^{(2)}(\boldsymbol{x})$对波浪力不产生任何贡献，因而关于它的研究很少，常常忽略它的存在。

对于倍频下的波动势，可分解为入射势 $\bar{\phi}_\mathrm{i}^{(2)}$ 和绕射势 $\bar{\phi}_\mathrm{d}^{(2)}$ 两个部分。根据斯托克斯（Stokes）波浪理论，二阶入射势为

$$\phi_\mathrm{i}^{(2)}=-\frac{3\mathrm{i}\omega A^2}{8}\frac{\cosh 2k(z+d)}{\sinh^4 kd}\mathrm{e}^{2\mathrm{i}kx} \tag{3.100}$$

ω，k 和水深d 满足线性色散关系

$$\omega^2 = gk\ \tanh kd$$

二阶绕射势 $\phi_{\mathrm{d}}^{(2)}$ 满足边界条件

$$\left.\begin{aligned}
&\phi_{\mathrm{d}z}^{(2)} - \frac{4\omega^2}{g}\phi_{\mathrm{d}}^{(2)} = (q^{(2)} - q_{\mathrm{i}}^{(2)})/g && (\text{在 } z=0 \text{ 上})\\
&\frac{\partial \phi_{\mathrm{d}}^{(2)}}{\partial n} = -\frac{\partial \phi_{\mathrm{i}}^{(2)}}{\partial n} && (\text{在 } S_{\mathrm{b}} \text{ 上})\\
&\frac{\partial \phi_{\mathrm{d}}^{(2)}}{\partial z} = 0 && (\text{在 } z=-d \text{ 上})
\end{aligned}\right\} \tag{3.101}$$

也满足无穷远处向外传播的远场条件。对于二阶绕射势的远场特性，Molin（1979）给出了如下的分析。

分解二阶绕射势为两个部分：

$$\phi_{\mathrm{d}}^{(2)}(x) = \phi_{\mathrm{df}}^{(2)}(\boldsymbol{x}) + \phi_{\mathrm{dl}}^{(2)}(\boldsymbol{x}) \tag{3.102}$$

$\phi_{\mathrm{dl}}^{(2)}$ 和 $\phi_{\mathrm{df}}^{(2)}$ 分别满足下列边界条件：

$$\left.\begin{aligned}
&\frac{\partial \phi_{\mathrm{dl}}^{(2)}}{\partial z} - \frac{4\omega^2}{g}\phi_{\mathrm{dl}}^{(2)} = (q^{(2)} - q_{\mathrm{l}}^{(2)})/g && (\text{在 } z=0 \text{ 上})\\
&\frac{\partial \phi_{\mathrm{dl}}^{(2)}}{\partial z} = 0 && (\text{在 } z=-d \text{ 上})
\end{aligned}\right\} \tag{3.103}$$

和

$$\left.\begin{aligned}
&\frac{\partial \phi_{\mathrm{df}}^{(2)}}{\partial z} - \frac{4\omega^2}{g}\phi_{\mathrm{df}}^{(2)} = 0 && (\text{在 } z=0 \text{ 上})\\
&\frac{\partial \phi_{\mathrm{df}}^{(2)}}{\partial n} = -\frac{\partial \phi_{\mathrm{i}}^{(2)}}{\partial n} - \frac{\partial \phi_{\mathrm{dl}}^{(2)}}{\partial n} && (\text{在 } S_{\mathrm{b}} \text{ 上})\\
&\frac{\partial \phi_{\mathrm{df}}^{(2)}}{\partial z} = 0 && (\text{在 } z=-d \text{ 上})\\
&\lim_{r\to\infty}\sqrt{r}\left(\frac{\partial \phi_{\mathrm{df}}^{(2)}}{\partial r} - \mathrm{i}k_2\phi_{\mathrm{df}}^{(2)}\right) = 0
\end{aligned}\right\} \tag{3.104}$$

满足（3.104）式的绕射势，如同倍频 2ω 下的线性散射波浪，与二阶强迫项没有直接联系。这一波浪称为自由波。自由波的波数 k_2 与 2ω 满足线性色散关系

$$(2\omega)^2 = gk_2\tanh k_2 d$$

应当注意的是 $k_2 \neq 2k$。在远场自由波可表达为

$$\phi_{\mathrm{df}}^{(2)} \approx \frac{F(\theta)}{\sqrt{r}}\cosh k_2(z+d)\mathrm{e}^{-\mathrm{i}k_2 r} + O(r^{-5/2}) \tag{3.105}$$

对于 $\phi_{\mathrm{dl}}^{(2)}$，其自由水面上强迫项的主导项为 $\phi_{\mathrm{i}}^{(1)}\phi_{\mathrm{d}}^{(1)}$ 的量级，在无穷远处可写为

$$\phi_{\mathrm{dl}}^{(2)} \approx \frac{E(\theta)}{\sqrt{r}} \cosh\left[k\sqrt{2+2\cos\theta}(z+d)\right] \mathrm{e}^{-\mathrm{i}kr(1+\cos\theta)} + O(r^{-1}) \tag{3.106}$$

这一波系被称为“锁定”波。不管是自由波还是锁定波，在远场都是以 $1/\sqrt{\mathrm{r}}$ 的速率衰减的。

应用二倍频下满足一阶波浪条件的格林函数，可得到关于二阶绕射势的积分方程

$$\alpha\phi_{\mathrm{d}}^{(2)}(x_0) = \iint\limits_{S_b+S_f+S_\infty} \left[\phi_{\mathrm{d}}^{(2)}(\boldsymbol{x}) \frac{\partial G(\boldsymbol{x},\boldsymbol{x}_0)}{\partial n} - \frac{\partial \phi_{\mathrm{d}}^{(2)}(\boldsymbol{x})}{\partial n} G(\boldsymbol{x},\boldsymbol{x}_0)\right] \mathrm{d}s \tag{3.107}$$

代入格林函数和二阶散射势的物面条件、自由水面条件和远场条件，上述积分方程可写为

$$\alpha\phi_{\mathrm{d}}^{(2)}(\boldsymbol{x}_0) - \iint\limits_{S_b} \phi_{\mathrm{d}}^{(2)}(\boldsymbol{x}) \frac{\partial G}{\partial n} \mathrm{d}s = \iint\limits_{S_b} G \frac{\partial \phi_{\mathrm{i}}^{(2)}(\boldsymbol{x})}{\partial n} \mathrm{d}s - \frac{1}{g} \iint\limits_{S_f} \mathrm{G}(q^{(2)} - q_{\mathrm{i}}^{(2)}) \mathrm{d}s + \iint\limits_{S_\infty} G\left(\mathrm{i}k_2\phi_{\mathrm{dl}}^{(2)} - \frac{\partial \phi_{\mathrm{dl}}^{(2)}}{\partial r}\right) \mathrm{d}s \tag{3.108}$$

对于无穷远处的积分，利用格林函数和锁定波的远场条件可写为

$$I_\infty = \int_0^{2\pi}\int_{-d}^{0} e(\theta) \cosh k_2(z+d) \cosh k\sqrt{2+2\cos\theta}(z+d) \times \mathrm{e}^{-\mathrm{i}r[k(1+\cos\theta)+k_2]} \mathrm{d}z\mathrm{d}\theta \tag{3.109}$$

应用驻相定理可以证明上述积分随着 r 的增大而趋于0。

二阶问题计算中的主要困难是自由水面上无穷积分的计算。对于轴对称物体，水面上的一阶速度势和格林函数可展开成傅氏级数的形式：

$$\phi^{(1)}(r,\theta,z) = \frac{\mathrm{i}gA}{\omega} \sum_{m=0}^{\infty} \varepsilon_m \phi_m(r,z) \cos m\theta$$

$$G(r,\theta,z;r_0,\theta_0,z_0) = \sum_{m=0}^{\infty} \varepsilon_m G_m(r,z;r_0,z_0) \cos m(\theta-\theta_0)$$

其中

$$\phi_m(r,z) = \alpha_{m0} Z_0(kz) \mathrm{H}_m(kr) + \sum_{i=1}^{\infty} \alpha_{mi} Z_i(k_i z) \mathrm{K}_m(k_i r)$$

k_i，Z_i（$k_i z$）的定义同前，α_{mi} 为展开系数。

$$G_m(r,z;r_0,z_0) = -\frac{C_0}{2} \mathrm{i} \mathrm{J}_m(k_2 r_<) \mathrm{H}_m(k_2 r_>) Z_0(k_2 z) Z_0(k_2 z_0) - \frac{1}{\pi} \sum_{i=0}^{\infty} C_i \mathrm{K}_m(k_{2i} r_>) \mathrm{I}_m(k_{2i} r_<) Z_i(k_{2i} z) Z_i(k_{2i} z_0)$$

式中 $r_{>}\geqslant r_{<}$，k_{2i}为下述方程的根：

$$4\omega^2=-gk_{2i}\tan k_{2i}d$$

C_i 的定义为

$$C_i=\left[2\int_{-d}^{0}Z_i^2(k_{2i}z)\mathrm{d}z\right]^{-1}$$

应用附录B的级数相乘关系，可将水面积分最后表示成

$$\begin{aligned}I_{\mathrm{f}}&=\frac{1}{g}\int_0^{2\pi}\int_a^{\infty}\sum_{m=0}^{\infty}\varepsilon_m p_m(r,0;r_0z_0)\cos m\theta r\mathrm{d}r\mathrm{d}\theta\\&=\frac{2\pi}{g}\int_a^{\infty}p_0(r,0;r_0,z_0)r\mathrm{d}r\end{aligned}\tag{3.110}$$

对于这一积分，Eatock Taylor 和 Hung（1987）应用的方法是将自由水面分成3个区域，在靠近物体的内域上采用数值方法直接计算，中区忽略掉一阶绕射势和格林函数中对应于修正贝塞尔函数$\mathrm{K}_m(x)$项的非传播模态，然后应用数值方法计算，在外区应用汉开尔函数在大参数下的渐近展开式，解析积分到无穷远处。

对于非轴对称物体，可在物体附近画一圆，圆内区域应用直接积分法计算水面上的积分，圆外区域按上述方法做傅氏展开，然后变换成（3.110）式的形式。

求得了二阶速度势后，波浪压强可写为

$$p=-\rho gz-\rho\frac{\partial\Phi}{\partial t}-\rho\frac{\nabla\Phi\cdot\nabla\Phi}{2}\tag{3.111}$$

物体上所受的波浪作用力为

$$\boldsymbol{F}(t)=\iint_S p\boldsymbol{n}\mathrm{d}s\tag{3.112}$$

S 为物体上的瞬时湿面积。将波浪压强的摄动展开式代入后，物体上的总的波浪作用力可写为

$$\begin{aligned}\boldsymbol{F}(t)=&\iint_{S\mathrm{b}}\left[-\rho gz-\rho\varepsilon\frac{\partial\Phi^{(1)}}{\partial t}-\rho\varepsilon^2\frac{\partial\Phi^{(2)}}{\partial t}-\frac{\rho\varepsilon^2}{2}|\nabla\Phi^{(1)}|^2\right]\boldsymbol{n}\mathrm{d}s\\&+\iint_{\Delta S}\left[-\rho gz-\rho\varepsilon\frac{\partial\Phi^{(1)}}{\partial t}\right]\boldsymbol{n}\mathrm{d}s+O(\varepsilon^3)\end{aligned}\tag{3.113}$$

同样地可将物体上的总波浪力展开为

$$\boldsymbol{F}(t)=\boldsymbol{F}^{(0)}+\varepsilon\boldsymbol{F}^{(1)}(t)+\varepsilon^2\boldsymbol{F}^{(2)}(t)+O(\varepsilon^3)\tag{3.114}$$

其中零阶波浪力为流体对物体的静浮力：

$$\boldsymbol{F}^{(0)}=-\iint_{S_\mathrm{b}}\rho gz\boldsymbol{n}\mathrm{d}s=\begin{Bmatrix}0\\0\\\rho gV\end{Bmatrix}\tag{3.115}$$

式中：V——物体排开水体的体积。

一阶波浪力为

$$\boldsymbol{F}^{(1)}(t) = -\iint_{S_b} \rho \frac{\partial \Phi^{(1)}}{\partial t} \boldsymbol{n} \mathrm{d}s \quad (3.116)$$

与前几节的定义相同。

二阶波浪力为

$$\boldsymbol{F}^{(2)}(t) = -\iint_{S_b} \left[\rho \frac{\partial \Phi^{(2)}}{\partial t} + \rho \frac{|\nabla \Phi^{(1)}|^2}{2} \right] \boldsymbol{n} \mathrm{d}s - \frac{1}{\varepsilon} \iint_{\Delta S} \left(\frac{\rho g z}{\varepsilon} + \rho \frac{\partial \Phi^{(1)}}{\partial t} \right) \boldsymbol{n} \mathrm{d}s \quad (3.117)$$

对于第二项积分可应用泰勒级数展开式进一步简化为

$$\begin{aligned} \boldsymbol{F}_{\mathrm{w}}^{(2)}(t) &= \frac{1}{\varepsilon} \int_0^{\zeta} \oint_{\Gamma} \left(\frac{\boldsymbol{\rho g z}}{\boldsymbol{\varepsilon}} + \boldsymbol{\rho} \frac{\partial \boldsymbol{\Phi}^{(1)}}{\partial \boldsymbol{t}} \Big|_{z=0} + \cdots \right) \boldsymbol{n} \mathrm{d}z \mathrm{d}l \\ &= -\oint_{\Gamma} \left(\frac{\rho g \zeta^2}{2} + \rho \zeta \frac{\partial \Phi^{(1)}}{\partial t} \Big|_{z=0} + \cdots \right) \boldsymbol{n} \mathrm{d}l \\ &= \frac{\rho}{2g} \oint_{\Gamma} \boldsymbol{\Phi}_t^{(1)^2} \boldsymbol{n} \mathrm{d}l + O(\varepsilon^3) \end{aligned} \quad (3.118)$$

式中：Γ——物体在静水中与水面的交线，称作水线。

如同二阶速度势，二阶波浪力也包括两部分：

$$\boldsymbol{F}^{(2)} = \mathrm{Re}[\boldsymbol{f}^{(2)} \mathrm{e}^{-2\mathrm{i}\omega t}] + \boldsymbol{f}_{\mathrm{m}}^{(2)} \quad (3.119)$$

其中二阶倍频力为

$$\boldsymbol{f}^{(2)} = \rho \iint_{S_b} \left[2\mathrm{i}\omega \phi^{(2)} - \frac{\rho}{4} \nabla \phi^{(1)} \cdot \nabla \phi^{(1)} \right] \boldsymbol{n} \mathrm{d}s - \frac{\rho \omega^2}{4g} \oint_{\Gamma} \phi^{(1)^2} \boldsymbol{n} \mathrm{d}l \quad (3.120)$$

二阶平均漂移力为

$$\boldsymbol{f}_{\mathrm{m}}^{(2)} = -\frac{\rho}{4} \iint_{S_b} \nabla \phi^{(1)} \cdot \nabla \phi^{(1)^*} \boldsymbol{n} \mathrm{d}s + \frac{\rho \omega^2}{4g} \oint_{\Gamma} \phi^{(1)} \phi^{(1)^*} \boldsymbol{n} \mathrm{d}l \quad (3.121)$$

由此可以看到，二阶速度势仅对二阶倍频波浪力产生贡献，而不对平均漂移力产生任何影响。利用物面上的一阶速度势可以直接求得物体上的二阶平均漂移力。

以上介绍的是规则波与固定结构物的二阶作用问题，在实际海洋工程中常常要考虑不规则波浪与运动响应物体的相互作用问题。对于波浪与运动响应物体的二阶作用问题，通常的处理方法是将二阶速度势分解为二阶辐射势和二阶绕射势。二阶辐射势的计算与一阶辐射势的计算完全相同，而二阶绕射问题的计算与固定物体问题相比，只是在物面强迫项上有所不同。自由水面上的强迫项以及其处理方法与固定问题完全相同。对于不规则波浪与结构物的相互作用问题，其中的一个研究方法是先在频域内求得传递函数，然后可通过传递函数计算波浪力谱，或通过傅里叶变换求得时域内的脉冲响应函数。对于线性问题，一阶传递函数可通过对前述的单频率入射波问题的分析来确定，而对于非线性问题的二阶平方传递函数，则需要通过双频率入射波问题的分析来确定。关于这方面的知识可参阅 Eatock Taylor (1999), Faltinsen (1990), Kato 等 (1990), 滕斌等 (1999) 等人的著作或文章。另外，波浪、水流与结构物的共同作用，或波浪与行进物体的相互作用，也是工程中经常遇到和关心的问题，关于这方面的工作可参阅 Nossen 等 (1991), Teng 和 Eatock Taylor (1995b) 等人的工作。近年来，一些学者还开展了波浪与结构物三阶作用的研究，关于这方面的工作可参看 Malenica 和 Molin (1995), Teng 和 Kato (2002) 的文章。

3.9 二阶平均漂移力的远场方法

上一节介绍了在单色波作用下，物体上的二阶波浪力包括两个分量：二倍频下的二阶波浪激振力和零频率下的二阶平均漂移力。这些作用力可通过物面和水线上的波浪压力积分而得到。这一计算波浪力的方法称为近场方法。在物面积分中涉及到一阶速度势的空间导数。其计算精度较其速度势本身具有较低的精度，特别是对于那些具有棱角的物体，在棱角周围很难求得流体速度的精确解。这样就给近场方法计算二阶波浪力带来误差。

Maruo (1960) 利用动量方程，得到了二阶平均漂移力的水平分量可用散射波的远场特性来计算的方法，这一方法称为二阶漂移力的远场方法。Newman (1967) 对这一方法予以推广，得到了关于铅垂轴的漂移力矩的远场方法。通常认为远场方法较近场方法具有更高的计算精度。

对于以 S 为边界的运动体积 V 内的每单位体积的任何矢量，有下面的运动学输运定理：

$$\frac{\mathrm{d}}{\mathrm{d}t}\iiint_V \boldsymbol{G}\mathrm{d}v = \iiint_V \frac{\partial \boldsymbol{G}}{\partial t}\mathrm{d}v + \iint_S \boldsymbol{G}U_n\mathrm{d}s \tag{3.122}$$

式中 U_n 表示 S 的法向速度。设 $\boldsymbol{G}$ 为每单位体积的线动量 $\rho\boldsymbol{u}$，$\boldsymbol{M}$ 为体积 V 内总的线动量，则线动量的各个分量为

$$\frac{\mathrm{d}}{\mathrm{d}t}M_i = \rho \iiint_V \frac{\partial u_i}{\partial t}\mathrm{d}v + \rho \iint_S u_i U_n \mathrm{d}s \tag{3.123}$$

利用欧拉方程

$$\frac{\partial u_i}{\partial t} = -\frac{\partial}{\partial x_i}\left(\frac{p}{\rho} + gz\right) - \frac{\partial_i}{\partial x_j}(u_i u_j) \quad (i = 1,2,3) \tag{3.124}$$

和高斯（Gauss）定理

$$\iiint_V \frac{\partial f(\boldsymbol{x})}{\partial x_i}\mathrm{d}v = \iint_S f(\boldsymbol{x}) n_i \mathrm{d}s$$

（3.123）式右端的第一个积分可以化为面积分。这样，（3.123）式可写为

$$\frac{\mathrm{d}}{\mathrm{d}t}M_i = -\iint_S (p + \rho g z \delta_{i3}) n_i \mathrm{d}s + \rho \iint_S u_i(\boldsymbol{u}\cdot\boldsymbol{n} - U_n)\mathrm{d}s \tag{3.125}$$

其水平分量为

$$\frac{\mathrm{d}}{\mathrm{d}t}\begin{Bmatrix} M_x \\ M_y \end{Bmatrix} = -\rho \iint_S \left[\frac{p}{\rho}\begin{Bmatrix} n_x \\ n_y \end{Bmatrix} + \begin{Bmatrix} u \\ v \end{Bmatrix}(\boldsymbol{u}\cdot\boldsymbol{n} - U_n)\right]\mathrm{d}s \tag{3.126}$$

现在，令 S 为由物体在水中的湿表面 S_b、自由水面 S_f、水平海底 S_d、无穷远处的固定铅垂柱面 S_∞ 构成的封闭曲面。在表面 S_b，S_f，和 S_d 上，$\boldsymbol{u}\cdot\boldsymbol{n} - U_n = 0$；在自由水面 S_f 上，$p = 0$；在 S_∞ 上，$U_n = 0$；在水平海底 S_d 上 $n_x = n_y = 0$。物体上的波浪作用力可通过物体表面上压强的积分而求得

$$\begin{aligned}\begin{Bmatrix} F_x \\ F_y \end{Bmatrix} &= \iint_{S_b} p \begin{Bmatrix} n_x \\ n_y \end{Bmatrix}\mathrm{d}s \\ &= -\iint_{S_\infty}\left[p\begin{Bmatrix} n_x \\ n_y \end{Bmatrix} + \rho\begin{Bmatrix} u \\ v \end{Bmatrix}\boldsymbol{u}\cdot\boldsymbol{n}\right]\mathrm{d}s - \frac{\mathrm{d}}{\mathrm{d}t}\begin{Bmatrix} M_x \\ M_y \end{Bmatrix}\end{aligned} \tag{3.127}$$

取上式对时间的平均，因为有周期性，右端最后一项没有贡献，所以漂移力的分量形式为

$$\overline{\begin{Bmatrix} F_x \\ F_y \end{Bmatrix}} = -\overline{\iint_{S_\infty}\left[p\begin{Bmatrix} n_x \\ n_y \end{Bmatrix} + \rho\begin{Bmatrix} u \\ v \end{Bmatrix}\boldsymbol{u}\cdot\boldsymbol{n}\right]\mathrm{d}s} \tag{3.128}$$

取 S_∞ 为具有很大半径的圆柱，则上式在极坐标下可写为

$$\overline{\begin{Bmatrix} F_x \\ F_y \end{Bmatrix}} = -\overline{\iint_{S_\infty}\left[p\begin{Bmatrix} \cos\theta \\ \sin\theta \end{Bmatrix} + \rho\begin{Bmatrix} u_r\cos\theta - u_\theta\sin\theta \\ u_r\sin\theta - u_\theta\cos\theta \end{Bmatrix}u_r\right]\mathrm{d}s} \tag{3.129}$$

利用伯努利方程

$$-\frac{p}{\rho}=\Phi_t+gz+\frac{1}{2}|\nabla\Phi|^2$$

和速度势的摄动展开式，(3.129) 式在二阶波陡下的近似表达式可写为

$$\bar{F}_x=-\int_0^{2\pi}\rho R\,\mathrm{d}\theta\left\{\int_{-d}^{0}\mathrm{d}z\left\{-\frac{1}{2}\left[\overline{\left(\frac{\partial\Phi}{\partial r}\right)^2}+\frac{1}{R^2}\overline{\left(\frac{\partial\Phi}{\partial\theta}\right)^2}+\overline{\left(\frac{\partial\Phi}{\partial z}\right)^2}\right]\cos\theta+\overline{\left(\frac{\partial\Phi}{\partial r}\right)^2}\cos\theta-\frac{1}{R}\overline{\left(\frac{\partial\Phi}{\partial r}\frac{\partial\Phi}{\partial\theta}\right)}\sin\theta\right\}+\frac{\omega^2}{4g}|\phi|^2_{z=0}\cos\theta\right\}\Bigg|_{r=R} \tag{3.130}$$

$$\bar{F}_y=-\int_0^{2\pi}\rho R\,\mathrm{d}\theta\left\{\int_{-d}^{0}\mathrm{d}z\left\{-\frac{1}{2}\left[\overline{\left(\frac{\partial\Phi}{\partial r}\right)^2}+\frac{1}{R^2}\overline{\left(\frac{\partial\Phi}{\partial\theta}\right)^2}+\overline{\left(\frac{\partial\Phi}{\partial z}\right)^2}\right]\sin\theta+\overline{\left(\frac{\partial\Phi}{\partial r}\right)^2}\sin\theta+\frac{1}{R}\overline{\left(\frac{\partial\Phi}{\partial r}\frac{\partial\Phi}{\partial\theta}\right)}\cos\theta\right\}+\frac{\omega^2}{4g}|\phi|^2_{z=0}\sin\theta\right\}\Bigg|_{r=R} \tag{3.131}$$

式中：Φ——一阶波浪速度势。

我们利用速度势在远离物体处的渐近表达式

$$\Phi=\mathrm{Re}\left[(\phi_{\mathrm{i}}+\phi_{\mathrm{s}})\mathrm{e}^{-\mathrm{i}\omega t}\right]$$

$$\phi_{\mathrm{i}}=-\frac{\mathrm{i}gA}{\omega}\frac{\cosh k(z+d)}{\cosh kd}\mathrm{e}^{\mathrm{i}kr\cos(\theta-\beta)}$$

$$\phi_{\mathrm{s}}=-\frac{\mathrm{i}g}{\omega}\frac{\cosh k(z+d)}{\cosh kd}A_{\mathrm{s}}(\theta)\sqrt{\frac{2}{\pi kr}}\mathrm{e}^{\mathrm{i}kr-\mathrm{i}\pi/4}$$

其中 ϕ_{i} 为入射角为β的入射波速度势，ϕ_{s} 为散射波速度势（包括绕射势和辐射势）。

由（3.94）式可得到格林函数的远场形式为：

$$G\approx-\frac{\mathrm{i}}{2}C_0\frac{\cosh k(z+d)}{\cosh kd}\frac{\cosh k(\zeta+d)}{\cosh kd}\sqrt{\frac{2}{\pi kR}}e^{i(kR-\frac{\pi}{4})}$$

式中：$C_0=\dfrac{k^2-\nu^2}{d(k^2-\nu^2)+\nu}\cosh^2 kd$，$\nu=\omega^2/g$。

对于源点的水平坐标(ξ,η)，在极坐标系下可写为：

$$\xi=R_0\cos\theta$$
$$\eta=R_0\sin\theta$$

场点(x,y,z)到源点(ξ,η,ζ)的水平距离为：

$$R=[(R_0\cos\theta-x)^2+(R_0\sin\theta-y)^2]^{1/2}$$
$$=R_0-x\cos\theta-y\sin\theta+O(R_0^{-1})$$

这样，格林函数可写为：

$$G\approx-\frac{\mathrm{i}}{2}C_0e^{i(kR_0-\frac{\pi}{4})}\frac{\cosh k(\zeta+d)}{\cosh kd}\sqrt{\frac{2}{\pi kR_0}}g(x,y,z,\theta)$$

式中：$g(x,y,z,\theta)=\dfrac{\cosh k(z+d)}{\cosh kd}e^{-i(kx\cos\theta+ky\sin\theta)}$

散射势可利用积分方程求得：

$$\phi_S(\xi)=\iint_{S_B}(\frac{\partial G(x,\xi)}{\partial n}\phi_S(\xi)-G(x,\xi)\frac{\partial\phi_S(x)}{\partial n})\,\mathrm{d}s$$

将散射势和格林函数的远场展开式代入上述积分方程，得

$$-\frac{ig}{\omega}\frac{\cosh k(\zeta+d)}{\cosh kd}A_S(\theta)\sqrt{\frac{2}{\pi kR_0}}e^{ikR_0-i\pi/4}$$
$$=-\frac{\mathrm{i}}{2}C_0\frac{\cosh k(\zeta+d)}{\cosh kd}\sqrt{\frac{2}{\pi kR_0}}e^{ikR_0-i\pi/4}\iint_{S_B}(\frac{\partial g(x,y,z,\theta)}{\partial n}\phi_S(x)-$$
$$g(x,y,z,\theta)\frac{\partial\phi_S(x)}{\partial n})\,\mathrm{d}s$$

化简后，得：

$$A_S(\theta)=\frac{\omega C_0}{2g}\iint_{S_B}(\frac{\partial g(x,y,z,\theta)}{\partial n}\phi_S(x)-g(x,y,z,\theta)\frac{\partial\phi_S(x)}{\partial n})\,\mathrm{d}s$$

这一积分也称为 Kochin 函数。

在无穷远处，入射势 ϕ_{i} 的量级为 $O(R^0)$，散射势 ϕ_{s} 的量级为 $O(R^{-1/2})$。舍去低于 $O(R^{-1/2})$ 量级项，并考虑到单纯入射波对波浪力无贡献，上式可简化为

$$\bar{F}_x=-\int_0^{2\pi}\rho R\cos\theta\mathrm{d}\theta\left\{\int_{-d}^{0}\mathrm{d}z\,\frac{1}{2}\left[\overline{\left(\frac{\partial\Phi}{\partial r}\right)^2}-\overline{\left(\frac{\partial\Phi}{\partial z}\right)^2}\right]+\frac{\omega^2}{4g}\mid\phi\mid_{z=0}^2\right\}\Bigg|_{r=R}\tag{3.132}$$

$$\bar{F}_y = -\int_0^{2\pi} \rho R \sin\theta \mathrm{d}\theta \left\{ \int_{-d}^{0} \mathrm{d}z \, \frac{1}{2} \left[\overline{\left(\frac{\partial \Phi}{\partial r}\right)^2} - \overline{\left(\frac{\partial \Phi}{\partial z}\right)^2} \right] + \frac{\omega^2}{4g} \mid \phi \mid_{z=0}^2 \right\} \Bigg|_{r=R} \tag{3.133}$$

应用（1.5.3）式，并取时间的平均后，（3.9.11）式和（3.9.12）式可简化为

$$\bar{F}_x = -\int_0^{2\pi} \rho R \cos\theta \mathrm{d}\theta \left\{ \int_{-d}^{0} \mathrm{d}z \, \frac{1}{4} \left[\left(\frac{\partial \phi}{\partial r}\right)\left(\frac{\partial \phi^*}{\partial r}\right) - \left(\frac{\partial \phi}{\partial z}\right)\left(\frac{\partial \phi^*}{\partial z}\right) \right] + \frac{\omega^2}{4g} \mid \phi \mid_{z=0}^2 \right\} \Bigg|_{r=R}$$

$$\bar{F}_y = -\int_0^{2\pi} \rho R \sin\theta \mathrm{d}\theta \left\{ \int_{-d}^{0} \mathrm{d}z \, \frac{1}{4} \left[\left(\frac{\partial \phi}{\partial r}\right)\left(\frac{\partial \phi^*}{\partial r}\right) - \left(\frac{\partial \phi}{\partial z}\right)\left(\frac{\partial \phi^*}{\partial z}\right) \right] + \frac{\omega^2}{4g} \mid \phi \mid_{z=0}^2 \right\} \Bigg|_{r=R}$$

最后利用驻相法，当$R \to \infty$时可求得二阶平均漂移力的远场计算公式为

$$\bar{F}_x = -\frac{\rho g}{k}\frac{C_g}{C}\left\{\frac{1}{\pi}\int_0^{2\pi} \cos\theta |A_s(\theta)|^2 \mathrm{d}\theta + 2\cos\beta A \mathrm{Re}[A_s(\beta)]\right\} \tag{3.134}$$

$$\bar{F}_y = -\frac{\rho g}{k}\frac{C_g}{C}\left\{\frac{1}{\pi}\int_0^{2\pi} \sin\theta |A_s(\theta)|^2 \mathrm{d}\theta + 2\sin\beta A \mathrm{Re}[A_s(\beta)]\right\} \tag{3.135}$$

类似地，可得到绕 z 轴的二阶平均漂移力矩为

$$\bar{M}_z = \frac{\rho g}{k^2}\frac{C_g}{C} \mathrm{Im}\left\{\frac{1}{\pi}\int_0^{2\pi} A(\theta)\frac{\mathrm{d}A_s^*(\theta)}{\mathrm{d}\theta}\mathrm{d}\theta + 2A\frac{\mathrm{d}A_s^*(\theta)}{\mathrm{d}\theta}\Bigg|_{\theta=\beta}\right\} \tag{3.136}$$

3.10 不规则频率问题

利用满足散射波边界条件格林函数可建立积分方程：

$$\alpha\phi_j(x_0) - \iint_{S_B} \frac{\partial G(x,x_0)}{\partial n}\phi_j(x)\mathrm{d}s = \begin{cases} -\iint_{S_B} n_j G(x,x_0)\mathrm{d}s & (j=1,\cdots,6) \\ \iint_{S_B} \frac{\partial \phi_0(x)}{\partial n} G(x,x_0)\mathrm{d}s & (j=7) \end{cases} \tag{3.137}$$

该方程只需在物体表面上做积分，应用起来非常简单，并节省大量的计算机资源，但在某些频率下该方程的解是不唯一的，即有多解现象。对应的在某些频率下解不唯一的现象，称为“不规则频率”问题，这一现象早在 Lamb（1932）的水动力学著作中已经提到。

考虑一个物体内部的波动问题,采用间接边界元的布源法，可得到物体内部某点的速度势为：

$$\varphi(x_0)=\iint_{S_B}\sigma(x)\frac{\partial G(x,x_0)}{\partial n'}\mathrm{d}s \tag{3.138}$$

$\sigma(x)$ 为物面上布置的偶极子强度，n' 为指向物体外部的发向量，与物体外面法向量 n 的方向相反。当原点 x_0 从内部趋近于物体表面时，由上式得：

$$\varphi(x_0)=\alpha\sigma(x_0)+\iint_{S_B}\sigma(x)\frac{\partial G(x,x_0)}{\partial n'}\mathrm{d}s \tag{3.139}$$

或写为：

$$\varphi(x_0)=\alpha\sigma(x_0)-\iint_{S_B}\sigma(x)\frac{\partial G(x,x_0)}{\partial n}\mathrm{d}s \tag{3.140}$$

如果已知物体内表面的速度势，则可求得物体表面上的偶极子强度 $\sigma(x)$。

如果物体内表面上的速度势 $\varphi(x)=0$，上式则成为：

$$\alpha\sigma(x_0)-\iint_{S_B}\sigma(x)\frac{\partial G(x,x_0)}{\partial n}\mathrm{d}s=0 \tag{3.141}$$

一般情况下上式只有 $\sigma(x)=0$ 的唯一解，但在内部 Dirichlet 问题的特征频率下，上式会出现 $\sigma(x)\neq 0$ 的多解现象。

方程(3.137)的左端与方程(3.141)的左端是相同的,因此在内部Dirichlet问题的特征频率下，积分方程（3.137)的解中除了真解外，还包含有多余的解，这样总的解是不唯一的。

如对于一个漂浮于水面的截断圆柱,半径为 a，内部水深为 d，外部水深为 h。其内部 Dirichlet 问题速度势满足的边界条件为：

在水面上： $\phi_z=\dfrac{\omega^2}{g}\phi$ 在 $z=0$ 上 (3.142)

在柱内侧壁： $\phi(r,\theta,z)=0$ 在 $r=a$ 上 (3.143)

在柱底： $\phi(r,\theta,z)=0$ 在 $z=-d$ 上 (3.144)

利用分离变量法，可将速度势展开为：

$$\phi(r,\theta,z)=\sum_{m=0}^{\infty}\cos m\theta[A_{m0}J_m(kr)\frac{\cosh k(z+d)}{\cosh kd}+\sum_{j=1}^{\infty}A_{mj}I_m(\kappa_j r)\frac{\cos\kappa_j(z+d)}{\cos\kappa_j d}]$$

$$+\sum_{m=1}^{\infty}\sin m\theta[B_{m0}J_m(kr)\frac{\cosh k(z+d)}{\cosh kd}+\sum_{j=1}^{\infty}B_{mj}I_m(\kappa_j r)\frac{\cos\kappa_j(z+d)}{\cos\kappa_j d}]$$

上式中第一类修正贝塞尔函数无零点，无法满足圆柱侧面边界条件。贝塞尔函数 $J_m(x)$ 具有零点，其较小的几个零点为：

$J_0(x)$ 零点：x=2.4028 …，5.5201…, ……

$J_1(x)$ 零点：x=3.8317…，7.0156…，…

$J_3(x)$ 零点：x=5.1356…，8.4172…，…

……

这样，在上述贝塞尔函数零点对应的波数下，圆柱内部速度势可以写为：

$$\phi(r,\theta,z)=(A_m\cos m\theta+B_m\sin m\theta)J_m(kr)\frac{\cosh k(z+d)}{\cosh kd} \tag{3.145}$$

A_m 和 B_m 可以取任意值，即速度势是不唯一的。

在上述波数对应的频率下，应用积分方程求解外部速度势时，就将会出现解不唯一问题，或发生“不规则频率”现象。

在判定不规则频率时，还需注意下述两个方面：

(1)当圆柱内外水深不同时，上述求得的柱内波动波数 k 与外部波浪波数 λ 是不等的，但它们对应的波浪频率相等，因此在“不规则频率”下外部波浪的波数可由下述方程计算：

$$\lambda\tanh\lambda h=k\tanh kd$$

(2)在上述“不规则频率”下，速度势的解是不唯一的，但由于多余速度势的分布关系并不对所有波浪力产生影响。对于上述圆柱，m=0 下的多余速度势，仅对 z 方向上波浪力产生影响，对 x 和 y 方向波浪力没有影响；m =1下的速度势，仅对 x 和 y 方向上波浪力产生影响，而对 z 方向波浪力没有影响；m >1下的速度势，对 x，y 和 z 方向的作用力均没有影响。

不规则频率问题可以通过修改积分方程或多布置点源的方法进行消除，从而得到唯一的正确解。以下仅对多布置点源的方法做一简介，更全面和详细的内容可参看 Kleinman (1982)、Lee 和 Sclawouns(1989)、Teng 和 Li(1996)等的论文。对于波浪与物体作用或物体辐射运动的外部问题，当点源布置在物体表面时，可建立散射势的积分方程：

$$\alpha\phi(x_0)-\iint_{S_B}\frac{\partial G(x,x_0)}{\partial n}\phi(x)\mathrm{d}s=-\iint_{S_B}\frac{\partial\phi(x)}{\partial n}G(x,x_0)\mathrm{d}s \tag{3.146}$$

若将物面离散成网格单元后共有 N 个节点，则分别在 N 个物面节点上布置单元，可以得到关于 N 个节点速度势的 N 个线性方程组。

除此之外，再在内水面上布置点源，得到积分方程：

$$-\iint_{S_B}\frac{\partial G(x,x_0)}{\partial n}\phi(x)\mathrm{d}s=-\iint_{S_B}\frac{\partial\phi(x)}{\partial n}G(x,x_0)\mathrm{d}s \tag{3.147}$$

在内水面 M 个点处布置点源，可得到 M 个线性方程，这样总共可得到关于 N 个速度势的 $N+M$ 个方程

$$[A]_{(N+M)\times N}\{\phi\}_N=\{B\}_{N+M} \tag{3.148}$$

研究表明，这 $N+M$ 个方程具有唯一解，可用于消除“不规则频率”的影响。但这一方程组的个数超过了未知量的个数，需采用最小二乘法等算法求解。

数值计算中可采用左乘[A]的转置矩阵方法，从而形成N个线性方程组，再采用常规方法进行求解。缺点是需要存储两个$(N+M)$ xN 的系数矩阵，因此需要较大的存储空间，且不利于一些低存储、高速算法（如：预修正快速傅里叶变化方法和多极子展开方法等）的实现。应用中常采用叠加内部势的方法(Kleinman(1982), Teng 和 Li(1996))，从而建立关于$(N+M)$个未知量的$(N+M)$个线性方程组。

考虑物体内部的波动问题，假设物体内部速度势满足下述边界条件：

$$
\begin{aligned}
&\frac{\partial\varphi(x)}{\partial z}=0 \quad x\in S_W\\
&\varphi(x)=0 \quad x\in S_b\\
&\frac{\partial\varphi(x)}{\partial n'}=0 \quad x\in S_b
\end{aligned}
\tag{3.149}
$$

S_W为物体内水面，S_b为物体表面，n'为物体内表面的法向量，指出物体为正。该问题在物体内域有$\varphi(x)=0$的唯一解。

当原点布置于内水面上时，可得到

$$
\frac{1}{2}\varphi(x_0)-\iint_{S_W}\frac{\partial G(x,x_0)}{\partial n'}\varphi(x)\mathrm{d}s=0 \tag{3.150a}
$$

当原点布置于物面上时，可得到

$$
-\iint_{S_W}\frac{\partial G(x,x_0)}{\partial n'}\varphi(x)\mathrm{d}s=0 \tag{3.150b}
$$

离散物体表面和内水面，可得

$$
[A']_{(N+M)\times M}\{\varphi\}_M=\{0\}_{N+M} \tag{3.151}
$$

M为内水面网格上不与物面接触节点的数量。

将(3.151)式与(3.148)式相加，可得到关于$N+M$个未知量的$M+N$个线性方程组

$$
\begin{bmatrix}[A]_{(N+M)\times N}\\ [A']_{(N+M)\times M}\end{bmatrix}\begin{Bmatrix}\{\phi\}_N\\ \{\varphi\}_M\end{Bmatrix}=\{B\}_{(N+M)} \tag{3.152}
$$

该方程可采用常规的线性方程组求解方法求解。

图 3.23 是应用大连理工大学的 WAFDUT 软件，对于一半径为a、吃水$T/a=1$的截断圆柱在水深 d/a=2 中附加质量的数值计算结果。计算中分别采用了多种网格进行计算，网格A为整个柱侧面上 8（4×2）个网格，柱底 8 个网格；网格B为柱侧面上 64（16×4）个网格，柱底 64 个网格。研究发现更密网格的结果与网格B的结果非常接近，表面网格B的结果已经收敛。从图中可以看到，纵荡附加质量在ka=3.8 附近、升沉附加质量在ka=2.4 附近出现了“不规则频率”现象，且随着网格的加密而减弱。

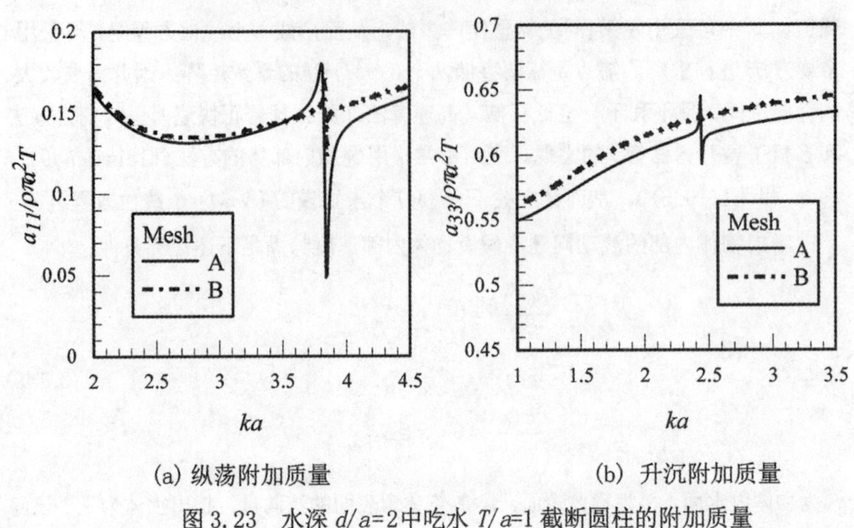

(a) 纵荡附加质量　　　　(b) 升沉附加质量

图 3.23　水深 $d/a=2$ 中吃水 $T/a=1$ 截断圆柱的附加质量

图 3.24 为采用“不规则频率”消除方法计算结果与常规方法计算结果的比较，物面网格为B网格。从图中可以看到应用上述的“不规则频率”消除方法后，计算结果不再包含“不规则频率”的影响。

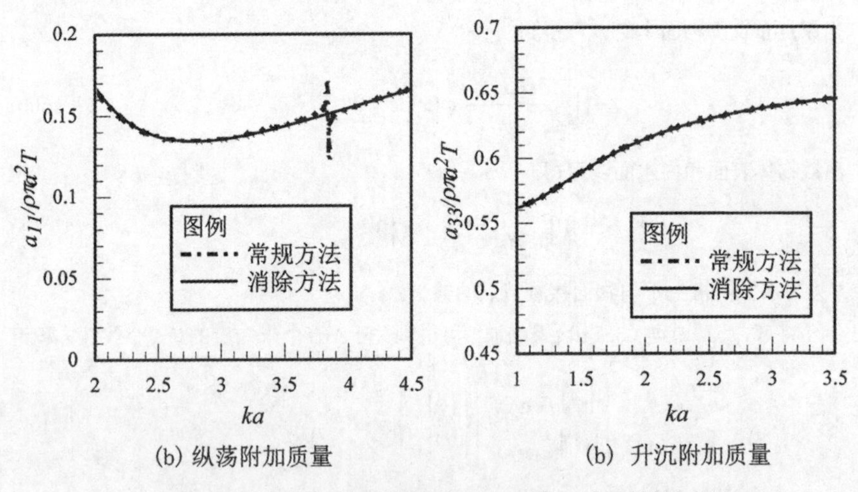

(b) 纵荡附加质量　　　　(b) 升沉附加质量

图 3.24　消除不规则频率方法与常规方法的比较

【思考题】

(1) 对于截断圆柱，波浪势在外域的展开式中为什么不包含第一类修正贝塞尔函数$I_n(x)$?

(2) 对于波浪与直立桩群的相互作用问题，为什么速度势的展开式中不包括修正贝塞尔函数$I_n(x)$和$K_n(x)$?

（3）一均匀圆柱做水平振荡时，速度势的展开形式如何？

（4）二阶平均漂移力的垂向分量，为何不能用远场方法计算？

（5）推导波浪作用力的远场计算公式（即Haskind关系）：

$$f_j = i\rho\omega \iint_{S_\infty} \left(\phi_j \frac{\partial \phi_0}{\partial n} - \frac{\partial \phi_j}{\partial n}\phi_0\right), j = 1, ..., 6$$

并进一步证明，在二维情况下为：

$$f_j = -2\rho g A \mathcal{A}_j^- C_g$$

三维情况下为：

$$f_j = -\frac{4}{k}\rho g A \mathcal{A}_j(\beta + \pi) C_g$$

（6）证明，对于一水中固定的二维物体，无论波浪从左、还是右面入射，其透射系数是相同的。

（7）推导波浪对直立圆柱绕射的二阶漂移力，及高频下的渐近公式。

参 考 文 献

1 Brebbia C.A., S.Walker. Boundary Element Techniques in Engineering. Butterworth Ltd., 1990

2 Eatock Taylor R. On second order wave loading and response in irregular seas. Advances in Coastal and Ocean Engineering, World Scientific, 1999, 5: 155～212

3 Eatock Taylor R. and F. P. Chau. Wave diffraction theory——some developments in linear and nonlinear theory. J. Offshore Mech. and Arctic Eng., 1992, 114: 185～194

4 Eatock Taylor R., S.M.Hung. Second-order diffraction forces on a vertical cylinder in regular waves. Applied Ocean Res., 1987, 9: 19～30

5 Evans D.V., R.Porter. Trapped models about multiple cylinders in a channel. J. Fluid Mech., 1997, 339: 331～356

6 Faltinsen O.M. Sea Loads on Ships and Offshore Structures. Cambridge University Press, 1990

7 Garrison C.J. Hydrodynamic loading on large offshore structures: three-dimensional source distribution method. Numerical Methods in Offshore Engineering, 1978

8 Garret C.J.R. Wave forces on a circular dock. J. Fluid Mech., 1971, 46: 129～139

9 Havelock T.H. The pressure of water waves upon a fixed obstacle. In: Proc. of the Royal Society of London, 1940, Series A, No. 963, 175: 409～421

10 Hess J, L., A.M.O.Smith. Calculation of non-lifting potential flow about arbitrary three-dimensional bodies. J. Ship Res., 1964, 8 (2): 22～44

11 John F. On the motion of floating bodies, II. Comm. Pure Appl. Maths, 1950, 3: 45～101

12 Kagemoto H., D. K. P. Yue. Interaction among multiple three-dimensional bodies in water waves: an exact algebraic method. J. Fluid Mech., 1986, 166: 189～209

13 Kato S., T.Kinoshita and S.Takase. Statistical theory of total second order responses of moored vessels in random seas. App.Ocean Res., 1990, 12 (1): 2～13

14 Kleinman R. E. On the mathematical theory of the motion of floating bodies——an update. DTNSRDC Rep. 82/074, 1982

15 Lamb H. Hydrodynamics. Cambridge University Press, 1932

16 Lee, Sclawouns. Removing the irregular frequencies from integral equations in wave-body interactions. J. Fluid Mech., 1989, 207: 393～418

17 Li H. B., G. M. Han and H. A. Mang. A new method for evaluating singular integrals in stress analysis of solids by the direct boundary element method. Int. J. Num. Meth. in Eng., 1985, 211:2 071～2 075

18 Lighthill. Waves and hydrodynamic loading. In: Proc. 2nd Int. Conf. Behavior of Offshore Structures, 1979, 1: 1～40

19 Linton C. M., D. V. Evans. The interaction of waves with arrays of vertical circular cylinders. J. Fluid Mech., 1990, 215: 549～569

20 Liu Y. H., C. H. Kim and Lu X. S. Comparison of higher-order boundary element and constant panel methods for hydrodynamic loadings. Int. Jour. Offshore and Polar Eng., 1991, 1 (1): 8～17

21 MacCamy R. C., R. A. Fuchs. Wave forces on piles: a diffraction theory. Tech. Mem., 69, US Army Coastal Engineering Research Center, 1954

22 Malenica S., B. Molin. Third-harmonic wave diffraction by a vertical cylinder. J. Fluid Mech., 1995, 302: 203～229

23 Manier H. D., J. N. Newman. Wave diffraction by a long array of cylinders. J. Fluid Mech., 1997, 339: 309～330

24 Maruo H. The drift of a body floating on waves. J. Ship Res., 1960, 4: 1～10

25 Mei C. C. Numerical methods in water wave diffraction and radiation. Ann. Rev. Fluid Mech., 10, 1978, 393～416

26 Mei C. C. The Applied Dynamics of Ocean Surface Wave. John Wiley and Sons, Inc., New York., 1983

27 Molin B. Second-order diffraction loads upon three dimensional bodies. Applied Ocean Res., 1979, 1: 197～202

28 Newman J. N. The drift force and moment on ships in waves. J. Ship Res., 1967, 11: 51～60

29 Newman J. N. The approximation of free-surface Green functions. Wave Asymptotics. Cambridge University Press, 1992, 107～135

30 Nossen J., J. Grue and E. Palm. Wave force on floating bodies with small forward speed. J. Fluid Mech., 1991, 227: 135～160

31 Ogilvie T. F. Second-order hydrodynamic effects on ocean platforms. In: Proc. Int. Workshop on Ship and Platform Motions. Berkley, 1983, 205～265

32 Spring B. H., P. L. Monkneyer. Interaction of plane waves with vertical cylinders. In: Proc. 14th Int. Conf. on Coastal Engineering. Copenhagen, 1974, 1 828～1 845

33 Teng B., R. Eatock Taylor. New higher-order boundary element methods for wave diffraction/radiation. Applied Ocean Res., 1995a, 17 (2): 71～77

34 Teng B., R. Eatock Taylor. Application of a higher order BEM in the calculation of wave run-

up on bodies in a weak current. Int. Jour. of Offshore and Polar Eng., 1995b, 5 (3): 219~224

35 Teng B., Li Y. C. A unique solvable higher order BEM for wave diffraction and radiation. China Ocean Eng., 1996, 10 (3): 333~342

36 Teng B., S. Kato. Third order wave force on axisymmetric bodies. Ocean Eng., 2002, 29: 815~843

37 Wehausen J. V. The motion of floating bodies. Ann. Rev. Fluid Mech. 1971, 3: 237~268

38 Wehausen J. V., E. V. Laitone. Surface waves. Handbuch der Physik. Springer - Verlag, Berlin, 1960, 9: 446~778

39 Yeung R. W. Added mass and damping of a vertical cylinder in finite-depth waters. Applied Ocean Res., 1981, 3 (3): 119~133

40 Záviška F. Uber die beugung elektromagnetischer wellen an parallelen, unendlich langen Kreiszylindern. Ann. Phys., 1913, 40: 1 023~1 056

41 卢盛松．边界元理论及应用．北京：高等教育出版社，1990

42 梁昆淼．数学物理方法．北京：高等教育出版社，1998

43 滕斌，李玉成，董国海．双色人射波下二阶波浪力响应函数．海洋学报，1999，21 (2)：115~123

44 滕斌、勾莹、宁德志．波浪与结构物作用的一种高阶边界元方法——自由项和柯西主值积分的直接计算，海洋学报，2006.28（1）：132-138

45 姚振权，王海涛．边界元法．北京：高等教育出版社，2010

第 4 章 波浪与结构物作用的时域理论

在上一章中讲述了规则波浪与线性约束体系的相互作用问题。在那些问题中结构物的运动响应也为简谐运动，可通过频域方法加以求解。实际工程中由锚链、缆绳和护舷组成的系泊系统往往是强非线性的，结构系统的运动响应不再是简谐运动。对于这类结构系统的运动响应问题，不能应用频域方法求解，而需要在时域内直接求解。本章将介绍锚链系统的拉力和位移关系和时域内波浪与结构物相互作用的几种求解方法。

4.1 浮体-锚链系统的静力分析

在海洋和海岸工程中漂浮结构物经常利用锚链系统固定于海底。对于波浪与这一结构系统相互作用的分析，需要预先知道在上部结构物产生位移时，锚链与结构间的相互作用力，然后通过漂浮系统的运动方程确定浮体的运动响应过程、锚链的内部拉力以及锚的抓力等。锚链的运动分析是十分复杂的，在波浪与浮体-锚链系统的相互作用中，锚链和浮体一样处于动力响应运动中，锚链受到波浪、水流力的作用，受到拉力后还要发生形变。本节仅就简单的锚链系统静力分析问题作一介绍，对于复杂的锚链系统动力分析等深入知识，可参看 Berteaux(1976)的著作。

4.1.1 锚链的悬链理论

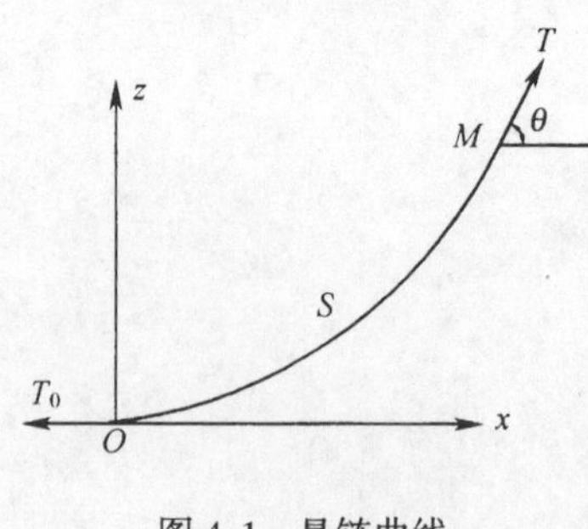

图 4.1 悬链曲线

从高等数学教科书中知道，均匀柔软的绳索，两端固定，仅受绳索本身重力作用时，绳索在平衡状态时的形状为悬链线(图 4.1)。

考虑锚链最低点 O 到另一点 M 的一段弧 OM，其长度为 S。假设锚链在水中单位长度的重量为 W，最低点处所受的水平拉力为 T_0。在 M 点的张力沿该点切线方向与水平成 θ 角，其大小为 T。把作用在 OM 上的张力 T 沿铅直和水平两个方向上分解，由力的平衡方程得到

$$T_z = T\sin\theta = WS \tag{4.1}$$

$$T_x = T\cos\theta = T_0 \tag{4.2}$$

将以上两式相除，可以得到悬链的一阶导数为

$$\tan\theta = z' = \frac{W}{T_0}S \tag{4.3}$$

将上式对 x 微分，可得到

$$z'' = \frac{W}{T_0}\frac{\mathrm{d}S}{\mathrm{d}x} \tag{4.4}$$

利用弧微分公式 $\mathrm{d}S = \sqrt{1+z'^2}\mathrm{d}x$，可消除 $\mathrm{d}S$ 而得到悬链的二阶微分方程为

$$z'' = \frac{W}{T_0}\sqrt{1+z'^2} \tag{4.5}$$

取坐标系的原点在 O 点，则锚链曲线在 $x=0$ 处的边值条件为

$$z(0) = z'(0) = 0 \tag{4.6}$$

代入上述边界条件，(4.5) 式的解为

$$\frac{W}{T_0}z = \cosh\left(\frac{W}{T_0}x\right) - 1 \tag{4.7}$$

锚链的长度可由 (4.3) 式求得为

$$S = \frac{T_0}{W}\sinh\left(\frac{W}{T_0}x\right) \tag{4.8}$$

若将锚链长度写成纵坐标 z 的函数，则为

$$S = \left[z\left(z + 2\frac{T_0}{W}\right)\right]^{1/2} \tag{4.9}$$

由上式可求得锚链张力水平分量与锚链长度和高度的关系为

$$T_x = T_0 = W(S^2 - z^2)/2z \tag{4.10}$$

由(4.10)式和(4.1)式可求得锚链在各个截面上的张力为

$$T = [T_x^2 + T_z^2]^{1/2} = \left[\frac{W(S^2 + z^2)}{2z}\right]^{1/2} \tag{4.11}$$

4.1.2 锚链的张力与位移关系

在实际的浮体-锚链系统中，锚链的端部固定于上部浮体的某一固定部位。假如锚链在水中的高度为 h_0（图 4.2），在静平衡状态下，锚链对浮体作用力的水平和垂直分量、锚链的拉起长度随着浮体水平或垂向位移的变化而改变。

对于浮体产生水平位移的情况，可以通过在浮体上施加一水平作用力 T_0 的方法来考虑。若在浮体上施加一水平作用力 T_0，则锚链从触地点 O 到系泊点 M 的水平长度可由 (4.5) 式求解为

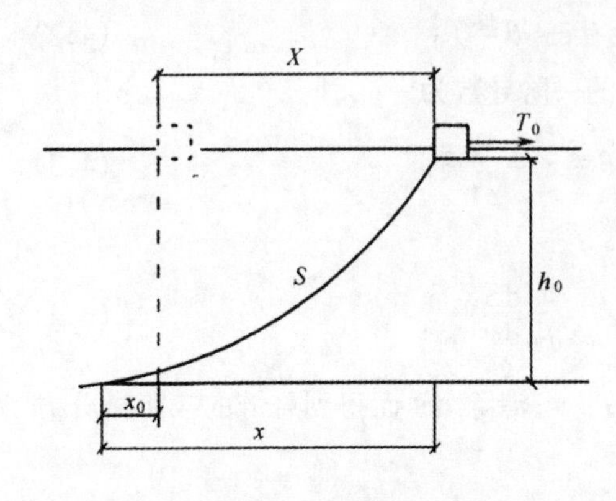

图4.2 浮体位置与锚链拉起关系图

$$x=\frac{T_0}{W}\operatorname{arc}\cosh\left(1+\frac{W}{T_0}h_0\right) \tag{4.12}$$

锚链的长度 S 由（4.9）式可写为

$$S=\left[h_0\left(h_0+2\frac{T_0}{W}\right)\right]^{1/2} \tag{4.13}$$

锚链对浮体施加的向下垂直作用力为

$$T_z=WS$$

忽略锚链在受拉情况下的伸长，由锚链的几何关系可求得

$$h_0+x_0=S \tag{4.14}$$

浮体相对于 $T_0=0$ 时平衡位置的水平位移 X 为

$$X=h_0+x-S \tag{4.15}$$

由此可作出 T_x 与 X，T_z 与 X 的关系曲线。

实际情况下，由于波浪、水流和风等的作用，结构系统受到一个 T_m 的水平定常总作用力，浮体的静平衡位置为 x_0。随后，在波浪的作用下，结构系统围绕着 x_0 位置产生水平和垂向的运动响应。

采用类似方法，可以分析浮体在平衡位置周围产生垂向位移时，锚链对浮体水平和垂向作用力分量与垂向位移间的关系。

4.2 频域解的傅氏变换法

在时域方法中最简单的是Cummins（1962）提出的方法。该方法利用频域下激振力、附加质量和辐射阻尼，通过傅氏变换求得时域下的波浪作用力、附加质量和迟滞函数，最后通过结构的时域运动方程求得结构物的运动响应和系泊系统的内部应力。对于该方法的详细论述，可参看Van Oortmerssen（1979）的研究报告。

4.2.1 激振力

在规则波浪作用下，在第 i 个方向上结构物上的广义波浪作用力可以写为

$$F_i(t)=F_i^{(2)}+\operatorname{Re}\{f_i^{(1)}\mathrm{e}^{-\mathrm{i}\omega t}\}+\operatorname{Re}\{f_i^{(2)}\mathrm{e}^{-2\mathrm{i}\omega t}\}\quad(i=1,2,\cdots,6) \tag{4.16}$$

定常漂移力 $F_i^{(2)}$ 和一倍频、二倍频波浪激振力可通过频域方法确定。

在不规则波浪作用下，假如结构物中心处波面的瞬时高度为$\eta(t)$，

那么在整个物体上的瞬时波浪作用力和力矩在二阶波陡近似下可写为

$$F_i(t)=F_i^{(1)}(t)+F_i^{(2)}(t) \quad (i=1,2,\cdots,6) \tag{4.17}$$

一阶和二阶广义波浪力 $F_i^{(1)}(t)$ 和 $F_i^{(2)}(t)$ 可通过时域内广义波浪力的脉冲响应函数与波面高度的卷积求得为

$$F_i^{(1)}(t)=\int_{-\infty}^{t} h_i^{(1)}(t-\tau)\eta(\tau)\mathrm{d}\tau \quad (i=1,2,\cdots,6) \tag{4.18}$$

$$F_i^{(2)}(t)=\int_{-\infty}^{t}\int_{-\infty}^{t} h_i^{(2)}(t-\tau_1,t-\tau_2)\eta(\tau_1) \times \eta(\tau_2)\mathrm{d}\tau_1\mathrm{d}\tau_2 \quad (i=1,2,\cdots,6) \tag{4.19}$$

式中：$h_i^{(1)}(t)$ 和 $h_i^{(2)}(t)$——时域内一阶和二阶脉冲响应函数。

时域内一阶和二阶脉冲响应函数可通过频域内线性和平方传递函数经傅氏变换求得：

$$h_i^{(1)}(t)=\mathrm{Re}\left\{\frac{1}{\pi}\int_{0}^{\infty} H_i^{(1)}(\omega)\mathrm{e}^{\mathrm{i}\omega t}\mathrm{d}\omega\right\} \tag{4.20}$$

$$h_i^{(2)}(t_1,t_2)=\mathrm{Re}\left\{\frac{1}{2\pi^2}\int_{0}^{\infty}\int_{0}^{\infty} H_i^{(2)}(\omega_1,\omega_2)\mathrm{e}^{\mathrm{i}(\omega_1 t_1+\omega_2 t_2)}\mathrm{d}\omega_1\mathrm{d}\omega_2\right\} \tag{4.21}$$

频域内线性传递函数 $H_i^{(1)}(\omega)$ 为单位波幅规则波作用下物体上的一阶波浪激振力，频域内平方传递函数 $H_i^{(2)}(\omega_1, \omega_2)$ 为单位波幅双频波浪作用下物体上的二阶波浪激振力。

4.2.2 附加质量和迟滞函数

一个物体做任意的复杂运动，都可以表示为一系列的小脉冲运动的线性叠加。在物体做小振幅运动的假设下，物体运动可以表达为该物体在各坐标轴上运动分量的线性叠加，速度势的求解可采用线性叠加方法计算。假设物体在 t 时刻第 j 个模态下的位移为 $\xi_j(t)$，运动速度为 $\dot{\xi}_j(t)$，则由于物体运动产生的总的辐射势为

$$\Phi(x,t)=\sum_{j=1}^{6}\left[\dot{\xi}_j(t)\psi_j+\int_{-\infty}^{t}\dot{\xi}_j(\tau)\chi_j(t-\tau)\mathrm{d}\tau\right] \tag{4.22}$$

式中：ψ_j——由物体做 j 方向上单位脉冲运动时所产生的速度势；

$\chi_j(\tau)$——物体做 j 方向上单位脉冲运动 τ 时间后流体中的速度势。

由辐射势产生的波浪力可通过物面上的压力积分而求得。在 k 方向上的广义作用力可写为

$$F_k(t)=-\iint_{S_b}\rho\frac{\partial\Phi(x,t)}{\partial t}n_k\mathrm{d}s$$

$$= -\sum_{j=1}^{6}\left[m_{kj}\ddot{\xi}_j(t) - \int_{-\infty}^{t}\dot{\xi}_j(\tau)K_{kj}(t-\tau)\mathrm{d}\tau \right] \quad (k = 1,2,\cdots,6) \tag{4.23}$$

其中

$$m_{kj} = \rho\iint_{S_b}\psi_j n_k \mathrm{d}s \tag{4.24}$$

$$K_{kj}(t) = \rho\iint_{S_b}\frac{\partial\chi_j(t)}{\partial t}n_k \mathrm{d}s \tag{4.25}$$

对结构系统应用牛顿第二力学定律，可得到物体在时域内的运动方程为

$$\sum_{j=1}^{6}\left\{(M_{kj} + m_{kj})\ddot{\xi}_j(t) + \int_{-\infty}^{t}\dot{\xi}_j(\tau)K_{kj}(t-\tau)\mathrm{d}\tau + B_k[\dot{\xi}(t)] + C_{kj}\xi(t)\right\} = F_j(t) + G_j(t) \tag{4.26}$$

式中：M_{kj}和C_{kj}——与频域方法中相同定义的物体广义质量和恢复力系数；

$B_k[\dot{\xi}(t)]$——系统的黏性因素等产生的阻尼；

$G(t)$——缆绳、护舷或锚链引起的非线性作用力；

$F(t)$——波浪激励力。

时域方程（4.26）式可以描述结构物做任何一种形式的运动，同样适用于结构物做简谐运动的情况。令船舶做一简谐运动：

$$\xi_j = Re[\zeta_j \mathrm{e}^{-\mathrm{i}\omega t}] \tag{4.27}$$

将此运动形式代入物体运动方程（4.26）式，有

$$\sum_{j=1}^{6}\left\{-\omega^2(M_{kj} + m_{kj})\zeta_j - \mathrm{i}\omega\int_{-\infty}^{t}K_{kj}(t-\tau)\zeta_j \mathrm{e}^{-\mathrm{i}\omega\tau}\mathrm{d}\tau - B_k(\zeta_j \mathrm{e}^{-\mathrm{i}\omega t}) + C_{kj}\zeta_j \mathrm{e}^{-\mathrm{i}\omega t}\right\} = f(t) + G(\zeta_j \mathrm{e}^{-\mathrm{i}\omega t}) \tag{4.28}$$

此方程与频域下的运动方程是等价的：

$$\sum_{j=1}^{6}\{-\omega^2[M_{kj} + a_{kj}(\omega)]\zeta_j - \mathrm{i}\omega b_{kj}(\omega) + C_{kj}\}\zeta_j \mathrm{e}^{-\mathrm{i}\omega t} + B_k(\zeta_j \mathrm{e}^{-\mathrm{i}\omega t}) = F_j(t) + G(\zeta_j \mathrm{e}^{-\mathrm{i}\omega t}) \tag{4.29}$$

因此有

$$a_{kj}(\omega) = m_{kj} - \frac{1}{\omega}\int_{0}^{\infty}K_{kj}(t)\sin\omega t\,\mathrm{d}t \tag{4.30}$$

$$b_{kj}(\omega) = \int_0^\infty K_{kj}(t)\cos \omega t\,\mathrm{d}t \tag{4.31}$$

取（4.31）式的傅里叶逆变换，迟滞函数$K_{kj}(t)$可根据依赖于频率的阻尼系数写成

$$K_{kj}(t) = \frac{2}{\pi}\int_0^\infty b_{kj}(\omega)\cos \omega t\,\mathrm{d}\omega \tag{4.32}$$

当依赖于频率的附加质量在某一频率的值是已知时，则常数附加质量系数可从(4.30)式中得到：

$$m_{kj} = a_{kj}(\omega') + \frac{1}{\omega'}\int_0^\infty K_{kj}(t)\sin \omega' t\,\mathrm{d}t \tag{4.33}$$

ω'是任意选择的频率值，（4.26）式的所给出的 m_{kj}的结果不依赖于ω'值的选取。若取 $\omega' = \infty$，可得

$$m_{kj} = a_{kj}(\infty) \tag{4.34}$$

4.2.3 高频运动的阻尼特性

(4.32)式和(4.33)式给出了由频域内辐射阻尼和附加质量计算时域内迟滞函数和附加质量的理论关系，由此可求得 K_{kj}和 m_{kj}。应用这一关系时需要先知道所有频率下的阻尼函数。然后开展无限域内的傅氏分析。但当采用数值方法计算物体的辐射阻尼时，由于网格尺度的要求和数量的限制，以及不规则频率等因素的影响，无法求得很高频率下的辐射阻尼。因此，最好找到辐射阻尼与频率 ω 在高频条件下的函数关系，从而解决极高频范围内无法采用数值方法计算的问题。

由（3.82）式

$$b_{ij} = \rho\omega k\iint_{S_\infty} \phi_i\phi_j{}^*ds$$

可知，物体的辐射阻尼可通过远场的散射势求得，因此可先求得辐射波的远场特性再计算辐射阻尼。

Newman（1962）将船舶简化为二维细长浮体，研究了当 $\omega\to\infty$ 时船体辐射波的渐进特性，并得到高频辐射阻尼与无穷远处辐射波波幅的关系为

$$b_{kk}(\omega) = \frac{\rho g^2}{\omega^3}R_k^2(\omega)\ (k = 1,\ 2,\ ...,\ 6) \tag{4.35}$$

式中 $R_k(\omega)$表示无限远处辐射波波幅和物体运动幅值之比，即所谓的行波系数。

当物体做垂向高频运动时，Ursell（1953），Rhodes-Robinson（1970）得到兴波系数为

$$R_k(\omega) \propto \frac{1}{\omega^2} \qquad (k = 3,\ 5) \tag{4.36}$$

这样

$$b_{kk}(\omega)=\frac{C_K}{\omega^7},\qquad (k=3,5) \tag{4.37}$$

式中C_K为一常数，可根据较高频率处计算的辐射阻尼函数确定。

当船舶做高频水平运动时，Ursell 等（1960）和 Biesel（1951）近似地假设船舶吃水与水深相等（当波长远小于船舶吃水时，辐射波浪只局限于水面附近，这一假定是合理的），这样对于纵荡、横荡和艏摇模态，船体可看成一个平板式造波机。于是可求得兴波系数为

$$R_k(\omega)=\frac{2\sinh kd}{\sinh kd\ \cosh kd+kd},\qquad k=1,2,6 \tag{4.38}$$

当$\omega\to\infty$时，此系数趋向于一常数。

$$b_{kk}(\omega)=\frac{C_k}{\omega^3}\quad (k=1,2,6) \tag{4.39}$$

对于一般的三维浮体，当物体水线处为直立壁面时，Bao和Kinoshita（1992）通过渐进分析求得了当$\omega\to\infty$时辐射波的远场波幅比$R_k(\omega)$，进而求得辐射阻尼矩阵的6×6系数为

$$b_{ij}(\omega)=\frac{C_{ij}}{\omega^3}\frac{1}{\omega^{n_i+n_j}}\qquad (i,j=1,2,...,6) \tag{4.40}$$

式中

$$n_j=\begin{cases}0, & j=1,2,6\\ 2, & j=3,4,5\end{cases}$$

4.2.4 运动方程的求解

假如系泊船体受到N个缆绳、M个护舷的作用，第n根缆绳在k方向的作用力为L_{nk}，第n个护舷在k方向的作用力为H_{nk}，则其运动方程在k方向上的分量为

$$\sum_{j=1}^{6}\left\{(M_{kj}+m_{kj})\ddot{\xi}_j(t)+\int_{-\infty}^{t}\dot{\xi}_j(\tau)K_{kj}(t-\tau)\mathrm{d}\tau+B_k(\dot{\xi}(t))+C_{kj}\xi(t)\right\}=F_k(t)+\sum_{n=1}^{N}L_{nk}(t)+\sum_{m=1}^{M}H_{mk}(t) \tag{4.41}$$

这6个耦合的二阶微分方程可采用数值积分的方法求解，比如 Runge-Kutta 方法。对于下述的二阶微分方程：

$$\ddot{\xi}=F[\Delta t,\xi,\dot{\xi}] \tag{4.42}$$

应用四阶 Runge-Kutta 方法求解时，物体的位移和速度可以分别表达为

$$\xi(t+\Delta t)=\xi(t)+\Delta t\cdot\dot{\xi}(t)+\Delta t\cdot(M_1+M_2+M_3)/6 \tag{4.43}$$

$$\dot{\xi}(t+\Delta t)=\dot{\xi}(t)+(M_1+2M_2+2M_3+M_4)/6 \tag{4.44}$$

式中M_1，M_2，M_3和M_4分别为

$$M_1=\Delta t\cdot F[t,\xi(t),\dot{\xi}(t)]$$

$$M_2=\Delta t\cdot F\left[t+\frac{\Delta t}{2},\xi(t)+\frac{\Delta t\,\dot{\xi}(t)}{2},\dot{\xi}(t)+\frac{M_1}{2}\right]$$

$$M_3=\Delta t\cdot F\left[t+\frac{\Delta t}{2},\xi(t)+\frac{\Delta t\,\dot{\xi}(t)}{2}+\frac{\Delta t M_1}{4},\dot{\xi}(t)+\frac{M_2}{2}\right]$$

$$M_4=\Delta t\cdot F\left[t+\Delta t,\xi(t)+\Delta t\,\dot{\xi}(t)+\frac{\Delta t M_2}{2},\dot{\xi}(t)+\frac{M_3}{2}\right]$$

计算中首先根据 t 时刻物体的位移 $\xi(t)$ 和速度 $\dot{\zeta}(t)$，由系泊系统的位移-张力关系确定缆绳和护舷对结构系统产生的系泊力，由水动力分析确定波浪激振力、水动力恢复力和阻尼力等，从而求得 $F[t,\xi(t),\dot{\xi}(t)]$ 函数，然后利用(4.43)式和(4.44)式求得 $t+\Delta t$ 时刻的物体位移 $\xi(t+\Delta t)$ 和速度 $\dot{\xi}(t+\Delta t)$。重复 t 时刻的计算，周而复始直到计算结束。

4.3 摄动展开下的简单格林函数法

上节介绍了利用频域解，通过傅氏变换计算时域内脉冲响应函数的方法。在傅氏变换方法中，需要频域内预先计算波浪频率 $0\sim\infty$ 的水动力系数。对于大部分结构物，高频下的水动力系数是不易求得的，这样傅氏变换引起的误差是很难控制的。另外，频域理论中通常假设结构的运动幅度是比较小的，物面条件可通过摄动展开方法在平均物面上满足，这样也限制了傅氏变换方法在结构物做大振幅运动情况下的应用。Isaacson 和 Cheung (1992)等应用简单格林函数和摄动展开技术建立了一个新的计算方法，目前该方法已发展到二阶。应用这个方法，计算域为平均物体表面和物面周围有限的平均自由水面。这些边界面不随时间而变化，联立方程的系数阵只需在计算初始时刻建立和分解一次，以后仅需存储以前几个时间步的速度势函数等。这样该方法对有限振幅运动、长时间的模拟计算十分有效。下面将就这一方法的一阶理论作一介绍。

为了计算方便，将速度势函数 Φ 和波面函数 η 分解为已知的入射分量和未知的散射分量之和的形式：

$$\Phi=\Phi_{\mathrm{i}}+\Phi_{\mathrm{s}} \tag{4.45}$$

$$\eta=\eta_{\mathrm{i}}+\eta_{\mathrm{s}} \tag{4.46}$$

下标 i 和 s 分别表示入射和散射分量。在以往的频域理论中，通常将散射势又分解成绕射势和辐射势而分别求解，在本理论中不再对散射势 Φ_{s} 进一步分解，散射势 Φ_{s} 包括所有的由于波浪和物体扰动而产生的散射分量。

根据前几章的推导，散射势满足的线性运动和动力自由水面条件为

$$\frac{\partial\Phi_{\mathrm{s}}}{\partial z}-\frac{\partial\eta_{\mathrm{s}}}{\partial t}=0 \tag{4.47}$$

$$\frac{\partial \Phi_s}{\partial t}+g\eta_s=0 \tag{4.48}$$

散射势满足的线性物面条件为

$$\frac{\partial \Phi_s}{\partial n}=-\frac{\partial \Phi_i}{\partial n}+(\dot{\xi}+\dot{\alpha}\times \boldsymbol{X}')\cdot \boldsymbol{n} \tag{4.49}$$

$\boldsymbol{n}$ 为物面的法线方向，规定指出物体为正。在海底满足的不透水边界条件为

$$\frac{\partial \Phi_s}{\partial z}=0 \tag{4.50}$$

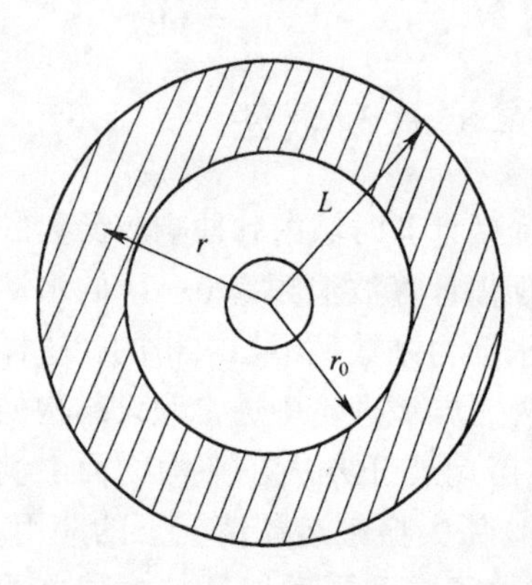

图 4.3　阻尼区示意图

只有(4.47)式至(4.50)式还构成不了定解问题,必须加入一个散射波向外传播的远场辐射边界条件。在数值计算中,为了保证散射波向外传播而不反射回来,从而可以在一个有限的计算域内进行模拟,常在自由水面上引入人工阻尼层(或称为人工岸滩)进行消波(Israeli 和 Orszag, 1981; Ferrant, 1993; Bai 和 Teng,2001 等)。阻尼层消波在数值计算中具体的实现办法是,在计算域的外部区域上划定一个阻尼层消波区域$[r_0, r_0+L]$，其中 r_0 为阻尼区的起点位置，L 为计算域的特征长度。图 4.3 为水面计算域的平面图，图中阴影部分为阻尼消波区。在此区域内的自由水面边界条件中加入阻尼项，通过人工地对波浪加入阻尼来达到消波的效果。Bai 和 Teng（2001）在运动学和动力学自由水面边界条件中加入阻尼项为

$$\frac{\partial \eta_s}{\partial t}=\frac{\partial \Phi_s}{\partial Z}-\nu(r)\eta_s \tag{4.51}$$

$$\frac{\partial \Phi_s}{\partial t}=-g\eta_s-\nu(r)\Phi_s \tag{4.52}$$

式中：

$$\nu(r)=\begin{cases}\alpha\omega\left(\dfrac{r-r_0}{\lambda}\right)^2 & (r_0\leqslant r\leqslant r_1=r_0+\beta\lambda)\\ 0 & (r<r_0)\end{cases} \tag{4.53}$$

α——阻尼系数；

β——岸滩宽度系数；

λ——波浪的特征波长。

为了提高阻尼区效率，必须选择恰当的系数以使散射波浪完全被吸收，Bai 和 Teng（2001）等在计算中对 α 和 β 均取为 1.0。

选取 Rankine 源和它关于海底的像

$$G(\boldsymbol{x},\xi)=-\frac{1}{4\pi}\left(\frac{1}{r}+\frac{1}{r_2}\right) \tag{4.54}$$

作为格林函数，对散射势 Φ_s 和格林函数 G，利用格林第二定律，可以得到关于计算域边界上速度势函数的边界积分方程

$$\alpha\Phi_s(\xi,t)=\iint_S\left[\Phi_s(\boldsymbol{x},t)\frac{\partial G(\boldsymbol{x},\xi)}{\partial n}-G(\boldsymbol{x},\xi)\frac{\partial \Phi_s(\boldsymbol{x},t)}{\partial n}\right]\mathrm{d}s \tag{4.55}$$

式中：$\boldsymbol{x}$——场点；

ξ——源点。

边界 S 包括淹没于水中的平均物体表面 S_b 和从物体到阻尼层外边界的有限静水面 S_f。

计算中先认为当前时刻物面上的速度势法向导数和自由水面上的速度势是已知的，根据积分方程计算下一时刻物面上的速度势和自由水面上的法向速度，然后应用数值积分方法，根据自由水面条件(4.47)式和(4.48)式，计算下一新时刻的水面高度和自由水面上的速度势，根据物体运动方程和物面条件（4.49）式，计算下一时刻物体的运动位置、物体的运动速度和物面上的法向速度。计算周而复始，直到计算时间结束。

将(4.55)式按未知量重新整理，分两种情况进行表达。当源点在物体表面上时，将上式写为

$$\alpha\Phi_s-\iint_{S_b}\Phi_s\frac{\partial G}{\partial n}\mathrm{d}s+\iint_{S_f}G\frac{\partial \Phi_s}{\partial n}\mathrm{d}s=-\iint_{S_b}G\frac{\partial \Phi_s}{\partial n}\mathrm{d}s+\iint_{S_f}\Phi_s\frac{\partial G}{\partial n}\mathrm{d}s \tag{4.56}$$

当源点在自由水面上时，将上式写为

$$-\iint_{S_b}\Phi_s\frac{\partial G}{\partial n}\mathrm{d}s+\iint_{S_f}G\frac{\partial \Phi_s}{\partial n}\mathrm{d}s=-\iint_{S_b}G\frac{\partial \Phi_s}{\partial n}\mathrm{d}s+\iint_{S_f}\Phi_s\frac{\partial G}{\partial n}\mathrm{d}s-\alpha\Phi_s \tag{4.57}$$

在上面两个表达式中，方程的左端均为未知量，右端为已知量。方程左端的未知量是物面上的速度势函数和自由水面上的速度势法向导数。

上述积分方程经离散后，可建立下述的线性联立方程组：

$$\begin{bmatrix}A_{11} & A_{12}\\ A_{21} & A_{22}\end{bmatrix}\begin{Bmatrix}\phi\big|_{S_b}\\ \dfrac{\partial\phi}{\partial n}\Big|_{S_f}\end{Bmatrix}=\begin{Bmatrix}B_1\\ B_2\end{Bmatrix} \tag{4.58}$$

由于积分边界是不随时间变化的，格林函数也不是时间的函数，在各个计算时刻上系数矩阵[A]都是相同的。这样，在计算中只需在初始时刻建

立和分解系数矩阵[A]一次,在随后的计算中只需建立右端矩阵{B},回代求解方程得物面上的速度势和自由水面上的速度势法向导数。

在应用积分方程方法求得了 t 时刻自由水面上的速度势后,需根据自由水面上的运动学和动力学边界条件,应用数值积分方法,计算下一时刻自由水面上的波面高度和速度势。为了便 于说明,将自由表面运动学条件(4.47)式、(4.51)式和动力学边界条件(4.48)式、(4.52)式写成更一般的表达形式:

$$\frac{\partial \eta_s}{\partial t}=g\left(\frac{\partial \Phi_s}{\partial z},t\right) \tag{4.59}$$

$$\frac{\partial \Phi_s}{\partial t}=f(\Phi_s,\eta_s,t) \tag{4.60}$$

计算中先对(4.59)式作数值积分,求得 $t+\Delta t$ 时刻的波面高度 $\eta_s(t+\Delta t)$,然后对(4.60)式作数值积分,求得 $t+\Delta t$ 时刻的水面速度势 $\Phi_s(t+\Delta t)$。对于自由水面运动学边界条件,若采用四阶 Adams-Bashforth 格式,则可求得 $t+\Delta t$ 时刻的自由表面高度为

$$\eta_s(t+\Delta t)=\eta_s(t)+\frac{\Delta t}{24}[55g(t)-59g(t-\Delta t) +37g(t-2\Delta t)-9g(t-3\Delta t)] \tag{4.61}$$

对于自由表面动力学边界条件,若采用四阶 Adams-Bashforth-Moulton 格式,则可求得 $t+\Delta t$ 时刻的散射速度势为

$$\Phi_s(t+\Delta t)=\Phi_s(t)+\frac{\Delta t}{24}[9f(t+\Delta t)+19f(t) -5f(t-\Delta t)+f(t-2\Delta t)] \tag{4.62}$$

在初始计算的前几个时间步段,由于缺少波面和速度势资料,需采用低阶积分格式。

物面上 $t+\Delta t$ 时刻散射势的法向导数需根据物体运动方程确定。当采用目前的方法计算速度势时,由于散射势没有进一步分解为绕射势和辐射势,物体的运动方程应当写为

$$\sum_{j=1}^{6}\{M_{kj}\ddot{\xi}_j(t)+B_k(\xi_j(t))+C_{kj}\xi_j(t)\}=F_k(t)+G_k(t) \tag{4.63}$$

式中:F_k——总的广义水动力荷载分量(包括力和力矩分量);

G_k——缆绳等系泊系统对物体施加的外部作用力和力矩。

对于该方程可采用与(4.28)式类似的方法,求解在 $t+\Delta t$ 时刻的物体运动位移和运动速度。求得了物体的运动速度后,则可根据(4.49)式求得在 $t+\Delta t$ 时刻物体表面散射势的法向导数。

4.4 满足自由水面条件的格林函数方法

上节介绍的简单格林函数方法，通常假定结构物的运动响应不是很大，在时域内通过摄动展开求解波浪与结构物的相互作用。当结构物的运动响应很大时，可以应用满足自由水面条件和初始条件的时域格林函数方法进行求解。在该方法中物面条件可以在瞬时物面上满足，而且积分区域仅限制于物体表面上，降低了边界元方法离散后线性方程组的数量。但该方法需要应用以前所有时刻的速度势和格林函数，当模拟时间较长时，所需的存储量和计算量将快速增长。目前，这一方法大多应用于深水波浪与船舶的相互作用中（Beck，1994；Lin 和 Yue，1990），而对于一般水深下波浪与结构物的相互作用的研究则不多。下面就无限水深中波浪与结构物相互作用的时域解法作一介绍。

考虑漂浮在无限水中的任意三维浮体，在波浪作用下物体产生6个自由度的运动响应。同样将流体速度势 Φ 分解为入射势 Φ_i 和散射势 Φ_s 之和的形式：

$$\Phi(\boldsymbol{x},t)=\Phi_i(\boldsymbol{x},t)+\Phi_s(\boldsymbol{x},t) \tag{4.64}$$

式中：$\boldsymbol{x}$——位置矢量；

t——时间变量。

在平均自由水面 $S_{F(t)}$ 上，线性自由水面条件为

$$\frac{\partial^2\Phi_j(\boldsymbol{x},t)}{\partial t^2}+g\frac{\partial\Phi_j(\boldsymbol{x},t)}{\partial z}=0 \quad (\text{在 } S_{F(t)} \text{上}, t>0) \tag{4.65}$$

式中：g——重力加速度；

Φ_j——Φ，Φ_i 或 Φ_s 中的任何一个。

平均自由水面 $S_{F(t)}$ 是不随时间起伏的水平平面，但在水平方向随物体运动而发生变化。在瞬时物体表面 $S_{B(t)}$ 上，物面条件可写为

$$\frac{\partial\Phi_s(\boldsymbol{x},t)}{\partial n}=V_n-\frac{\partial\Phi_i(\boldsymbol{x},t)}{\partial n} \quad (\text{在 } S_{B(t)} \text{上}, t>0) \tag{4.66}$$

式中：$\boldsymbol{n}$——物体表面的法矢量，规定指出流体为正；

V_n——物体表面上的瞬时法向速度。在深海处，流体速度趋于0：

$$\nabla\Phi_s(\boldsymbol{x},t)=0 \quad (z\to-\infty, t>0) \tag{4.67}$$

在有限时间内，无穷远处的条件为

$$\Phi_s(\boldsymbol{x},t),\Phi_{st}(\boldsymbol{x},t)\to 0 \quad (\text{在 } S_{\infty(t)} \text{上}, t>0) \tag{4.68}$$

在 $t=0$ 时刻的初始条件为

$$\Phi_s(\boldsymbol{x},t)=\Phi_{st}(\boldsymbol{x},t)=0 \quad (\text{在 } S_{F(t)} \text{上}, t=0) \tag{4.69}$$

引入满足瞬变波自由水面条件和初始条件的格林函数(Stoker，1957；Wehausen 和 Laitone，1960)

$$G(\boldsymbol{x},t;\xi,\tau)=-\frac{1}{4\pi}[G^0(\boldsymbol{x},t;\xi,\tau)+G^{\mathrm{f}}(\boldsymbol{x},t;\xi,\tau)] \quad (4.70)$$

式中：$\boldsymbol{x}(x,y,z)$和$\xi(\xi,\eta,\zeta)$——场点和原点的坐标矢量。

G^0 和 G^{f} 的定义为

$$G^0(\boldsymbol{x},t;\xi,\tau)=\frac{\delta(t-\tau)}{r}-\frac{\delta(t-\tau)}{r_1}$$

$$G^{\mathrm{f}}(\boldsymbol{x},t;\xi,\tau)=2\int_0^{\infty}\mathrm{e}^{k(z+\zeta)}[1-\cos\sqrt{gk}(t-\tau)]\mathrm{J}_0(kR)\mathrm{d}k$$

式中：R——场点和源点的水平距离；

r——场点和源点的距离；

r_1——场点和源点关于水面镜像的距离。

关于时域内格林函数的数值计算可参看 Newman (1990) 的文章。

格林函数 G 满足下列的初、边值条件：

$$\nabla^2 G=0 \quad (在\ \Omega(t)内,t>0) \quad (4.71)$$

$$G_{tt}+gG_z=0 \quad (在\ S_{F(t)}上,t>\tau) \quad (4.72)$$

$$G,G_t\to 0 \quad (在\ S_{\infty}上,t>\tau) \quad (4.73)$$

$$G=G_t=0 \quad (在\ S_{F(t)}上,t=\tau) \quad (4.74)$$

注意到 $G_\tau^0=0$，由此得格林函数对时间 τ 的导数为

$$G_\tau=G_\tau^{\mathrm{f}}=-2\int_0^{\infty}\sqrt{gk}\sin[\sqrt{gk}(t-\tau)]\mathrm{e}^{k(z+\zeta)}\mathrm{J}_0(kR)\mathrm{d}k \quad (4.75)$$

对格林函数的时间导数 G_τ 和散射势 Φ_{s} 应用格林定理，可得到如下的积分方程：

$$\iiint_{\Omega(t)}(\Phi_{\mathrm{s}}\nabla^2 G_\tau-G_\tau\nabla^2\Phi_{\mathrm{s}})\mathrm{d}v=\iint_{S_{F(t)}+S_{B(t)}+S_\infty}\left(\Phi_{\mathrm{s}}\frac{\partial G_\tau}{\partial n}-G_\tau\frac{\partial\Phi_{\mathrm{s}}}{\partial n}\right)\mathrm{d}s \quad (4.76)$$

代入初、边值条件和控制方程，可得到在 S_∞和 $\Omega(t)$上的积分为0。

将上式对 τ 从0到 t 积分后，得

$$\int_0^t\mathrm{d}\tau\iint_{S_{F(t)}+S_{B(t)}}\left(\Phi_{\mathrm{s}}\frac{\partial G_\tau}{\partial n}-G_\tau\frac{\partial\Phi_{\mathrm{s}}}{\partial n}\right)\mathrm{d}s=0 \quad (4.77)$$

为了消除自由水面 $S_{F(t)}$上的积分，我们应用线性化的自由水面条件和输运定理，可得到

$$\iint_{S_{F(t)}}\left(\Phi_s\frac{\partial G_\tau}{\partial n}-G_\tau\frac{\partial \Phi_s}{\partial n}\right)ds=-\frac{1}{g}\left\{\frac{\partial}{\partial t}\iint_{S_{F(t)}}(\Phi_s G_{\tau\tau}-G_\tau\Phi_{s\tau})ds-\oint_{\Gamma(t)}(\Phi_s G_{\tau\tau}-G_\tau\Phi_{s\tau})V_n dl\right\} \quad (4.78)$$

式中：$\Gamma(t)$——物体与自由水面相交的瞬时水线。

将(4.78)式代入(4.77)式，应用格林函数和速度势的初值条件，有

$$G=G_t=0 \qquad (在 S_{F(t)}上，t=\tau) \quad (4.79)$$

$$\frac{\partial G}{\partial z}=\frac{\partial G^0}{\partial z} \qquad (在 S_{F(t)}上,t=\tau) \quad (4.80)$$

$$\Phi_S(\boldsymbol{x},t)=\Phi_{St}(\boldsymbol{x},t)=0 \qquad (在 S_{F(t)}上,t=0) \quad (4.81)$$

可得

$$\iint_{S_{F(t)}}\Phi_s\frac{\partial G^0}{\partial z}ds+\frac{1}{g}\int_0^t d\tau\oint_{\Gamma(t)}(\Phi_s G_{\tau\tau}-G_\tau\Phi_{s\tau})V_n dl+\int_0^t d\tau\iint_{S_{B(t)}}\left(\Phi_s\frac{\partial G_\tau}{\partial n}-G_\tau\frac{\partial \Phi_s}{\partial n}\right)ds=0 \quad (4.82)$$

应用散射速度势 Φ_s 和简单格林函数 G^0，可建立另一个积分方程：

$$\alpha\Phi_s(\boldsymbol{x},t)=\iint_{S_{B(t)}}\left(\Phi_s\frac{\partial G^0}{\partial n}-G^0\frac{\partial \Phi_s}{\partial n}\right)ds+\iint_{S_{F(t)}}\Phi_s\frac{\partial G^0}{\partial n}ds \quad (4.83)$$

将（4.83）式代入（4.82）式中，可消除自由水面 $S_{F(t)}$ 上的积分，从而得到

$$\alpha\Phi_s(\boldsymbol{x},t)-\iint_{S_{B(t)}}\left(\Phi_s\frac{\partial G^0}{\partial n}-\frac{\partial \Phi_s}{\partial n}G^0\right)ds=-\int_0^t d\tau\times\left\{\iint_{S_{B(t)}}\left(\Phi_s\frac{\partial G^f_\tau}{\partial n}-\frac{\partial \Phi_s}{\partial n}G^f_\tau\right)ds+\frac{1}{g}\oint_{\Gamma(t)}(\Phi_s G^f_{\tau\tau}-\Phi_{s\tau}G^f_\tau)V_n dl\right\} \quad (4.84)$$

应用边界元方法，上述积分方程经离散后，可建立下述线性方程组：

$$[A]\{\Phi_s\}=\{B\} \quad (4.85)$$

由于(4.84)式中仅涉及到物体表面上的速度势，不包括自由水面上的速度势，方程左端矩阵［A］的尺度相对是十分小的。惟一不便的是在右端矩阵｛B｝的形成中需要保留以前时刻的速度势，并计算从 0 到 t 时刻的格林函数。当时间 t 较大时，上述计算是十分耗时的。

对于小振幅振荡的匀速行进物体，物体瞬时表面上的积分可近似地在其平均物面上进行。由于物体平均面在水中的淹没部分不随时间变化，而简单格林函数只与场点与源点的相对位置有关，矩阵［A］在各

个时刻下是相同的，这样只需在计算开始时建立和分解矩阵［A］一次。在右端矩阵的计算中，每次计算只需计算当前时刻的格林函数 G^{f}，而以前时刻的格林函数 G^{f} 可反复使用。

当结构物做大振幅运动时，物面条件必须在瞬时物面上满足，在每一时刻的系数矩阵［A］和格林函数 G^{f} 都必须重新计算。

物体的运动位移和速度的计算与前节所介绍的完全相同。

4.5　波浪水槽——时域内完全非线性波浪的模拟

数学上人们常按波浪的陡度，将波浪分为线性波、弱非线性波和强非线性波。对于线性和弱非线性波浪与结构物的相互作用问题，我们通常采用摄动展开方法，在平均水面和平均物面上对速度势建立方程和求解。而对于强非线性波浪与结构物相互作用问题，这样的展开将会引起很大的误差，需要直接在瞬时水面和物面上建立方程和求解。在这一方法中随着波浪和结构物的运动，流域和控制边界也要不断地跟着变化，计算网格需不断地跟着更新。这一方法被称为波浪数值水槽，其目标是通过数值计算代替实际水槽中的物理模拟。对于这一方面更详细的论述，可参见 Kim 等（1999），Celebi 等（1998）和 Ma 等（2000a，2000b）的文章。

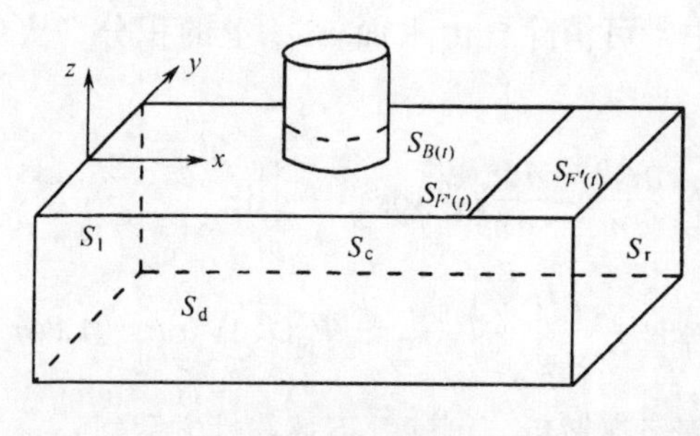

图4.4　定义图

取图4.4所示的长方形等深度的波浪水槽，水槽深度为 d，宽度为 $2B$，坐标原点位于水槽中心的自由水面上，x 轴与水槽方向平行，z 轴垂直向上。在水槽的左端装有造波机，而水槽右端为吸收边界，流体假设为无黏不可压缩的理想流体，满足拉普拉斯方程。

自由水面 $S_{F(t)}$ 上的完全非线性运动和动力方程在拉格朗日系统下为

$$\frac{\partial \eta}{\partial t}=\frac{\partial \Phi}{\partial z}-\frac{\partial \Phi}{\partial x}\frac{\partial \eta}{\partial x}-\frac{\partial \Phi}{\partial x}\frac{\partial \eta}{\partial y} \tag{4.86}$$

$$\frac{\partial \Phi}{\partial t}=-g\eta-\frac{1}{2}|\boldsymbol{\nabla}\Phi|^2 \tag{4.87}$$

在固体物面上，速度势满足的边界条件为

$$\frac{\partial \Phi}{\partial n}=U_n \tag{4.88}$$

U_n 是预先知道的物面速度。在水槽的两个侧壁 S_c 和水槽底 S_d 上，$U_n=0$；在水槽左侧为造波板 S_l 上各点的运动速度；在物体的表面 $S_{B(t)}$ 上，各点的运动速度可通过物体的运动响应求得为

$$\frac{\partial \Phi}{\partial n}=[\dot{\xi}+\dot{\alpha}\times(\boldsymbol{x}-\boldsymbol{x}_c)]\cdot\boldsymbol{n} \tag{4.89}$$

式中：ξ 和 α——物体的平动和转动位移；

x_c——物体的转动中心。

在水槽右端 S_r 上，波浪满足向外传播的辐射条件。在线性频域问题中，波浪向外传播的辐射条件为 Sommerfeld 条件

$$\frac{\partial \Phi}{\partial t}+C(\omega)\frac{\partial \Phi}{\partial n}=0 \tag{4.90}$$

$C(\omega)$为频率为 ω 的入射波浪的相速度，而对于时域内的非线性波浪，相速度的确定是十分困难的，实际计算中通常在下游水面区域上加一数值岸滩 $S_{r'}$，用于吸收向右传播的波浪。

对于非线性自由水面条件，对应的数值岸滩为

$$\frac{\partial \eta}{\partial t}=\frac{\partial \Phi}{\partial z}-\frac{\partial \Phi}{\partial x}\frac{\partial \eta}{\partial x}-\frac{\partial \Phi}{\partial y}\frac{\partial \eta}{\partial y}-\nu(x)(x-x_0) \tag{4.91}$$

$$\frac{\partial \Phi}{\partial t}=-g\eta-\frac{1}{2}|\nabla\Phi|^2-\nu(x)(x-x_0) \tag{4.92}$$

式中：$\nu(x)=\alpha\omega\left(\frac{x}{\lambda}-\beta\right)^2$；

λ——特征波长度；

α 和 β——两个控制参数。α 用于控制阻尼的强弱，β 用于控制人工岸滩的宽度，人工数值岸滩的长度取为 $\beta\lambda$。

引入上述数值岸滩后，我们可以近似地认为在水槽右端的速度势和质点速度均近似为 0。

选取一个满足槽底和两侧法向导数均为 0 的格林函数

$$\left.\frac{\partial G(\boldsymbol{x},\xi)}{\partial z}\right|_{z=-d}=\left.\frac{\partial G(\boldsymbol{x},\xi)}{\partial y}\right|_{y=-B}=\left.\frac{\partial G(\boldsymbol{x},\xi)}{\partial y}\right|_{y=B}=0 \tag{4.93}$$

对于总的速度势 Φ 和格林函数 G 利用格林第二定律，可以得到关于计算域边界上速度势函数的边界积分方程

$$\alpha\Phi(\xi)=\iint_S\left(\frac{\partial G(\boldsymbol{x},\xi)}{\partial n}\Phi(\boldsymbol{x})-G(\boldsymbol{x},\xi)\frac{\partial \Phi(\boldsymbol{x})}{\partial n}\right)\mathrm{d}s \tag{4.94a}$$

式中：$\boldsymbol{x}$ 和 ξ——场点和源点的坐标，边界 S 包括波动流体的所有瞬时控制表面。

代入格林函数和速度势在水槽底面和两个侧面的边界条件，以及速度势和其导数在右端面的 0 近似，上述积分方程可简化为

$$\alpha\Phi_S(\xi) = \iint_{S_{B(t)}+S_{F(t)}+S_1}\left[\frac{\partial G(\boldsymbol{x},\xi)}{\partial n}\Phi_S(\boldsymbol{x}) - G(\boldsymbol{x},\xi)\frac{\partial \Phi_S(\boldsymbol{x})}{\partial n}\right]\mathrm{d}s \tag{4.94b}$$

在上述积分方程中，造波板的运动速度是预先给定的。我们如果首先假定 t 时刻物面上的速度和自由水面上的速度势是已知的，则通过边界元方法离散后，可求得物面上的速度势、自由水面上的法向速度和造波板上的速度势。

将(4.94)式按未知量重新整理，分两种情况进行表达。当源点在物体表面上或造波板上时，将上式写为

$$\alpha\Phi - \iint_{S_{B(t)}}\Phi\frac{\partial G}{\partial n}\mathrm{d}s - \iint_{S_1}\Phi\frac{\partial G}{\partial n}\mathrm{d}s + \iint_{S_{F(t)}}G\frac{\partial \Phi}{\partial n}\mathrm{d}s = -\iint_{S_{B(t)}}G\frac{\partial \Phi}{\partial n}\mathrm{d}s - \iint_{S_1}G\frac{\partial \Phi}{\partial n}\mathrm{d}s + \iint_{S_{F(t)}}\Phi\frac{\partial G}{\partial n}\mathrm{d}s \tag{4.95}$$

当源点在自由水面上时，而将上式写为另一种形式：

$$-\iint_{S_{B(t)}}\Phi\frac{\partial G}{\partial n}\mathrm{d}s - \iint_{S_1}\Phi\frac{\partial G}{\partial n}\mathrm{d}s + \iint_{S_{F(t)}}G\frac{\partial \Phi}{\partial n}\mathrm{d}s = -\alpha\Phi - \iint_{S_{B(t)}}G\frac{\partial \Phi}{\partial n}\mathrm{d}s - \iint_{S_1}G\frac{\partial \Phi}{\partial n}\mathrm{d}s + \iint_{S_{F(t)}}\Phi\frac{\partial G}{\partial n}\mathrm{d}s \tag{4.96}$$

这样，在上面两个表达式中，方程的左端均为未知量，右端为已知量。方程左端的未知量是物面和造波板上的速度势函数和自由水面上的速度势法向导数。

上述积分方程经边界元离散后，可建立下述的联立方程组：

$$\begin{bmatrix} A_{11} & A_{12} & A_{13} \\ A_{21} & A_{22} & A_{23} \\ A_{31} & A_{32} & A_{33} \end{bmatrix}\begin{Bmatrix} \Phi|_{S_{B(t)}} \\ \Phi|_{S_1} \\ \left.\dfrac{\partial \Phi}{\partial n}\right|_{S_{F(t)}} \end{Bmatrix} = \begin{Bmatrix} B_1 \\ B_2 \\ B_3 \end{Bmatrix} \tag{4.97}$$

由于积分边界是不断地随着时间变化的，在每一计算时刻都要重新建立系数矩阵 $[A]$ 和 $\{B\}$，并且在每一计算时刻都要对方程进行求解。

根据积分方程求得了当前时刻物面上的速度势和自由水面上的法向速度后，可应用数值积分方法，由自由水面条件计算下一时刻的水面位置和自由水面上的速度势；根据物体运动方程和物面条件，计算下一时刻物体的运动位置、物体的运动速度和物面上的法向速度，再对新的物体湿表面和自由水面重新划分网格，重新应用积分方程计算下一时刻物面上的速度势和水面上的法向速度。这样计算周而复始，直到计算结束。

根据自由水面上的运动学和动力学边界条件，应用数值积分方法，计算下一时刻自由水面上的波面高度和速度势的计算方法与 4.3 节中的方法基本相同，只是在非线性的自由水面条件中，还需要计算自由水面上速度势的空间梯度。当应用高阶边界元方法离散速度势时，可以通过对形状函数的微分求得在各个单元的等参坐标系下的切向速度为

$$\left.\begin{aligned}\frac{\partial \Phi(\xi,\eta)}{\partial \xi} &= \sum_{k=1}^{K}\frac{\partial h^{\mathrm{k}}(\xi,\eta)}{\partial \xi}\Phi^{\mathrm{k}}\\ \frac{\partial \Phi(\xi,\eta)}{\partial \eta} &= \sum_{k=1}^{K}\frac{\partial h^{\mathrm{k}}(\xi,\eta)}{\partial \eta}\Phi^{\mathrm{k}}\end{aligned}\right\} \tag{4.98}$$

式中：$h(\xi,\eta)$——等参坐标(ξ,η)下的形状函数；

K——等参元的节点数量；

Φ^{k}——节点处的速度势。

质点速度关于(x,y,z)坐标的梯度，可通过雅可比变换而得到

$$\begin{Bmatrix}\dfrac{\partial \Phi}{\partial x}\\ \dfrac{\partial \Phi}{\partial y}\\ \dfrac{\partial \Phi}{\partial z}\end{Bmatrix}=\begin{bmatrix}\dfrac{\partial x}{\partial \xi} & \dfrac{\partial y}{\partial \xi} & \dfrac{\partial z}{\partial \xi}\\ \dfrac{\partial x}{\partial \eta} & \dfrac{\partial y}{\partial \eta} & \dfrac{\partial z}{\partial \eta}\\ n_x & n_y & n_z\end{bmatrix}\begin{Bmatrix}\dfrac{\partial \Phi}{\partial \xi}\\ \dfrac{\partial \Phi}{\partial \eta}\\ \dfrac{\partial \Phi}{\partial n}\end{Bmatrix} \tag{4.99}$$

物体上的总的流体作用力可通过在瞬时物体表面上的流体压力积分而得到为

$$\boldsymbol{F}_1 = \rho\iint_{S_{B(t)}}\left(-\Phi_t - \frac{1}{2}\mid \boldsymbol{\nabla}\Phi\mid^2 - gz\right)\boldsymbol{n}\,\mathrm{d}s \tag{4.100}$$

由于物体的运动，速度势对时间的导数的计算比较困难，Tanizawa (1996)引入了一个非线性加速度的概念来计算流体的压强。物面上的速度梯度同样可以采用(4.99)式的方法予以计算。

物体的刚体运动方程为

$$[M]\ddot{\xi}(t) + \boldsymbol{B}(\dot{\xi}(t)) = \boldsymbol{F}_1(t) + \boldsymbol{F}_{\mathrm{g}} + \boldsymbol{G}(t) \tag{4.101}$$

式中：$[M]$和 $\boldsymbol{B}$——物体的广义质量矩阵和由流体黏性等引起的阻尼矢

量(定义与4.3节相同);

$\boldsymbol{F}_g$——物体的重力;

$\boldsymbol{G}$——系泊系统对物体施加的约束力。

流体的恢复力已包含于流体作用力 $\boldsymbol{F}_1$ 之中。由物体运动方程求解下一时刻物体位移和运动速度的方法,与4.3节中介绍的方法完全相同。求得了物体的运动速度之后,可根据(4.88)式,求得下一时刻物体表面上速度势的法向导数。

由于上述积分方程是在欧拉系统下求解的,而自由水面位置和物体运动位置是在拉格朗日系统下求解的,这一求解过程被称为欧拉-拉格朗日混合方法。

以上介绍了积分方程和边界元方法在波浪水槽中的应用。实际上传统的边界元方法对这一问题并不具有怎样的优势。对于频域内弱线性问题,当应用满足自由水面条件的格林函数时,积分变量只局限于物体表面上,其存储量和计算量较流域内离散的有限元方法等是十分小的。而对于强非线性问题,当应用积分方程方法时,在物体表面和自由水面上都包含着未知量。尽管未知量的数量仍远少于有限元方法中的未知量,但由于边界元方法中的系数阵是满阵,而有限元方法中的系数阵为稀疏矩阵,这样,传统边界元方法已不再具有任何明显的计算优势。目前已有许多学者(如 Ma 等,2000a,2000b;王赤忠等,2000)应用有限元方法时域内计算波浪与物体的相互作用,而 Scorpio 等(1996)应用多极子展开的边界元方法来降低边界元方法的存储量和计算量。

【思考题】

(1)为什么对于用锚链系泊的浮体系统,要采用时域方法计算浮体的运动响应?

(2)对于本章各种近似的时域方法,各有哪些优缺点?

参 考 文 献

1 Bai W., Teng B. Second-order wave diffraction around 3-D bodies by a time-domain method. China Ocean Eng., 2001, 15 (1): 73~85

2 Bao W. G., T. Kinoshita. Asymptotic Solution of wave-radiating at high frequency. Applied Ocean Research, 1992, 14: 165~173

3 Beck F. R. Time-domain computations for floating bodies. Applied Ocean Research, 1994, 16: 267~282

4 Berteaux H. O. Buoy Engineering. Wiley-Interscience, New York, 1976

5 Biesel F. Etude theorique d'un certain type d'appareil a houle. La Houille Blanch, 1951, (4)

6 Cummins W.E. The impulse response function and ship motions. DTMB Report 1661. Washington D.C., 1962

7 Celebi M.S., M.H. Kim and R.F. Beck. Fully nonlinear 3D numerical wave tank simulation. Jour. Ship Res., 1998, 42 (1):33~45

8 Ferrant P. Three-dimensional unsteady wave-body interactions by a Rankine boundary element method. Ship Tech. Res., 1993, 40: 65~175

9 Isaacson M., K.F. Cheung. Time-domain second-order wave diffraction in three dimension. J. Waterway, Port, Coastal and Ocean Eng., ASCE, 1992, 118 (5): 496~516

10 Kim C.H., A. Clement and K. Tanizawa. recent research and development of numerical wave tank——a review. Int. Jour. of Offshore and Polar Eng., 1999, 9 (4): 241~256

11 Lin W.M., D.K.P. Yue. Numerical solutions for large——amplitude ship motions in the time domain. In: Proc. 18th Symp. on Naval Hydrodynamics, 1990, 41~66

12 Ma Q.W., G.X. Wu and R. Eatock Taylor. Finite element simulation of fully nonlinear interaction between vertical cylinders and steep waves——part 1: methodology and numerical procedure. Int. Jour. for Numerical Methods in Fluids, 2001, 36: 265~285

13 Ma Q.W., G.X. Wu and R. Eatock Taylor. Finite element simulation of fully nonlinear interaction between vertical cylinders and steep waves ——part 2: numerical results and validation. Int. Jour. for Numerical Methods in Fluids, 2001, 36: 287~308

14 Newman J.N. The exciting forces on fixed bodies in waves. Journal of Ship Research, 1962, 6 (3): 10~17

15 Newman J.N. The approximation of free-surface Green functions. Waves Asymptotics. Cambridge University Press, 1990, 107~135

16 Rhodes-Robinson. On the short-wave asymptotic motion due to a cylinder heaving on water of finite depth. In: Proc. of the Cambridge Phil. Soc., 1970, 67: 423~442

17 Scorpio S., R.F. Beck. A multipole accelerated desingularized method for computing nonlinear wave forces on bodies. In: 15th Int. Conf. on Offshore Mechanics and Arctic Engineering, 1996, 1 (B):15~21

18 Stoker J.J. Water Waves, Pure and Applied Mathematics. Interscience Publishers, Inc., New York, 1957

19 Taniazawa K. Nonlinear simulation of floating body motion. In: Proc. 6th Int. Offshore and Polar Engineering Conf., Los Angeles, ISOPE, 1996, 3: 414~420

20 Ursell F. Short surface waves due to an oscillating immersed body. In: Proc. of the Cambridge Phil Sco., 1953, A220: 90~103

21 Ursell F., R.G. Dean and Y.S. Yu. Forced small amplitude water waves: a comparison of theory and experiment. Part 1. J. of Fluid Mech., 1960, 7: 33~52

22 Van Oortmerssen G. The Motions of a Moored Ship in Waves. NSMB Pub-510, 1979

23 Wehausen J.V., E.V. Laitone. Surface waves. Handbuch der Physik, 1960, IX

24 王赤忠，叶恒奎，石仲坤．三维二阶水波绕射问题的有限元时域计算．海洋工程，2000，18 (1)：13~19

第 5 章　波浪传播过程中的能量损耗及遇障碍的反射计算

波浪在水域上传播时将发生因地形影响而产生的浅水变形与折射、因水流影响而产生的变形与折射以及由于水体内部涡动影响、海底摩阻及渗透影响所造成的能量损失，如果遇到障碍物还将发生波浪的绕射与反射。

有关地形影响造成的波浪浅水变形与折射，遇障碍物所发生的波浪绕射，在不少著作中已有较多的阐述与介绍，在此不赘述。有关水流所造成的影响将在本书第 6 章中专门予以讨论。本章仅就波浪在传播过程中的内部紊动影响、底摩阻及渗透影响所造成的能量损失计算方法以及波浪遇障碍物发生反射后有关反射波的分离计算问题予以阐述。

5.1　紊动损失的计算

波浪传递过程中的内部能量损失包括由于分子黏性导致的能耗与紊动黏性所引起的能耗。随着波浪尺度的加大，后者的损耗一般远远大于前者的损耗，所以对能量损失的计算中对内部损耗可只计紊动损耗。但海浪现象中的紊动作用是个很复杂的过程，迄今尚未深入了解。目前的一些方法尚未得到普遍接受而有待进一步工作。

前苏联的 Крылов 曾得到波浪作用下的紊动黏滞系数正比于波速与波高乘积的关系。而 Neumann 曾得到紊动黏滞系数正比于风速的 5/2 次方的关系，也有得到与风速成 3 次方比例的关系。

余广明（1979）根据紊流理论，同时考虑波动水平流速场与垂直流速场的两个方向的梯度，结合量纲分析与试验研究而得出计算平均波能紊动损耗率的方法。单位时间单位水平面积上的波能紊动损耗为

$$D_{\mathrm{t}} = \frac{4}{5}\rho\alpha^2 C^3\left(\frac{\pi H}{L}\right)^5\left[1 - \frac{15}{14}\left(\pi\frac{H}{L}\right)^2\right] \tag{5.1}$$

试验测得 α^2 的均值为 0.0376，则

$$D_{\mathrm{t}} = 0.03\rho C^3\left(\frac{\pi H}{L}\right)^5\left[1 - \frac{15}{14}\left(\pi\frac{H}{L}\right)^2\right] \tag{5.2}$$

式中：ρ——水密度；C——波速；

H——波高；L——波长。

5.2 底摩阻损失的计算

目前有多种方法可供参考应用。这里主要介绍美国学者 Brctschneider 和 Reid（1954）的研究结果。底摩阻损失是由于波动流场与海底作相对运动造成摩阻力作功而引起的。在紊动边界层上的摩阻剪应力 τ_b 可按（5.3）式计算：

$$\tau_b = \rho f u_b^2 \tag{5.3}$$

由于速度及剪应力均有方向性，（3.3）式可写为

$$\tau_b = \rho f u_b \mid u_b \mid \tag{5.4}$$

式中 f 为摩阻因子。其取值方法有两种，简单的取法是对特定的海底土质取为常数。根据观测分析，对于一般海底的土质可取 0.01～0.02。另一种意见例如丹麦的 Jonnson（1966，1980）认为该因子与波浪参数（振幅及频率）、海底糙率及雷诺数有关，并提出了一个确定摩阻因子 f_w 的有关图表（图 5.1）。如图，f_w 的可能变幅为 0.01～0.55，但根据他人的研究表明 f_w 的极值为 0.3。应当指出，根据 Johnson 的定义，$f_w = 2f$。

一个波周期内的平均单位面积上摩擦剪应力所作的功，即波能的摩阻损耗率 D_f 应为

$$D_f = \overline{\tau_b u_b} = \frac{1}{T}\int_0^T \rho f u_b^2 \mid u_b \mid \mathrm{d}t \tag{5.5}$$

当采用线性波理论时

$$u_b = \left.\frac{\partial \phi}{\partial x}\right|_{z=-d} = \frac{\omega H}{2\sinh kd}\cos \omega t \tag{5.6}$$

式中 $\omega = 2\pi/T$ 及 $k = 2\pi/L$，则

$$\begin{aligned} D_f &= \frac{\rho f}{T}\int_0^T \frac{(\pi H)^3}{T^3 \sinh^3 kd}\cos^2 \omega t \mid \cos \omega t \mid \mathrm{d}t \\ &= \frac{4}{3}\rho f \pi^2 \frac{H^3}{T^3 \sinh^3 kd} \end{aligned} \tag{5.7}$$

分析如图 5.2 所示的Ⅰ，Ⅱ两个断面，两断面波能传递率的变化即为断面间摩阻所造成的波能损耗，即

$$\frac{\partial (ECA)}{\partial x} = -D_f \tag{5.8}$$

或

$$\frac{E_2 C_2 A_2 - E_1 C_1 A_1}{\Delta x} = -D_f \tag{5.8'}$$

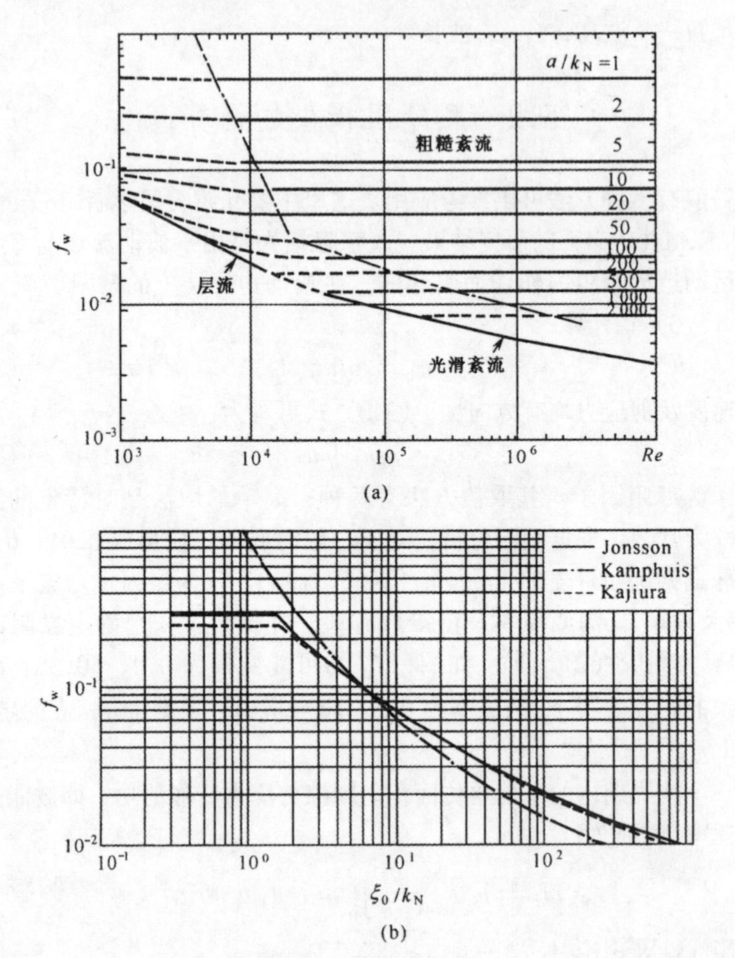

图 5.1 摩阻因子 f_w

(a) f_w 相对于 Re 和 a/k_N；(b) 不同学者给出的 f_w 值

k_N——海底尼古拉粗糙度；a——波振幅

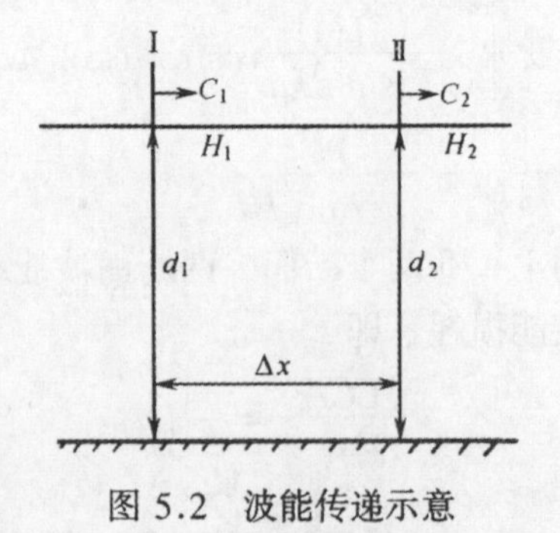

图 5.2 波能传递示意

如设二断面水深相同，则 $d_1=d_2$，$L_1=L_2$，$C_1=C_2=\frac{gT}{2\pi}\tanh kd$，$E_1=\rho gH_1^2/8, E_2=\rho gH_2^2/8$，则

$$\frac{Tg}{2\pi}\tanh kd\frac{\rho g}{8}(H_2^2-H_1^2)=-D_f\Delta x\times\frac{1}{A} \tag{5.9}$$

式中：$A=\frac{1}{2}\left(1+\frac{2kd}{\sinh 2kd}\right)$；

$k=2\pi/LV$。

经化简并已知浅水变形系数 $K_s^2=(2A\tanh kd)^{-1}$，则可得

$$\frac{H_2}{H_1}\approx 1+\frac{64\pi^3}{3}\frac{fH\Delta x}{T^4g^2}\frac{K_s^2}{\sinh^3 kd} \tag{5.10}$$

利用（5.10）式可计算由于底摩阻损耗引起波高经 Δx 距离所产生的变化。

由（5.7）式也可求得经过距离 x 后波能传递的摩阻损失系数 K_f 为

$$K_f=1-\frac{8}{\rho g}\int_0^x D_f\mathrm{d}x \tag{5.11}$$

当海床为淤泥质土壤时，海床造成的波能损失必须考虑床质自身在波浪作用下产生流变等变化所造成的能量损耗。一般认为应将淤泥土视为宾汉体（Bingham medium）。观测分析及计算表明，波浪在淤泥床质上传播时的能量损耗远大于通常砂床质所产生的摩阻损耗。于洋等（2000）的分析认为如以等效摩阻系数 f_{eff} 为代表，随着水深及波要素的变化，f_{eff} 也随之变化，通常等效摩阻系数随水深之变小而增大。该系数和砂床摩阻系数相比可高出 20～100 倍以上。有文献报导，波浪在淤泥质海岸上传播时会出现经过若干个波长距离，波能基本消耗尽的特殊现象。

5.3 底部渗透所造成的能量损失

仅当海底渗透层厚度大于或等于 $0.3L$ 时，才计算海底土层渗透所引起的能量损失。按梶浦及 Reid 等（1957）的研究，单位面积上的渗透能量损失 D_p 可按下式进行计算：

$$D_p=\frac{\pi\alpha\rho gH^2}{4L\cosh^2 kd} \tag{5.12}$$

式中：α——海底可渗层的渗透系数。

根据波浪传递过程中的能量守恒准则，波浪经过 $\mathrm{d}x$ 距离，波能传递率变化 $\frac{\partial(ECA)}{\partial x}$ 等于波能的渗透损失 D_p，则可得波高变化的计算式为

$$\frac{H_2}{H_1}=\left[1+\frac{4\pi^2}{g}\frac{\alpha\Delta x}{Ld}\left(\frac{d}{T}\right)\frac{K_s^2}{\cosh^2 kd}\right]^{-1} \tag{5.13}$$

5.4　障碍物的反射波的分离计算法

当波浪传播遇到比较陡峭的障碍物时，只要前方水深足够，必然将发生波浪反射。这种反射可为全反射，也可为部分反射。在规则波的条件下，入射波与反射波叠加而形成有明显腹点与节点的新波系（图5.3)。在实际观测中我们只能测出合成波系。如何从合成波系中分离出入射波与反射波，无论在原型观测或模型试验中均有重要意义。通常认为：

$$\left.\begin{aligned}&\text{腹点波高}\quad H_{max}=H_i+H_r\\&\text{节点波高}\quad H_{min}=H_i-H_r\end{aligned}\right\} \tag{5.14}$$

$$\text{反射系数}\quad K_r=H_r/H_i=(H_{max}-H_{min})/(H_{max}+H_{min}) \tag{5.15}$$

式中：H_i——入射波高；

H_r——反射波高。

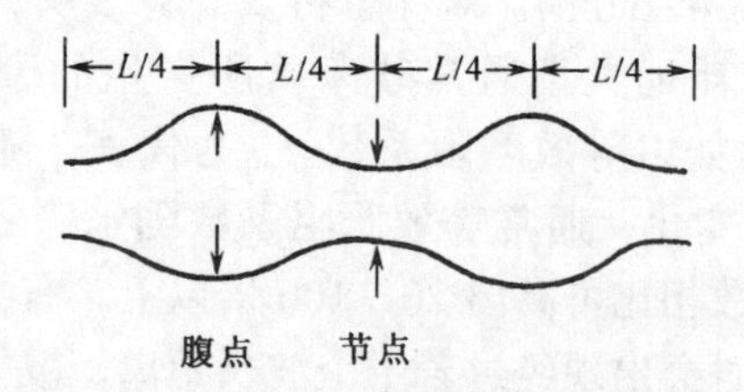

图5.3　入射与反射波系叠合后波形

此即所谓波浪反射分离计算的Healy法。当波浪视为线性波时，这一结果是正确的。但实际波浪由于高阶非线性项的影响，波面线对水平轴是不对称的，因而对节点位置也是不对称的。这种非线性项的影响将使H_{min}的测量值比H_i-H_r值大，从而使计算的K_r值小于其真值。所以当非线性影响较大时，必须对Healy法的反射系数计算进行修正。图5.4为供修正的图表。在实际测定时，Healy法系采用一个波高仪，它以非常缓慢的速度推进，以保证在推进过程中能够测出沿程波面高程的上、下包络线，这样只需推移半个波长以上的距离就可分别测得H_{max}及H_{min}。该方法的优点是测试方法简单，分析方便，其缺点是高阶波的影响使结果产生误差。为了获得较高精度的测试结果，近10年来发

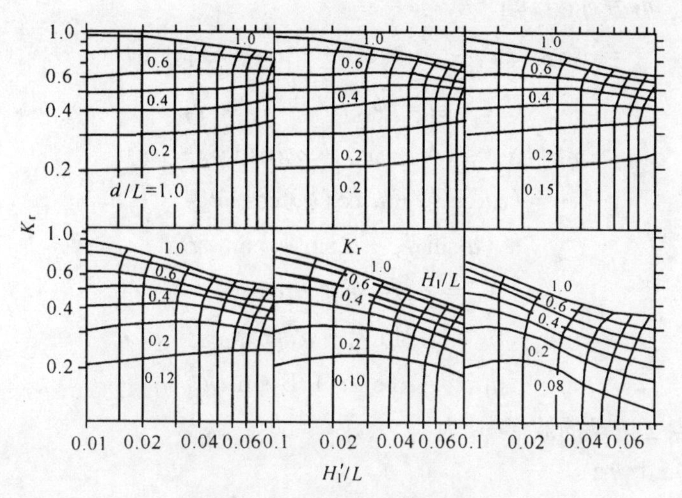

图 5.4　Healy 法的非线性修正

展了以两个或两个以上波高仪相隔适当距离，同时测得波面过程，然后利用傅里叶级数方法对资料进行分析，即可获得入射波与反射波不同频率组成的分量、合成量与相应的反射系数。其中两点法目前应用较多，提出两点法的有合田良实等（1976）与 Thornton 等人。以下对合田的两点法作一叙述。

如图 5.5，在水槽中设两个波高仪，相距 Δl，要求 Δl 小于波长并且不等于半波长。此时入射波与反射波在不同时间在其各自位置处的相位各异，则利用其观测值可以计算二波系及组合波之间的相互关系。

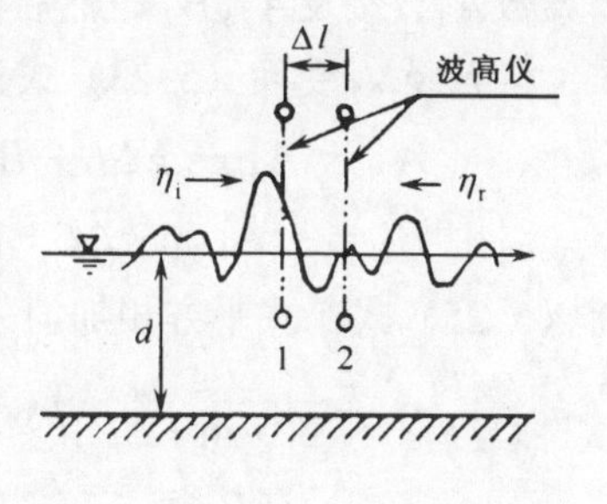

图 5.5　两点法波高仪布置

首先暂设入射波与反射波均仅为余弦波动。设入射波面为

$$\eta_i = a_i \cos(kx - \omega t + \varepsilon_i) \tag{5.16}$$

反射波波面为

$$\eta_r = a_r \cos(kx + \omega t + \varepsilon_r) \tag{5.17}$$

式中：k——波数；

ω——圆频率；

ε_i 及 ε_r——入射波与反射波的初相角；

a_i 及 a_r——入射波与反射波的振幅。

如图 5.5，$x_2 = x_1 + \Delta l$。则测点 1 记录的波形 η_1 为

$$\eta_1 = \eta_{i1} + \eta_{r1} = a_i\cos(kx_1 - \omega t + \varepsilon_i) + a_r\cos(kx_1 + \omega t + \varepsilon_r) \tag{5.18}$$

设 $$kx_1 + \varepsilon_i = \phi_i, kx_1 + \varepsilon_r = \phi_r$$

则
$$\begin{aligned}\eta_1 &= a_i\cos(\phi_i - \omega t) + a_r\cos(\phi_r + \omega t) \\ &= (a_i\cos\phi_i + a_r\cos\phi_r)\cos\omega t \\ &\quad + (a_i\sin\phi_i - a_r\sin\phi_r)\sin\omega t\end{aligned} \tag{5.19}$$

令
$$\left.\begin{aligned}A_1 &= a_i\cos\phi_i + a_r\cos\phi_r \\ B_1 &= a_i\sin\phi_i - a_r\sin\phi_r\end{aligned}\right\} \tag{5.20}$$

则 $$\eta_1 = A_1\cos\omega t + B_1\sin\omega t \tag{5.21}$$

测点2记录的波形 η_2 为

$$\begin{aligned}\eta_2 &= \eta_{i2} + \eta_{r2} \\ &= a_i\cos[k(x_1 + \Delta l) - \omega t + \varepsilon_i] + a_r\cos[k(x_1 + \Delta l) + \omega t + \varepsilon_r] \\ &= a_i\cos[(k\Delta l + \phi_i) - \omega t] + a_r\cos[(k\Delta l + \phi_r) + \omega t]\end{aligned} \tag{5.22}$$

令
$$\left.\begin{aligned}A_2 &= a_i\cos(k\Delta l + \phi_i) + a_r\cos(k\Delta l + \phi_r) \\ B_2 &= a_i\sin(k\Delta l + \phi_i) - a_r\sin(k\Delta l + \phi_r)\end{aligned}\right\} \tag{5.23}$$

则 $$\eta_2 = A_2\cos\omega t + B_2\sin\omega t \tag{5.24}$$

根据实测资料 $\eta_1(t)$ 及 $\eta_2(t)$，由（5.21）式及（5.24）式可以求得系数 A_1, B_1 及 A_2, B_2，然后由（5.20）式及（5.23）式可以求解 a_i，a_r，ϕ_i 及 ϕ_r。变换（5.23）式为

$$\left.\begin{aligned}A_2 &= A_1\cos k\Delta l + B_1\sin k\Delta l - 2a_i\sin k\Delta l\sin\phi_i \\ B_2 &= -A_1\sin k\Delta l + B_1\cos k\Delta l + 2a_i\sin k\Delta l\cos\phi_i\end{aligned}\right\} \tag{5.25}$$

将（5.25）式二式平方相加消去 ϕ_i 可得

$$\begin{aligned}a_i = \frac{1}{2|\sin k\Delta l|}[&(A_2 - A_1\cos k\Delta l - B_1\sin k\Delta l)^2 \\ &+ (B_2 + A_1\sin k\Delta l - B_1\cos k\Delta l)^2]^{1/2}\end{aligned} \tag{5.26}$$

同理可得

$$\begin{aligned}a_r = \frac{1}{2|\sin k\Delta l|}[&(A_2 - A_1\cos k\Delta l + B_1\sin k\Delta l)^2 \\ &+ (B_2 - A_1\sin k\Delta l - B_1\cos k\Delta l)^2]^{1/2}\end{aligned} \tag{5.27}$$

以上分析是对单频率规则波开展的，对于不规则波浪，波浪过程可看作由许多不同频率分量组成波叠加而成的。各频率量 的考虑可利用傅里叶级数分析法计算。由于波面属正态分布，其时间 平均值为0，因而傅里叶级数中的常数项为0，因而测点1，2 记录的波面值按傅里叶级数展开后成为

$$\eta_1 = \sum_{m=1}^{n}(A_{1m}\cos\omega_m t + B_{1m}\sin\omega_m t) \tag{5.28}$$

$$\eta_2 = \sum_{m=1}^{n}(A_{2m}\cos\omega_m t + B_{2m}\sin\omega_m t) \tag{5.29}$$

式中：$\omega_m = 2\pi/T_m$，它表示 m 倍频的圆频率。

相应地

$$\left.\begin{aligned} A_{1m} &= a_{im}\cos\phi_{im} + a_{rm}\cos\phi_{rm} \\ B_{1m} &= a_{im}\sin\phi_{im} - a_{rm}\sin\phi_{rm} \end{aligned}\right\} \tag{5.30}$$

$$\left.\begin{aligned} A_{2m} &= a_{im}\cos(k_m\Delta l + \phi_{im}) + a_{rm}\cos(k_m\Delta l + \phi_{rm}) \\ B_{2m} &= a_{im}\sin(k_m\Delta l + \phi_{im}) - a_{rm}\sin(k_m\Delta l + \phi_{rm}) \end{aligned}\right\} \tag{5.31}$$

$$\left.\begin{aligned} \phi_{im} &= k_m x_1 + \varepsilon_{im} \\ \phi_{rm} &= k_m x_1 + \varepsilon_{rm} \end{aligned}\right\} \tag{5.32}$$

因而 m 倍频波的入射波及反射波波幅可由（5.33）式来求算：

$$\left.\begin{aligned} a_{im} = \frac{1}{2|\sin k_m\Delta l|}&[(A_{2m} - A_{1m}\cos k_m\Delta l - B_{1m}\sin k_m\Delta l)^2 \\ &+ (B_{2m} + A_{1m}\sin k_m\Delta l - B_{1m}\cos k_m\Delta l)^2]^{1/2} \\ a_{rm} = \frac{1}{2|\sin k_m\Delta l|}&[(A_{2m} - A_{1m}\cos k_m\Delta l + B_{1m}\sin k_m\Delta l)^2 \\ &+ (B_{2m} - A_{1m}\sin k_m\Delta l - B_{1m}\cos k_m\Delta l)^2]^{1/2} \end{aligned}\right\} \tag{5.33}$$

式中：$k_m = 2\pi/L_m$；

L_m——m 倍频波的波长，它等于$\frac{gT_m^2}{2\pi}\tanh\frac{2\pi d}{L_m}$。

记录的现实波为各分频波的合成，合成是通过能量叠加体现的，则合成波的波振幅为各分频波波幅平方和的方根，即入射波的合成波幅和反射波的合成波幅分别为

$$\left.\begin{aligned} A_i &= \left(\sum_{m=1}^{n} a_{im}^2\right)^{1/2} \\ A_r &= \left(\sum_{m=1}^{n} a_{rm}^2\right)^{1/2} \end{aligned}\right\} \tag{5.34}$$

反射率为

$$K = \frac{A_r}{A_i} = \left[\frac{\sum_{m=1}^{n} a_{rm}^2}{\sum_{m=1}^{n} a_{im}^2}\right]^{1/2} \tag{5.35}$$

因而问题就归结为如何依据实测的波形资料分析计算 A_{1m}，B_{1m}，A_{2m} 及 B_{2m} 各组系数，这是个傅里叶分析问题。根据波面时均值为 0 的特点，当取一个周期的数值进行分析时，波面值 η 与系数 A_m 及 B_m 间存在如下关系：

$$\left.\begin{aligned} A_m &= \frac{2}{T}\int_{-T/2}^{T/2} \eta(t)\cos\frac{2\pi m}{T}t\,\mathrm{d}t \\ B_m &= \frac{2}{T}\int_{-T/2}^{T/2} \eta(t)\sin\frac{2\pi m}{T}t\,\mathrm{d}t \end{aligned}\right\} \quad (m = 1,2,\cdots) \tag{5.36}$$

A_m 及 B_m 为波形的傅里叶系数。当取一个周期内的有限个离散值读数进行分析时，如设总读数为 N 个，S 为逐个读数的序号（1～N），T 为周期，序号为 S 的波面读数为 $\eta\left[\frac{S-1}{N}T\right]$，则（5.36）式可以离散值形式表示：

$$\left.\begin{aligned} A_m &= \frac{2}{N}\sum_{S=1}^{N} \eta\left[\frac{S-1}{N}T\right]\cos\frac{2\pi(S-1)m}{N} \\ B_m &= \frac{2}{N}\sum_{S=1}^{N} \eta\left[\frac{S-1}{N}T\right]\sin\frac{2\pi(S-1)m}{N} \end{aligned}\right\} \tag{5.37}$$

因而 A_{1m}，B_{1m} 及 A_{2m}，B_{2m} 即可由 η_1，η_2 及（5.37）式进行计算。利用两点法进行入反射波分离计算的条件是波高仪的距离必须小于半波长。其理由是明显的，因为两点距离为半波长或其倍数时，两点的波面过程线将相同而相位差 180°，这样就无法将入反射波分离。两点法不能应用的条件可表述为下式：

$$\text{波长 } L \neq \frac{2}{n}\Delta l \tag{5.38}$$

式中 n 为正数，一般 n 取 0 及 1 即可。实际上在 $n=0$ 及 1 的附近，两点法分析结果的误差相当大。合田认为当取 $n=0$，1 时，两点法的应用范围 n 应限制为 0.1～0.9。即两点相距的最小值

$$\Delta l_{\min} = 0.05L \tag{5.39}$$

由（5.39）式可确定两点相距 Δl 时可分析的最小波频 $f_{\min}$。

两点相距的最大值

$$\Delta l_{\max} = 0.45L \tag{5.40}$$

由（5.40）式可确定两点相距 Δl 时可分析的最大波频 $f_{\max}$。

由上分析可见两点法的应用相当方便，而其主要缺点是两点间距必需选取适当，否则可能造成很大的误差甚至无法分析。两点法的反射分

离计算方法也可应用于不规则波的情况，只是此时该方法的缺点更为突出。由于两点间距在测试中为一定值而谱频则分布在一定范围内，则对于某一定值 Δl，可适用的波谱频率分析范围即为由（5.39）式所定的 $f_{\min}$ 至由（5.40）式所定的 $f_{\max}$（图 5.6）。在确定波频的上下限后，根据谱密度曲线可分离出入射波与反射波谱密度曲线各为 $S_i(f)$ 及 $S_r(f)$，则入射及反射波能分别为

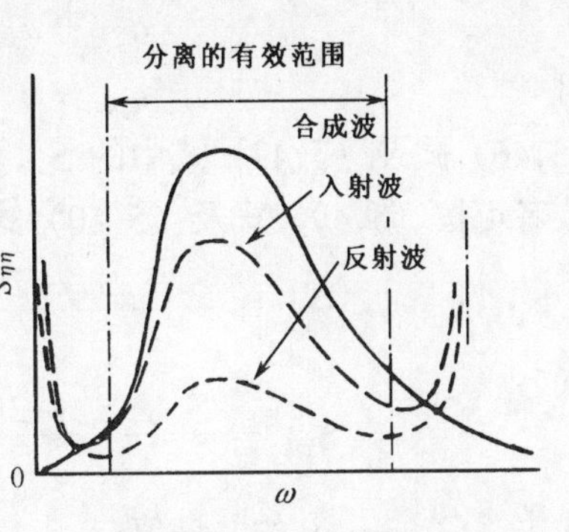

图 5.6　波谱的可分析范围

$$E_i = \int_{f_{\min}}^{f_{\max}} S_i(f)\mathrm{d}f \tag{5.41}$$

$$E_r = \int_{f_{\min}}^{f_{\max}} S_r(f)\mathrm{d}f \tag{5.42}$$

反射系数

$$K_r = \sqrt{E_r/E_i} \tag{5.43}$$

同时可得入射波高的有效值为

$$H_i = [1+K_r^2]^{-1/2}H_s \tag{5.44}$$

反射波高的有效值为

$$H_r = K_r[1+K_r^2]^{-1/2}H_s \tag{5.45}$$

式中：H_s——合成波的有效波高，一般可取两测点各自有效值的均值。

为了克服两点法分析频域有限的缺点，可安放多个波高仪，并各取不同间距同时检测。任意二测点各有其分析频域，这样多组资料可以相互校验与补充，可得分析频域更宽而且更为可靠的结果。法国学者 Gaillard 等（1980）提出了利用三点测量值进行波谱分析的方法——三点法。其基本概念如下述。

利用任意两点的资料都可进行分析，然后将各自所得结果再加权平均而得最终结果。

入射波谱为

$$S_i(f) = a_{21}S_{i21}(f) + a_{31}S_{i31}(f) + a_{32}S_{i32}(f) \tag{5.46}$$

反射波谱为

$$S_r(f) = a_{21}S_{r21}(f) + a_{31}S_{r31}(f) + a_{32}S_{r32}(f) \tag{5.47}$$

下标数字表示所取两测点的编号，a_{21}, a_{31} 及 a_{32} 为加权系数，其条件为

且
$$\left.\begin{aligned}a_{21}+a_{31}+a_{32}=1\\a_{jk}\geqslant 0\end{aligned}\right\}\tag{5.48}$$

（5.46）式及（5.47）式中的 S_{ijk} 及 S_{rjk} 可按前述方法的原则予以确定，或者可按（5.49）式及（5.50）式计算：

$$S_{ijk}=\frac{S_j+S_k-2(C_{jk}\cos\theta_{jk}-Q_{jk}\sin\theta_{jk})}{4\sin^2\theta_{jk}}\tag{5.49}$$

$$S_{rjk}=\frac{S_j+S_k-2(C_{jk}\cos\theta_{jk}+Q_{jk}\sin\theta_{jk})}{4\sin^2\theta_{jk}}\tag{5.50}$$

式中：C_{jk}——jk 的共谱值；

Q_{jk}——jk 的重谱值；

$\theta_{jk}=\theta_j-\theta_k$。

前面已分析过在临界频率处两点法不能应用，令临界频率为 f_{cjk}。则例如频率 f_{c12} 无法由 1，2 两点的资料进行分析，但此时可以 3-1 两点及 3-2 两点两组资料进行分析。此时可取

$$S_i(f_{c12})=0.5(S_{i31}+S_{i32})\tag{5.51}$$

$$S_r(f_{c12})=0.5(S_{r31}+S_{r32})\tag{5.52}$$

即当频率 f 趋近于 f_{cjk} 时

$$\left.\begin{aligned}\alpha_{jk}&\to 0\\\alpha_{jl}&\to\frac{1}{2}\\\alpha_{kl}&\to\frac{1}{2}\end{aligned}\right\}\tag{5.53}$$

以更为通用的形式表示，下面（5.54）式可满足（5.48）式及（5.53）式的要求：

$$\left.\begin{aligned}\alpha_{jk}(f)&=\frac{\sin^{2n}\theta_{jk}}{S_\alpha^{(n)}}\quad(n=1,2,3,\cdots)\\S_\alpha^{(n)}&=\sin^{2n}\theta_{21}+\sin^{2n}\theta_{31}+\sin^{2n}\theta_{32}\end{aligned}\right\}\tag{5.54}$$

Gaillard 的三点法可认为是对两点法缺点的一种补充与修正，使分析频域可扩大，并将不同组合的计算结果加以平滑而得最终的结果。加拿大的 Mansard 和 Funke（1980）也提出了三点法，读者可参阅有关文献。

例 5.1　水深10 m 处，波高为 4.0 m，波长为 80 m 的波浪在传播 1 km 过程中由于紊动损耗所减少的能量率。

解：

按余广明的方法，即按（5.2）式计算波能损耗率。单位时间单位水平面积上

的波能紊动损耗率为

$$D_t = 0.03\rho C^3\left(\frac{\pi H}{L}\right)^5\left[1-\frac{15}{14}\left(\frac{\pi H}{L}\right)^2\right] = 0.03\times1.025\times9.04^3$$

$$\times\left(\frac{\pi\times4}{80}\right)^5\left[1-\frac{15}{14}\times\left(\frac{\pi\times4}{80}\right)^2\right] = 2.12\times10^{-3}[\text{kN}\cdot\text{m}/(\text{m}\cdot\text{s})]$$

式中波速 $C = L/T = 80/8.85 = 9.04$ (m/s)，波周期 $T = 8.85$ s，则经过 1 km，单位时间内的波能损失率为

$$D_t\Delta x = 2.12\times10^{-3}\times10^3 = 2.12\ (\text{kN}\cdot\text{m/s})$$

例 5.2 在上述条件下，设底部摩擦系数 $f = 0.015$，试计算波浪传过 1 km 所产生的波高损失率。

解:

底摩阻所产生的波能损耗率为［由（5.7）式］

$$D_f = \frac{4}{3}\rho f\pi^2\frac{H^3}{T^3\sinh^3 kd} = \frac{4}{3}\times1.025\times0.015$$

$$\times\pi^2\frac{4^3}{8.85^3\left(\sinh\frac{2\times\pi\times10}{80}\right)^3} = 0.0285\ [\text{kN}\cdot\text{m}/(\text{m}\cdot\text{s})]$$

经过 1 km，单位时间内的波能损失率为

$$D_f\Delta x = 0.028\,5\times1\,000 = 28.5\ (\text{kN}\cdot\text{m/s})$$

波高衰减率为［由（5.10）式］

$$\frac{H_2}{H_1}\approx\left(1+\frac{64\pi^3}{3}\frac{fH\Delta x}{T^4g^2}\frac{K_s^2}{\sinh^3\frac{2\pi d}{L}}\right)^{-1}$$

$$=\left(1+\frac{64\pi^3}{3}\frac{0.015\times4\times1\,000}{8.85^4\times9.8^2}\frac{0.906}{0.869^3}\right)^{-1}\approx0.91$$

例 5.3 在例5.1条件下，如海底表层土质为中砂，其厚度为 25 m，试计算波浪传过 1 km 因渗透损耗所产生的波高损失率。

解:

查得中砂土壤的渗透系数 $\alpha = 6\times10^{-5}$m/s，则因渗透所产生的波能损耗率为［由（5.12）式］

$$D_\rho = \frac{\pi\alpha\rho gH^2}{4L\cosh^2 kd} = \frac{\pi\times6\times10^{-5}\times1.025\times10^3\times4^2}{4\times80\times\left(\cosh\frac{2\times\pi\times10}{80}\right)^2} = 5.5\times10^{-3}[\text{kN}\cdot\text{m}/(\text{m}\cdot\text{s})]$$

经过 1km 单位时间内的波能损失率为

$$D_\rho\Delta x = 5.5\times10^{-3}\times10^3 = 5.5\ (\text{kN}\cdot\text{m/s})$$

波高衰减率由（5.13）式为

$$\frac{H_2}{H_1} = \left(1+\frac{4\pi^2}{g}\frac{\alpha\Delta x}{Ld}\frac{d}{T}\frac{k_s^2}{\cosh^2 kd}\right)^{-1}$$

$$= \left[1 + \frac{4\pi^2}{9.8} \times \frac{6 \times 10^{-5} \times 10^3}{80 \times 10} \times \frac{10}{8.85} \cdot \frac{0.906}{\left(\cosh \frac{2\pi \times 10}{80}\right)^2}\right]^{-1}$$

$$= [1 + 1.7 \times 10^{-4}]^{-1} \approx 1$$

参考文献

1　文圣常,余宙文.海浪理论与计算原理.北京:科学出版社,1984

2　余广明.波能的紊动损耗.科学通报,1979,24(5)

3　Horikawa Y. Coastal Engineering. University of Tokyo Press, 1978

4　Bretschneider C.L., R.O.Reid. Changes in wave height due to bottom friction, percolation and refraction, beach erosion board. Tech. Memo,1954,45

5　Jonsson I.G. Wave boundary layers and friction factors. In: Proc. 10th ICCE, 1966,1

6　Jonsson I. G. A new approach to oscillatory rough turbulent boundary layers. Ocean Engineering, 1980,7(1)

7　Reid R.O, K.Kajiura. On the damping of gravity waves over a permeable sea bed. Trans. A.G.U.,1957,38(5)

8　Silvester R. Coastal Engineering. Elsevier Scientific Publishing Company, 1974,I

9　Healy J.J. Wave damping effect of beaches. In: Proc. Minnesota Int. Hydr. Conv., 1953

10　Goda Y., Y. Suzuki. Estimation of incident and reflected waves in random wave experiments. In: Proc. 15th ICCE, 1976

11　Gaillard P., M. Gauthier and F. Holly. Method of analysis of random wave experiments with reflecting coastal structures. In: Proc. 17th ICCE, 1980

12　Mansard E.P.D., Funke E.R. The measurement of incident and reflected spectra using a least squares method. In: Proc. 17th ICCE, 1980

13　Yu. Y., Li, Y.C. Dissipation of wave energy on very mild slope. Jour. of Hydrodynamics, Ser.B, 2000,12(2):72~84

第6章 波浪与水流的共同作用

6.1 概　述

海浪在传播过程中通常总是伴随有水流现象。这种水流的形成可以有多种原因，诸如潮流、风吹流、梯度流、入海河道径流的扩散以及密度流等。波浪与水流共存时，它们间的相互作用将影响各自的传播特性，即波浪要素将产生变形，其传播将发生折射，同时水流的流速分布也将发生变化。综合而形成的波流场并不是纯波动场与纯水流场的简单叠加，而是一个比较复杂的组合过程。应该注意，海上实际观测所得的资料都是在受当地水流影响下的观测值。只要水流流速相对地达到与超过某一强度，波浪观测值（包括波高与波长）受水流而产生的变形是不可忽视的。在自然界，这种影响的组合关系是随机的，而工程上却要求考虑设计波与水流的特定组合。所以即使取有流影响的波况资料也应对波受流影响的资料进行再处理才可获波流特定组合下的可靠波况资料；如果现场无波浪资料而由风况资料进行推算，则也需要考虑波况受水流的影响。所以在水流较强的地区，波与流共同作用下波况与流场的分析在理论上与实践上都具有重要的现实意义。此外，这种条件下的波况与流场对于海上建筑物的作用也有别于纯波浪场或纯水流场的作用。例如桩柱的阻力系数在纯波浪条件下与纯水流条件下是不同的，因而在波与流共同作用下的阻力系数自然既有别于纯波浪场的值，也有别于纯水流场时的值。

本章所叙述的内容主要是笔者的研究成果，分析将限于稳态条件，在未说明时均不计能量损耗。

6.2 二元问题的规则波变形

此时波浪与水流系相顺或相逆。在水流中的波速 C 为

$$C = C_a = U + C_r \tag{6.1}$$

式中：U——水流速；

C_a——观测者所见的实际波速；

C_r——波浪相对于水流的波速，且有

$$C_r = \sqrt{\frac{g}{k_r}\tanh k_r d} \tag{6.2}$$

式中：$k_r = 2\pi/L_r = 2\pi/L$，$L_r = L$ 表示水流中的波长。

顺便指出，在水流中所有与波浪理论有关的公式只有在相对静止的坐标系（即在以水流流速 U 移动的坐标系）中才可应用，有些工作忽视了这一点而导致了计算公式的错误。因此可知在水流中，对于实际观测者来说波周期对于静水条件保持不变，但在以水流速 U 移动的坐标系中波周期 T_r 不等于静水中波周期 T 或 T_a。(6.1) 式可改写为

$$\frac{L}{T_a} = U + \frac{L}{T_r} \tag{6.3}$$

由（6.1）式、（6.2）式及（6.3）式可得

$$L/L_s = C/C_s = \left[1 - \frac{U}{C}\right]^2 \tanh kd/\tanh k_s d \tag{6.4}$$

(6.4) 式可用来计算波长在水流中所产生的变化。它是基于线性理论的，考虑非线性作用应进行的修正将在下面叙述。此式的求解需经迭代计算，而后分析波高由于水流作用而产生的变化。

波浪与稳定均匀流的相互作用过程可视为：第一阶段波与水流独立存在，在第二阶段二者相遇经相互作用而后形成一个稳定的波浪-水流组合。在这一过程中，单纯水流的能量通量在波流相互作用前后可视为不变。对波能变化通常采用两种概念：波能通量守恒及波浪作用通量守恒两种原理。

在稳态条件下，Philips 得到波能通量的守恒方程为

$$\frac{d}{dx}[E(U + C_{gr})] + S_{rad}\frac{dU}{dx} + \varepsilon = 0 \tag{6.5}$$

式中：ε——能量传递过程中的损失项；

E——波能；

C_{gr}——波浪相对于水流的能量传递速度；

S_{rad}——波浪的辐射应力。且有

$$S_{rad} = E\left(\frac{2kd}{\sinh 2kd} + \frac{1}{2}\right) \tag{6.6}$$

不计能量损失项，英国著名学者 Longuet-Higgins 及另一学者 Stewart（1960，1964）得到（6.5）式的转化形式为

$$\frac{d}{dx}[E(U + C_{gr})] + S_{rad}\frac{dU}{dx} = 0 \tag{6.7}$$

他们进而得出了深水情况的解析结果，并成为计算流水条件下波高变化的一个经典成果。由（6.6）式及（6.7）式可知，在极浅水条件下也可

获解析解，然而在至今人类活动最频繁的中等水深域内是难以求得该式的解析结果的，而只能求助于数值计算等手段。这是波能通量守恒方程实际应用中的一个问题。

英国学者 Bretherton 和 Garrett（1969）提出了在流动介质中由于相对波频 $\omega_r=2\pi/T_r$ 是变化的，利用波浪作用 E/ω_r 的概念分析问题颇为方便，并得出了波浪作用通量 $\frac{E}{\omega_r}C_{gr}$ 的守恒方程，Jonnson（1970，1979）将其具体应用于波流共同作用的问题，在稳态条件下，可表示为

$$\frac{d}{dx}\left[\frac{E}{\omega_r}(U+C_{gr})\right]+\frac{\varepsilon}{\omega_r}=0 \tag{6.8}$$

Christoffersen 和 Jonnson（1980，1982）还论证了（6.8）式与（6.5）式的完全等价性，这一等价性在文献［12］中也已提及。不计损失时，（6.8）式可简写为

$$\frac{d}{dx}\left[\frac{E}{\omega_r}(U+C_{gr})\right]=0 \tag{6.9}$$

可以看出利用（6.9）式有一个明显的优点，即在任意水深区都很容易求得其解析结果。笔者的计算也表明，在实用意义上（6.9）式与（6.7）式可视为等价。由于（6.9）式应用方便，在本章的分析中将采用波浪作用通量守恒这一原则，即波流共同作用前后波浪作用通量保持不变。波浪作用通量守恒原则目前在国内外已被广泛应用于波流共同作用时的波浪问题分析。

$$\frac{E}{\omega_r}(U+C_{gr})=\frac{E_s}{\omega_s}C_{gs} \tag{6.10}$$

式中

$$\omega_r=\omega_a-kU=\omega_s-kU \tag{6.11}$$

及

$$\omega_r=2\pi/T_r,\quad \omega_a=\omega_s=2\pi/T$$

当采用线性波理论时，波群速 C_{gs} 及 C_{gr} 分别为

$$C_{gs}=\frac{1}{2}C_sA_s \tag{6.12}$$

$$C_{gr}=\frac{1}{2}C_rA \tag{6.13}$$

$$A_s=1+2k_sd/\sinh 2k_sd \tag{6.14}$$

$$A=1+2kd/\sinh 2kd \tag{6.15}$$

$$C_s=(g/k_s\tanh k_sd)^{1/2} \tag{6.16}$$

则（6.10）式可化为

$$E/E_s = (1 - U/C)\frac{L_s}{L}\frac{A_s}{A}\left(1 + \frac{U}{C}\frac{2 - A}{A}\right)^{-1} \tag{6.17}$$

则波高变化可由（6.18）式计算

$$H/H_s = (1 - U/C)^{1/2}(L_s/L)^{1/2}(A_s/A)^{1/2} \times \left(1 + \frac{U}{C}\frac{2 - A}{A}\right)^{-1/2} = R \tag{6.18}$$

当采用美国 Skjelbreia（1958）所推导的斯托克斯三阶波理论时，波浪传递速度计算式应改为

$$C_{gs} = \frac{1}{2}C_s(A_s + M_s) \tag{6.19}$$

及

$$C_{gr} = \frac{1}{2}C_r(A + M) \tag{6.20}$$

式中

$$M = \frac{\lambda^2}{32\sinh^4 kd}[5(8\cosh^4 kd - 8\cosh^2 kd + 9) - 3(A - 1)(8\cosh^4 kd + 16\cosh^2 kd - 3)] \tag{6.21}$$

M_s 形式同（6.21）式，仅需将 λ 及 k 置换为 λ_s 及 k_s，其中 λ 可按下式求得[$\lambda = \pi(2a)/L$]：

$$\lambda^3 B_{33} + \lambda = \pi\frac{H}{L} \tag{6.22}$$

$$B_{33} = \frac{3(8\cosh^6 kd + 1)}{64\sinh^6 kd} \tag{6.23}$$

计算 λ_s 时，（6.22）式及（6.23）式中的 H，L 及 k 值应置换为 H_s，L_s 及 k_s，因而（6.17）式应改写为

$$E/E_s = \left(1 - \frac{U}{C}\right)\frac{A_s + M_s}{A + M}\frac{L_s}{L}\left[1 + \frac{U}{C}\left(\frac{2}{A + M} - 1\right)\right]^{-1} \tag{6.24}$$

在应用斯托克斯三阶波理论时，波能 E 由下式计算：

$$E = \frac{\gamma(2a)^2}{8}\left\{1 + \lambda^2\left[B + \frac{3}{8\,192}\lambda^2 F\right]\right\} \tag{6.25}$$

式中

$$B = \frac{1}{2}\left(\frac{1}{\tanh kd}\right)^2\left(1 + \frac{3}{1 + 2\sinh^2 kd}\right)^2 + \frac{9}{32}\frac{\cosh 2kd}{\sinh^6 kd} \tag{6.26}$$

$$F = 3\left(\frac{1 + 8\cosh^6 kd}{\sinh^6 kd}\right)^2 + \frac{1}{2}\frac{\tanh kd \sinh 6kd(11 - 2\cosh 2kd)}{\sinh^{14} kd} \tag{6.27}$$

波能 E_s 可用类似于（6.25）式的表达式计算，从而可得 $2a/2a_s$ 的计算式为

$$\frac{2a}{2a_s} = R\frac{\left\{1 + \lambda_s^2\left[B_s + \frac{3}{8\,192}\lambda_s^2 F_s\right]\right\}^{1/2}}{\left\{1 + \lambda^2\left[B + \frac{3}{8\,192}\lambda^2 F\right]\right\}^{1/2}} \tag{6.28}$$

式中 R 由（6.18）式确定，λ_s 值由静水波陡 H_s/L_s 及（6.22）式计算而得，而后利用（6.28）式进行迭代计算求得 $2a/2a_s$，再利用（6.22）式由已求得的 $2a$ 及 L 值求得波与流共同作用下的波高及波高变化比 H/H_s:

$$\left(\frac{H}{H_s}\right)_n = \frac{L}{L_s}\frac{\lambda + \lambda^3 B_{33}}{\lambda_s + \lambda_s^3 B_{s33}} \tag{6.29}$$

在应用非线性波理论时，波速不仅取决于 kd，而且取决于波陡 H/L。由于波与流的相互作用，波陡值将发生变化，因而由非线性波理论求得的波长 L_n 将不同于按线性波理论所得的波长 L，即 $L_n \neq L$。斯托克斯三阶波的波速 C_n 的计算式为

$$C_n = \left(\frac{g}{k}\tanh kd\right)^{1/2}\left\{1 + \lambda^2 \frac{14 + 4\cosh^2 2kd}{16\sinh^4 kd}\right\} \tag{6.30}$$

则

$$L_n/L = 1 + \frac{\lambda^2}{16}\frac{14 + 4\cosh^2 2kd}{\sinh^4 kd} = N_1 \tag{6.31}$$

或

$$L_n/L_s = N_1 L/L_s \tag{6.32}$$

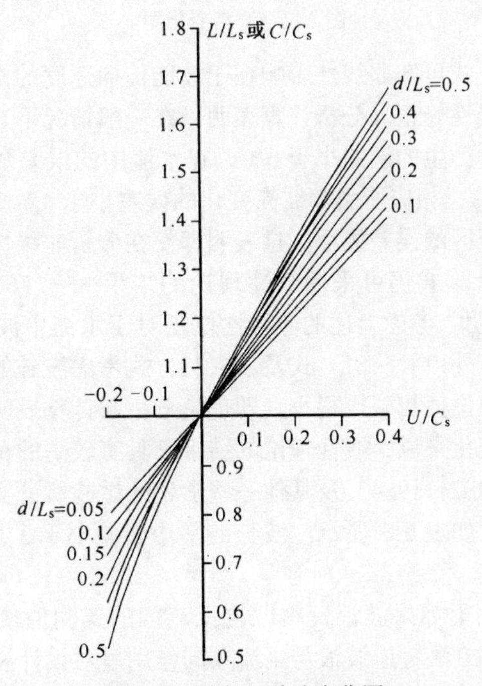

图 6.1　波长、波速变化图

按线性理论，在水流中的波长及波高变化可分别按（6.4）式及（6.18）式计算。计算结果以无量纲尺度 d/L_s 及 U/C_s（或 U/C）表示，分别如图 6.1 及图 6.2 所示。如已知 d/L_s 及 U/C_s，利用图 6.1

可求得 L/L_s，然后根据 $U/C=\frac{U}{C_s}/\frac{C}{C_s}$ 由图6.2求 H/H_s。

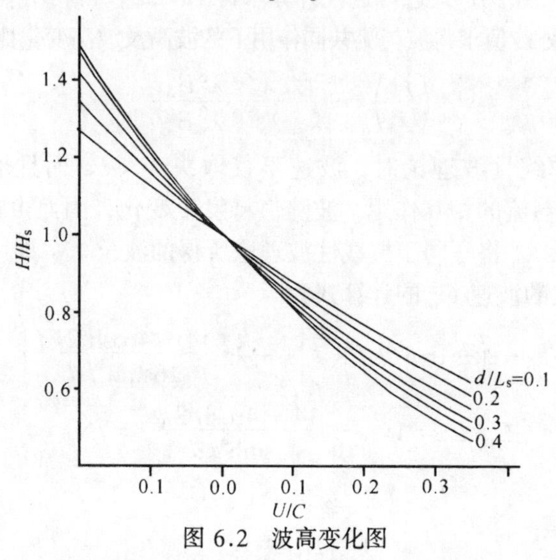

图6.2　波高变化图

由（6.24）式可知非线性影响在于波能传播速度的修正以及波能与波高变换的非线性修正。分析计算表明，在一般情况下，静水中波群速度按线性理论所产生的误差小于6%，在水流中的误差最大值发生于逆流区并小于13%，相应所引起波高变化的误差小于4%。最大误差发生在逆流区，顺流区的误差极小。这表明即使在分析非线性影响时，水流中波能变化的计算式仍可采用线性理论的结果——（6.17）式。如表6.1，分析还表明：考虑上述的非线性修正对于水流中波高比 H/H_s 值的影响甚小。另外由（6.31）式及（6.32）式考虑波长的非线性修正后的结果与线性理论值相差也很小。即理论分析及计算表明，对于水流中波长及波高的变化来说，线性理论的结果已具有较高的精度，这一结论已为李玉成（1982，1984）及其他一些学者的试验所证实。理论计算与著者试验的对比如表6.2所示。波长的平均误差小于3.0%，波高的平均误差为8.0%。

在工程实用上如果波浪资料取自无流区的实测值或由气象资料推定，即可按本章方法考虑波浪与水流共同作用后对设计波高与波长等值的修正，而在计算波浪流速及加速度时务必注意应当取相对周期 T_r 值进行计算而不应当取绝对周期 $T_a=T_s$。如果当地有波浪的实测资料，该资料中含有水流对波况的影响，则是否可认为设计波高如果取自对实测资料的直接分析就已考虑了水流的影响呢？笔者认为从工程设计观点而言，这种处理方法虽然很简单方便，但在设计理论上却不严格而且有问题，在资料处理上将会出现离散度大的现象，从而严重影响设计波高值的可靠性。其原因是现场资料中波浪与水流的组合是随机的。例如，大浪可能与弱流相遇或小浪与强流相遇，而风浪取决于风况，则对纯浪的设计波高应由概率统计分析外延，取多年一遇值。

表 6.1 按线性波与非线性波理论计算波、流共同作用下波高变化 H/H_s 比较表

$\frac{d}{L_s}$	$\frac{H_s}{L_s}$	$U/C=-0.01$		0.00		0.10		0.20		0.30	
		线性波	斯托克斯三阶波	线性波	斯托克斯三阶波	线性波	斯托克斯三阶波	线性波	斯托克斯三阶波	线性波	斯托克斯三阶波
0.20	0.01	1.193	1.192	1.000	1.000	0.841	0.841	0.708	0.709	0.593	0.593
			(1.191)[1]		(1.000)[1]		(0.841)[1]		(0.709)[1]		(0.593)[1]
	0.03		1.194		1.000		0.840		0.708		0.593
			(1.188)		(1.000)		(0.842)		(0.709)		(0.595)
	0.05		1.196		1.000		0.840		0.708		0.593
			(1.182)		(1.000)		(0.842)		(0.709)		(0.597)
	0.07		1.198		1.000		0.839		0.707		0.593
			(1.168)		(1.000)		(0.847)		(0.716)		(0.598)
0.30	0.01	1.228	1.227	1.000	1.000	0.815	0.815	0.664	0.664	0.541	0.541
			(1.226)		(1.000)		(0.815)		(0.665)		(0.542)
	0.03		1.229		1.000		0.814		0.664		0.540
			(1.220)		(1.000)		(0.816)		(0.667)		(0.543)
	0.05		1.232		1.000		0.814		0.663		0.539
			(1.207)		(1.000)		(0.821)		(0.670)		(0.545)
	0.07		1.235		1.000		0.813		0.661		0.538
			(1.188)		(1.000)		(0.825)		(0.676)		(0.551)
0.40	0.01	1.229	1.228	1.000	1.000	0.806	0.806	0.646	0.646	0.515	0.515
			(1.227)		(1.000)		(0.806)		(0.647)		(0.516)
	0.03		1.230		1.000		0.806		0.645		0.515
			(1.221)		(1.000)		(0.808)		(0.648)		(0.518)
	0.05		1.233		1.000		0.805		0.649		0.514
			(1.207)		(1.000)		(0.812)		(0.651)		(0.521)
	0.07		1.236		1.000		0.804		0.643		0.512
			(1.188)		(1.000)		(0.817)		(0.658)		(0.525)

注：1）括号中数字为波能传递速度 C_g 按三阶波理论公式（6.19）式及（6.20）式计算所得结果；括号外为 C_g 按线性理论公式（6.12）式及（6.13）式计算所得结果。

我国沿海的水流主要是潮流，而潮流系由天文因素引起，是有一定规律性的。当考虑波与流共存时，工程上应采取的严格的设计方法应当是：将纯粹由风所引起的具有一定重现期的设计波况与具有一定设计标准的水流相组合作为波与流共存时的设计波况。所以，如果将现场资料不加处理地直接采用常规的波浪统计方法推定设计波高，则由于资料中波与流的随机组合而使资料十分散乱（特别是对波浪与风况的相关性来说），其所推定的设计波高将绝非一定重现期的纯波浪与一定设计标准的纯水流的合理组合，而是一个设计标准不明确的混杂的组合。因而在有现场波况资料时，合理的办法是按本章所述方法先将现场资料进行波与流分离处理，分离出纯浪的观测值，然后将纯浪的观测值进行统计分析，得出纯浪的多年一遇波要素，再按本章所述方法将其与一定设计标准的水流进行波与流合成，从而获得具有明确设计标准的设计波况（包括波高、波长及周期等）。所以不论波浪资料的来源如何，只要需要考虑水流对波浪的影响，在设计中就应参照本章所述方法对波浪资料（包括波高、波长及周期等）进行分析处理。这样做尽管费事，但所得波况具有明确的设计标准，能够比较确切地反映实际上可能出现的不利组合。

表 6.2　线性波理论计算值与作者试验结果比较[1)]

d/L_s	H_s/L_s	U/C	L/L_s		H/H_s	
			试验值	计算值	试验值	计算值
0.093	0.048	0.083	1.08	1.10	0.97	0.87
0.093	0.048	0.161	1.17	1.20	0.87	0.85
0.054	0.012	0.075	1.11	1.09	0.87	0.91
0.092	0.030	0.151	1.16	1.18	0.86	0.85
0.067	0.017	0.157	1.22	1.19	0.90	0.80
0.244	0.075	0.078	1.11	1.12	0.89	0.84
0.244	0.075	0.177	1.21	1.25	0.64	0.71
0.250	0.043	0.080	1.11	1.13	0.73	0.84
0.134	0.013	0.069	1.18	1.09	0.88	0.88
0.141	0.035	0.070	1.11	1.09	0.92	0.88
0.271	0.073	0.136	1.35	1.28	0.77	0.71
0.094	0.019	0.122	1.16	1.17	0.88	0.81
0.183	0.021	0.148	1.17	1.22	0.85	0.73
0.159	0.063	0.145	1.24	1.19	0.70	0.81

注：1）试验是在 Texas A&M 大学的 0.92 m×0.61 m×36.6m 的波浪水槽中进行的。

6.3　二元问题规则波的速度场

在波与流共同作用下仅波浪要素发生了变化，水流状态在单宽流量不变的条件下断面流速分布也发生了变化。在本节中将阐述水流断面流速分布变化及整个流速场的计算方法。

6.3.1　水流的断面流速分布的变化

引用水力学中明渠稳定流的公式，纯水流的水力坡降计算如下：

$$\rho g I z = W_c \frac{dU(z)}{dz} \tag{6.33}$$

式中：ρ——水的密度；g——重力加速度；

I——水面坡降；z——垂直坐标（$z=0$ 在水面，向下为负）；

W_c——纯水流的紊动系数；$U(z)$——坐标 z 处的水流速。

由于波浪的质量输送与水流的质量输送相比甚小，波与流共同作用下的流量与纯水流的流量相差不大，所以有理由假定波与流共同作用下水面坡降值保持纯水流时的数值不变，但紊动系数及流速值有变化，则

在波与流共存时将有

$$\rho gIz = W_{wc}\frac{dU_1(z)}{dz} \tag{6.34}$$

式中：W_{wc}——波与流共同作用下的紊动系数；

$U_1(z)$——波与流共同作用下的水平流速值。

假设紊动系数 W_{wc}为纯波浪时的紊动系数 W_w 与纯水流时的紊动系数 W_c 的某种线性组合，即

$$W_{wc} = W_c - \alpha W_w \tag{6.35}$$

式中：α——待定常数。

设纯水流的断面流速呈 1/7 对数律关系分布，其紊动系数 W_c 可由（6.36）式求得：

$$W_c = \beta_1 dU_0\left(1+\frac{z}{d}\right)^{1/7} \tag{6.36}$$

式中：β_1——待定参数；

U_0——表面流速。

通常认为纯波浪运动的紊动系数 W_w 可由（6.37）式表示：

$$W_w = \beta_2 H\left(\frac{g}{k}\tanh kd\right)^{1/2} \tag{6.37}$$

式中：β_2——常数。

对（6.34）式进行积分，利用泰勒级数展开并略去高于二次的项，设 $\alpha W_w = b$，经过运算可得

$$U_1(z) = \frac{d^2\rho gI}{\beta_1 dU_0 - b}\left[\frac{z^2}{2} - \frac{\beta_1 dU_0}{7(\beta_1 dU_0 - b)}\frac{z^3}{3}\right] + U_1(0) \tag{6.38}$$

式中：$U_1(0)$——波流共存时的表面水平流速。

如设水平流速最大值所处位置已知，其垂直坐标为 $z_{U_{max}} = A$，即 A 值已知，则由（6.38）式可得

$$\alpha = \frac{\beta_1}{\beta_2}\frac{U_0}{H}(7d - A)\left(\frac{k}{g}\frac{1}{\tanh kd}\right)^{1/2} \tag{6.39}$$

令摩阻流速 $U_* = \sqrt{gdI}$，（6.38）式可改写为

$$\frac{U_1(z)}{U_1(0)} = 1 - \frac{\rho U_*^2 d}{U_1(0)\beta_1 U_0(6d - A)}\left[\frac{1}{2}z^2 + \frac{d}{7(6d - A)}z^3\right] \tag{6.40}$$

（6.40）式可变换为

$$\frac{U_1(0)}{U_0} = \frac{\overline{U}}{U_0} - \frac{\rho U_*^2}{\beta_1(6d - A)U_0^2}\left[\frac{d}{6} + \frac{d^2}{28(6d - A)}\right] \tag{6.41}$$

式中：$\overline{U}$——纯水流时的平均断面流速值。

已设纯水流的断面流速呈 1/7 对数律分布，即

$$U(z) = U_0\left(1+\frac{z}{d}\right)^{1/7} \tag{6.42}$$

由（6.42）式可得 $\overline{U}$ 与 U_0 间的关系为

$$\overline{U} = 0.875 U_0 \tag{6.43}$$

通常 $6d \gg A$，而 $6d - A \approx 6d$，则（6.41）式可改写为

$$\frac{U_1(0)}{U_0} \approx \frac{7}{8} - \frac{\rho U_*^2}{36\beta_1 U_0^2} \tag{6.44}$$

应用梶浦（1964）的研究结果，水面处水流紊动系数为

$$W_c \mid_{z=0} = kU_* d \tag{6.45}$$

式中：k——卡门常数，$k=0.40$。

由（6.45）式及（6.36）式可得

$$\beta_1 = kU_*/U_0 \tag{6.46}$$

将（6.46）式代入（6.44）式及（6.40）式，由于$\frac{U_*}{U_0}$值很小，可得

$$U_1(0)/U_0 \approx 7/8 \tag{6.47}$$

$$U_1(z)/U_1(0) \approx 1 \tag{6.48}$$

（6.47）式及（6.48）式表明在不计边界层的影响时，波与流共同作用下的水流断面流速分布由纯水流时的对数律改变为矩形律（即均匀分布），此时任何水深处的流速值为纯水流时表面流速值的 0.875 倍。

6.3.2 综合流速场的计算

在波与流共同作用下涉及波与流共同有关的量是速度与加速度的水平分量，而水平加速度又直接与水平速度相关，因而这里着重分析综合的水平速度场的计算问题。可以认为线性叠加原理可以应用，即

$$u_{wc}(z,t) = u_w(z,t) + U_1(z) \tag{6.49}$$

式中：$u_{wc}(z,t)$——任意深度及任意时间的综合水平流速；

$u_w(z,t)$——同一时间在水流作用下变形后的波要素所产生的波动水平速度；

$U_1(z)$——同水深处受波浪作用后的水流流速。如前述$U_1(z)$已变为均匀分布，即

$$U_1(z) = \overline{U} = \frac{7}{8}U_0 = 常数 \tag{6.50}$$

或将 $7U_0/8$ 记为 U_1。如上述在计算$u_w(z,t)$时波高与波长应分别取 H 及 L 而非取 H_s 及 L_s，而计算结果则因所采用的波浪理论不同而异。笔者曾采用线性波理论、斯托克斯三阶波和五阶波理论、椭圆余弦波理论及势流理论的直接数值计算法对$u_w(z,t)$进行计算并与试验值相对比（图 6.3）。

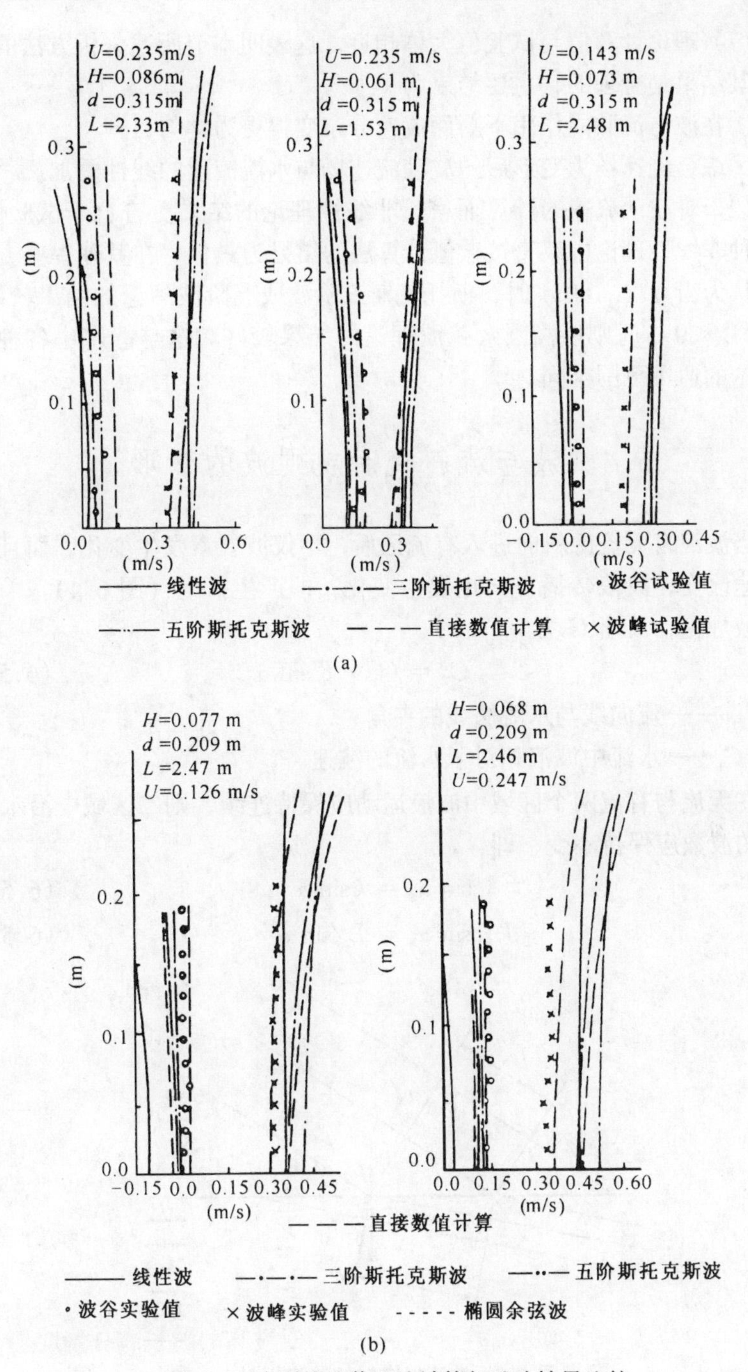

图 6.3　水平流速值理论计算与试验结果比较

(a) 水深 $d=0.315$ m；(b) 水深 $d=0.209$ m

比较表明：

(1) 理论计算值与试验值大体相近，这表明本节所述分析方法的假设及其结果是合理的，主要结果为

①在波与流共同作用下断面流速分布变得更为均匀；

②综合流速场为变形后的波动流速场与水流流速的线性叠加。

(2) 对波动流速的计算而言，非线性理论的结果更符合于试验值，在各种非线性理论中以直接数值计算法的结果为最佳，在其他一些方法中可认为当 $d/L_s>0.1$ 时，斯托克斯三阶波或五阶波理论的结果较好；当 $d/L_s<0.1$ 时则以椭圆余弦波理论的结果较好。这与静水中各种波浪理论的适用范围类同。

6.4 波与流斜交时规则波的变形

当波浪自无流区斜向进入有流区后，不仅波要素发生变化，而且由于波速改变，波浪传播方向也发生变化，即产生折射（图 6.4）。采用线性波理论，波速 C 为

$$C = C_a = C_r + U\sin\alpha \tag{6.51}$$

式中：α——流向线与水流法线的夹角；

C_r——水流中波浪相对于水流的波速。

在无流与有流两个区域中波浪运动应保持连续，则二区域中沿水流方向的波数应保持不变，即

$$k_s\sin\alpha_s = k\sin\alpha \tag{6.52}$$

或

$$L_s/\sin\alpha_s = L/\sin\alpha \tag{6.53}$$

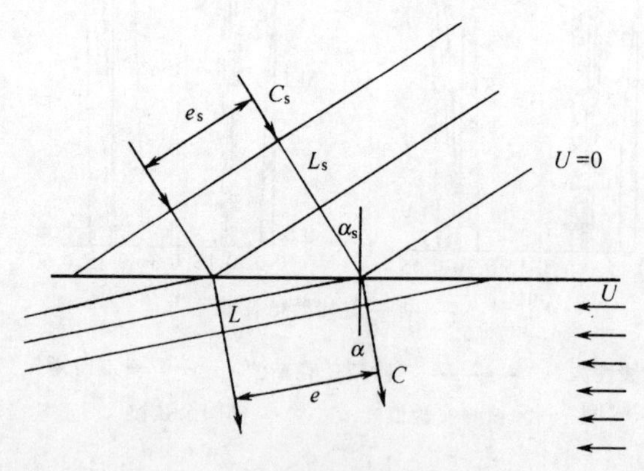

图 6.4 波流斜交时的波浪折射

当波浪处于稳态时，两个区域中的波浪周期保持不变，即

$$T_s = T_a = T$$

或 $$T = \frac{C_a}{L} = \frac{C}{L} = \frac{C_s}{L_s} \tag{6.54}$$

从而可得计算波长变化的公式：

$$\frac{L}{L_s} = \left(1 - \frac{U}{C_s}\sin\alpha_s\right)^{-2} \frac{\tanh kd}{\tanh k_s d} \tag{6.55}$$

此式应该用迭代法求解。

考虑波浪是稳态的且不计能量的损耗。在斜向问题中，两个区域中任意两条波能传递方向线间的波浪作用通量应守恒。由图 6.4 及图 6.5 可见，在静水区波能传递方向与波浪传播方向是一致的，而在流水区二者方向不再一致，因而二区域中波浪作用通量守恒可表述为

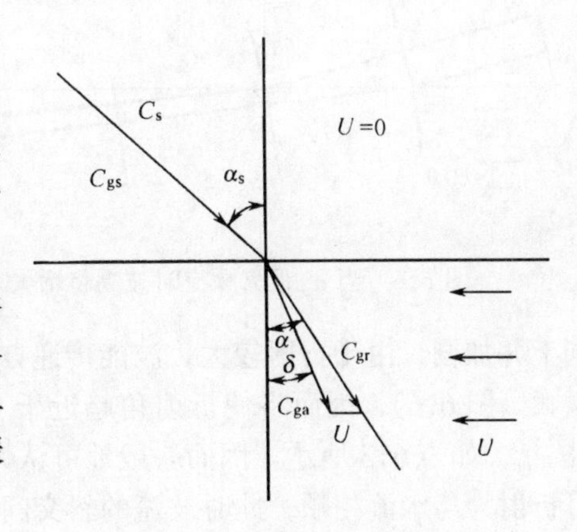

图 6.5 波能传递方向变化

$$e_1 \frac{E}{\omega_r} \boldsymbol{C}_{ga} = e_{1s} \frac{E_s}{\omega_s} \boldsymbol{C}_{gs} \tag{6.56}$$

式中：e_1——二相邻波能传递方向线间的距离；其他符号意义同前。

$$\boldsymbol{C}_{gs} = \boldsymbol{C}_s A_s \tag{6.57}$$

$$\boldsymbol{C}_{ga} = \boldsymbol{C}_{gr} + \boldsymbol{U} \tag{6.58}$$

$$\boldsymbol{C}_{gr} = \boldsymbol{C}_r A \tag{6.59}$$

由图 6.5 可知

$$e_1/e_{1s} = \cos\delta_s/\cos\delta = \cos\alpha_s/\cos\delta \tag{6.60}$$

及 $$C_{ga}\cos\delta = C_{gr}\cos\alpha \tag{6.61}$$

因而可得波高变化的计算公式为

$$H/H_s = \left[\frac{A_s}{A}\frac{L_s}{L}\frac{\cos\alpha_s}{\cos\alpha}\right]^{1/2} \tag{6.62}$$

波浪折射的计算公式为

$$\sin\alpha = \left(1 - \frac{U}{C_s}\sin\alpha_s\right)^{-2} \frac{\tanh kd}{\tanh k_s d}\sin\alpha_s \tag{6.63}$$

具体的计算步骤为：先由（6.55）式求得波长变化，再由（6.63）式求波浪的折射角 α，最后由（6.62）式求波高变化。

分析表明：

（1）当波浪入射角 $\alpha_s \leqslant 15°$时，即波向线与水流夹角甚大，近于正交时，水流对波浪传播的影响不大，折射角偏转甚小（偏转角小于3°）。当波与流相顺时波长有所增大，波高有所减小；逆流时情况相反，但变化均不大。

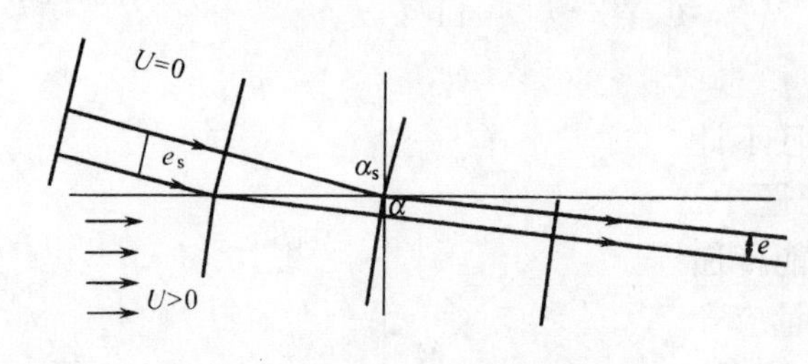

图 6.6　当 α_s 很大顺流时波高将增大

（2）当波浪入射角 α_s 加大，波浪折射将加大，波要素变化亦加大，当 $\alpha_s \leqslant 30°$时保持这一变化趋势。

（3）当顺流而入射角 $\alpha_s \geqslant 30°$时，波浪折射及波长变化趋势同上并加剧，由于折射较大，波能传递方向线的间距趋于减小而使波高增大（图 6.6），因而将使折射角趋近于 90°。α 趋于 90°的临界入射角 $[\alpha_s]_{cr}$，如表 6.3 所示。因而一般地可认为当入射角 $\alpha_s \geqslant 60°$时，波浪即可折射为与水流相顺，此时波流的斜交问题即可转化为二元问题。

表 6.3　使波浪折射顺流的临界入射角

U/C_s	d/L_s	$[\alpha_s]_{cr}$（°）
0.1	0.1	64
	0.4	61
0.2	0.1	55
	0.4	52
0.3	0.1	49
	0.4	46

（4）当逆流而入射角 $\alpha_s > 30°$时，波浪折射及波长变化保持同前的趋势并加强，由于剧烈的折射可使波能传递方向线间距离加大而使波高减小下来（图 6.7）。波高剧烈地减小，而折射角则趋于稳定，这一现象与二元问题逆流区波高随流速之增加而增加的结果完全相反。这表明波与流共同作用下二元问题与三元斜交问题的不连续性。逆流斜交时波高并不增大反而减小的计算结果似乎可以合理地解释逆流二元问题波高变化的试验结果。许多试验资料表明，在二元问题的逆流情况下，波高值与静水情况相比，随流速之增大波高可能只略有所增大而后即减小。这可能是由于在试验中很难保证水流与波浪传播的严格相逆（即准确地 $\alpha_s = 90°$），而只要二者间略有一个偏角，波浪就将发生强烈折射而使波

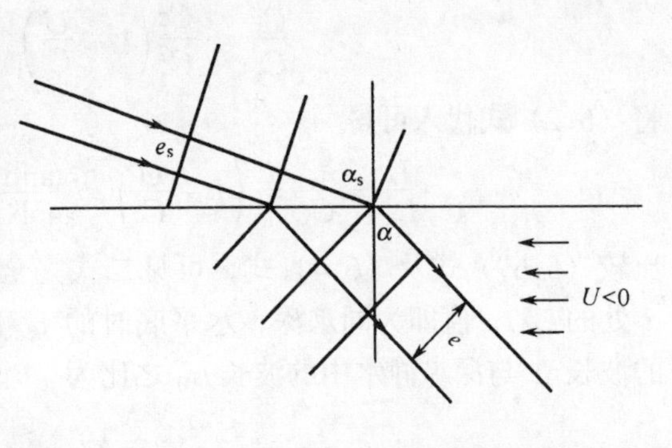

图 6.7 当 α_s 很大逆流时波高将减小

高减小。也由于这种原因，试验结果将很不稳定，数据的离散度必然很大。计算表明，对于不同的入射角，当$\alpha_s=30°$时逆流区波高的增大达到最大；α_s继续增大，波高比就趋于减小，而当 $\alpha_s>50°$时，U/C_s 在 $-0.10\sim-0.15$ 的范围内，波高比 H/H_s 就将小于 1.0。所以采用规则波的水流对波要素影响的计算方法时，在逆流区如何选择计算情况，应审慎对待。

6.5 平缓海底上规则波变形的二元问题

上述各节讨论了波浪仅与水流作用下的波浪场问题。当考虑海底的影响时，将增加地形引起的波浪浅水变形与折射影响。此时波浪的非线性影响将不容忽视。本节及 6.6 节将分析考虑地形影响后规则波的变形计算方法。本节中讨论二元问题，6.6 节中讨论三元斜交问题。

在本节二元问题中水流视为稳定均匀流，即通过单宽沿水深断面的流量不变，而不同水深断面的流速值不相等。初始断面取为深水处，即取 $d_0/L_0=0.5$，L_0 为深水静水中波长，该水深处的初始流速为 U_0。

6.5.1 当采用线性波理论时

在深水静水中波长为

$$L_0=1.56T^2 \tag{6.64}$$

波速为

$$C_0=[gL_0/2\pi]^{1/2} \tag{6.65}$$

任意水深 d 处的水流流速为

$$U=U_0\frac{d_0}{d} \tag{6.66}$$

波速为

$$C=U+C_r \tag{6.67}$$

式中 C_r 值可由（6.2）式计算。（6.6）式可变换为

$$\frac{C^2}{C_s^2} = \frac{C_r^2}{C_s^2}\left(1 - \frac{U}{C}\right)^{-2} \tag{6.68}$$

将（6.2）式代入可得

$$\frac{L}{L_s} = \frac{C}{C_s} = \left(1 - \frac{U}{C}\right)^{-2} \frac{\tanh kd}{\tanh k_s d} = k_c' \tag{6.69}$$

比较（6.69）式及（6.4）式，可见二式完全相同，即倾斜底上水深为 d 处的 L/L_s 值即为同水深、水平底时的 L/L_s 值，则任意水深水流中的波长 L 与深水静水中的波长 L_0 之比为

$$\frac{L}{L_0} = \frac{L}{L_s}\frac{L_s}{L_0} = k_c'\tanh k_s d \tag{6.70}$$

（6.70）式右侧 L_s/L_0 项即为静水中波长的浅水变形系数。因而倾斜底上水流中的波长变形系数即为水平底条件下，该水深处流水中的波长变形系数与静水中波长浅水变形系数的乘积。

任意水深 d 处的流水中波高变化可按波浪作用通量守恒方程求算。该方程为

$$\frac{E}{\omega_r}(U + C_{gr}) = \frac{E_0}{\omega_0}C_{gs0} \tag{6.71}$$

此式的左侧为浅水区任一水深处的波浪作用通量，右侧为深水静水区的波浪作用通量。式中

$$\omega_r = \omega_s - kU \tag{6.72}$$

$$C_{gs0} = \frac{1}{2}C_0 \tag{6.73}$$

C_{gr}可按（6.13）式求算。浅水区流水中波能的变化率为

$$\begin{aligned}\frac{E}{E_0} &= \frac{C_{gs0}}{U + C_{gr}}\frac{\omega_r}{\omega_s} \\ &= (k_c'\tanh k_s \mathrm{d})^{-1}\frac{1}{A}\left(1 - \frac{U}{C}\right)\left[1 + \frac{U}{C}\frac{2-A}{A}\right]^{-1}\end{aligned} \tag{6.74}$$

式中 A 由（6.15）式计算。又

$$\begin{aligned}E/E_0 &= (E/E_s)(E_s/E_0) \\ &= (E/E_s)(A_s\tanh k_s d)^{-1}\end{aligned} \tag{6.75}$$

式中 A_s 由（6.14）式求得。由（6.74）式及（6.75）式可得

$$\frac{E}{E_s} = \frac{1}{k_c{}'}\frac{A_s}{A}\left(1 - \frac{U}{C}\right)\left(1 + \frac{U}{C}\frac{2-A}{A}\right)^{-1} \tag{6.76}$$

比较（6.76）式及（6.17）式可见二式相同，即倾斜底条件下，某水深处水流中的波能变化率等于同水深、水平底时流水中的波能变化率。因此，与波长的变化相类似，倾斜底条件下水流中的波高变化系数即等于

水平底条件下同水深处水流中的波高变化系数与静水条件下波高浅水变形系数的乘积，即

$$\begin{aligned}\frac{H}{H_0}&=\frac{H}{H_s}\frac{H_s}{H_0}\\&=\frac{H}{H_s}(A_s\tanh k_s d)^{-1/2}\\&=(k_c'\tanh k_s d)^{-1/2}A^{-1/2}\left(1-\frac{U}{C}\right)^{1/2}\left[1+\frac{U}{C}\frac{2-A}{A}\right]^{-1/2}\end{aligned}\tag{6.77}$$

6.5.2 当采用非线性的斯托克斯三阶波理论时

任意水深处在水流中的波长与同水深静水时的波长比 $(L/L_s)_n$ 可表示为

$$\begin{aligned}(L/L_s)_n&=\left(1-\frac{U}{C}\right)^{-2}\frac{\tanh kd}{\tanh k_s d}N_1\\&=\left(\frac{L}{L_s}\right)_1 N_1=k_c'N_1=k_c''\end{aligned}\tag{6.78}$$

N_1 可见（6.31）式。任意水深处在水流中波长的变形系数 $(L/L_0)_n$ 为

$$\left(\frac{L}{L_0}\right)_n=\left(\frac{L}{L_s}\right)_n\left(\frac{L_s}{L_0}\right)_n=k_c''\left(\frac{L_s}{L_0}\right)_n\tag{6.79}$$

引入波浪作用通量守恒原则

$$\frac{E}{\omega_r}(U+C_{gr})=\frac{E_0}{\omega_s}C_{gs0}\tag{6.80}$$

式中符号意义同前。采用斯托克斯三阶波理论时波能传递速度 C_{gr} 可取（6.20）式，而

$$C_{gs0}=\frac{1}{2}C_0$$

任意水深处水流中波能的变化率 $(E/E_0)_n$ 为

$$\begin{aligned}\left(\frac{E}{E_0}\right)_n&=\left(\frac{L_0}{L_s}\right)_n\left(\frac{L_s}{L}\right)_n\frac{1}{A+M}\\&\quad\times\left[1+\frac{U}{C}\left(\frac{2}{A+M}-1\right)\right]^{-1}\left(1-\frac{U}{C}\right)\end{aligned}\tag{6.81}$$

将（6.79）式代入（6.81）式可得

$$\left(\frac{E}{E_0}\right)_n=\frac{1}{k_c''}\left(\frac{L_0}{L_s}\right)_n\frac{1}{A+M}\left(1-\frac{U}{C}\right)\left[1+\frac{U}{C}\left(\frac{2}{A+M}-1\right)\right]^{-1}\tag{6.82}$$

又

$$\left(\frac{E}{E_0}\right)_n=\left(\frac{E}{E_s}\right)_n\left(\frac{E_s}{E_0}\right)_n=\left(\frac{E}{E_s}\right)_n\frac{1}{A_s+M_s}\left(\frac{C_0}{C_s}\right)_n\tag{6.83}$$

由（6.82）式及（6.83）式可得

$$\left(\frac{E}{E_{\mathrm{s}}}\right)_{\mathrm{n}} = \frac{1}{k_{\mathrm{c}}''}\frac{A_{\mathrm{s}} + M_{\mathrm{s}}}{A + M}\left(1 - \frac{U}{C}\right)\left[1 + \frac{U}{C}\left(\frac{2}{A + M} - 1\right)\right]^{-1} \tag{6.84}$$

与水平底条件下水流中的波能变化率$\left(\frac{E}{E_{\mathrm{s}}}\right)_{\mathrm{nh}}$的计算（6.24）式比较，可见二者是相同的，即

$$\left(\frac{E}{E_{\mathrm{s}}}\right)_{\mathrm{n}} = \left(\frac{E}{E_{\mathrm{s}}}\right)_{\mathrm{nh}} \tag{6.85}$$

因而也可知波高变化率也具有下列等式：

$$\left(\frac{H}{H_{\mathrm{s}}}\right)_{\mathrm{n}} = \left(\frac{H}{H_{\mathrm{s}}}\right)_{\mathrm{nh}} \tag{6.86}$$

上述分析表明在倾斜底条件下的 L/L_{s} 及 H/H_{s} 比值与平底时相同，与所采用的波浪理论无关。所以 6.2 节中所述的结果同样可应用于倾斜底条件，但静水中波浪的浅水变形系数则与所采用的波浪理论有关，可参阅有关资料。

根据上述方法，图 6.8 及图 6.9 提供了可供工程计算实用的倾斜底上波浪在水流作用下的变形系数 L/L_{s} 及 H/H_{s} 与无量纲参量 d/L_0 与 U_0/C_0 的相关图表，而静水中波浪的浅水变形系数 L_{s}/L_0 及 H_{s}/H_0 的数值将随所采用的波浪理论而异。笔者的计算表明，当深水波陡不大时，倾斜底上波浪在水流作用下基于线性理论的变形计算值与基于斯托克斯三阶波理论的数值相近并与试验值也比较接近（图 6.10，图 6.11）。这是合乎逻辑的。

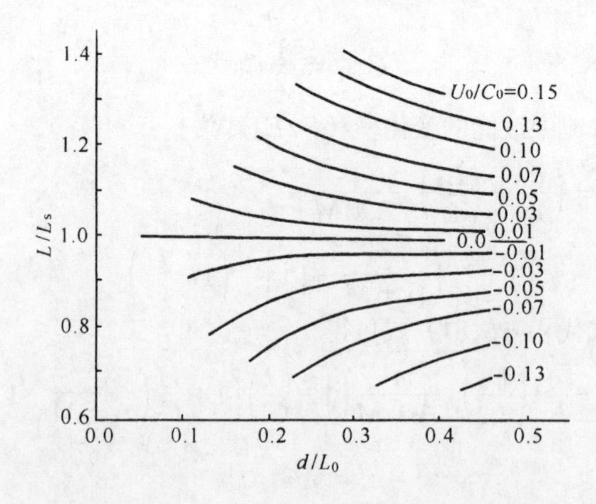

图 6.8 波长浅水变形系数 L/L_{s}

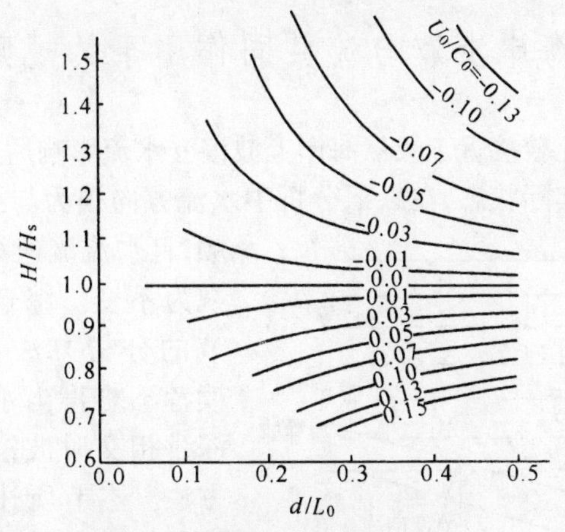

图 6.9 波高浅水变形系数 H/H_s

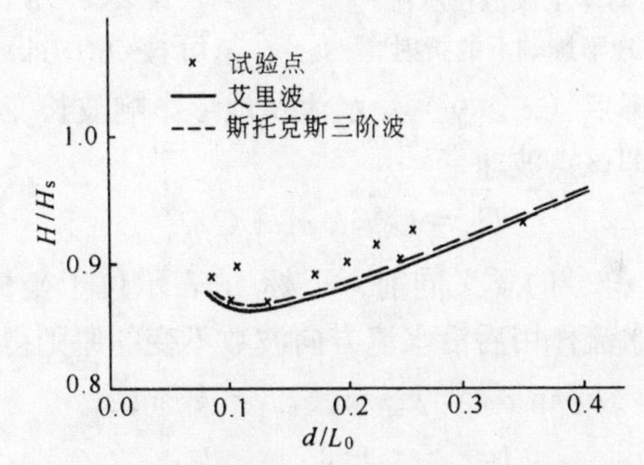

图 6.10 不同波浪理论与试验值对比（顺流时）

$U_0/C_0=0.0079$；$H_0/L_0=0.0272$

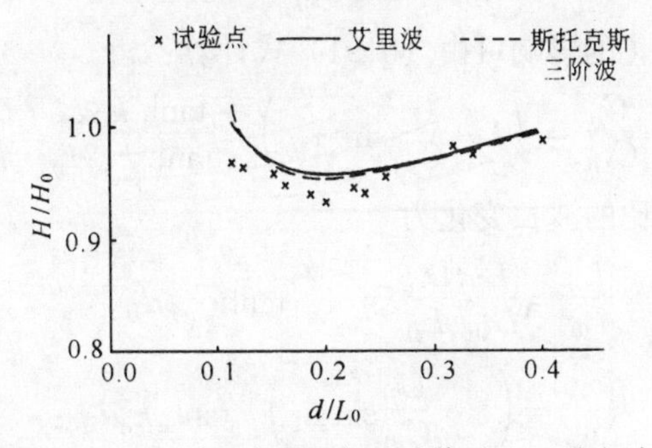

图 6.11 不同波浪理论与试验值对比（逆流时）

$U_0/C_0=-0.0079$；$H_0/L_0=0.0249$

6.6 平直海岸上波与流共同作用下的规则波变形

本节所述将比较接近于天然海岸上波浪受水流影响后的变形。根据天然海岸附近的实际状态,在以下分析中水流方向视为与海底等深线相顺,且水流流速沿等深线方向视为不变。综合6.5节与本节的分析方法和有关结果,读者不难得出水流与地形等深线相交时波浪变形的分析方法。本节所述方法的流态概况可见图6.12。

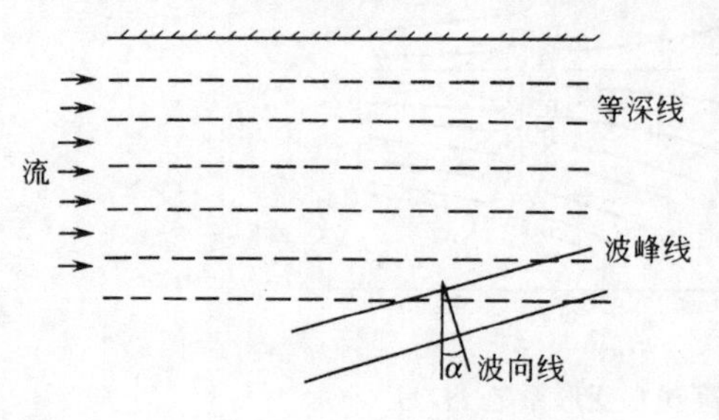

图6.12 海岸上波浪在水流地形影响下的折射

深水静水区的波长与波速可按(6.64)式及(6.65)式计算。任意坐标点(x_i, y_i)受水流及地形影响波长变化后可按下述方法分析计算,即该点波速

$$C_{ij}=U_{ij}\sin\alpha_{ij}+C_{rij} \tag{6.87}$$

式中U,α及C_r符号的意义同前,下标ij表示位于坐标点(x_i, y_j)处的值。根据受水流作用后沿水流方向波数不变的原则得

$$k_0\sin\alpha_0=k_{sij}\sin\alpha_{sij}=k_{ij}\sin\alpha_{ij} \tag{6.88}$$

或

$$\frac{L_0}{\sin\alpha_0}=\frac{L_{sij}}{\sin\alpha_{sij}}=\frac{L_{ij}}{\sin\alpha_{ij}} \tag{6.89}$$

或

$$\frac{C_0}{\sin\alpha_0}=\frac{C_{sij}}{\sin\alpha_{sij}}=\frac{C_{ij}}{\sin\alpha_{ij}} \tag{6.90}$$

则水流对波长变化的影响可由(6.91)式计算:

$$\frac{L_{ij}}{L_{sij}}=\frac{C_{ij}}{C_{sij}}=\left(1-\frac{U_{ij}}{C_{sij}}\sin\alpha_{sij}\right)^{-2}\frac{\tanh k_{ij}d_{ij}}{\tanh k_{sij}d_{ij}}=k_{ij}' \tag{6.91}$$

与深水无流区对比的波长变化为

$$\frac{L_{ij}}{L_0}=\frac{L_{ij}}{L_{sij}}\frac{L_{sij}}{L_0}=k_{ij}'\tanh k_{sij}d_{ij}$$

$$=\left(1-\frac{U_{ij}}{C_{s0}}\sin\alpha_0\right)^{-2}\tanh k_{ij}d_{ij} \tag{6.92}$$

也可以根据波浪推进过程由深水向浅水逐次推移进行计算:

$$\frac{L_{ij}}{L_{(i-1)(j-1)}}=\frac{C_{ij}}{C_{(i-1)(j-1)}}$$

$$= \left[1 - \frac{U_{(i-1)(j-1)}}{C_{s0}}\sin \alpha_0\right]^2 \left[1 - \frac{U_{ij}}{C_{s0}}\sin \alpha_0\right]^{-2}$$

$$\times \frac{\tanh k_{ij}d_{ij}}{\tanh k_{(i-1)(j-1)}d_{(i-1)(j-1)}} \tag{6.93}$$

上述两种计算方法中显然（6.92）式较（6.93）式的精度为高，它避免了逐次推移过程中的累积误差，但（6.93）式将更适应于复杂地形和水流条件随地点多变的情况。

任意坐标点（x_i，y_i）处波高随水流地形的变化仍将依据二波能射线间波浪作用通量保持守恒的原则

$$e_{ij}\frac{E_{ij}}{\omega_{rij}}\boldsymbol{C}_{gaij} = e_{sij}\frac{E_{sij}}{\omega_{sij}}\boldsymbol{C}_{gsij}$$

$$= e_0\frac{E_0}{\omega_s}\boldsymbol{C}_{g0} \tag{6.94}$$

式中

$$\omega_{sij} = \omega_s \tag{6.95}$$

$$\omega_{rij} = \omega_{sij} - k_{ij}U_{ij}\sin \alpha_{ij}$$

$$= \omega_s - k_{ij}U_{ij}\sin \alpha_{ij} \tag{6.96}$$

在深水静水区

$$C_{g0} = \frac{1}{2}C_0 \tag{6.97}$$

在浅水静水区

$$C_{gsij} = \frac{1}{2}C_{sij}\left(1 + \frac{2k_{sij}d_{ij}}{\sinh 2k_{sij}d_{ij}}\right)$$

$$= \frac{1}{2}C_{sij}A_{sij} \tag{6.98}$$

在浅水有流区

$$\boldsymbol{C}_{gaij} = \boldsymbol{C}_{grij} + \boldsymbol{U}_{ij} \tag{6.99}$$

$$C_{grij} = \frac{1}{2}C_{rij}\left(1 + \frac{2k_{ij}d_{ij}}{\sinh 2k_{ij}d_{ij}}\right)$$

$$= \frac{1}{2}C_{rij}A_{ij} \tag{6.100}$$

波能传播射线间距离的关系

$$e_0\cos \delta_0 = e_{sij}\cos \delta_{sij} = e_{ij}\cos \delta_{ij} \tag{6.101}$$

同时

$$\delta_0 = \alpha_0 \tag{6.102}$$

$$\delta_{sij} = \alpha_{sij} \tag{6.103}$$

以及

$$C_{gaij}\cos \delta_{ij} = C_{grij}\cos \alpha_{ij} \tag{6.104}$$

与深水无流区相比，波高变化比值

$$\frac{H_{ij}}{H_0}=\left(\frac{A_0}{A_{ij}}\frac{L_0}{L_{ij}}\frac{\cos\alpha_0}{\cos\alpha_{ij}}\right)^{1/2} \tag{6.105}$$

波折射角为

$$\sin\alpha_{ij}=\left(1-\frac{U_{ij}}{C_{sij}}\sin\alpha_{sij}\right)^{-2}\frac{\tanh k_{ij}d_{ij}}{\tanh k_{sij}d_{ij}}\sin\alpha_{sij} \tag{6.106}$$

或

$$\sin\alpha_{ij}=\left(1-\frac{U_{ij}}{C_{s0}}\sin\alpha_0\right)^{-2}\tanh k_{sij}d_{ij}\sin\alpha_0 \tag{6.107}$$

同水深有流与无流区的波高比为

$$\frac{H_{ij}}{H_{sij}}=\left(\frac{A_{sij}}{A_{ij}}\frac{L_{sij}}{L_{ij}}\frac{\cos\alpha_{sij}}{\cos\alpha_{ij}}\right)^{1/2} \tag{6.108}$$

如按波浪传播过程的逐点依次推进进行计算，则为

$$\frac{H_{ij}}{H_{(i-1)(j-1)}}=\left(\frac{A_{(i-1)(j-1)}}{A_{ij}}\frac{L_{(i-1)(j-1)}}{L_{ij}}\frac{\cos\alpha_{(i-1)(j-1)}}{\cos\alpha_{ij}}\right)^{1/2} \tag{6.109}$$

与波长变化的计算方法相类似，在一般情况下（6.108）式优于（6.109）式，它计算简单并能给出较高精度的分析结果。

以上是采用线性理论所得的分析结果。如采用非线性的斯托克斯三阶波理论，则在水流与地形的作用下，波长及波高变化可分别按（6.110）式及（6.111）式计算。

波长变化为

$$\left(\frac{L_{ij}}{L_0}\right)_{\rm n}=k''_{ij}N_1 \tag{6.110}$$

式中 k''_{ij} 可按（6.92）式计算，N_1 为

$$N_1=\left(1+\lambda_{ij}^2\frac{14+4\cosh^2 2k_{ij}d_{ij}}{16\sinh^4 k_{ij}d_{ij}}\right)\left(1+\lambda_0^2\frac{14+4\cosh^2 2k_0d_0}{16\sinh^4 k_0d_0}\right)^{-1} \tag{6.111}$$

波高变化为

$$\left(\frac{H_{ij}}{H_0}\right)_{\rm n}=\left(\frac{A_0+M_0}{A_{ij}+M_{ij}}\right)^{1/2}\left(\frac{L_0}{L_{ij}}\right)_{\rm l}^{1/2}\left(\frac{\cos\alpha_0}{\cos\alpha_{ij}}\right)^{1/2} \tag{6.112}$$

式中 M 及 λ 符号意义及计算公式可参见6.2节。

我们的计算表明：

（1）在一般波陡（$H_0/L_0<1/20$）条件下，线性波理论分析的结果与非线性的斯托克斯三阶波理论分析的结果接近，所以在通常情况下可采用线性波理论分析方法。

（2）由波浪作用通量守恒原则所得计算结果与按波能通量守恒原则所得的成果十分近似，至少说明这两种原则在实用意义上完全具有等

价性。

(3) 取深水静水中波要素相同而水流区的流速呈以下 3 种不同的分布：①水流沿等深线的法线方向呈均匀分布；②水流沿该方向呈正三角形分布——深水区为 0，浅水区计算边界处最大，平均流速与①相同；③水流沿该方向呈倒三角形分布——深水区最大，浅水计算边界为 0，平均流速不变。结果表明在深水波要素相同的条件下，浅水区波浪折射变形值只取决于当地流速条件而与整个区域的流速分布无关，因而上述 3 种情况相交于流速相同的点上（图 6.13）。

(4) 对于波长及折射角的变化而言，逆流区水流与地形的作用是一致的。水流使地形引起折射角的减小和波长的减小更为剧烈；顺流区这两种因素的影响是相互抵消的，即水流使地形引起折射角与波长的减小作用变缓。换言之，逆流区内波长及折射角的变形曲线将位于静水条件变形曲线的下方，而在顺流区则相反。

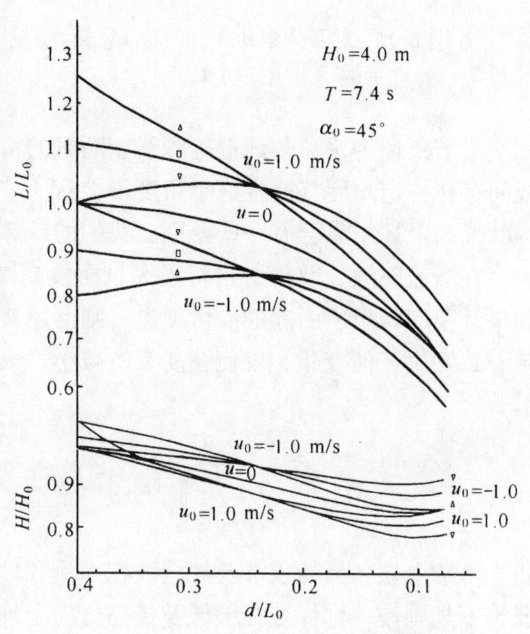

图 6.13 不同流速分布的波浪沿程变化
$H_0=4.0$ m　$T=7.4$ s　$\alpha_0=45°$

(5) 在顺流条件下，在流速比 U_0/C_0 与入射角 α_0 的适当组合下，折射角趋近于 90°，即波浪将顺流而下而不再向岸边折射。图 6.14 表示在均匀流场条件下（即平面上各点的流速相同）出现这一情况的临界波浪入射角。

(6) 对于波高变化可分为两个变化区。第一种情况为波入射角较小时：当逆流且 $\alpha_0<45°$时，水流中波高变化曲线在相应的静水中的变形曲线之上；当顺流且 $\alpha_0<30°$时，水流中波高变化曲线在相应的静水中变形曲线之下，而且其变化值与静水条件相比差别甚少。第二种情况为波入射角较大时：当逆流且 $\alpha_0>60°$时，d/L_0 在 0.36～0.40 的区域内。由于波浪的强烈折射引起波能辐散，波高将减小，从而使水流中的波高变形曲线位于静水中相应曲线的下方。随着水深减小，折射角变

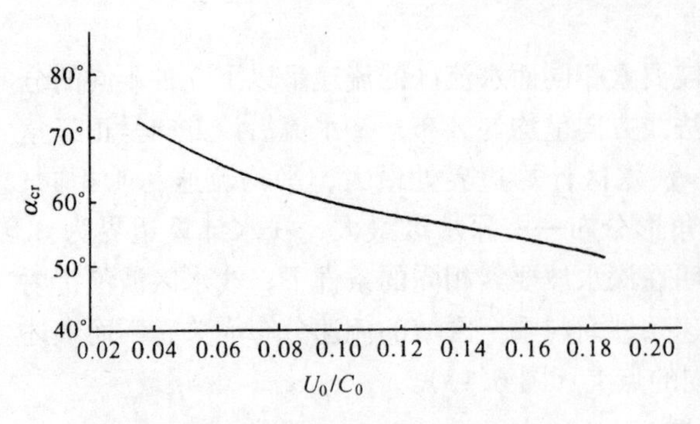

图6.14　临界入射角 α_{cr} 与 U_0/C_0 关系
$d/L_0=0.4$

小，从而使在较浅地区的波高变形曲线重新落于静水中相应曲线的上方；当顺流且 $\alpha_0>45°$ 时，在深水地区由于折射产生波能辐聚而使波高增大。随着水深变浅，波折射角将减小，使波高变形曲线重新落在静水中相应曲线的下方。

本节所述为水流与地形等深线相顺时的情况。如果水流与地形等深线间存在一定角度（通常这个角度不会很大，且水流多为外偏），其变形状况与上述结果会有一些差别。我们的计算表明，随着这一偏角的增大，在顺流时波长及折射角将增大，而波高减小；逆流时情况则相反。如果计及底摩阻所引起的能量损失，则上述波长及折射角变化的分析结果不致发生任何变化，仅使波高有所减小，只在浅水区这种减小才比较显著。

6.7　水流影响下的波浪谱变形

本章上述各节均仅涉及规则波在水流和地形影响下的变形，实际海况为不规则波，即海浪在频域及传播方向上均存在着某种分布。从本章上述内容可见波浪在流水区的变形与波频（它影响着波速及波长）及波浪入射方向密切相关。因此规则波的分析结果显然与实际海上状况有相当的差异，但它提供了分析此问题的基本方法和有关波况变化的一些基本规律。在本节及下节中将以前述规则波分析方法为基础分析海浪谱在水流作用下变形的计算方法及分析若干成果。

6.7.1　波浪谱变形的一维问题

董启超等（1987，1993）曾得出了一维深水波浪谱的变形为

$$S_{\eta\eta}(\omega)=\left[1+\left(1+\frac{4U}{C(\omega)}\right)^{1/2}\right]^{-1}\times\left[\left(1+\frac{4U}{C(\omega)}\right)^{1/2}+\left(1+\frac{4U}{C(\omega)}\right)\right]^{-1}SS_{\eta\eta}(\omega) \tag{6.113}$$

式中：$S_{\eta\eta}(\omega)$ 及 $SS_{\eta\eta}(\omega)$——流水及静水中频率为 ω 的波谱密度。

该分析中没有考虑水流中波浪相对于水流频率值的变化。因而其速度及加速度谱的计算值有问题。另外 Lambrakos（1981）给出了一维水深甚浅时波谱变形的计算式为

$$S_{\eta\eta}(\omega_r) = \left[1 + \frac{U}{C_{gr}(\omega_r)}\right]\left[\frac{C_{gs}(\omega)}{C_{gr}(\omega_r) + U}\right]^{5/2} SS_{\eta\eta}(\omega) \quad (6.114)$$

式中：$C_{gr}(\omega_r)$及$C_{gs}(\omega)$——静水频率为ω（水流中相对频率为ω_r）的组成波在水流及静水中的波群速。

该成果只适用于水深甚浅时，例如当$H_{1/3} \leqslant 6$ m 时，其适用水深仅为小于 10 m。此外，该公式只适用于相对频域。实际应用时，（6.114）式需变换为绝对频域。这两种方法对过渡波区均不适用。

以下叙述李玉成（1986）的工作成果，主要分析波浪频率谱与水流相顺或相逆时的变形问题，而不计波浪在不同方向上的能量分布。波浪视为平稳随机过程，水流为稳定均匀流。以波浪作用通量守恒原理和平稳随机过程的线性叠加原理为基础进行分析。

当不计波浪在传播方向上的分散性时，现实海浪的波面可表示为

$$\eta(x, y, t) = \sum_{i=1}^{n} a_i \cos(k_i x \cos\theta + k_i y \sin\theta - \omega_i t + \varepsilon_i) \quad (6.115)$$

式中：$\eta(x, y, t)$——相对于静水面的波面瞬时高度；

a_i，k_i，ω_i及ε_i——第i个组成波的振幅、波数、圆频率及随机初位相，该位相在 $0 \sim 2\pi$ 范围内均匀分布；

θ——波浪方向与坐标轴的夹角。

根据波谱定义

$$\frac{1}{2}a_i^2 = S(\omega_i)\mathrm{d}\omega_i \quad (6.116)$$

将波浪谱在频率范围内等间距地划分为m段，分段长$\Delta\omega = \omega_{i+1} - \omega_i$，并取$\bar{\omega}_i = (\omega_i + \omega_{i+1})/2$，(图 6.15)，则波谱可视为$m$个以$\bar{\omega}_i$频率为代表的组成波的线性叠加。波谱在水流作用下的变形可视为波谱各组成波在水流作用下变形的组合，每个组成波在水流作用下的变形可按前述规则波的分析方法进行计算。采用的符号意义同前述。

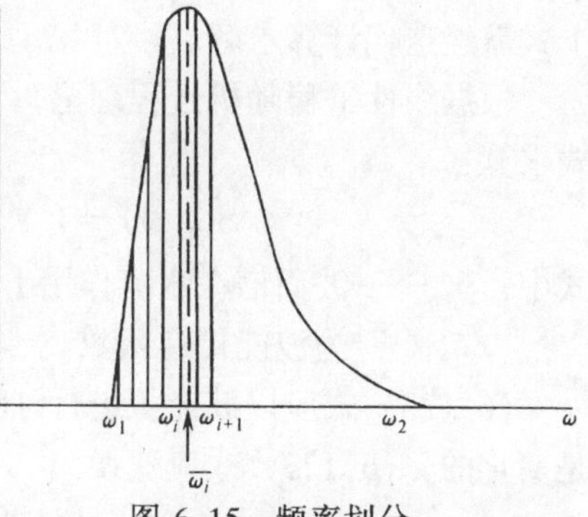

图 6.15 频率划分

6.7.1.1 波面谱及其在水流中的变形

静水中波速为

$$C_{\rm s}(\omega_{si}) = \left[\frac{g}{k_{\rm s}(\omega_{si})}\tanh k_{\rm s}(\omega_{\rm si})d\right]^{1/2} \tag{6.117}$$

水流中波速为

$$C(\omega_i) = C_{\rm a}(\omega_i) = U + C_{\rm r}(\omega_i) \tag{6.118}$$

式中

$$C_{\rm r}(\omega_i) = \left[\frac{g}{k_{\rm r}(\omega_i)}\tanh k_{\rm r}(\omega_i)d\right]^{1/2} \tag{6.119}$$

同规则波情况$k_{\rm r}(\omega_i)=k(\omega_i)$，$T(\omega_i)=T_a(\omega_i)=T_{\rm s}(\omega_{\rm si})$或 $\omega_i=\omega_{\rm ai}=\omega_{\rm si}$。(6.117) 式可改写为

$$\left.\begin{aligned} \frac{L(\omega_i)}{T(\omega_i)} &= U + \frac{L(\omega_i)}{T_{\rm r}(\omega_i)} \\ \text{或}\quad \frac{T(\omega_i)}{T_{\rm r}(\omega_i)} &= 1 - \frac{U}{C(\omega_i)} \end{aligned}\right\} \tag{6.120}$$

即

$$\begin{aligned} \omega_{\rm ri} &= \left[1 - \frac{U}{C(\omega_i)}\right]\omega_{\rm si} \\ &= \omega_{\rm si} - k(\omega_i)U \end{aligned} \tag{6.121}$$

可见在水流作用下，波浪谱各组成波相对于水流的相对圆频率不等于绝对圆频率（即静水中圆频率），所以在谱计算中应注意相应频率值的交换，即计算过程中应取相对频率，而在最终应用时应取绝对频域表述。

组成波波速的变化为

$$\frac{C(\omega_i)}{C_{\rm s}(\omega_{\rm si})} = \left[1 - \frac{U}{C(\omega_i)}\right]^{-2}\frac{\tanh k(\omega_i)d}{\tanh k_{\rm s}(\omega_{\rm si})d} \tag{6.122}$$

上式需经迭代计算求解。

根据线性平稳随机过程理论，水流引起的波面谱密度的变化可由下式求算：

$$S_{\eta\eta}(\omega) = |Y_\eta(\omega)|^2 SS_{\eta\eta}(\omega) \tag{6.123}$$

式中：Y_η——波面谱在水流作用下变形的传递函数。在实用上常取 Y_η 为波能传递函数。

(6.123) 式应以波能值进行计算，特别是在水流作用下相对波频又是变化的，(6.123) 式应变换为

$$S_{\eta\eta}(\omega_i)\mathrm{d}\omega_i = |Y_\eta|^2 SS_{\eta\eta}(\omega_{\rm si})\mathrm{d}\omega_{\rm si} \tag{6.124}$$

波浪能量在不同频域中保持不变，即

$$S_{\eta\eta}(\omega_i)\mathrm{d}\omega_i = S_{\eta\eta}(\omega_{\rm si})\mathrm{d}\omega_{\rm si} \tag{6.125}$$

合并 (6.124) 式及 (6.125) 式可得

$$S_{\eta\eta}(\omega_{\rm si}) = |Y_\eta|^2 SS_{\eta\eta}(\omega_{\rm si}) \tag{6.126}$$

所以在绝对频域中考察水流作用下的波谱变形时，计算（6.126）式时保持（6.123）式的形式。

波动传递函数 Y_η 可根据波流共同作用下各组成波波浪作用通量守恒的原则求得：

$$\frac{E(\omega_i)}{\omega_{ri}}C_{ga}(\omega_i) = \frac{E_s(\omega_i)}{\omega_{si}}C_{gs}(\omega_{si}) \tag{6.127}$$

式中

$$C_{gs}(\omega_{si}) = \frac{1}{2}C_s(\omega_{si})A_s(\omega_{si}) \tag{6.128}$$

$$A_s(\omega_{si}) = 1 + \frac{2k_s(\omega_{si})d}{\sinh 2k_s(\omega_{si})d} \tag{6.129}$$

$$\begin{aligned} C_{ga}(\omega_i) &= U + C_{gr}(\omega_i) \\ &= U + \frac{1}{2}C_r(\omega_i)A(\omega_i) \end{aligned} \tag{6.130}$$

$$A(\omega_i) = 1 + \frac{2k(\omega_i)d}{\sinh 2k(\omega_i)d} \tag{6.131}$$

则由（6.127）式可得

$$\begin{aligned} \frac{E(\omega_i)}{E_s(\omega_{si})} &= \left[1 - \frac{U}{C(\omega_i)}\right]\frac{C_s(\omega_{si})}{C(\omega_i)}\frac{A_s(\omega_{si})}{A(\omega_i)} \\ &\quad \times\left[1 + \frac{U}{C(\omega_i)}\frac{2 - A(\omega_i)}{A(\omega_i)}\right]^{-1} \end{aligned} \tag{6.132}$$

传递函数 $Y_\eta(\omega_i)$为

$$|Y_\eta(\omega_i)|^2 = \frac{E(\omega_i)}{E_s(\omega_{si})} \tag{6.133}$$

则（6.126）式可变换为

$$\begin{aligned} S_{\eta\eta}(\bar{\omega}_{si}) &= \frac{E(\bar{\omega}_i)}{E_s(\bar{\omega}_{si})}SS_{\eta\eta}(\bar{\omega}_{si}) \\ &= \left[1 - \frac{U}{C(\bar{\omega}_i)}\right]\frac{C_s(\bar{\omega}_{si})}{C(\bar{\omega}_i)}\frac{A_s(\bar{\omega}_{si})}{A(\bar{\omega}_i)} \\ &\quad \times\left[1 + \frac{U}{C(\bar{\omega}_i)}\frac{2 - A(\bar{\omega}_i)}{A(\bar{\omega}_i)}\right]^{-1} SS_{\eta\eta}(\bar{\omega}_{si}) \end{aligned} \tag{6.134}$$

式中：$\bar{\omega}_i$ 及 $\bar{\omega}_{si}$——第 i 个组成波在静水中与水流中的平均圆频率。

6.7.1.2　速度谱及其在水流中的变形

工程上通常最关心水平速度与水平加速度，而且在水流作用下也只是这两种谱产生明显的变形，所以在此只分析这两种谱的计算。

水平速度谱$S_{uu}(\omega)$与波面谱间的关系为

$$S_{uu}(\omega)=|Y_u|^2S_{\eta\eta}(\omega) \tag{6.135}$$

式中：Y_u——水平速度谱与波浪谱之间的传递函数。它可利用线性波理论的水平速度计算式求得。

按线性波理论，第 i 个组成波的水平速度$u(t)$ 为

$$u(t)=a_i\omega_{ri}\frac{\cosh k(\omega_i)(z+d)}{\sinh k(\omega_i)d}\cos(\omega_{it}+\varepsilon_i) \tag{6.136}$$

则
$$Y_u=\omega_{ri}\frac{\cosh k(\omega_i)(z+d)}{\sinh k(\omega_i)d} \tag{6.137}$$

(6.136) 式及 (6.137) 式在相对频域中成立，即 Y_u 的计算必须取相对频域，而在工程实际计算时需采用绝对频域。利用 (6.125) 式的关系可得在相对频域中

$$S_{uu}(\omega_i)=|Y_u|^2S_{\eta\eta}(\omega_i) \tag{6.138}$$

在绝对频域中

$$S_{uu}(\omega_{si})=|Y_u|^2S_{\eta\eta}(\omega_{si}) \tag{6.139}$$

因而可得在静水及流水中在绝对频域内的水平速度谱的计算式：

在静水中

$$SS_{uu}(\bar{\omega}_{si})=|Y_{us}|^2SS_{\eta\eta}(\bar{\omega}_{si}) \tag{6.140}$$

式中
$$Y_{us}=\bar{\omega}_{si}\frac{\cosh k_s(\bar{\omega}_{si})(d+z)}{\sinh k_s(\bar{\omega}_{si})d} \tag{6.141}$$

在流水中

$$S_{uu}(\bar{\omega}_{si})=|Y_u|^2S_{\eta\eta}(\bar{\omega}_{si})=|Y_u|^2|Y_\eta|^2SS_{\eta\eta}(\bar{\omega}_{si}) \tag{6.142}$$

式中
$$Y_u=\bar{\omega}_{ri}\frac{\cosh k(\bar{\omega}_i)(z+d)}{\sinh k(\omega_i)d} \tag{6.143}$$

6.7.1.3　加速度谱及其在水流中的变形

水平加速度谱 $S_{\dot{u}\dot{u}}(\omega)$与波面谱之间的关系为

$$S_{\dot{u}\dot{u}}(\omega_i)=|Y_{\dot{u}}|^2S_{\eta\eta}(\omega_i) \tag{6.144}$$

式中：$Y_{\dot{u}}$——水平加速谱与波面谱之间的传递函数。

按线性波理论，第 i 个组成波的水平加速度 $\dot{u}$为

$$\dot{u}=-\omega_{ri}^2a_i\frac{\cosh k(\omega_i)(z+d)}{\sinh k(\omega_i)d}\sin(\omega_it+\varepsilon_i) \tag{6.145}$$

则
$$Y_{\dot{u}}=\omega_{ri}^2\frac{\cosh k(\omega_i)(z+d)}{\sinh k(\omega_i)d} \tag{6.146}$$

(6.146)式及(6.145)式只在相对频域内成立，故(6.144)式也在相对频域内成立。利用(6.125)式可得在绝对频域中的关系为

$$S_{\dot{u}\dot{u}}(\omega_{si})=|Y_{\dot{u}}|^2S_{\eta\eta}(\bar{\omega}_{si}) \tag{6.147}$$

因而可得在绝对频域内的水平加速度谱密度函数：

在静水中

$$SS_{\dot{u}\dot{u}}(\bar{\omega}_{si}) = |Y_{\dot{u}s}|^2 SS_{\eta\eta}(\bar{\omega}_{si}) \tag{6.148}$$

式中

$$Y_{\dot{u}s} = \bar{\omega}_{si}^2 \frac{\cosh k_s(\bar{\omega}_{si})(z+d)}{\sinh k_s(\bar{\omega}_{si})d} \tag{6.149}$$

在流水中

$$S_{\dot{u}\dot{u}}(\bar{\omega}_{si}) = |Y_{\dot{u}}|^2 S_{\eta\eta}(\bar{\omega}_{si})$$

$$= |Y_{\dot{u}}|^2 |Y_\eta|^2 SS_{\eta\eta}(\bar{\omega}_{si}) \tag{6.150}$$

式中

$$Y_{\dot{u}} = \bar{\omega}_{ri}^2 \frac{\cosh k(\bar{\omega}_i)(z+d)}{\sinh k(\bar{\omega}_i)d} \tag{6.151}$$

李玉成(1986)的计算及试验表明，无论是波面谱、速度谱或是加速度谱在水流中的变形情况，计算值与试验值吻合甚好。

6.7.2 斜向流作用下的波浪谱变形

斜向流作用下组成波的波速为

$$C(\omega_i) = C_a(\omega_i) = U\sin\alpha + C_r(\omega_i) \tag{6.152}$$

式中 α 含义可参见图 6.4，$C_r(\omega_i)$可由(6.119)式计算。上式也可表述为

$$\omega_{ri} = \omega_{si} - k(\omega_i)U\sin\alpha \tag{6.153}$$

在水流不同的区域中沿水流方向的波数保持不变，即

$$k_s(\omega_{si})\sin\alpha_s = k(\omega_i)\sin\alpha \tag{6.154}$$

或

$$\frac{C_s(\omega_{si})}{\sin\alpha_s} = \frac{C(\omega_i)}{\sin\alpha} \tag{6.155}$$

则组成波波速的变化可计算如下：

$$\frac{C(\omega_i)}{C_s(\omega_{si})} = \left[1 - \frac{U}{C_s(\omega_{si})}\sin\alpha_s\right]^{-2} \frac{\tanh k(\omega_i)d}{\tanh k_s(\omega_{si})d} \tag{6.156}$$

此式需经迭代计算求解。

由 6.7.1 分析可知，在绝对频域中在水流作用下波谱密度变化可由下式求算：

$$S_{\eta\eta}(\omega_{si}) = |Y_\eta|^2 SS_{\eta\eta}(\omega_{si}) \tag{6.157}$$

式中波能传递函数 Y_η 可由通过不同水流的两个区域中任意两条波能传递方向线间的波浪作用通量保持守恒的原则求得。应注意，不同组成波的传递方向是不同的。在不计波浪传播过程中的能量输入与损耗时为

$$e(\omega_i)\frac{E(\omega_i)}{\omega_{ri}}\boldsymbol{C}_{ga}(\omega_i)=e_s(\omega_{si})\frac{E_s(\omega_{si})}{\omega_{si}}\boldsymbol{C}_{gs}(\omega_{si}) \tag{6.158}$$

式中

$$\boldsymbol{C}_{gs}(\omega_{si})=\frac{1}{2}\boldsymbol{C}_s(\omega_{si})A_s(\omega_{si}) \tag{6.159}$$

$$\boldsymbol{C}_{ga}(\omega_i)=\boldsymbol{U}+\boldsymbol{C}_{gr}(\omega_i) \tag{6.160}$$

$$\boldsymbol{C}_{gr}(\omega_i)=\boldsymbol{C}_r(\omega_i)A(\omega_i) \tag{6.161}$$

$A_s(\omega_{si})$及$A(\omega_i)$可由（6.129）式及（6.131）式确定。由图6.4及图6.5可知

$$\frac{e(\omega_i)}{e_s(\omega_{si})}=\frac{\cos\delta_s}{\cos\delta(\omega_i)}=\frac{\cos\alpha_s}{\cos\delta(\omega_i)} \tag{6.162}$$

及

$$C_{ga}(\omega_i)\cos\delta(\omega_i)=C_{gr}(\omega_i)\cos\alpha(\omega_i) \tag{6.163}$$

因而在水流作用下的波能变化率为

$$\frac{E(\omega_i)}{E_s(\omega_{si})}=\frac{A_s(\omega_{si})}{A(\omega_i)}\frac{C_s(\omega_{si})}{C(\omega_i)}\frac{\cos\alpha_s}{\cos\alpha(\omega_i)} \tag{6.164}$$

则传递函数 Y_η 可由下式求得：

$$|Y_\eta|^2=\frac{E(\omega_i)}{E_s(\omega_{si})}=\frac{A_s(\omega_{si})}{A(\omega_i)}\frac{C_s(\omega_{si})}{C(\omega_i)}\frac{\cos\alpha_s}{\cos\alpha(\omega_i)} \tag{6.165}$$

波向变化可计算如下：

$$\sin\alpha(\omega_i)=\left[1-\frac{U}{C_s(\omega_{si})}\sin\alpha_s\right]^{-2}\frac{\tanh k(\omega_i)d}{\tanh k_s(\omega_{si})d}\sin\alpha_s \tag{6.166}$$

李玉成（1985）的分析计算表明，谱分析法将给出比规则波分析法更为合理的结果。

6.7.3　波能方向分布对波浪谱在水流中变形的影响

在6.7.1及6.7.2小节中只单纯分析了波浪频率谱在水流影响下的变形。在本小节中将进一步分析波能方向分布对波谱变形的影响，考虑这一影响的结果将更加符合天然实际情况。

通常认为海浪的方向谱密度函数$S(\omega,\theta)$可表示为

$$S(\omega,\theta)=S(\omega)G(\omega,\theta) \tag{6.167}$$

式中：$S(\omega)$含义同前；

$G(\omega,\theta)$——波能的方向分布函数。

至今已提出的波能方向分布函数的模式甚多，它们间的差别相当大。其中较有代表性的为英国学者 Longuet-Higgins，Cartwright 以及 Smith 等3人所提出的模式，为

$$G(\omega,\theta)=G_1'(S)\cos^{2s}(\theta/2) \tag{6.168}$$

日本光易恒根据观测资料提出上式中 $G_1'(s)$ 为

$$G_1'(s) = \frac{1}{\pi} 2^{2s-1} \frac{\Gamma^2(s+1)}{\Gamma(2s+1)} \tag{6.169}$$

式中：s——波能的方向集中度系数；

Γ——伽马函数，可查表 6.4 和（6.170）式及（6.171）式而得。

对于 s 值的确定方法，合田提出了建议。对于 $x<1$ 及 $x>2$ 的伽马函数可求算如下：

$$\Gamma(x) = \frac{\Gamma(x+1)}{x} \quad （当 x<1） \tag{6.170}$$

$$\Gamma(x) = (x-1)\Gamma(x-1) \quad （当 x>2） \tag{6.171}$$

为保持能量守恒,(6.168)式应满足

$$\int_{-\pi}^{\pi} G(\omega,\theta)\mathrm{d}\theta = 1 \tag{6.172}$$

表 6.4 Γ(x)表

x	1.0	1.05	1.10	1.15	1.20	1.25	1.30	1.35	1.40	1.45	1.50
Γ（x）	1.0	0.974	0.951	0.933	0.918	0.906	0.898	0.891	0.887	0.886	0.886
x	1.55	1.60	1.65	1.70	1.75	1.80	1.85	1.90	1.95	2.00	
Γ（x）	0.889	0.894	0.900	0.909	0.919	0.931	0.946	0.962	0.980	1.000	

在常见的波能方向分布函数中能量分布最离散的是著名的 Pierson，Neumann 及 James 等学者所提出的模式：

$$G(\omega,\theta) = \begin{cases} \frac{2}{\pi}\cos^2\theta & \left(当 |\theta| \leqslant \frac{\pi}{2}\right) \\ 0 & \left(当 |\theta| > \frac{\pi}{2}\right) \end{cases} \tag{6.173}$$

它应满足

$$\int_{-\frac{\pi}{2}}^{\frac{\pi}{2}} G(\omega,\theta)\mathrm{d}\theta = 1 \tag{6.174}$$

为了比较考虑波能方向分布对流水中波浪谱变形所产生的影响,以下将取(6.173)式模式进行分析,则(6.167)式可写为

$$S(\omega,\theta) = S(\omega)\frac{2}{\pi}\cos^2\theta \tag{6.175}$$

设静水中的方向谱密度函数为$SS(\omega_i,\theta_{si})$,流水中的值为$S(\omega_i,\theta_i)$,主波向角由静水中的 α_s 变化为流水中的 α，任意波向角由静水中的 $\beta_{si}=$

$\alpha_s+\theta_{si}$变化为流水中的$\beta_i=\alpha+\theta_i$。根据线性变换原理及6.7.1和6.7.2小节所述，有

$$S(\omega_{si},\theta_i)=|Y_\eta|^2 SS(\omega_{si},\theta_{si}) \tag{6.176}$$

式中

$$SS(\omega_{si},\theta_{si})=SS(\omega_{si})\frac{2}{\pi}\cos^2\theta_{si} \tag{6.177}$$

传递函数Y_η可由（6.165）式求算。波浪折射角按下式计算：

$$\sin\beta_i(\omega_i)=\left[1-\frac{U}{C_s(\omega_{si})}\sin\beta_{si}\right]^{-2}\frac{\tanh k(\omega_i)d}{\tanh k_s(\omega_{si})d}\sin\beta_{si} \tag{6.178}$$

其中$\beta_{si}=\alpha_s+\theta_{si}$为已知，$\beta_i(\omega_i)$为待求。由（6.178）式求得$\beta_i(\omega_i)$后，变形后任意波向角与主波向间的夹角$\theta_i(\omega_i)$可由下式求得：

$$\sin\theta_i(\omega_i)=\sin[\beta_i(\omega_i)-\alpha_i(\omega_i)] \tag{6.179}$$

在进行上述计算时，应先利用（6.166）式求出$\alpha_i(\omega_i)$，它即为变形后的主波向角，或称$\theta_{si}=0$的方向组成波于变形后的传播方向角。

6.8　平直海岸上波浪频率谱在水流作用下的变形

根据6.6及6.7节所述的方法，读者不难导得在平直海岸上波浪频率谱在水流作用下变形分析的有关算式，因此在本节中不再列出。本节将着重叙述一下李玉成等进行分析计算所得的若干主要结果。

（1）波谱分析法所得的特征波高的变化规律大体上与规则波情况相仿，但深水区谱分析值小于规则波方法的结果；浅水区相反，谱分析值大于规则波分析结果（图6.16）。当$\alpha_s\leqslant 45°$时，二者相差一般不超过5%，但当入射角大于或等于60°后，二者的差别增大，特别在深水区，误差可超过30%。一般情况下波谱分析结果小于规则波的计算值。

（2）波谱在水流与地形影响下随水深变化的典型图式可见图6.17至图6.20。在通常条件下与静水条件相比逆流时波谱密度有所增大，顺流时其值有所减小。在一定条件下由于波浪折射，高频区某局部频率区顺流时的波谱密度有可能有所增大。随水深减小，波谱值开始一般均减小，到某水深处达最小值，而后又有所增大（图6.16）。不同入射角对波谱变形的影响的典型图式可见图6.21，其变化规律大体同规则波情况。

（3）由于波谱中各组成波的频率及波速各不相同，折射后的方向角

亦各不相同。其能量加权平均波向角与规则波结果相比，在逆流时谱分析结果的折射较强，$\bar{\alpha}$值小于规则波结果，因为此时低频波折射强，高频波折射又趋于定值；在顺流时由于高频波与流相顺，其能量不再传向浅水，低频波折射较大，所以也使谱计算的$\bar{\alpha}$值小于规则波结果。比较谱峰波向角α_p与$\bar{\alpha}$的关系可见，顺流量一般为$\alpha_p<\bar{\alpha}$，逆流时深水区为$\alpha_p>\bar{\alpha}$，到浅水区则变为$\alpha_p<\bar{\alpha}$。

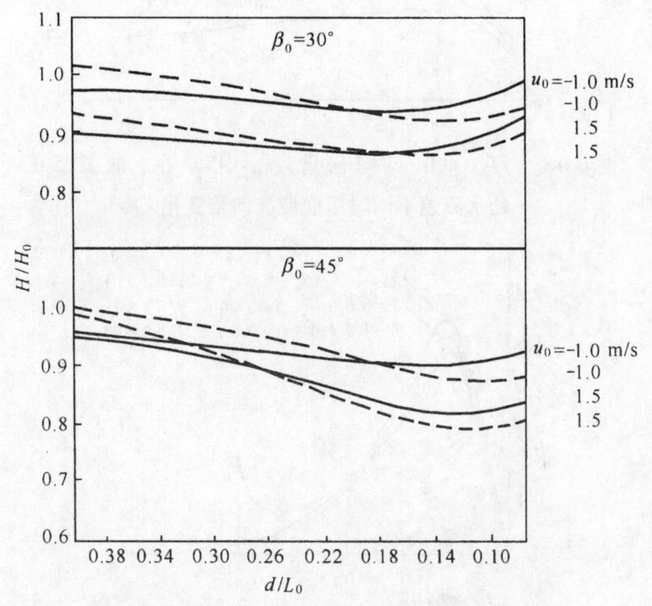

图 6.16　$\bar{H}_0=4.0$ m 时 PM 谱与规则波比较

实线为不规则波，虚线为规则波，$T=7.4$ s，　$L_0=\frac{gT^2}{2\pi}$

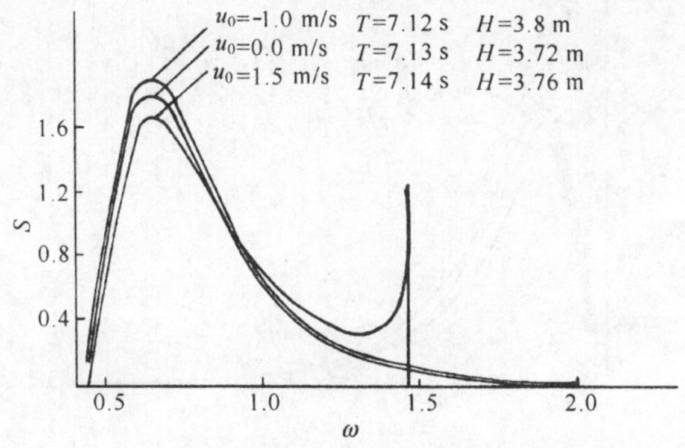

图 6.17　$H_0=4.0$ m 时 PM 谱，$\alpha_0=45°$，在水深 32.5 m 处水流速不同时波谱密度变化

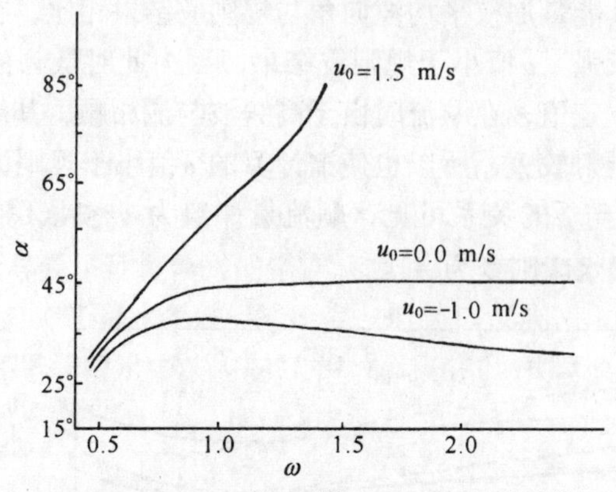

图 6.18　$H_0 = 4.0$ m 时 PM 谱，$\alpha_0 = 45°$，在水深 32.5 m 处水流速不同时组成波波向角变化

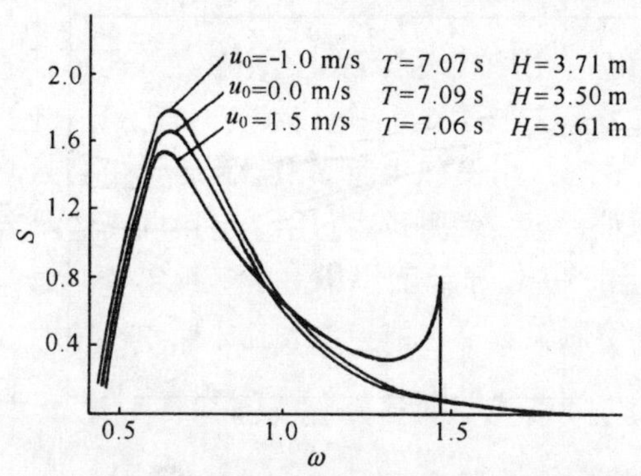

图 6.19　$H_0 = 4.0$ m 时 PM 谱，$\alpha_0 = 45°$，在水深 23.9 m 处水流速不同时波谱密度变化

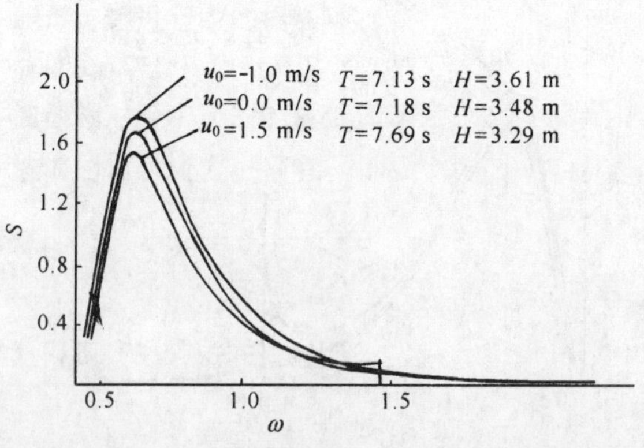

图 6.20　$H_0 = 4.0$ m 时 PM 谱，$\alpha_0 = 45°$，在水深 12.0 m 处水流速不同时波谱密度变化

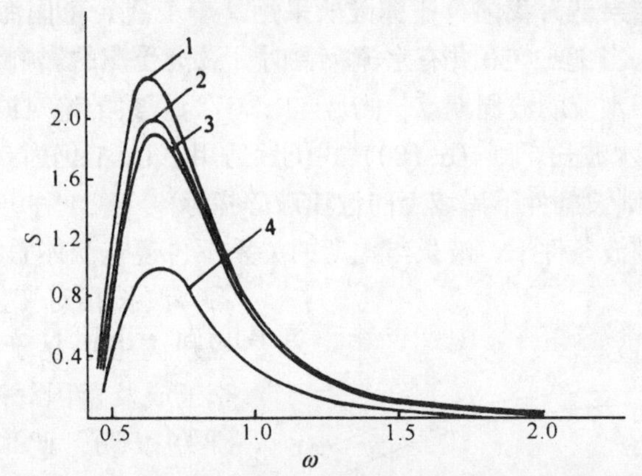

图 6.21 $H_0=4$ m 时 PM 谱由深水传到 34.2 m 水深处波谱值

1——深水静水时；2——$U_0=-1.0$ m/s，$\alpha_0=30°$，$H=3.91$ m，$T=7.15$ s；

3——$U_0=-1.0$ m/s，$\alpha_0=45°$，$H=3.82$ m，$T=7.13$ s；

4——$U_0=-1.0$ m/s，$\alpha_0=75°$，$H=2.71$ m，$T=7.17$ s

（4）在只考虑频率谱影响的条件下，特征波周期在水流及地形的影响下是变化的。

6.9 岸坡上波浪的破碎指标

对于岸坡上的波浪破碎指标有过许多研究和成果，但多数成果均限于规则波和纯波的情况，对于有流时的破碎指标以及不规则波的破碎指标则甚少有研究，基本上未见有关成果报导。对于平缓岸坡上的波浪破碎指标，Nelson 等有过报导，但合田等对此提出了不同见解。本节中对于有流时的破碎指标、不规则波的破碎指标及平缓岸坡上的波浪破碎指标等问题分别作一讨论。

6.9.1 有流时岸坡上的波浪破碎指标

合田（1970）对于无流规则波条件下的波浪破碎指标得出如下表达式：

$$(H/d)_{\mathrm{b}} = A\left\{1-\exp\left[-1.5\frac{\pi d_{\mathrm{b}}}{L_0}(1+1.5i^{4/3})\right]\right\}(L_0/d_{\mathrm{b}})\tag{6.180}$$

式中：L_0——深水波长；

H_{b} 及 d_{b}——破碎点波高及水深；

i——海底底坡；

A——常数。由破碎点波峰时水面水质点水平速度达波速的临界值可得 $A\approx0.17$，此值经试验验证。

合田的结果已为我国行业标准所采用。李玉成、董国海等（1991）的研究指出，当 $i \geqslant 1/50$ 并有水流存在时，波浪受流的影响将变形。如取波浪相对于水流的波周期 T_r（$T_r \neq T$，T 为观察的绝对波周期），并以 T_r 计算深水波长，则（6.180）式仍然适用，且 A 仍为0.17。

6.9.2　不规则波条件下岸坡上的波浪破碎指标

在不规则波条件下，波长与周期的关系不再遵守流体力学的理论关系，波长相对变短，因而不规则波将更易于发生破碎。李玉成及董国海（1993）的研究表明，此时（6.180）式的形式仍可采用，但在波长计算时应取相对于流的周期 T_r，且波长应取为线性理论值 $1.56T_r^2$ 的0.75倍，同时 A 值应取为0.15，即为规则波值的0.88倍（图6.22）。

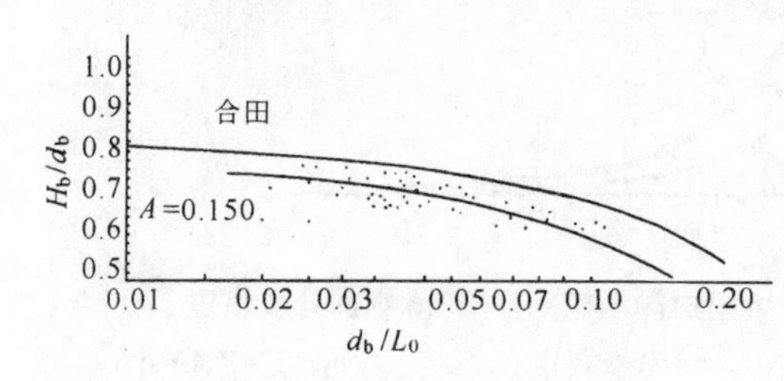

图6.22　不规则波破碎指标

6.9.3　平缓岸坡上的波浪破碎指标

Nelson（1983，1987）指出，当岸坡甚平缓（$i \leqslant 0.01$）时，破碎指标将下降，其可能的最大值可按下式计算：

$$(H_b/d_b)_{max} = 0.55 + \exp(-0.012/i) \quad (i \leqslant 0.01) \tag{6.181}$$

按上式计算可见，当 $i \leqslant 1/500$ 时，H_b/d_b 值趋于0.55的极值。Kamphuis和Sallenger也曾指出当 $i \leqslant 1/500$ 时，H_b/d_b 值将小于0.6。但合田（1997）指出不论底坡怎样小，（6.180）式均应适用，且 A 值仍应取理论值0.17。

李玉成等（1999）针对底坡 $i = 1/200$ 的规则波的试验研究表明，当底坡很平缓时，波浪传播受到底部影响将发生变形，波前变陡而波背变缓，这种不对称性将影响破碎指标。当这种不对称性较小时，实测破碎指标仍接近（6.180）式并取 $A = 0.17$ 的结果；当这种不对称性较大时，实测破碎指标将小于合田结果而接近Nelson结果。因而可认为平缓岸坡上规则波的破碎指标将取决于破碎前波浪的深水特性和在缓坡上的传播距离，它们将影响波浪传播过程中产生的波前相对于波背的不对称性 T'/T''（图6.23）。文献［42］的试验结果如图6.24所示。

李玉成等（2000）对 $i = 1/200$ 的不规则波的试验研究表明，由于不规则波的特点，上述 T'/T'' 的不对称性差别甚小，破碎指标的结果和 $i = 1/50$ 的结果相同，即仍可采用（6.180）式，并取 $A = 0.15$，波长取为线性理论值的0.75倍（图6.25）。考虑到底坡更缓时破碎指标将很少变化，且 $A=0.15$ 的结果已证明在 $i=1/50\sim1/200$ 范围内没有变化，可以推断 $A=0.15$ 的结果也可适用于 $i<1/200$ 的岸滩。

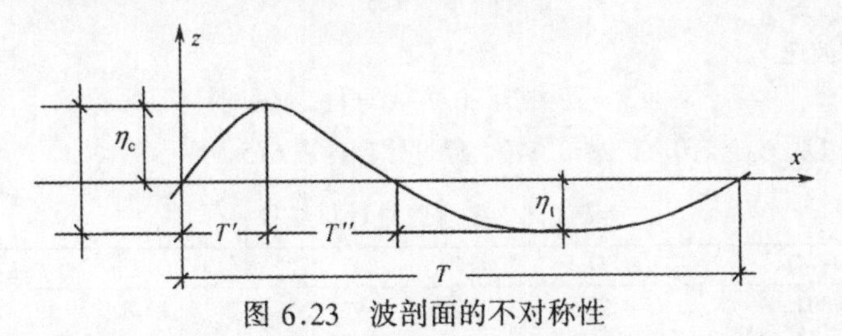

图 6.23 波剖面的不对称性

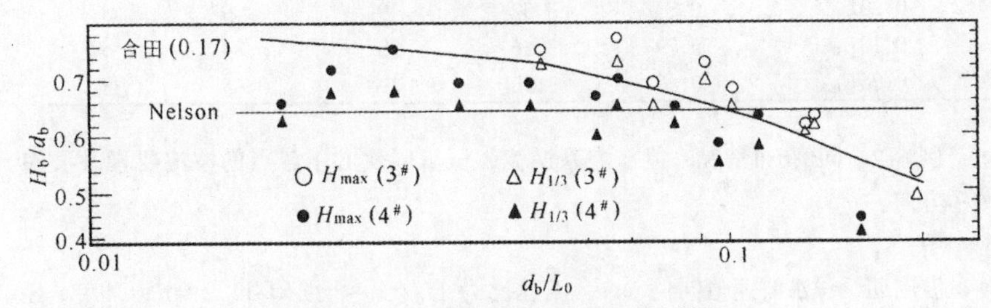

图 6.24 H_b/d_b - d_b/L_0 的试验结果

$i=1/200$

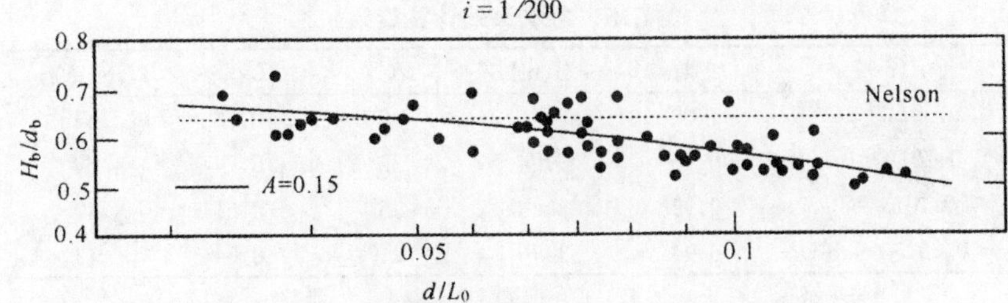

图 6.25 不规则波中 H_b/d_b 与 d/L_0 的关系

$i=1/200$

Liu 等（2011）分析了众多学者对底坡范围为 0.01～0.38 的实验资料，得到如下的规则波破碎指标，可供读者参考。

$$\psi_b' = \left(1.21 - 3.30\frac{H_b}{L_b}\right)\left(1.48 - 0.54\frac{H_b}{d_b}\right)\psi_b = 0.69 \tag{6.182}$$

$$\psi_b = \frac{gH_b}{C_b^2} = 0.60 + 1.92i - 4.40i^2 \tag{6.183}$$

该指标是否适用于缓坡（i<0.01）和不规则波还有待验证。

例 6.1 设深水区静水中波高 $H_0=4.0$ m，波长 $L_0=80$ m，波浪传播方向角 $\alpha_0=45°$，当有顺流（平行于等深线）和 $U_0=2.0$ m/s 的均匀分布水流，试计算在水深为 $d=0.30L_0$，$0.20L_0$，$0.10L_0$ 及 $0.06L_0$ 处的波浪要素及波浪传播方向。

解：

可采用 6.6 节所述方法进行计算。

波周期

$$T=\sqrt{\frac{2\pi L_0}{g}}=\sqrt{\frac{2\times\pi\times 80}{9.8}}=7.16\ (\mathrm{s})$$

深水波速

$$C_0=L_0/T=80/7.16=11.2\ (\mathrm{m/s})$$

则流速比 $U_0/C_0=2.0/11.2\approx 0.179$，经过计算得表6.5。

表 6.5 各水深处计算结果

d(m)	H/H_0	H(m)	α(°)	L/L_0	L(m)
$0.30L_0$	0.92	3.68	56	1.21	97
$0.20L_0$	0.83	3.32	49	1.09	87
$0.10L_0$	0.79	3.16	38	0.84	67
$0.06L_0$	0.80	3.20	29	0.65	52

例 6.2 同例6.1情况，但水流系逆流，试求同例 6.1 各点的波浪要素及波浪传播方向。

解：

波周期，深水波速值同例 6.1，流速比为 $U_0/C_0=-2.0/11.2\approx-0.179$。经过计算可得表 6.6。

表 6.6 各水深处计算结果

d(m)	H/H_0	H(m)	α(°)	L/L_0	L(m)
$0.30L_0=24$	1.00	4.0	33	0.78	62
$0.20L_0=16$	0.96	3.84	32	0.74	59
$0.10L_0=8$	0.92	3.68	25	0.61	49
$0.06L_0=4.8$	0.94	3.76	21	0.54	43

例 6.3 设深水静水区有 $(H_0)_{1/3}=4.0$ m 的 PM 谱向浅水传播，入射角初始值 $\alpha_0=45°$，当有平行于等深线均匀分布的顺流 $U=2.0$ m/s 作用时，分别求于水深为 24 m，16 m，8 m 及 4.8 m 处的波谱有效波高及平均周期。

解：

PM 谱有效波为 4.0 m 时的平均周期为 7.38 s，经过计算可得表 6.7。

表 6.7 各水深处计算结果

d(m)	H/H_r 1)	T/T_0	α/α_r 2)	$H_{1/3}$(m)	T_s	α(°)
24	0.94	1.09	0.93	3.46	8.04	52
16	0.95	1.14	0.92	3.15	8.41	45
8	0.98	1.17	0.92	3.10	8.63	35
4.8	0.98	1.20	0.92	3.15	8.86	27

注：1)，2) H_r，α_r 为规则波时计算值，可由例 6.1 中查得。

例 6.4 同例6.3，但水流系逆流，试求相同各水深处的有效波高及其平均波周期。

解：

波谱在静水中的平均波周期为7.38 s。经计算可得表6.8。

表6.8 各水深处计算结果

d(m)	$H/H_r^{1)}$	T/T_0	$\alpha/\alpha_r^{2)}$	$H_{1/3}$(m)	T(s)	α(°)
24	0.965	0.945	0.955	3.86	6.97	59
16	0.99	0.943	0.93	3.80	6.96	55
8	1.03	0.955	0.965	3.79	7.05	47
4.8	1.035	0.975	1.0	3.89	7.20	43

注：1)，2) H_r，α_r 为规则波计算值，可由例6.2中查得。

例6.5 同例6.1及例6.2条件，试求无水流时各水深处的波要素值及波向角。

解：

经过计算可得表6.9。

表6.9 波要素值及波向角计算结果

d(m)	H/H_0	H(m)	α(°)	L/L_0	L(m)
24	0.935	3.74	43	0.96	77
16	0.875	3.50	38	0.88	70
8	0.84	3.36	30	0.71	57
4.8	0.87	3.48	24	0.60	48

参考文献

1 李玉成.波浪与水流共同作用下波浪要素的变化.海洋通报,1984,3(3)

2 李玉成．波浪与水流共同作用下的流速场．海洋工程，1983，4

3 李玉成．波浪与水流斜交时的波浪变形．水运工程，1984，1

4 李玉成．缓坡上波浪在水流作用下的变形．海岸工程，1987，1

5 李玉成，张春蓉．波浪在水流、地形综合作用下的折射计算．海洋通报，1986，5(3)

6 李玉成．海浪谱在水流作用下的变化．海洋工程，1986，1

7 李玉成．斜向流作用下的波浪谱．海洋学报，1985，7(5)

8 文圣常，余宙文．海浪理论与计算原理．北京：科学出版社，1984

9 任佐皋．不规则波和流对孤立柱共同作用力的计算，海洋工程，1983，(3)

10 合田良实．港工建筑物的防浪设计．北京：海洋出版社，1983

11 黄煌辉，郭金栋．流れの中にずけるStokesのShoalingについて．见：日本第22回海岸工学講演會論文集，1975

12 Brethertkon F.P.，J.R.Garrett．Wavetrains in homogeneous moving media．In：Proc．Roy．Soc.，A302，1969，529～554

13 Christoffersen J.B．I.G．Jonsson．A note of wave action conservation in a dissipative current wave motion．Applied Ocean Research，1980

14 Christoffersen J.B. Current Depth, Refraction of Dissipative Water Waves. Series Paper No30, Institute of Hydriodynamics and Hydraulic Engineering, Technical University of Denmark, 1982

15 Dalrymple R.A. Models for nonlinear water waves in shear chear currents. In: 6th Off. Tech. Conf., 1974 OTC No. 2114

16 Hales L.Z., B.J. Herbich. Miscellaneous Paper H-74-11. Hydraulic Laboratry, U. S. Army Engineering Waterways Experiment Station, Dec., 1974

17 Hedges T.S. Mechanics of Wave-induced Forces on Cylinders. 1979, 249~259

18 Van Hoffen J.D.A., S.Karaki. Interaction of waves and a turbulent current. In: Proc. 15th ICCE, ASCE VI, 1976, 402~422

19 Hunt N.J. Gravity waves in flowing water. In: Proc. Roy. Soc., A231, 1955, 496~504

20 Jonsson I.G. Combinations of Waves and Currents. Institute of Hydraulic Engineeing, Technical University of Denmark, 1979

21 Jinsson I.G., C.Skougaard and J.D.Wang. Interaction between waves and currents. In: Proc. 12th ICCE, ASCE V1, 1970, 489~508

22 Longuet-Hggins M.S., R.W.Stewart. Changes in the form of short gravity waves on long waves and tidal currents. Jour. of Fluid Mechanics, 1960, 8: 565~583

23 Longuet-Higgins M.S., R.W.Stewart. Radiation stress in water waves, a physical discussion with applications. Deep-Sea Res., 1964, 2: 529

24 Skjelbreia L. Gravity Waves, Stokes Third Order Wave. Council on Wave Research. The Engineering Foundation of the California Research Corporation, 1958

25 Knoll D.A., J.B.Herbich. Simultaneous wave and current forces on a pipeline. In: Proc. 17th ICCE, ASCE, 1980, 12: 1742~1760

26 Li Y.C., J.B.Herbich. Effect of wave-currdent interaction of the wave parameter. In: Proc. ICCE, ASCE 1982, 1: 413~438

27 Li Y.C., J.B.Herbich. Wave length and celerity for interacting waves and currents. Jour. of Energy Res. Tech., ASME, 1984, 106(2): 226~227

28 Yu Y.Y. Breaking of waves by an opposing current. Trans. Amer. Geophys. Union, 1952, 33: 39~41

29 Iwagaki Y. *et al*. Wave refraction and wave height variation due to current. Bull. Dis. Prev. Inst. Kyoto University, 1977, 27: 73~91

30 Tung C.C., N.E.Huang. Conbined effects of current and waves on fluid force. Ocean Engineering, 1993, 2: 183~191

31 Tung C.C., N.E.Huang. The effect of wave breaking on wave spectrum in water of finite depth. Jour. of Geop. Res., 1987, 92: (C5), 520~531

32 Lambrakos K.F. Wave-current interaction effects on water velocity and surface wave spectra. Jour. Geophys. Res., 1981, 86(C11): 10955~10960

33 Iwagaki Y., T.Asano and F.Nagai. Hydrodynamic forces on a circular cylinder placed in wave-current co-existing field. Memories of the Faculty of Engineering, Kyoto University, XLV, Part 1, 1983, 11~23

34 Goda Y.A. Synthesis of breaker indices. Trans. of ASCE, Part 2, 1970, 227~229

35 Goda Y.A., K.Morinobu. Breaking Wave Height on Horizontal Bed. Combined Australian Coastal Engineering and Port Conference, Chrischurch, Newzeland, 1997, 953~958

36 Li Y.C., Dong G.H. and Teng B., Wave breaker indices in finite water depth. China Ocean Engineering, 1991, 5 (1): 51~64

37 Li Y.C., Dong G.H. Wave breaking phenomena of irregular waves combined with opposing current. China Ocean Engineering, 1993, 7(2): 197~206

38 Nelsen R.C. Wave heighits in depth limited condition. Civil Engineering Trans., Inst. Engrs. Aust., CE27 (2), 1983, 210~215

39 Nelsen R.C. Design wave height on very mild slope——an experimental study. Civil Engr. Trans. Inst. Engrs. Aust., CE29 (3), 1987, 157~161

40 Li Y.C., The wave transformation and breaking phenomena in shallow water. Real Sea' 98, Taejon. Korea, 1998, 125~139

41 Li Y.C., Cui L.F. and Yu Y. *et al*. Transformation and breaking of irregular waves on very gentle slpoes. China Ocean Engineering, 2000, 14 (3): 261~278

42 Li Y. C., Cui L. F., Yu Y. *et al*. Breaking criteria for regular waves on gentle slopes. China Ocean Engineering, 1999, 13 (4): 365~374

43 Liu Y., Niu X, J. and Yu X, P, . A new predictive formula for inception of regular wave breaking . Coastal Engineering, 2011, 58,877-889

第 7 章 直立堤前的波浪形态和波浪力

直立堤是港口及海岸防护工程中最常用的一种结构型式。在海上建造此类建筑物，将改变其前方海域上所出现的波浪形态，从而影响波浪对建筑物的作用力，并改变波浪对海岸演变所产生的影响。在本章中将就直立堤前可能出现的各种波浪形态、其特性和出现的条件以及波浪力等诸问题进行阐述。

7.1 直立堤及混成堤前的波浪形态

7.1.1 浅滩上的波浪变形与有堤时的差别

当波浪由深水正向行近岸滩时，由于水深的减小，波速与波长均减小，波能传递速度则增大，从而波高发生较复杂的变化过程。开始时波高略减，而后增大，因此总的趋势波陡将逐渐增大。另外，由于浅水区波峰处的波速将大于波谷处的波速，波形在传播过程中逐渐趋于不对称：波前陡而波背缓，最终波浪在临界水深处破碎。如果沿程的岸滩相当平缓或者海底的渗透性较强，则同时还产生底部的摩擦损耗或渗透损耗。在整个波浪传播过程中，人们往往特别关心临界水深的确定及其影响因素的分析。

根据波浪理论关于浅水变形的分析，不同深水波陡的临界水深是不等的(图 7.1)。陡波由于其波形较陡，变形后将较快地达到极限值，因而易于破碎。由图 7.2 可见海底底坡较陡时波浪能量的损失较少，破碎时所达的极限波高较大。由该图可见在不同条件下极限波高与临界水深之比 H_b/d_b 的变幅约为 0.7～1.3，或 $d_b=(0.78\sim1.43)H_b$。传统上由孤立波理论可得 $H_b=0.78d_b$。亦即在天然岸滩上陡波易于破碎，通常可约取 $H_b=0.8d_b$。

当在天然岸滩上建造直立堤之后，波浪遇堤即发生反射，在堤前形成入射波与反射波的叠加，从而发生二组波系的能量叠加。能量叠加后堤前破碎的条件就与无堤时不同。由于堤前波能及波高的增大，波浪将更易于发生破碎。即破碎时的 H/d 值将减小或d/H值将增大。此外一个波长内所含波能按线性理论为 $\gamma H^2L/8$，即波长 L 愈长，所含波能愈大，则从能量观点看长波由于所含波能较大，易于发生破碎。因而可知堤后波浪破碎的特点即为：破碎水深加大和长波易于破碎，与天然岸滩上的破碎有明显差别。

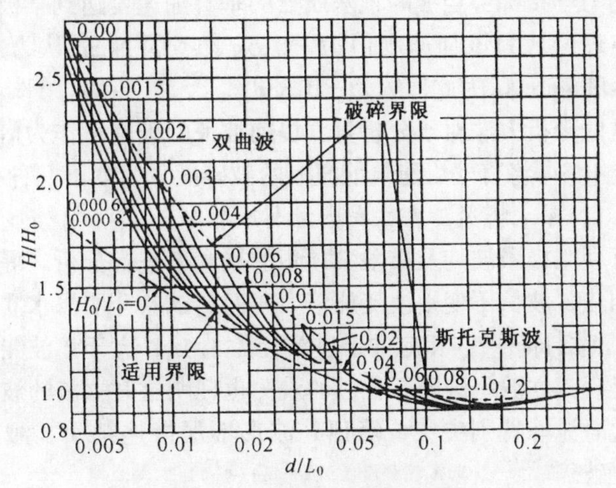

图 7.1 岸滩上的波浪变形

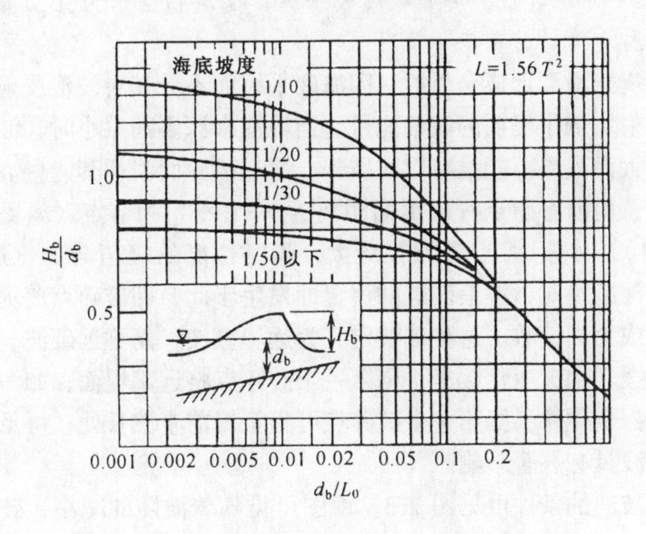

图 7.2 岸滩上的极限波高

7.1.2 直立堤前波浪破碎的类型及其成因

在天然岸滩上分析波浪破碎的成因大体有下述几种方法：

(1) 几何学指标：①波顶角达到极限。斯托克斯指出，波顶角等于120°时发生破碎；②波陡达到极限。Michell 指出深水波陡的极限值为0.142即1/7，浅水时为0.142tanh kd；③波前倾角达到极限。它视波浪破碎形态而异，最大值为垂直于静水面。

(2) 运动学指标：当波峰顶水质点速度达到波速时为极限；如按孤立波理论可得 $H_b = 0.78 d_b$。

(3) 动力学指标：当波峰顶水质点的垂直加速度达到某极值时波浪破碎。经典理论认为该加速度值为 $-0.5g$，美国 Dean 认为此值为 0，而 Longnet-Higgins 认为此值约为 $-0.388g$。

以上这些分析方法对于分析直立堤前波浪的破碎可作为借鉴。根据我们的研究[①]，可将直立堤建筑前波浪的破碎区分为如下几种状况。

7.1.2.1 深水情况，直立堤光滑全反射时

此时可利用极限波陡及极限波顶角的概念来进行分析。堤面为全反射时波高加倍，波长不变则波陡加倍。我们的试验证明深水立波的极限波陡仍为 0.142 即 1/7，相应的推进波陡为 1/14，大于该波陡的推进波传至直立堤后其立波将破碎。我们的观测也证明这时立波的波顶角也近于 120°。此时波峰特别尖突，峰顶处波形不保持连续而上溅。这种破碎称为立波破碎。

7.1.2.2 水深较浅，海底坡度较平缓，建筑物全部为直立堤结构——工程上称之为“暗基床”情况

设直立堤光滑而形成全反射，因海底平缓而不计其对波浪反射的影响。堤的反射增加了堤前的波浪能量。当堤前水深不断减小时，波能密度将不断增大而最终不能维持以致破碎，通过破碎而消耗其能量。波浪发生反射后，堤前有腹点（离堤面距离为 $n \cdot L/2$）和节点（离堤面距离为 $(2n+1)L/4$）。腹点处振幅最大，瞬时位能的极值与变化最大。因此，当水深减小时，波浪破碎的位置即发生于此，即破碎点离堤至少为半波长，或为其倍数。这种破波定义为远堤破波，简称远破波。如果海底坡度平缓，水深变化缓慢，则第一个破碎点将远离堤面；如海底坡度较陡，水深变化快，则第一个破碎点可移至堤前半波长处。可见海底陡度对远破波具有显著影响。

形成远破波的条件可见图 7.3。由图可见随着波陡的减小，破碎水深将增大。计算表明此分界线恰为一等波能线。平均而言，破碎水深近于 $2H$。所以作为工程应用，可近似地取 $2H$ 为远破波的破碎水深。

7.1.2.3 建筑物为混成堤时——上部为直立堤结构，下部为突出海底的抛石基础，工程上称为“明基床”情况

(1) 当抛石基础较薄时($d_1/d \geqslant 2/3$, d_1 为基床上水深，d 为建筑

① 大连工学院水利系海港水文规范小组。直立堤前波浪界限和破碎水深。台风波浪对海岸工程的作用技术讨论会技术报告汇编。1973。

物前水深，通称为低基床)，基础对波浪的影响较小，与全直墙式建筑无明显差别，此时堤前波浪形态可按暗基床情况考虑。

(2) 当抛石基床厚度较大时 ($d_1/d<2/3$)，基床对波浪的传播发生明显的影响。这个影响表现为：基床对波浪产生不规则和不完全的反射，基床糙度和渗透所产生的波能损耗以及基床上水深迅速减小造成波浪急剧变形和波能密度迅速增加。与暗基床和低基床相比，波浪的反射率将随 d_1/d 值的减小而减小，而波浪变形及能量密度增加的程度则迅速增大，因而一般地波浪将在基床上破碎。由于基床的尺度通常都远小于波长，波浪破碎点距直立堤的位置一般均小于半波长。这种破碎波称之为近堤破波，简称近破波。

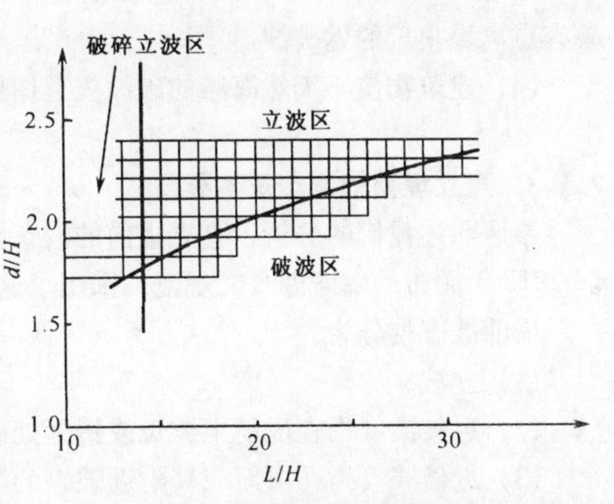

图 7.3 远破波形成条件

明基床的高度对近破波的形成及其作用力有着明显影响，因而其形成条件还可按基床高度的不同区分为以下两种情况：

(1) 中基床时($1/3>d_1/d>2/3$)，$d_1\geqslant1.8H$ 时为立波，$d_1<1.8H$ 时为近破波；

(2) 高基床时($d_1/d\leqslant1/3$)，$d_1\geqslant1.5H$ 为立波，$d_1<1.5H$ 时为近破波。

实际上当基床很高时，波浪的破碎将接近于斜坡上的波浪破碎。

李玉成、刘大中等 (1992) 对不规则波条件下直墙堤前波浪形态的研究表明，在不规则波条件下堤前波浪破碎界限不像规则波时有一条明显的界线而是有一个区间，但其破碎的上界限与规则波相同，在工程应用上取此上限是比较安全的。

综上所述，直立堤前波浪破碎的形态与成因可归结为以下几种情况：

(1) 堤前水深较大时，由于入射波波陡过大，立波波形不能维持，波峰水体上溅而形成破碎立波。

(2) 堤前水深不足，堤身反射造成堤前波能密度过大而形成波浪在腹点破碎的远破波。

(3) 混成堤基床与堤身反射形成波浪在基床上变形与破碎，则形成破碎点离堤很近的近破波。

(4) 建筑物位于天然海滩的破波线近岸侧，建筑物将受破后波的打击。

7.1.3　直立堤前的波态及其界限

参照前述我们的分析，直立堤前的波态及其界限可概括如下，交通部2013年颁布的《海港水文规范》采用了这一结果。

堤前波态划分为：

(1) 立波；

(2) 远破波（指在堤前半波长或指远处破碎的波浪）；

(3) 近破波（指在堤面或其附近破碎的波浪）。

其出现条件如表7.1所示。

表7.1　直立堤前波态分类及形成条件

基床类型	生成条件	波态
暗基床及低基床 $(\frac{d_1}{d}>\frac{2}{3})$	$\bar{T}\sqrt{g/d}<8$，$d\geqslant 2H$ $\bar{T}\sqrt{g/d}\geqslant 8^{1)}$，$d\geqslant 1.8H$	立波
	$\bar{T}\sqrt{g/d}<8$，$d<2H$，$i^{2)}<1/10$ $\bar{T}\sqrt{g/d}\geqslant 8^{2)}$，$d<1.8H$，$i\leqslant 1/10$	远破波
中基床 $(\frac{2}{3}\geqslant\frac{d_1}{d}>\frac{1}{3})$	$d_1\geqslant 1.8H$ $d_1<1.8H$	立波 近破波
高基床 $(\frac{d_1}{d}\leqslant\frac{1}{3})$	$d_1\geqslant 1.5H$ $d_1<1.5H$	立波 近破波

注：1) 当 $\bar{T}\sqrt{g/d}\geqslant 8$ 时，应采用椭圆余弦波理论；2) i 为海底坡度。

7.2　立波波浪力

当直立堤有足够长度，堤前水深较大，波浪正向行近堤身并在堤前发生全反射时将形成立波。对于立波，人类从理论与试验已进行了长期的研究，较早的有Boussinesq的微幅波理论解及深水有限振幅波的一次近似解。1928年法国工程师Sainflou应用拉格朗日坐标系求得了浅水有限振幅波的一次近似解。由于过去直墙式防波堤多数建于浅水区，且该方法简单易用，所以几十年来一直为各国工程界所沿用。实践表明，该方法在一定范围内具有相当好的精度，其适用范围大体上是相对水深 d/L 在 $0.135\sim0.20$，波陡 $H/L\geqslant 0.035$。当 d/L 较大时，该方法往往给出过大的计算波浪力；当 d/L 很小时，它又给出偏小的波浪力。因此目前在我国有关海港工程规范中限定 Sainflou 方法仅在 d/L 为 0.139～0.2 及波陡$H/L \geqslant 1/30$的范围内应用，当 $d/L \leqslant 0.139$ 时应采用椭圆余弦波理论。该方法所得波面高度为

$$\eta = z_0 + \frac{H\sinh k(d+z_0)}{\sinh kd}\sin \omega t \sin kx_0 + \frac{\pi H^2}{L}\frac{\cosh k(d+z_0)\sinh k(d+z_0)}{\sinh^2 kd}\sin^2 \omega t \cos 2kx_0 \quad (7.1)$$

波压力计算式为

$$\frac{p}{\rho g} = -z_0 + H\left[\frac{\cosh k(d+z_0)}{\cosh kd} - \frac{\sinh k(d+z_0)}{\sinh kd}\right]\sin \omega t \sin kx_0 \quad (7.2)$$

式中：$k = 2\pi/L$；

$\omega = 2\pi/T$；

x_0 及 z_0——静止时水质点坐标，坐标轴向上，原点位于静水面，在直墙面处 $\sin kx_0 = 1$。

Sainflou 方法因其简便而乐于为人们所应用，但它却有一些重要缺点：第一，如(7.2)式，该法计算的压强变化周期与波周期相同，波峰时最大而波谷时最小。实际上当波陡较大时，波峰区的压力过程线可呈马鞍形变化，波峰顶时正压力并非极值；第二，在任意水深处，该法所得波峰压强必然为正，而实际上在深水区由于压力的马鞍形分布有可能出现负值。这些现象都是波浪的非线性高阶项的影响所造成的。所以近三四十年来各国学者分别在寻求更高阶的近似解。其中主要有 Miche (1944)(采用拉格朗日坐标)、Biesel (1952)(采用欧拉坐标)、Rundgren (1958)(非全反射)和前苏联 Кузнецов 的二次近似解，Tadjbakhsh 和 Keller (1960)以及前苏联 Загрядская 的三次近似解，日本合田良实(1967)的四次近似解。国内的洪广文(1980)及邱大洪(1985)也曾对高阶近似解做过工作。目前在《美国海岸防护手册》中采用的是 Miche-Biesel 的二次近似解，前苏联 1975 年颁布的建筑标准与规范(СНИП Ⅱ-57-75)中采用的是 Загрядская 三次近似解的图表，日本规范中采用了合田良实的统一波压力计算公式而非合田良实的四阶立波压力计算方法。以下就其中几种典型的非线性波方法予以概述。

7.2.1 Rundgren(1958)方法

在拉格朗日坐标系中，水面方程为

$$\eta = z_0 + \frac{H}{2}\frac{\sinh k(d+z_0)}{\sinh kd}(1+\chi)\sin\omega t\sin kx_0$$
$$+(1-\chi)\cos\omega t\cos kx_0] + \frac{kH^2}{16}\frac{\sinh 2k(d+z_0)}{\sinh^2 kd}$$
$$\times\left\{(1+\chi)^2\left[\sin^2\omega t + \frac{\cos 2kx_0}{4\sinh^2 kd}(3\cos 2\omega t + \tanh^2 kd)\right]\right.$$
$$+(1-\chi)^2\left[\cos^2\omega t + \frac{\cos 2kx_0}{4\sin^2 kd}(3\cos 2\omega t - \tanh^2 kd)\right]$$
$$\left.+(1-\chi)^2\cdot\frac{3}{2}\sin 2\omega t\frac{\sin 2kx_0}{\sinh^2 kd}\right\} \tag{7.3}$$

在堤面处

$$\eta = \frac{H}{2}(1+\chi)\sin\omega t + \frac{kH^2}{8}\coth kd\left[(1+\chi)^2\left(\sin^2\omega t\right.\right.$$
$$\left.\left.-\frac{3\cos 2\omega t + \tanh^2 kd}{4\sinh^2 kd}\right) + (1-\chi)^2\left(\cos^2\omega t - \frac{3\cos 2\omega t - \tanh^2 kd}{4\sinh^2 kd}\right)\right] \tag{7.4}$$

波浪中线对静水面的最大超高值 h_s 为

$$h_s = \frac{kH^2}{8}\coth kd\left[(1+\chi)^2\left(\frac{3-\tanh^2 kd}{4\sinh^2 kd}\right)\right.$$
$$\left.+(1-\chi)^2\left(\frac{3+\tanh^2 kd}{4\sinh^2 kd}\right)\right] \tag{7.5}$$

式中：χ——波浪反射系数，当全反射时 $\chi=1$，无反射时 $\chi=0$。

在欧拉坐标系中波压力计算式为

$$\frac{p}{\rho g} = -z + \frac{H}{2}\frac{\cosh k(d+z)}{\cosh kd}[(1+\chi)\sin\omega t\sin kx + (1-\chi)$$
$$\times\cos\omega t\cos kx] - \frac{kH^2}{16\sinh kd\cosh kd}\{(1+\chi)^2\cos^2\omega t$$
$$\times[\cosh 2k(d+z) + \cos 2kx - 1] + (1-\chi)^2\sin^2\omega t$$
$$\times[\cosh 2k(d+z) - \cos 2kx - 1] + (1-\chi^2)\sin 2\omega t\sin 2kx\}$$
$$+\frac{3kH^2}{16}\frac{\cosh 2k(d+z)}{\sinh^3 kd\cosh kd}[(1+\chi^2)\cos 2\omega t\cos 2kx$$
$$+(1-\chi^2)\sin 2\omega t\sin 2kx] + \frac{\chi kH^2}{2}\tanh kd\cos 2\omega t \tag{7.6}$$

当取 $\chi=1$ 即全反射时

$$\frac{p}{\rho g} = -z + H\frac{\cosh k(d+z)}{\cosh kd}\sin\omega t\sin kx$$
$$-\frac{1}{4}kH^2\frac{\cos^2\omega t}{\sinh kd\cosh kd}[\cosh 2k(d+z) +$$

$$+\cos 2kx-1]+\frac{3}{8}kH^2\frac{\cosh 2k(d+z)}{\sinh^3 kd\cosh kd}\cos 2\omega t\cos 2kx$$
$$+\frac{1}{2}kH^2\tanh kd\cos 2\omega t \tag{7.7}$$

(7.7) 式即为 Biesel (1952) 的结果。

当采用拉格朗日坐标系统且取 $\chi=1$ 时，波压力为

$$\frac{p}{\rho g}=-z_0+H\frac{\sinh kz_0}{\sinh kd\cosh kd}\sin\omega t\sin kx_0$$
$$-\frac{kH^2}{8}\frac{\sinh kz_0}{\sinh^2 kd}\left\{\cosh k(2d+z_0)\left(4\sin^2\omega t+\frac{\cos 2kx_0}{\cosh^2 kd}\right)\right.$$
$$+4\tanh kd\sinh k(2d+z_0)(1-3\sin^2\omega t)$$
$$\left.+3\cos 2\omega t\cos 2kx_0\left[\frac{\cosh kz_0}{\sinh^2 kd}-\frac{2\cosh k(d+z_0)}{\cosh kd}\right]\right\} \tag{7.8}$$

(7.8)式即为 Miche(1944)的结果。如对它仅取一次近似，则(7.8)式即转化为 Sainflou 的压力公式［(7.2) 式］。

7.2.2 Загрядская 方法

该方法是对前苏联 Секереж-Зенькович 工作的发展，给出了全反射条件下立波波压力的三次近似计算法。由于公式繁复，作者制作了实用图表。这一方法在前苏联 1975 年颁布的建筑标准与规范中得到应用。

7.2.2.1 深水情况

波压

$$\frac{p}{\rho g}=He^{-kz}\cos\omega t-\frac{kH^2}{2}e^{-2kz}\cos^2\omega t-\frac{kH^2}{2}(1-e^{-2kz})\cos 2\omega t$$
$$-\frac{k^2H^3}{2}e^{-3kz}\cos 2\omega t\cos\omega t \tag{7.9}$$

波面离静水位

$$\eta=H\cos\omega t+\frac{kH^2}{2}\coth kd\cos^2\omega t \tag{7.10}$$

当 $z=-\eta_{max}$ 时，令该处波压强 $p=0$。

(7.9)式及(7.10)式中时间的取值：

(1) 自由水面最高时 $\cos\omega t=1.0$；

(2) 自由水面最低时 $\cos\omega t=-1.0$；

(3) 波压强最大时 $1>\cos\omega t>0$ 及

$$\cos\omega t=\frac{L}{\pi H\left(8\pi\dfrac{d}{L}-3\right)} \tag{7.11}$$

上述各式中的水深 d 系指计算水深，需按下式计算：

表 7.2　柴氏方法浅水条件波压值

	计算点号	计算点位置	波压强 p(Pa)
波	1	$-\eta_{max}$	0
	2	0	$k_2\gamma H$
	3	$0.25d$	$k_3\gamma H$
峰	4	$0.5d$	$k_4\gamma H$
	5	d	$k_5\gamma H$
波	6	0	0
	7	η_{min}	$-\gamma\eta_{min}$
	8	$0.5d$	$-k_8\gamma H$
谷	9	d	$-k_9\gamma H$

$$d = d_1 + k'(d_w - d_1) \quad (7.12)$$

式中：d_w——堤前水深；

d_1——直墙基床上水深。

k'由图7.4查取，它取决于基肩宽与波长之比 b/L 及基床相对高度(可用 d_1/d_w 参数表示)。

7.2.2.2　浅水情况

浅水情况可由表7.2及图7.5至图7.7决定。坐标原点在静水面，向下为正。

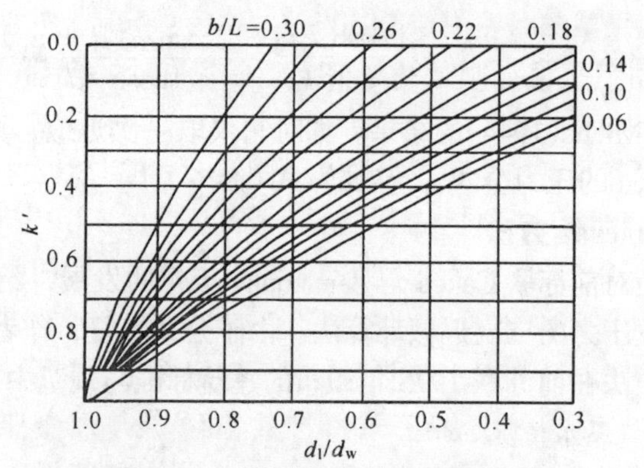

图 7.4　k'相对 b/L 及 d_1/d_w 关系

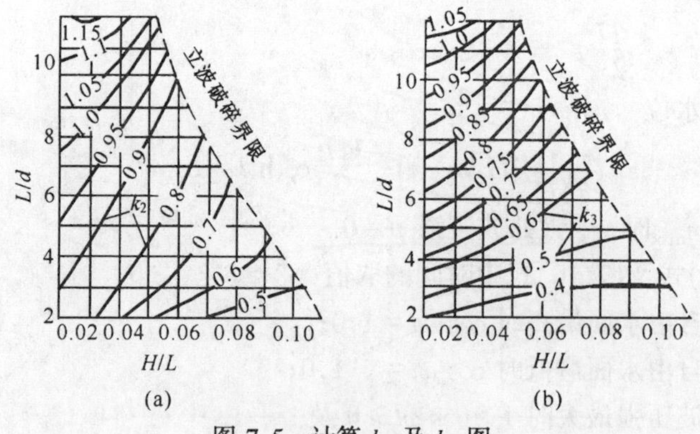

图 7.5　计算 k_2 及 k_3 图

(a) k_2 系数；(b) k_3 系数

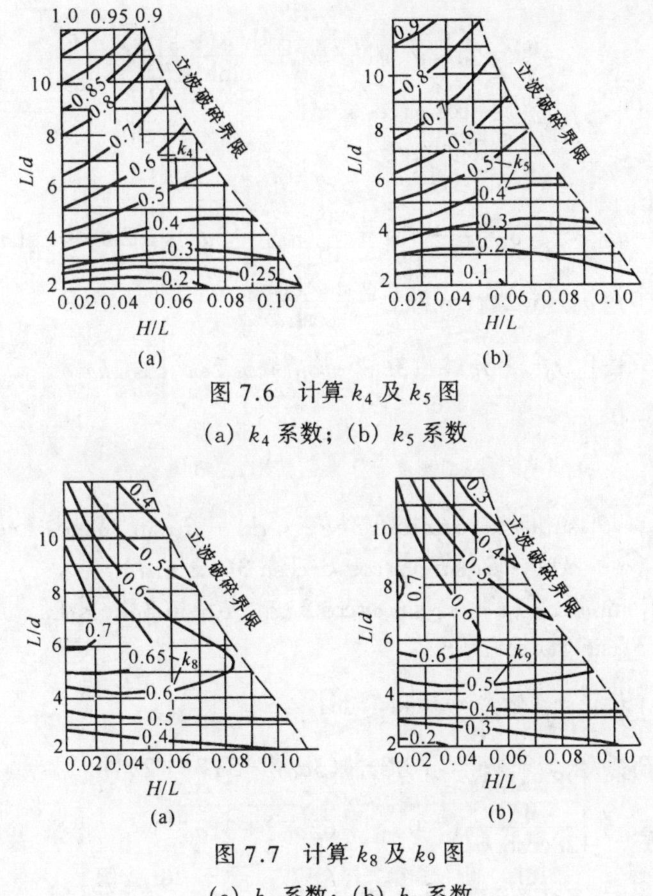

图 7.6 计算 k_4 及 k_5 图

(a) k_4 系数；(b) k_5 系数

图 7.7 计算 k_8 及 k_9 图

(a) k_8 系数；(b) k_9 系数

7.2.3 合田良实方法

该方法是对 Tadjbakhsh 及 Keller 所提出的立波三次近似解的发展，系利用小参数的摄动法求解。速度势 ϕ、波面值 η 及无量纲频率 $\sigma = \omega/\sqrt{kg}$ 分别可由小参数 ε 表述如下：

$$k\sqrt{\frac{k}{g}}\phi = \varepsilon\phi^{(0)} + \varepsilon^2\phi^{(1)} + \frac{1}{2}\varepsilon^3\phi^{(2)} + \frac{1}{6}\varepsilon^4\phi^{(3)} + \cdots \tag{7.13}$$

$$k\eta = \varepsilon\eta^{(0)} + \varepsilon^2\eta^{(1)} + \frac{1}{2}\varepsilon^3\eta^{(2)} + \frac{1}{6}\varepsilon^4\eta^{(3)} + \cdots \tag{7.14}$$

$$\sigma = \sigma_0 + \varepsilon\sigma_1 + \frac{1}{2}\varepsilon^2\sigma_2 + \frac{1}{6}\varepsilon^3\sigma_3 + \cdots \tag{7.15}$$

小参数 ε 由下式决定：

$$kH = \varepsilon + \frac{1}{256}\varepsilon^3\left[27\sigma_0^{-12} + 27\sigma_0^{-8} + 96\sigma_0^{-4} - 63 + 11\sigma_0^4 + 6\sigma_0^8\right] \tag{7.16}$$

其一阶项为

$$\phi^{(0)} = \sigma_0 \sin \omega t \cos kx \frac{\cosh k(z+d)}{\sinh kd} \tag{7.17}$$

$$\eta^{(0)} = \cos \omega t \cos kx \tag{7.18}$$

$$\sigma_0^2 = \tanh kd \tag{7.19}$$

二阶项为

$$\phi^{(1)} = \beta_0 - \frac{1}{8}(\sigma_0^{-3} - \sigma_0)\omega t + \frac{1}{16}(\sigma_0^{-3} + 3\sigma_0)\sin 2\omega t - \frac{3}{16}(\sigma_0^{-7} - \sigma_0)\sin 2\omega t \cos 2kx \frac{\cosh 2k(z+d)}{\cosh 2kd} \tag{7.20}$$

$$\eta^{(1)} = \frac{1}{8}[(\sigma_0^{-2} + \sigma_0^2) - (3\sigma_0^{-6} - \sigma_0^{-2})\cos 2\omega t]\cos 2kx \tag{7.21}$$

$$\sigma_1 = 0 \tag{7.22}$$

三阶项为

$$\phi^{(2)} = \beta_2 - \beta_{13}\sin \omega t \cos 3kx \cosh 3k(z+d) - \beta_{31}\sin 3\omega t \cos kx \cosh[k \times (z+d)] - \beta_{33}\sin 3\omega t \cos^3 kx \cosh 3k(z+d) \tag{7.23}$$

$$\eta^{(2)} = b_{11}\sin \omega t \cos kx + b_{13}\sin \omega t \cos 3kx + b_{31}\sin 3\omega t \cos kx + b_{33}\sin 3\omega t \cos 3kx \tag{7.24}$$

$$\omega_2 = \frac{1}{32}[9\sigma_0^{-7} - 12\sigma_0^{-3} - 3\sigma_0 - 2\sigma_0^5] \tag{7.25}$$

式中

$$\beta_{13} = \frac{1}{128\cosh 3kd}(1+3\sigma_0^4)(3\sigma_0^{-9} - 5\sigma_0^{-1} + 2\sigma_0^3) \tag{7.26}$$

$$\beta_{31} = \frac{1}{128\cosh kd}(-9\sigma_0^{-9} - 62\sigma_0^{-5} + 31\sigma_0^{-1}) \tag{7.27}$$

$$\beta_{33} = \frac{1}{128\cosh 3kd}(1+3\sigma_0^4)(9\sigma_0^{-13} - 22\sigma_0^{-9} + 13\sigma_0^{-5}) \tag{7.28}$$

$$b_{11} = \frac{1}{32}(3\sigma_0^{-8} + 6\sigma_0^{-4} - 5 + 2\sigma_0^4) \tag{7.29}$$

$$b_{13} = \frac{1}{128}(9\sigma_0^{-8} + 27\sigma_0^{-4} - 15 + \sigma_0^4 + 2\sigma_0^8) \tag{7.30}$$

$$b_{31} = \frac{1}{128}(-3\sigma_0^{-8} - 18\sigma_0^{-4} + 5) \tag{7.31}$$

$$b_{33} = \frac{3}{128}(9\sigma_0^{-12} - 3\sigma_0^{-8} + 3\sigma_0^{-4} - 1) \tag{7.32}$$

四阶项为

$$\phi^{(3)} = -\alpha_0 \omega t - \sum_{m=1}^{2}\sum_{n=0}^{2}\beta_{2m,2n}\sin 2m\omega t \cos 2nkx \cosh 2nk(z+d) \tag{7.33}$$

$$\eta^{(3)} = (b_{02} + b_{22}\cos 2\omega t + b_{42}\cos 4\omega t)\cos 2kx + (b_{04} + b_{24}\cos 2\omega t + b_{44}\cos 4\omega t)\cos 4kx \tag{7.34}$$

$$\omega_3 = 0$$

式中
$$a_0=\frac{1}{256}(27\sigma_0^{-15}-135\sigma_0^{-11}+225\sigma_0^{-7}-135\sigma_0^{-3}+24\sigma_0-6\sigma_0^5) \tag{7.35}$$

$$\beta_{20}=\frac{1}{1\,024}(27\sigma_0^{-11}-897\sigma_0^{-7}+357\sigma_0^{-3}+261\sigma_0-36\sigma_0^5) \tag{7.36}$$

$$\beta_{40}=\frac{1}{2\,048}(-54\sigma_0^{-15}-621\sigma_0^{-11}+555\sigma_0^{-7}+705\sigma_0^{-3}-201\sigma_0) \tag{7.37}$$

$$\beta_{22}=\frac{1}{1\,024\cosh 2kd}(1+\sigma_0^4)(-81\sigma_0^{-19}-54\sigma_0^{-15}+171\sigma_0^{-11}-469\sigma_0^{-7}+184\sigma_0^{-3}-81\sigma_0-54\sigma_0^5) \tag{7.38}$$

$$\beta_{42}=\frac{1}{512\cosh 2kd}\ \frac{1+\sigma_0^4}{3+4\sigma_0^4}(-81\sigma_0^{-15}-1\,107\sigma_0^{-11}+675\sigma_0^{-7}+335\sigma_0^{-3}-110\sigma_0) \tag{7.39}$$

$$\beta_{24}=\frac{1}{1\,024\cosh 4kd}\ \frac{1+6\sigma_0^4+\sigma_0^8}{3+\sigma_0^4}(81\sigma_0^{-15}+162\sigma_0^{-11}+846\sigma_0^{-7}+412\sigma_0^{-3}+117\sigma_0-54\sigma_0^5) \tag{7.40}$$

$$\beta_{44}=\frac{1}{2\,048\cosh 4kd}\ \frac{1+6\sigma_0^4+\sigma_0^8}{5+\sigma_0^4}(405\sigma_0^{-19}-1\,674\sigma_0^{-15}+2\,016\sigma_0^{-11}-550\sigma_0^{-7}-197\sigma_0^{-3}) \tag{7.41}$$

$$b_{02}=\frac{1}{512}(-27\sigma_0^{-10}+288\sigma_0^{-6}+168\sigma_0^{-2}-210\sigma_0^2-45\sigma_0^6+18\sigma_0^{10}) \tag{7.42}$$

$$b_{22}=\frac{1}{512}(-81\sigma_0^{-18}-54\sigma_0^{-14}+423\sigma_0^{-10}-583\sigma_0^{-6}+108\sigma_0^{-2}-195\sigma_0^2-18\sigma_0^6) \tag{7.43}$$

$$b_{42}=\frac{1}{512(3+4\sigma_0^4)}-(-81\sigma_0^{-14}-1\,053\sigma_0^{-10}+63\sigma_0^{-6}-283\sigma_0^{-2}+282\sigma_0^2) \tag{7.44}$$

$$b_{04}=\frac{1}{512}(54\sigma_0^{-14}+243\sigma_0^{-10}+198\sigma_0^{-6}+6\sigma_0^{-2}-198\sigma_0^2+63\sigma_0^6+18\sigma_0^{10}) \tag{7.45}$$

$$b_{24}=\frac{1}{512(3+\sigma_0^4)}(324\sigma_0^{-14}+2\,484\sigma_0^{-10}-1\,152\sigma_0^{-6}-2\,072\sigma_0^{-2}+1\,092\sigma_0^2+420\sigma_0^6-72\sigma_0^{10}) \tag{7.46}$$

$$b_{44}=\frac{1}{512(5+\sigma_0^4)}(405\sigma_0^{-18}+81\sigma_0^{-14}+522\sigma_0^{-10}-262\sigma_0^{-6}+$$

$$+\sigma_0^{-2}+21\sigma_0^2) \tag{7.47}$$

采用的坐标系静水面处 $z=0$，向下为负，堤面处 $x=0$，则波压力为

波面 $\eta>0$(波峰时)

$$[p]_{波}=\begin{cases}-z+[p] & (0\leqslant z\leqslant\eta)\\ [p] & (z<0)\end{cases} \tag{7.48}$$

$\eta<0$(波谷时)

$$[p]_{波}=\begin{cases}z & (\eta\leqslant z\leqslant 0)\\ [p] & (z<\eta)\end{cases} \tag{7.49}$$

式中

$$[p]=\frac{\rho g}{k}\sum_{m=0}^{4}\sum_{n=0}^{4}\gamma_{m,n}\cos n\omega t\cosh nk(z+d) \tag{7.50}$$

以及

$$\gamma_{\infty}=2\varepsilon^2\cdot\alpha_{01}+\frac{1}{6}\varepsilon^4[\sigma_0\alpha_0+3\sigma_2{}'\alpha_{01}+3(\beta_{22}^*)^2] \tag{7.51}$$

$$\gamma_{01}=0 \tag{7.52}$$

$$\gamma_{02}=-\varepsilon^2\alpha_{01}+\frac{1}{6}\varepsilon^4\cdot\frac{9}{4}\beta_{11}^*\beta_{13} \tag{7.53}$$

$$\gamma_{03}=0 \tag{7.54}$$

$$\gamma_{04}=-\frac{1}{6}\varepsilon^4\left[\frac{9}{4}\beta_{11}^*\beta_{13}+3(\beta_{22}^*)^2\right] \tag{7.55}$$

$$\gamma_{10}=0 \tag{7.56}$$

$$\gamma_{11}=\varepsilon\sigma_0\beta_{11}^*+\frac{1}{2}\varepsilon^3[\sigma_0\sigma_2{}'\beta_{11}^*+\beta_{11}^*\beta_{22}^*] \tag{7.57}$$

$$\gamma_{12}=0 \tag{7.58}$$

$$\gamma_{13}=\frac{1}{2}\varepsilon^3(\sigma_0\beta_{13}-\beta_{11}^*\beta_{22}) \tag{7.59}$$

$$\gamma_{14}=0 \tag{7.60}$$

$$\gamma_{20}=-\varepsilon^2[2\sigma_0\beta_{20}^*-\alpha_{01}]+\frac{1}{6}\varepsilon^4[2\sigma_0\beta_{20}+6\sigma_0\sigma_2{}'\beta_{22}^*$$

$$+\frac{3}{4}\beta_{11}^*\beta_{13}] \tag{7.61}$$

$$\gamma_{21}=0 \tag{7.62}$$

$$\gamma_{22}=\varepsilon^2[2\sigma_0\beta_{20}^*+\alpha_{01}]+\frac{1}{6}\varepsilon^4[2\sigma_0\beta_{22}+6\sigma_0\sigma_2{}'\beta_{22}^*-$$

$$-\frac{3}{4}\beta_{11}^{*}(3\beta_{13}+\beta_{31}-3\beta_{33})] \tag{7.63}$$

$$\gamma_{23}=0 \tag{7.64}$$

$$\gamma_{24}=\frac{1}{6}\varepsilon^{4}\left[2\sigma_0\beta_{24}+\frac{9}{4}\beta_{11}^{*}(\beta_{13}-\beta_{33})\right] \tag{7.65}$$

$$\gamma_{30}=0 \tag{7.66}$$

$$\gamma_{31}=\frac{1}{2}\varepsilon^{3}[3\sigma_0\beta_{31}-\beta_{11}^{*}\beta_{22}^{*}] \tag{7.67}$$

$$\gamma_{32}=0 \tag{7.68}$$

$$\gamma_{33}=\frac{1}{2}\varepsilon^{3}[3\sigma_0\beta_{33}+\beta_{11}^{*}\beta_{22}^{*}] \tag{7.69}$$

$$\gamma_{34}=0 \tag{7.70}$$

$$\gamma_{40}=\frac{1}{6}\varepsilon^{4}\left[4\sigma_0\beta_{40}-3(\sigma_0\beta_{22}^{*})^2-\frac{3}{4}\beta_{11}^{*}\beta_{31}\right] \tag{7.71}$$

$$\gamma_{41}=0 \tag{7.72}$$

$$\gamma_{42}=\frac{1}{6}\varepsilon^{4}\left[4\sigma_0\beta_{42}+\frac{3}{4}\beta_{11}^{*}(\beta_{31}-3\beta_{33})\right] \tag{7.73}$$

$$\gamma_{43}=0 \tag{7.74}$$

$$\gamma_{44}=\frac{1}{6}\varepsilon^{4}\left[4\sigma_0\beta_{44}+3(\sigma_0\beta_{20}^{*})^2+\frac{9}{4}\beta_{11}^{*}\beta_{33}\right] \tag{7.75}$$

其中

$$\beta_{11}^{*}=1/\sigma_0\cosh kd \tag{7.76}$$

$$a_{01}=\frac{1}{8}(\sigma_0^{-2}-\sigma_0^{2}) \tag{7.77}$$

$$\beta_{20}^{*}=-\frac{1}{16}(\sigma_0^{-3}+3\sigma_0) \tag{7.78}$$

$$\beta_{22}^{*}=\frac{3}{16}\sigma_0(\sigma_0^{-1/4}-1) \tag{7.79}$$

$$\sigma_2^{1}=\sigma_2/\sigma_0 \tag{7.80}$$

应当指出,所有高次近似解的压力计算值均不符合自由表面条件,即在自由表面处压力计算值不等于0,这是高次近似解的一个缺点。合田(1967)对此作了一些修正。由于计算繁复,合田制成了图表,可供工程应用(图7.8)。他还比较了各次近似解所得的波峰区压力过程线出现双峰的临界波陡(表7.3)。此外,他还对将规则波计算方法应用于不规则波的可能性进行检验,计算值与试验值的误差在25%范围之内。他认为这是由于不规则波高定义的含混性所造成的,因而规则波的波压力计算方法仍可适用于不规则波的情况。

表 7.3 出现压力双峰的临界波陡

项目		d/L						
		0.05	0.07	0.10	0.15	0.20	0.30	1.00
静水面处	二 阶						(0.221)	(0.159)
	三 阶				(0.101)	0.072	0.065	0.064
	四 阶			0.055	0.052	0.051	0.058	0.060
	修正四阶	0.023	0.026	0.034	0.047	0.058		
水底处	二 阶				(0.108)	0.050	0.028	0.000 3
	三 阶			(0.070)	0.041	0.034	0.022	0.000 2
	四 阶		0.034	0.032	0.035	0.033	0.022	0.000 2
	修正四阶	0.019	0.020	0.026	0.034	0.033	0.022	0.000 2

国内的洪广文（1980）曾对任意波向的非破碎波波压力考虑到非线性作过分析；邱大洪（1985）曾对三阶近似的解，包括其势函数、波浪剖面、质点轨迹及速度、波压力计算式以及压力双峰出现的条件等做过分析，可参见其有关论著。

高阶近似方法有其优点，主要是对立波压力变化的过程可以作出比较符合实际的反映。但试验结果表明，尽管它们在理论上相对比较严密和准确，但其计算值有时可能过分偏小以致于小于试验值。图7.9至图7.12为各种波压力计算方法的比较。比较可见，一阶近似的波压力最大，四阶近似最小。刘大中（1983）建议在工程实用上采用欧拉坐标的一次近似解为宜。它计算简便，有一定的安全度，且较Sainflou方法的结果为佳。当然对于水深较小的区域，即当$d/L<0.135$时，一阶近似法的计算值应乘一个大于1的修正系数（表7.4）或采用椭圆余弦波理论。

表 7.4 立波波浪力修正系数

d/L	L/H		
	20	25	30
0.08		1.35	1.30
0.10	1.12	1.10	1.08
0.12	1.02	1.02	1.01
0.15	0.87	0.89	0.90

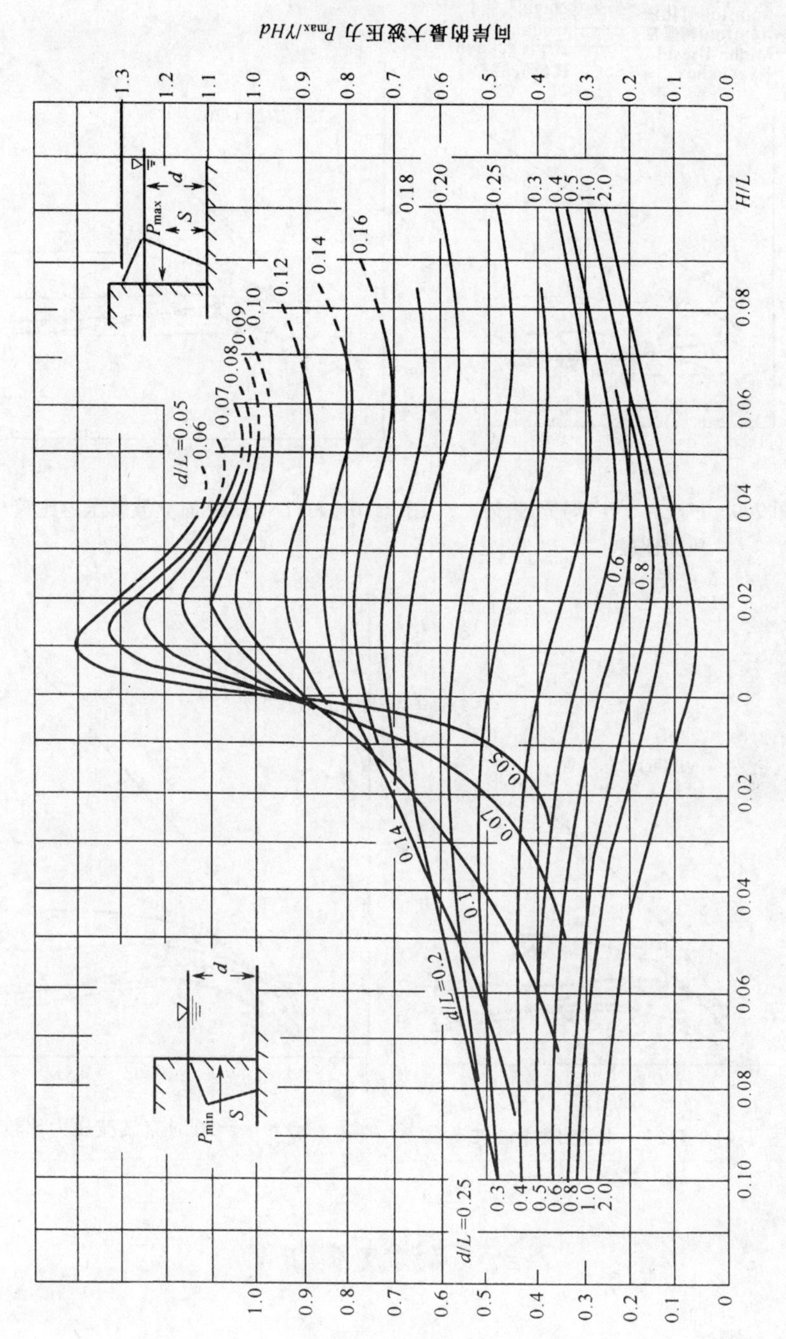

图 7.8 最大向岸及向海立波波浪力计算图

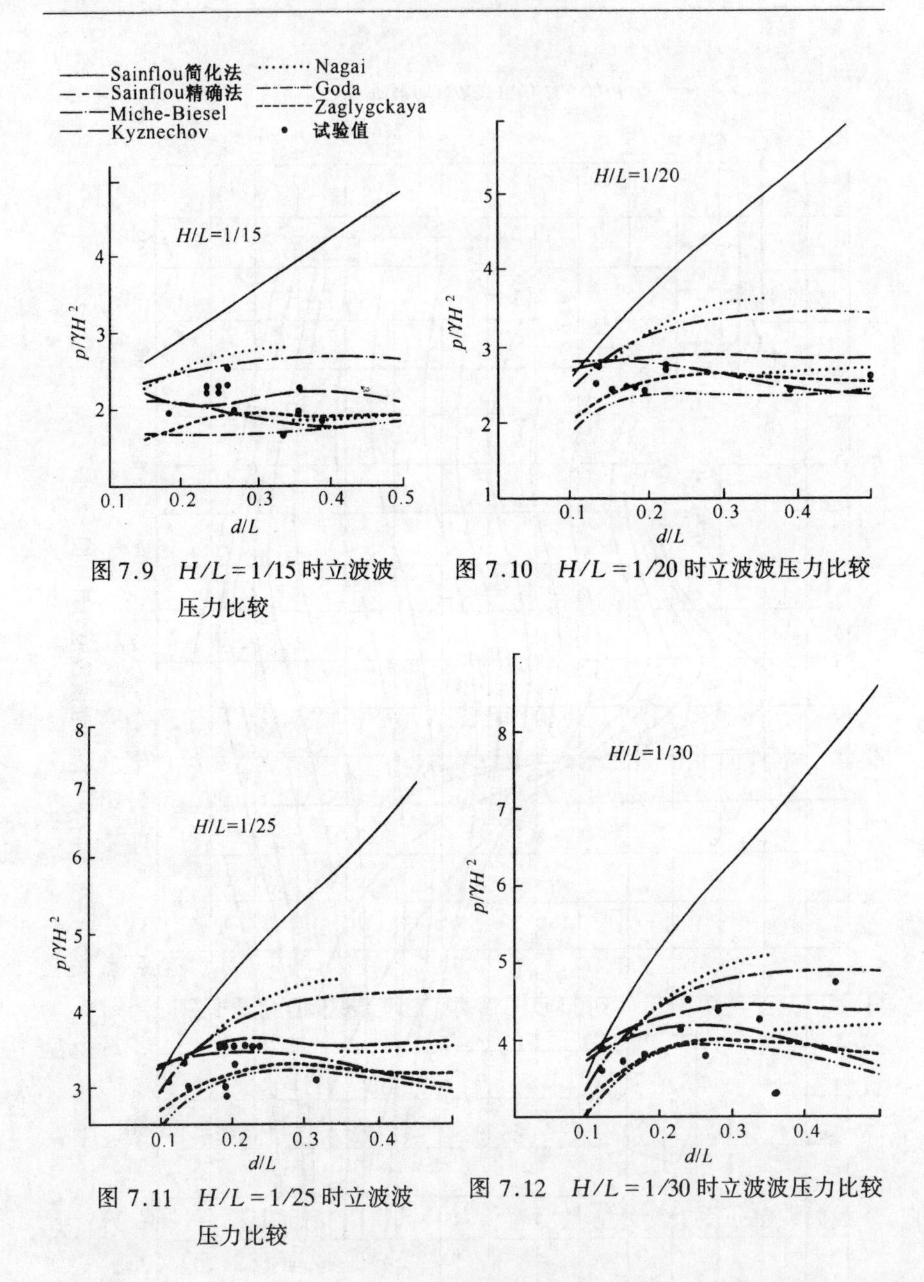

图7.9　$H/L=1/15$时立波波压力比较

图7.10　$H/L=1/20$时立波波压力比较

图7.11　$H/L=1/25$时立波波压力比较

图7.12　$H/L=1/30$时立波波压力比较

7.3　破波波浪力

7.3.1　概述

由于波浪的破碎现象十分复杂，加上与直墙建筑的相互作用，至今对直墙建筑的破波波浪力还不能以严密的理论进行分析计算，各种工程上采用的方法基本上是在试验研究成果的基础上提出的经验方法，其中引入了某些假说。通常采用的假说大体上有如下几种：

（1）射流理论：波浪破碎的瞬间水体运动发生不连续现象，水质点以相当大的速度 u（近于波速 C）射出，射流打击在堤上形成冲击压力，压强 $p=k\gamma u^2/2g$，k 为一待定系数。此方法的关键在于合理确定 u 及 k，由于理论上的 k 值不可能太大，这一假说所得波压力往往偏小过多。

（2）气垫理论：1939 年英国 Bagnold 在试验室中观察到波浪破碎击堤前，波面形成一弯月面，击堤时波面与堤面间形成一个被流体与固体面所包围的空气泡，在波浪击堤的过程中空气泡压缩而形成一个冲击压力。按照这一假说，当空气袋中气体密度不等时，其所形成的压力应有较大的差别。只要外力足够大，作用时间足够长，空气袋的大小对冲击压力也将有明显影响，即气袋愈大，产生的冲击压力将愈大。对于这种理论目前尚有争议。例如 Minikin（1950）赞同这一观点，并提出了一个破波压力计算方法。在欧美，这一方法至今还为人们所荐用。然而也有许多学者批评了这种观点。例如美国 Gerritsen[①] 做了不同掺气量对冲击压力影响的试验，结果表明掺气量的大小对波压力并无明显影响。美国的 Kamel（1970）做了另一个专门试验。他利用不等高的环形板冲击水面，发现环高为 0 时压力最大，即无气垫时压力最大，环高愈大即气垫愈厚时压力愈小。这两个试验是对气垫理论的有力否定，不过支持这一观点者至今仍不乏人。

（3）水动量交换理论：这一假说认为破波水流击堤前后的水体动量变化即为其对堤作用的冲量，即 $\Delta mu = Ft$。动量变化相同，冲击作用的延时不等，压强值也将不等。许多试验表明，同样的波浪打击堤面时，波压力峰值的变化很大，其延时亦不等。一般，压强大者延时较短，而相应的冲量值的变化则较小。运用这一方法进行分析的具体困难在于如何计算动量的变化以及如何确定其延时。

（4）水锤理论：在一输水管道中突然关闭闸门，流动水体骤然受阻，依靠水弹性而承受这一变化，此时水体压缩而形成一高脉冲水锤压力。破波击堤时，Kamel 认为水流突然受堤阻挡，在自由水面涌高的同时，水体中某些部位也可能发生压缩而在局部地方发生持续时间很短的脉冲压力。

---

① Gerritsen T.海岸工程的设计标准。河口海岸译丛（1）——荷兰海岸工程专集。浙江省水利科学研究所，1973。

破波波浪力至今仍主要依靠模型试验与现场观测，而各国学者所得的破波压力资料却异常离散（表7.5）。

表7.5　不同观测者所得破波压强值

观察者	地　点	波浪类别	$p_{max}^{1)}/\gamma H$		最短持续时间
			一般值	极值	(μs)
Bagnold	试验室	孤立波	20～60	224	1～5
Denny	试验室	孤立波	10～60	110	1～10
林泰造	试验室	孤立波	5～40		7～20
Ross	试验室	周期波	10～70	120	1～10
永　井	试验室	周期波	3～14		
光　易	试验室	周期波	5～20	20	10～50
Rundgren	试验室	周期波	5～15	19.3	2～7
Dieppe港	海　岸	海　浪	1～38	38	50～100
Парамонов	试验室	周期波	<9	9	3 000
大连理工大学	试验室	周期波	<9	9	500

1）p_{max}指压力峰值。

从表7.5可以看出破波压力的冲击性极强，波压力峰值与波高值之比可达很高的数值，同时作用时间极短。这些特点使破波波浪力的试验资料相当分散，这也成为不易提出一个严密理论的原因，所以在工程上对于破波波浪力应审慎处理。首先在工程布置上应避免出现破波，在不可避免出现时应进行模型试验，同时在设计上应注意建筑物的动力反应。

7.3.2 我国交通部港口工程行业标准《海港水文规范》(JTS145-2-2013)所采用的方法

这个方法是由大连理工大学提出的规则波条件下的经验计算法。在本章7.1节中已提到破波有两种：远破波及近破波。它们产生的条件不同，计算方法也不同。它们都是根据试验资料，通过成因分析及尺度分析而得出的，同时还参考分析了国内外的原型观测资料与工程实例，特别是遭破坏的实例，以期使试验室资料与原体情况有较好的吻合。此外还考虑了不同波态的波浪力在其存在的临界状态时相互间应有较好的衔接。以下按远破波及近破波分别阐述其波压力的计算方法。

7.3.2.1　远破波波浪力

远破波产生于埋基床或低基床时。此时基床对波浪及波浪力没有或没有明显的影响。波浪破碎主要是由于堤面反射形成堤前能量积聚而形成的——产生于腹点位置。因而影响远破波波浪力的主要因素为：

（1）波浪要素：即波高 H 及波长 L 或波高 H 及波陡 H/L，推进波在一个波长内的波能等于$\frac{1}{8}\gamma H^2 L$。

(2) 海底坡度 i：它反映了波浪能量密度的集中度及破碎所产生的能量损耗度。海底坡度大则能量集中迅速，破碎的腹点离堤较近，破碎的能耗小，因而波压力较大。

(3) 相对水深 d/H：它反映了波浪沿水深的能量分布均匀度及破碎度。相对水深愈大，能量分布愈不均匀，破碎也愈近于表面破碎，此时水底压强将相对减小。

远破波波浪力的计算步骤是：首先确定水面压强 p_s 与各主要物理量间的关系，然后确定波压力断面分布，即求出水下各点压强与水面压强间的关系：

(1) 当波峰击堤时，设破波的水流速为 u，破碎时它接近于波速 C。根据射流理论，水面压强 p_s 可设为

$$p_s = \frac{\gamma}{g}ku^2 \approx \frac{\gamma}{g}kC^2 \tag{7.81}$$

波浪破碎时可采用孤立波理论，则 $C^2 \approx gd$，同时破波波高 H_b 正比于 d，此处 H_b 即为堤前波高，则 (7.81) 式可化为

$$p_s = \gamma k'H \tag{7.82}$$

式中

$$k' = k_1 k_2 \tag{7.83}$$

而

$$k_1 = f_1(i) \tag{7.84}$$

$$k_2 = f_2(L/H) \tag{7.85}$$

即系数 k' 为底坡影响系数 k_1 及波陡影响系数 k_2 的乘积。

根据试验资料的分析，k_1 及 k_2 可分别表述为

$$k_1 = 1 + 3.2i^{0.55} \tag{7.86}$$

$$k_2 = -0.1 + 0.1L/H - 0.0015(L/H)^2 \tag{7.87}$$

也可查表 7.6 (a) 及表 7.6 (b) 求得系数 k_1 及 k_2。

表 7.6 (a) 系数 k_1

底坡 i	1/10	1/25	1/40	1/50	1/60	1/80	≤1/100
k_1	1.89	1.54	1.40	1.37	1.33	1.29	1.25

表 7.6(b) 系数 k_2

波坦 L/H	14	16	18	20	22	24	26	28	30
k_2	1.01	1.12	1.21	1.30	1.37	1.44	1.49	1.52	1.56

压强沿高程的分布如图7.13所示。在静水面以上呈直线变化，压强零点位于静水面以上一个推进波高 H 处。静水面之下 $0.5H$ 处有一个波压分布折点，该点的压强为 $0.7p_s$。水底压强 p_b 为：当 $d/H \leqslant 1.7$ 时，$p_b=0.6p_s$；当 $d/H>1.7$ 时，$p_b=0.5p_s$。建筑物底部的浮托力分布可见图7.13。在堤趾角处浮托力为 p_b，以后呈凹曲线分布，则总的波浪浮托力为三角形面积乘以图形饱满系数 μ：

$$P_u = \frac{1}{2}\mu p_b B \tag{7.88}$$

从试验资料得到 $\mu=0.7$。

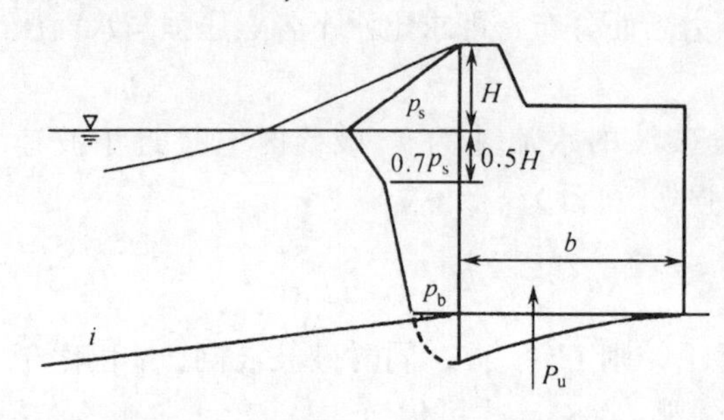

图7.13　远破波波压强的垂线分布

（2）当波谷击堤时，可采用简化的计算图式。波谷高程在静水位以下半波高 $0.5H$ 处，静水面到波谷高程处的波压力呈直线分布，由波谷面到水底波压力视为等值分布，即 $p=0.5\gamma H$，静水面处压力为0。

当直墙建筑物位于推进波已破碎的破波带内，只要底坡不大于1/50，仍可按上述方法计算破波压力，但考虑波浪已破碎，计算波高应取为极限波高 $0.78d$。如果底坡大于1/50，按光易恒的研究，可能产生较大的破波压力，目前尚无可靠的具体计算方法，可通过试验予以确定。

7.3.2.2　近破波波浪力

近破波产生在混成堤基床较高的条件下。此时基床的尺度及其糙渗率对于波浪的破碎和波浪力有很大的影响。影响波浪力的主要因素可以归结为基床上的相对水深 d_1/d 及 H/d_1、基肩相对宽度 b/H、基床边坡 m、基床糙渗性、波浪尺度及堤顶高程（涉及波浪越堤状况）。

由于基床较高，直墙高度相对较小，所以堤身所受波浪力的计算步骤是首先确定作用于单位堤宽上的总波浪力，然后确定压力分布图形，并由此分布图计算波压强度。

设作用于单位宽度堤身的波浪力为 P，由前可知压强一般正比于波高 H，则 P 正比于 $\gamma H d_1$。则无量纲的总波浪力的相关关系可表述为

$$\frac{P}{\gamma H d_1} = f\left(\frac{d_1}{d}, \frac{H}{d_1}, \frac{b}{H}, m, \text{基床糙渗性}, \frac{H}{L}, \text{堤顶高程}\right) \tag{7.89}$$

上式中 d_1/d，b/H 及 m 三项反映了基床的影响；H/d_1，H/L 及基床糙渗性反映了波浪能量的状态及其在堤前集中和破碎损耗的状态；最后一项反映了能量越堤的状况。无论从理论角度或是从试验角度要完整地反映这些因素显然是相当困难的，只有将它们作合理的简化才便于分析。通常可认为：波浪不越顶，在工程实用上基床尺度的变化范围一般不大。如常用的基肩宽 b 为（1～2）H，基床边坡 m 为2～3，材料通常取为抛石，其糙渗性也不致有很大变异，因而有可能忽略 b/H，m，以及基础糙渗性和堤顶高程等因素，即下述的表述式只在通常的基床条件下可引用。（7.89）式可简化为

$$\frac{P}{\gamma H d_1}=f\left(\frac{d_1}{d},\frac{H}{d_1},\frac{H}{L}\right) \tag{7.90}$$

根据（7.90）式的量纲组合关系安排了不同的试验组合条件，分析所得的试验资料和他人的一些成果可以发现一个有趣的事实：在通常的基床尺度条件下，近破波波浪力受波陡 H/L 变化的影响不大。这与立波及远破波波浪力都有所不同。这一结果是由于波陡 H/L 及肩宽b/H 二因素的影响相互交错所造成，从物理现象不难予以分析和解释。

在肩宽较窄时，基床的存在对波浪在堤前的变形与破碎的影响不明显，陡波显然比坦波容易破碎或者破碎较为剧烈，从而此时陡波的波压力可能大于坦波所产生的波压力。

在肩宽很大时，波浪在基床上将充分变形而破碎，则陡波将比坦波更早地破碎，加上坦波本身具有较大的能量，因而坦波显然将比陡波产生更大的波浪力。

由此可见，基床肩宽不等时波陡 H/L 对波压值的影响迥然不同，在中等肩宽条件下，波陡值的变化对近破波波浪力将不显示明显的影响。而工程上实际采用的肩宽值恰恰在中等肩宽这一区域，亦即在目前工程实用条件下，在（7.90）式中可略去波陡这一因子，则（7.90）式可简化为

$$\frac{P}{\gamma H d_1}=f\left(\frac{d_1}{d},\frac{H}{d_1}\right) \tag{7.91}$$

顺便指出，在以后的叙述中可以看到对波陡因素的考虑在不同方法中是完全不同的，有的得到陡波压力大，另一些则认为坦波压力大。这是由于各种方法所依据观测资料及其测试条件各不相同所致。今后应进一步改进现有成果，使其能反映基床尺度及波陡的不同而使其适用范围更宽，那时有可能获得一个更有普遍意义和比较一致的认识。

根据试验资料发现在其他条件相同时，中基床与高基床的波压力值

相差甚大，这是由于高基床时波浪破碎更为剧烈，因而将（7.91）式表述为具体计算式时应区分基床的相对高度：

（1）在中基床条件下　$(2/3 \geqslant d_1/d > 1/3)$

$$P = 1.25\gamma H d_1(1.9H/d_1 - 0.17) \tag{7.92}$$

（2）在高基床条件下　$(1/3 \geqslant d_1/d \geqslant 1/4)$

$$P = 1.25\gamma H d_1[(14.8 - 38.8d_1/d)(H/d_1 - 0.67) + 1.1] \tag{7.93}$$

在 $d_1/d = 1/3$ 时，(7.93)式即为(7.92)式，所以二式是衔接的。由该二式可见，中基床时因子 d_1/d 对波压力无明显影响，而在高基床时波浪力与因子 d_1/d 成线性相关，d_1/d 值愈小，即相对基床愈高，波浪力愈大。

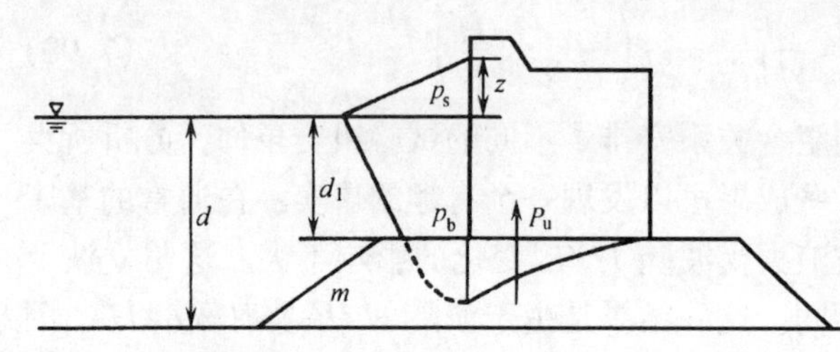

图 7.14　近破波堤面波压力分布图

波压力沿堤面的分布图可见图 7.14。压强零点在静水面上高度为 z 处，z 值可计算如下：

$$z = \left(0.27 + 0.53\frac{d_1}{H}\right)H \tag{7.94}$$

即 z/H 值随 H/d_1 及波浪力的增加而减小。应指出压力最大的瞬间并非堤面水位最高的时刻，而是波面刚刚打击到堤面的瞬间。墙脚的压强 p_b 与水面压强 p_s 之比几乎是个常数，即

$$p_b \approx 0.6p_s \tag{7.95}$$

因而由（7.92）～（7.95）式求算水面压强 p_s 如下：

（1）中基床时

$$p_s = 1.25\gamma H(1.8H/d_1 - 0.16)(1 - 0.13H/d_1) \tag{7.96}$$

（2）高基床时

$$p_s = 1.25\gamma H[(13.9 - 36.2d_1/d)(H/d_1 - 0.67) + 1.03] \times (1 - 0.13H/d_1) \tag{7.97}$$

(7.92)～(7.97)式的适用范围是 $d_1 \geqslant 0.6H$，这是由试验条件决定的。随着 d_1/H 的减小，波浪力将达到一个极值，之后将逐渐减小，这已为合田等的一些研究结果所证实。

浮托力的计算可取墙脚的底浮托力与侧向力相等，向港内呈凹曲线分布，单位堤长的总浮托力 P_u 可由下式计算：

$$P_u = \frac{1}{2}\mu p_b B \tag{7.98}$$

式中：B——堤宽；μ 值可取为 0.7，其意义同(7.98)式。

国内的薛鸿超等对于直墙及斜坡堤顶部胸墙上的波浪力也曾进行过研究，在文献［11］中有论述。

7.3.3　国外几种常用的破波波压力计算方法

各国的波浪分类方法有所不同，为了便于相互比较，以下将参照本章所述分类法予以阐述。

7.3.3.1　破碎立波波浪力

立波由于风或波的不规则性而形成表面破碎时，其破碎状态为表面前倾的局部破碎。日本《港湾构造物设计基准》中规定其波压力计算方法如下：以立波波压力图形为基础，在水表面上下一个波高范围内附加一个力，其压强为 $1.5\gamma H$（图 7.15）。立波波压力可按相应的立波理论计算。

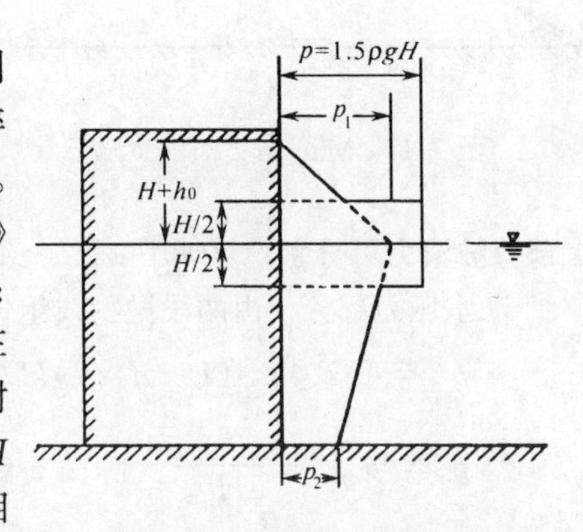

图 7.15　破碎立波波浪力

7.3.3.2　破波波浪力——相当于近破波波浪力

国外有关破波波浪力的研究成果甚多，应用较多者有：日本的广井勇方法、英国的 Minikin（1950）方法及前苏联的 Плакида（1970）方法，以下分别进行叙述。

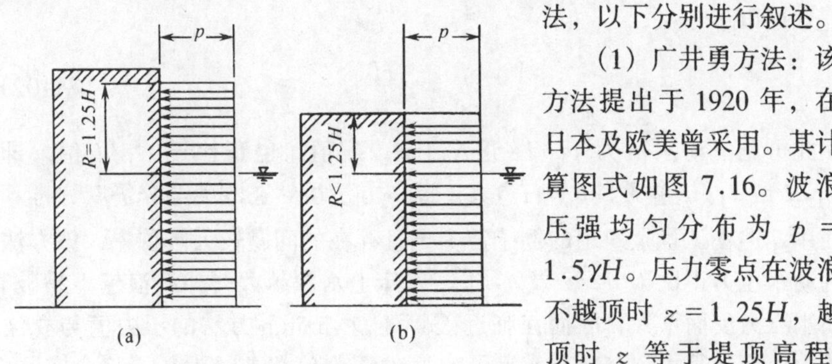

图 7.16　广井法波压力

(a) 高堤项；(b) 低堤项

（1）广井勇方法：该方法提出于 1920 年，在日本及欧美曾采用。其计算图式如图 7.16。波浪压强均匀分布为 $p = 1.5\gamma H$。压力零点在波浪不越顶时 $z = 1.25H$，越顶时 z 等于堤顶高程。许多经验表明，广井方法给出的总波浪力与实际尚接近而有一定的安全度，但压力分布图不太符合实际，水面压强偏小比较多。直墙的稳定问题主要是滑移问题，所以主要是总波浪力的计算问题，加之该方法简单，故为国外工程人员所习用。其问题是考虑因素过于简单及计算值往往偏大。

(2) Minikin 方法：基于 Bagnold 的气垫学说，Minikin 于 1950 年提出这一方法，欧美各国至今仍建议采用，如美国海岸工程研究中心的《海岸防护手册》中仍荐用此法。该方法认为压力由两部分组成：作用于水面部分的动水压力与作用于整个堤面的静水压力（图 7.17）。

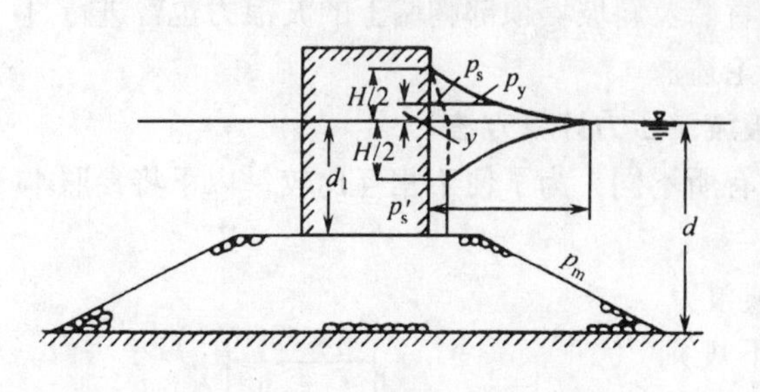

图 7.17 Minikin 方法破波波压力

该二部分波浪力可分别计算如下：

① 动水压力部分（由两段抛物线组成）：

$$p_m = 102.4\gamma d_1(1 + d_1/d)H/L \quad (\text{作用于静水面}) \tag{7.99}$$

$$p_s = p_m\left(\frac{H - 2|z|}{H}\right)^2 \quad (z\ \text{自静水面量起}) \tag{7.100}$$

② 静水压部分：

静水面以上

$$p_s = \gamma\left(\frac{H}{2} - z\right) \quad (z\ \text{自静水面量起}) \tag{7.101}$$

静水面以下

$$p_s = \gamma\frac{H}{2} \tag{7.102}$$

由此可见，动水压力 p_m/H 正比于 d_1/L 值，也正比于 d_1/d 值，即 d_1/d 或 d_1/L 愈大，p_m/H 愈大。此一方法虽然在欧美至今仍广为推荐使用，但在工程上应用的例子甚少见且存在的问题较大。首先，该方法的动水压力正比于 d_1/d 及 d_1/L，基床上水深越大（即波浪越不易破）动水压力反而增大，因而在临近破碎处，Minikin 方法的压力值与立波压力值相差很大；其次，水面及水底的压力值相差过大，不符合实际；第三，该方法认为长波波浪力小而陡波波浪力大，对此有争论。

(3) Плакида 方法：前苏联 1975 年颁布的规范中采用这一方法。其计算图式如图 7.18。该方法适用条件为 $d \geqslant 1.5H$ 及 $d_2 < 1.25H$。如图，压力零点高程 $z = H$，水面压强 $p_s = 1.5\gamma H$，水底压强

$p_b = \gamma H / \cosh kd_1$。$p_b$ 相当于立波的底压力。该方法的计算值可能偏小，水面压强可能偏低较多，压力零点位置稍高。浮托力计算公式为

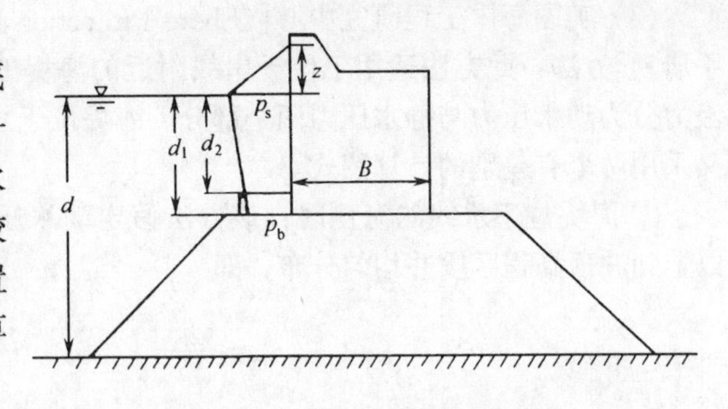

图 7.18 Плакида 方法波压图

$$P_u = \frac{1}{2}\mu p_b B \tag{7.103}$$

式中 μ 值由表 7.7 进行插值计算。

表 7.7 浮托力系数 μ 值

$\frac{B}{d-d_1}$	3	5	7	9
μ	0.7	0.8	0.9	1.0

7.3.3.3 破后波波浪力——相当于远破波波浪力

这里介绍日本与美国常用的几种方法：

(1) 修正的广井法：在日本，当海底坡度 $i < 1/50$，且波浪已在拟建堤位前方破碎而堤前水深为 d 时，可采用广井图式，但修正其计算波高值来确定破波力。修正后的波高 $H' = 0.9d$，则压强为 $p = 1.5\gamma \times 0.9d$，压力零点高出水面 $z = 1.25 \times 0.9d$。这一方法的计算值必然偏大，因为广井法本身一般偏大，修正的波高取为 $0.9d$，这对于缓坡也偏大。

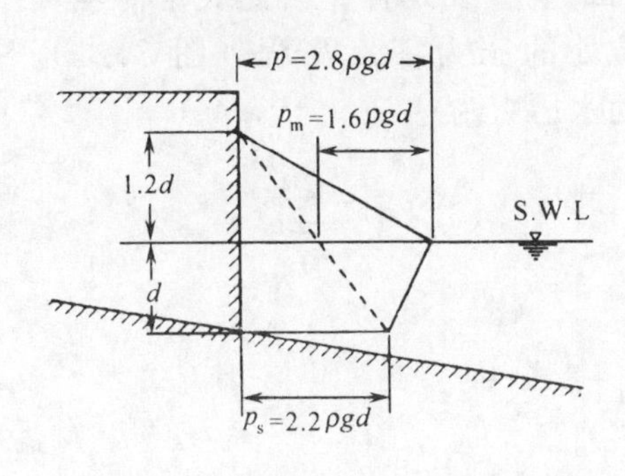

图 7.19 本间-堀川方法波压图

(2) 本间-堀川（1964）法：该方法在日本用于海堤波浪力的计算。它将波浪力分为动水压力与静水压力两个部分（图 7.19）。动水压力的最大值位于静水面，$p_m = 1.6\gamma d$，水底及水面上 $1.2d$ 处压力为 0，呈三角形分布。静水压力的最大值位于水底，$p_s = 2.2\gamma d$，水面上 $1.2d$ 处压力为 0。二者叠加后静水面处压力最大为 $2.8\gamma d$。此方法计算所得的波浪力一般偏大，其考虑因素也较简单。

(3) 美国海岸工程研究中心[《Shore Protection Manual》(《海岸防护手册》)]方法：此方法适用于位于岸线附近的海堤的波浪力计算。其波浪力分为动水压力与静水压力两个部分。海堤位于水线的海侧及岸侧时又采用两个有差别的计算图式。

① 海堤位于水线的海侧时：该方法假定动水压力只作用于静水位以上到波顶高程区段并均匀分布，即

$$p_{\mathrm{m}}=\frac{\gamma u^2}{2g}$$

式中：u——水质点运动速度。

破碎时

$$u=C=\sqrt{gd_{\mathrm{b}}}$$

则

$$p_{\mathrm{m}}=\frac{rC^2}{2g}=\frac{r}{2}d_{\mathrm{b}}$$

静水压在水底处最大为 $p_{\mathrm{d}}=\gamma\ (d+h_{\mathrm{c}})$，$h_{\mathrm{c}}$ 为压力零点（即波顶）离静水面高度，h_{c} 可取为 $0.7H_{\mathrm{b}}$（图7.20）。

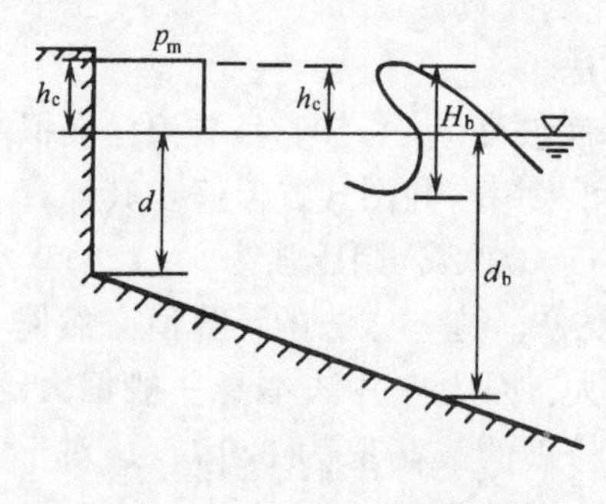

图7.20　美国海岸工程研究中心破后波波压图(1)

② 海堤位于水线的陆侧时：在水线与岸线相交处波顶高程为 $h_{\mathrm{c}}=0.7H_{\mathrm{b}}$，如图7.21所示距水线 x_2 距离处达到上爬顶点，其高程为静水面以上 $2H_{\mathrm{b}}$，假设在此区间内波面线呈直线延伸，由此决定海堤堤位处的压力零点高程（图7.21）。动水压力为

$$p_{\mathrm{m}}'=\frac{\gamma u'^2}{2g}$$

其中

$$u'=C\left(1-\frac{x_1}{x_2}\right)$$

则

$$p_{\mathrm{m}}'=\frac{\gamma}{2}\left(1-\frac{x_1}{x_2}\right)^2 d_{\mathrm{b}}$$

$$h'=h_{\mathrm{c}}\left(1-\frac{x_1}{x_2}\right)=0.7H_{\mathrm{b}}\left(1-\frac{x_1}{x_2}\right)$$

$$x_2=2H_{\mathrm{b}}\cot\beta=2H_{\mathrm{b}}/m$$

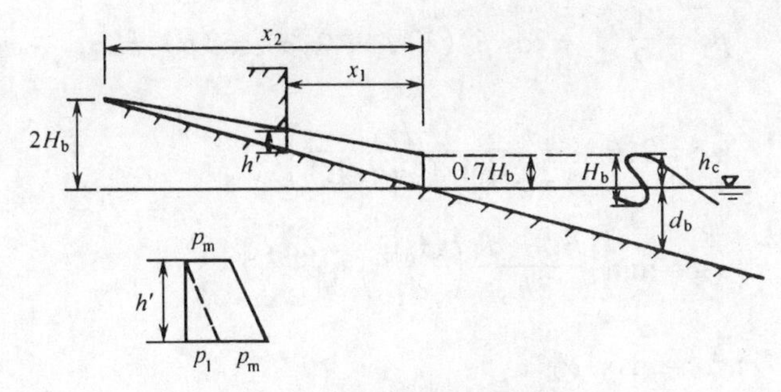

图 7.21 美国海岸工程研究中心破后波波压图（2）

静水压力在水底处最大为

$$p_d=\gamma h'=0.7\gamma H_b\left(1-\frac{x_1}{x_2}\right)$$

这个方法考虑较简单，使用方便，且海陆二侧均可应用，但静水面处波压有突变，似不尽合理。

7.3.4 日本《港湾构造物设计基准》采用的方法

这一方法由合田良实提出，后发展成为扩展合田法。日本设计基准改用这一方法的原因有二：其一是原基准对立波采用 Sainflou 方法，破波采用广井法。这两个方法在破碎界限处计算值差别很大，不连续，破波压力明显地大，工程上对此难以处理；其二是原基准的波浪短期分布取值标准为有效波，此标准取值过低，不安全。新方法采用一个统一的波压力计算公式，可用于立波到破波的任意波态的计算。设计波取为最大波 H_{max}，定义为 $H_{max}=H_{1/250}=1.8H_{1/3}$。新方法引入了不规则波的设计概念，还可考虑波浪斜向作用的影响。所以这一修改是日本对港工设计标准的一项重要革新（图 7.22）。下述计算式即为扩展合田法的有关公式，式中 β 为堤法线方向与波浪主波向线间的夹角。

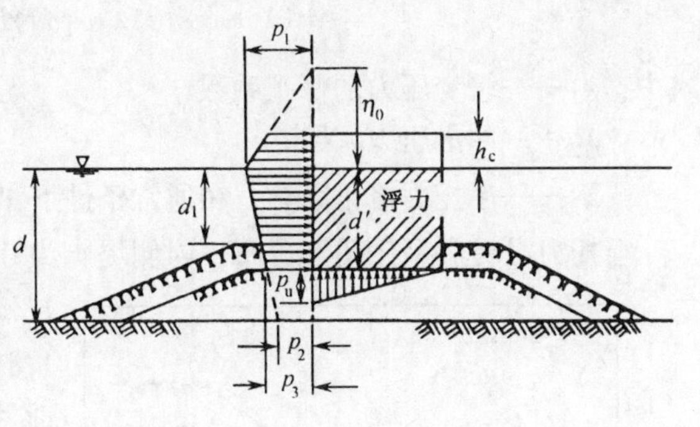

图 7.22 合田波压计算图

$$z=0.75(1+\cos\beta)\lambda_1 H_{max} \tag{7.104}$$

$$p_1 = \frac{1}{2}(1+\cos\beta)(\lambda_1\alpha_1 + \lambda_2\alpha^*\cos^2\beta)\gamma H_{\max} \tag{7.105}$$

$$\alpha_1 = 0.6 + \frac{1}{2}\left[\frac{4\pi d/L}{\sinh\,(4\pi d/L)}\right]^2 \tag{7.106}$$

$$\alpha_2 = \min\left\{\frac{h_b - d_1}{3h_b}\left(\frac{H_{\max}}{d_1}\right)^2, \frac{2d_1}{H_{\max}}\right\} \tag{7.107}$$

$$\alpha^* = \max\{\alpha_2, \alpha_1\} \tag{7.108}$$

式中：h_b——堤面前 $5H_{1/3}$处的水深；

min $\{a, b\}$ ——a 及 b 二值中取其小值。

海底波压力为

$$p_2 = \frac{p_1}{\cosh\,(2\pi d/L)} \tag{7.109}$$

墙底波压力为

$$p_3 = \alpha_3 p_1 \tag{7.110}$$

$$\alpha_3 = 1 - \frac{d'}{d_1}\left[1 - \frac{1}{\cosh\,(2\pi d/L)}\right] \tag{7.111}$$

堤脚处的浮托力为

$$p_u = \frac{1}{2}(1+\cos\beta)\lambda_3\alpha_1\alpha_3\gamma H_{\max} \tag{7.112}$$

式中：λ_1——缓变压力的修正系数；

λ_2——冲击压力系数；

λ_3——浮托力修正系数，在通常条件下 $\lambda_1 = \lambda_2 = \lambda_3 = 1.0$。

浮托力沿堤底呈三角形分布，内侧堤脚为0。计算中波高取最大波 $H_{\max}$，在深水区 $H_{\max} = 1.8H_{1/3}$，在破波区取离堤前 $5H_{1/3}$处的 $H_{\max}$，波周期取相应于最大波 $H_{\max}$的周期，通常认为 $T_{\max} = T_{1/3}$。对于强破波的修正在下节叙述。

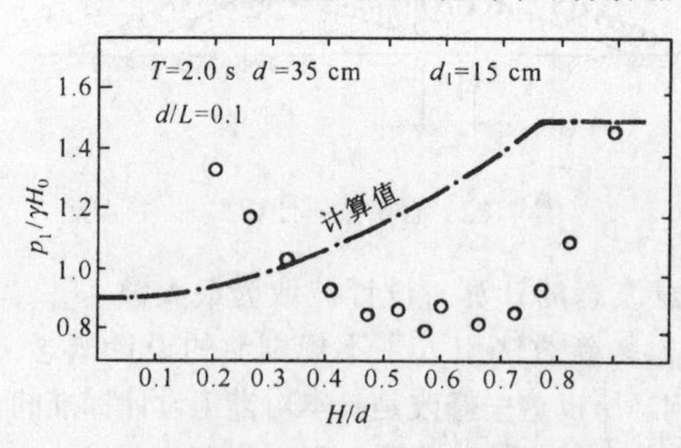

图 7.23 合田方法与试验值对比

o为试验值，$T=2.0$ s，$d=35$ cm，$d_1=15$ cm

合田提出的这个方法仍然是一个带经验性的方法。它并非基于严密的理论推导，也并不完全依赖于试验资料，计算值与合田本人试验值符合并不好（图7.23)。它主要依赖于对日本大量实际工程（包括失事与未失事两方面）的检验，检验的结果相当好（图7.24)。这一方法将各种波态的波压力计算归结为一个统一计算式，并考虑了不规则波的概念和斜向波的影响，因而具有许多优点，目前已为西方许多国家所认同。

我们的分析表明，如果取同一堤前波浪值，合田方法与本节所述我国交通部海港设计规范的计算结果相差不大，其随各因素的影响而发生的变化趋势也大体相同，这是很有意思的一个结果。

另外，李玉成等(2001)的研究表明斜向波作用时，波浪力将有两种折减，一是作用于单宽堤上波浪力的减小，对于总水平力折减系数为$(1+\cos\beta)/2$，对于总浮托力折减系数为$(1+\cos^{1.66}\beta)/2$；二是作用于整个沉箱体上平均单宽力的减小，对于水平力该折减系数为$-1.70\dfrac{l\sin\beta}{L}+1.0$，对于浮托力该折减系数为$-1.30\dfrac{l\sin\beta}{L}+1.0$，其中$l$为沉箱长度，$L$为波长。

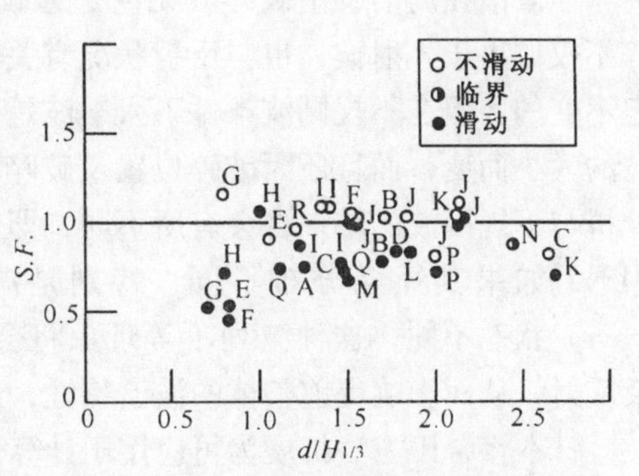

图7.24 合田方法与实际工程的比较

图中A，B，C，D…表示某工程地点代号

7.4 直立堤不规则波波浪力的计算

目前不规则波理论已在海岸及海洋工程的许多领域内得到了应用，作用于直立堤建筑上的不规则波波浪力也已有过一些初步研究。它可以归结为两个问题：第一个问题，不规则波设计法有多种概念，对于直立堤，波浪力应该采用何种概念；第二个问题，如何应用不规则波理论确定堤前波要素。

7.4.1 直立堤不规则波波浪力的确定方法

根据实际应用的不同要求，现在采用的不规则波设计法有如下几种概念：

(1) 特征波法：取不规则波波列分布中的某一特征值（例如有效值或最大值等）作为代表，而后可按规则波计算方法进行计算。

(2) 概率分布法：统计不规则波波列的概率分布，按其概率分布进行考虑。

(3) 波谱分析法：考虑波列中各组成波的频率能量分布进行设计。

当波浪在直立堤前发生规则反射且不发生破碎时，反射波将与入射波发生规则的叠加。研究表明，此时波压力谱的特征与入射波谱具有完全相似的特征。另外直立堤一般具有较高的自振特性，在立波作用下无需考虑结构的动力反应。因而在这种情况下按特征波法进行设计就可以，亦即在实质上与规则波的设计计算方法没有差别，在上节中提及的合田的工作也可为证。

当波浪在堤前发生破碎（无论是远破波或近破波），堤前波浪的破碎不仅取决于入射波，也与反射状况有关。在规则波条件下入射波是稳定不变的，但在不规则波条件下入射波是变化的。反射波不仅由于入射波的大小而变，而且还因破碎位置及破碎程度不同而异。因而规则波的分析与不规则波的结果将会有所不同，即使在相同谱密度分布的波谱作用下，如果其短期分布不同，特别是波群不等或是跃波（jumping wave）状态不同，这种波列不等现象将会相当程度地影响波列的破碎及反射，从而影响堤前整体的波谱特性，进而影响波力谱。

日本将合田方法扩展为可应用于计算任何波态的不规则波对直墙的作用力，只是对强烈破碎的不规则波，上节合田方法（7.105）式中 α_1 系数应根据冲击力系数 α_1 确定：

$$\alpha_1 = \alpha_{10}\alpha_{11} \tag{7.113}$$

式中系数

$$\alpha_{10} = \begin{cases} H/d_1 & (\text{当 } H \leqslant 2d_1) \\ 2 & (\text{当 } H > 2d_1) \end{cases} \tag{7.114}$$

系数 α_{11} 表示基床尺寸及形状对冲击压力的影响，可由下式计算：

$$\alpha_{11} = \begin{cases} \cos\delta_2/\cosh\delta_1 & (\text{当 } \delta_2 \leqslant 0) \\ 1/[\cosh\delta_1(\cosh\delta_2)^{0.5}] & (\text{当 } \delta_2 > 0) \end{cases} \tag{7.115}$$

其中

$$\delta_1 = \begin{cases} 20\delta_{11} & (\text{当 } \delta_{11} \leqslant 0) \\ 15\delta_{11} & (\text{当 } \delta_{11} > 0) \end{cases} \tag{7.116}$$

$$\delta_2 = \begin{cases} 4.9\delta_{22} & (\text{当 } \delta_{22} \leqslant 0) \\ 3\delta_{22} & (\text{当 } \delta_{22} > 0) \end{cases} \tag{7.117}$$

$$\delta_{11} = 0.93(b/L - 0.12) + 0.36[(d - d_1)/d - 0.6] \tag{7.118}$$

$$\delta_{22} = -0.36(b/L - 0.12) + 0.93[(d - d_1)/d - 0.6] \tag{7.119}$$

式中：b——明基床基肩宽；L——波长；

d_1——基床上水深；d——堤前水深。

当 $b/L=0.12$，$d_1/d=0.4$ 及 $H/d_1>2$ 时，α_1 有一极大值 2.0，当 $d_1/d>0.7$，α_1 趋近于 0 并总是小于 α_2。当为斜浪时，冲击波压力明显减小。

李玉成等（1994）的研究表明，当波浪发生破碎时，不规则波波浪力的概率分布不同于波高的概率分布，它可以双参数的威布尔分布表述，其超值概率$F(x)$为

$$F(x_j)=\exp(x_i^{\beta}/\alpha) \tag{7.120}$$

式中 $x_j=P_j/\overline{P}$；

P_j——超值概率 j%的总波浪力；

$\overline{P}$——总波浪力均值；

β——威布尔分布的形状参数，由(7.121)式及(7.122)式确定；

α——威布尔分布的尺度参数，由（7.123）式计算。

总水平力的 β 值为

$$\ln\beta=0.383\frac{d_1}{H}\tanh\frac{d_1}{d}+0.183 \tag{7.121}$$

总浮托力的 β 值为

$$\ln\beta=0.693-0.006\left\{\frac{d_1}{H}-\left[\left(\frac{d_1}{d}\right)^2-0.24\left(\frac{d_1}{d}\right)+0.55\right]\right\}^{-1} \tag{7.122}$$

$$\alpha=\Gamma^{-\beta}(1+1/\beta) \tag{7.123}$$

其中 Γ 为伽马函数。(7.121)式及(7.122)式的限制条件为 $\beta\leqslant2$。当 $\beta=2$ 时，(7.120) 式即自动退化为瑞利分布，即波浪不破碎时，波浪力概率分布等同于波高分布。堤前的波浪形态可由表 7.1 确定。

不规则波的远破波波浪力可按下述方法计算（图 7.25），波峰时作用于直墙侧面的总水平力 P 为

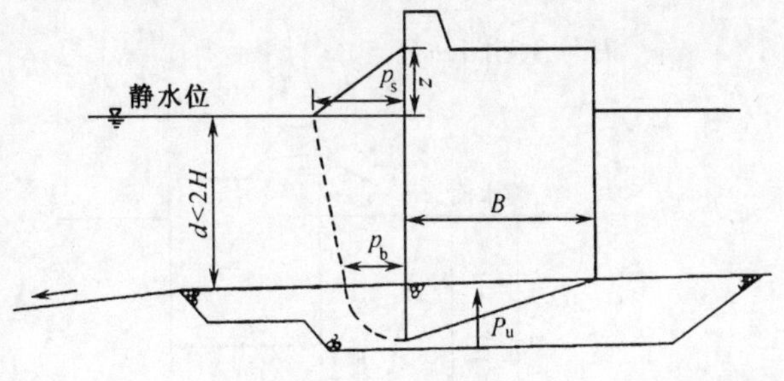

图 7.25 不规则波远破波波压力分布（波峰时）

$$P=\gamma K_{id}K_{L/H}\left(2.13\frac{H}{d_1}-0.21\right)Hd_1 \tag{7.124}$$

式中：P——超值概率 1%的总水平力；

γ——水的重度；

H——超值概率1%的波高；

d_1——基床上水深，K_{id}为水底坡度i和基床相对高度d_1/d的综合影响因子；

$K_{L/H}$——波坦影响因子。

$$K_{id}=1+3.2\left(\frac{d_1}{d}-\frac{2}{3}\right)i^{\left(\frac{d_1}{d}-\frac{2}{3}\right)} \tag{7.125}$$

$$K_{L/H}=-0.000\,34\left(\frac{L}{H}\right)^2+0.023\left(\frac{L}{H}\right)+0.746 \tag{7.126}$$

其中L为平均波长。可由下列各式确定P_b，P_s及z值：

$$\left.\begin{aligned}p_b&=0.7p_s \quad (\text{当 } d/H\leqslant 1.7)\\ p_b&=0.55p_s \quad (\text{当 } d/H>1.7)\end{aligned}\right\} \tag{7.127}$$

$$z=H_{1\%} \tag{7.128}$$

堤底面上的波浪浮托力P_u为

$$P_u=\mu\frac{Bp_b}{2} \tag{7.129}$$

式中：μ——浮托力分布图的折减系数，取为0.7。

不规则波的近破波波浪力可按下述公式计算（图7.26），波峰时作用于直墙上的总水平力P为：

$$P=\gamma Hd_1\left\{A\left(\frac{H}{Bd_1}\right)^3\exp\left[-1.5\left(\frac{H}{Bd_1}\right)^2\right]+C\right\} \tag{7.130}$$

$$A=7.4\left[101.7\left(\frac{b}{L}\right)^3-17.5\left(\frac{b}{L}\right)^2+0.86\left(\frac{b}{L}\right)+0.45\right]^{-1}\times\left(1.42-2.25\frac{d_1}{d}\right)^{-0.95} \tag{7.131}$$

$$B=3.6\left(1+0.5\frac{b}{L}\right)\left(1+3.0\frac{d_1}{L}\right)^{-1} \tag{7.132}$$

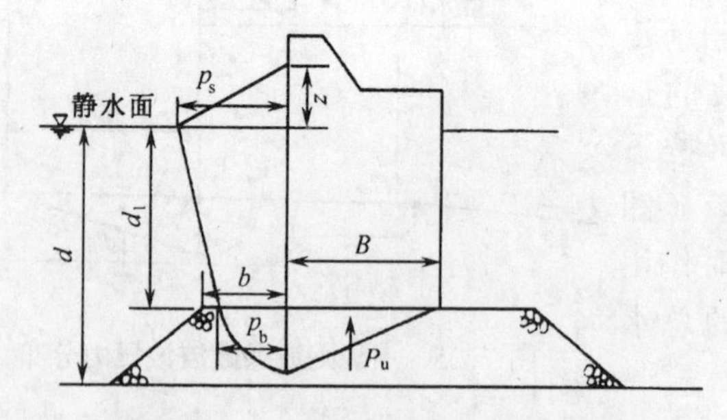

图7.26　不规则波近破波波压力分布

$$C=\left(160\frac{b}{L}-67\right)\left(\frac{d_1}{d}-0.245\right)^2+$$

$$+1.85\left(42-156\frac{b}{L}\right)^{-1}+0.82 \tag{7.133}$$

当 $d_1/d \geqslant 1/3$，则取

$$A=11.0\left[101.7\left(\frac{b}{L}\right)^3-17.5\left(\frac{b}{L}\right)^2+0.86\left(\frac{b}{L}\right)+0.45\right]^{-1} \tag{7.134}$$

$$B=1.8\left(1+0.5\frac{b}{L}\right) \tag{7.135}$$

$$C=7.74\times10^{-3}\left(160\frac{b}{L}-67\right)+1.85\left(42-156\frac{b}{L}\right)^{-1}+0.82 \tag{7.136}$$

式中符号意义同前。可由下式计算 p_s，p_b 及 z 值。

$$p_b=0.8p_s \tag{7.137}$$

$$z=(0.54+1.06\frac{d_1}{H})H \tag{7.138}$$

当计算的 z 值大于 H 时，取 $z=H$。堤底上的浮托力 P_u 为

$$P_u=\mu\frac{Bp_b}{2} \tag{7.139}$$

式中 μ 值取为0.7。

7.4.2 堤前不规则波波要素的确定方法

这是一个浅水不规则波的折射、变形与破碎的分析计算问题。对此，目前已有不少研究成果，其中日本合田良实的研究比较系统。以下对其工作作一概述。

7.4.2.1 折射计算

波谱不仅需要考虑频率谱，还应计及方向谱，不同频率不同方向的折射均不同。

(1) 方位的划分：波浪能量大体上分布在主波向两侧的±90°范围内，在这个范围内可分解为不同数量的方位进行具体计算。划分愈多愈准确，但计算工作量大。一般波浪方向按16方位或8方位划分。当为16方位时可取为±67.5°，±45°，±22.5°及0°共7组，当为8方位时取为±45°及0°共3组，合田采用光易恒的方向谱观测成果，波谱密度为

$$S(f,\theta)=S(f)G(f,\theta) \tag{7.140}$$

式中：$S(f)$——波谱频率谱密度分布；

$G(f,\theta)$——方向函数，它为

$$G(f,\theta)=G_1(s)\cos 2s(\frac{\theta}{2}) \tag{7.141}$$

$$G_1(s)=\frac{1}{\pi}2^{2s-1}\frac{\Gamma^2(s+1)}{\Gamma(2s+1)} \tag{7.142}$$

显然
$$\int_{-\pi}^{\pi} G(f,\theta)\mathrm{d}\theta = 1$$
在（7.141）式及（7.142）式中指数 s 表示能量在方向上的集中程度，在频率谱峰处 s 值最大，其变化可表示为
$$\left.\begin{aligned} s &= s_{\max}(f/f_{\mathrm{p}})^{5} \quad (\text{当 } f \leqslant f_{\mathrm{p}}) \\ s &= s_{\max}(f/f_{\mathrm{p}})^{-2.5} \quad (\text{当 } f \geqslant f_{\mathrm{p}}) \end{aligned}\right\} \tag{7.143}$$
式中：f_{p}——谱峰的频率。

合田建议对于风浪取 $s_{\max}=10$，对波陡较大的涌浪 $s_{\max}=25$，对波陡较小的涌浪 $s_{\max}=75$。如取各方位能量之和为1，则各波向组成波的能量比 D_{j} 可按表7.8所示确定。

表 7.8　各方位组成波的能量比 D_{j}

组成波的波向	16方位划分			8方位划分		
	$s_{\max}$			$s_{\max}$		
	10	25	75	10	25	75
67.5°	0.05	0.02	0			
45.0°	0.11	0.06	0.02	0.26	0.17	0.06
22.5°	0.21	0.23	0.18			
0°	0.26	0.38	0.60	0.48	0.66	0.88
−22.5°	0.21	0.23	0.18			
−45.0°	0.11	0.06	0.02	0.26	0.17	0.06
−67.5°	0.05	0.02	0			
合　计	1.00	1.00	1.00	1.00	1.00	1.00

（2）频率的划分：将整个谱面积按等能量分段的方法划分成 n 段，然后求各段中的代表周期 T_i 以此作为折射计算用。n 值可取为3～5。每个小段的能量为 $\Delta E_{ij}=\dfrac{1}{N}D_{\mathrm{j}}$，$D_{\mathrm{j}}$ 由表1.8查取，T_i 值由表7.9查取。

表 7.9　各组成波的周期 T_i 与有效周期比

组成波数目	$T_i/T_{\frac{1}{3}}$				
	$i=1$	$i=2$	$i=3$	$i=4$	$i=5$
3	1.16	0.90	0.54		
4	1.20	0.98	0.81	0.50	
5	1.23	1.04	0.90	0.76	0.47

在确定方位及周期后可用通常的折射计算公式计算折射系数 K_{r}，然后对各不同频率及方位的 K_{r} 进行加权处理。权即为能量比，在同方位上系按等能量划分，所以同方位上各频率的权相等。由于能量为波高的平方，所以取 $\sum\limits_{i=1}^{N} K_{\mathrm{r}}^{2} \times \dfrac{D_{\mathrm{c}}'}{N}$，$N$ 为频率划分数，则等效的折射系数为

$$(K_r)_{\text{eff}} = \sqrt{\sum_{i=1}^{M}\sum_{i=1}^{N}(\Delta E_{ij})(K_r)_{ij}^2} \tag{7.144}$$

式中：M——方位划分数；

下角标 eff——有效值。

7.4.2.2 浅水变形计算

将波谱按频率划分成若干段，各段取其代表频率，分别按规则波方法计算变形系数，然后再合成：

$$K_s = \frac{H}{H_0'} = \sqrt{C_{g0}/C_g} \tag{7.145}$$

式中：H_0'——换算的深水波高；

H——浅水波高。

7.4.2.3 破碎引起的波浪衰减及变形

在一定水深处波浪的破碎与波高有关。图 7.27 中大于某相对波高 x_1 者必然破碎，其破碎概率为 1，小于某相对波高 x_2 者必定不破碎，其破碎概率为 0。设全破碎到不破碎之间的破碎概率成线性分布[图 7.27(b)]，则残留波的概率分布如图 7.27(c)。考虑破后波浪为一完整事件，总概率仍为100%，这样概率曲线调整后，如图 7.27 (d)。

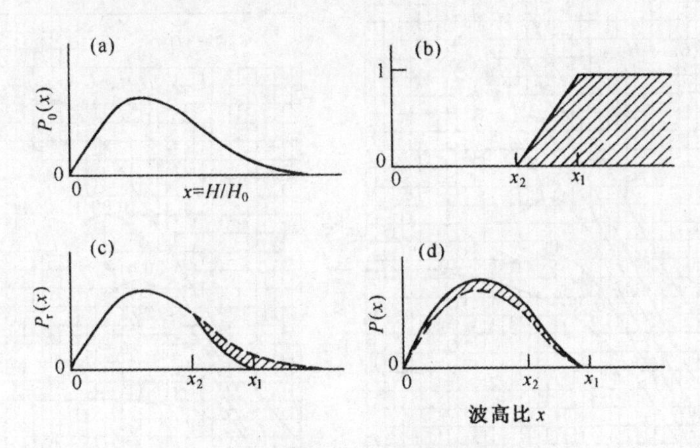

图 7.27 破碎后的波谱密度重分布

(a) 破波前的波高分布；(b) 破碎概率；(c) 未破波的分布；(d) 波高的重分布

底坡和波陡的大小影响到波浪传播过程中的能量损失率及积聚率。另外，对于波谱而言，它含有不同的波高，其破碎水深及位置各异，所以对波谱不存在固定的破碎点、破碎水深及破碎波高，实际上是一个破波带。此时可假设破波带内有效波高的最大值$(H_{1/3})_p$ 作为破波波高，以它出现位置的水深$(d_{1/3})_p$作为破碎水深。破波带内的有效波高$H_{1/3}$、最大波高$H_{\max}$以及其出现的水深可分别由图 7.28 (a)及 7.28(b)查取，也可由（7.146）式到（7.153）式进行计算：

$$H_{1/3}=\begin{cases} K_s H_0' & (\text{当 } d/L_0 \geqslant 0.2) \\ \min[(\beta_0 H_0' + \beta_1 d), \beta_{\max} H_0', K_s H_0'] & (\text{当 } d/L_0 < 0.2) \end{cases} \tag{7.146}$$

$$H_{\max}= H_{1/250} = \begin{cases} 1.8 K_s H_0' & (\text{当 } d/L_0 \geqslant 0.2) \\ \min[(\beta_0^* H_0' + \beta_1^* d), \beta_{\max}^* H_0', 1.8 K_s H_0'] & (\text{当 } d/L_0 < 0.2) \end{cases} \tag{7.147}$$

式中

$$\beta_0 = 0.028(H_0'/L_0)^{-0.38}\exp(20\tan^{1.5}\theta) \tag{7.148}$$

$$\beta_1 = 0.52\exp(4.2\tan\theta) \tag{7.149}$$

$$\beta_{\max} = \max[0.92, 0.32(H_0'/L_0)^{-0.29}\exp(2.4\tan\theta)] \tag{7.150}$$

$\tan\theta$ 为底坡坡度。

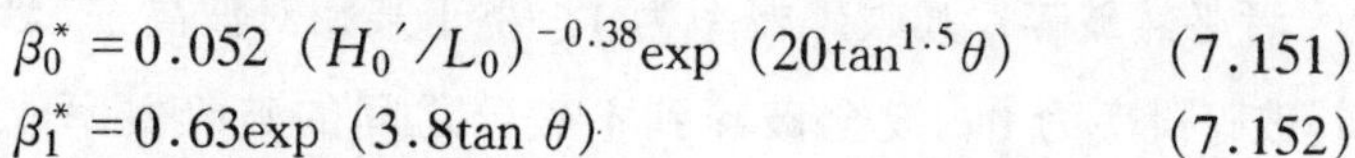

$$\beta_0^* = 0.052\ (H_0'/L_0)^{-0.38}\exp\ (20\tan^{1.5}\theta) \tag{7.151}$$

$$\beta_1^* = 0.63\exp\ (3.8\tan\theta) \tag{7.152}$$

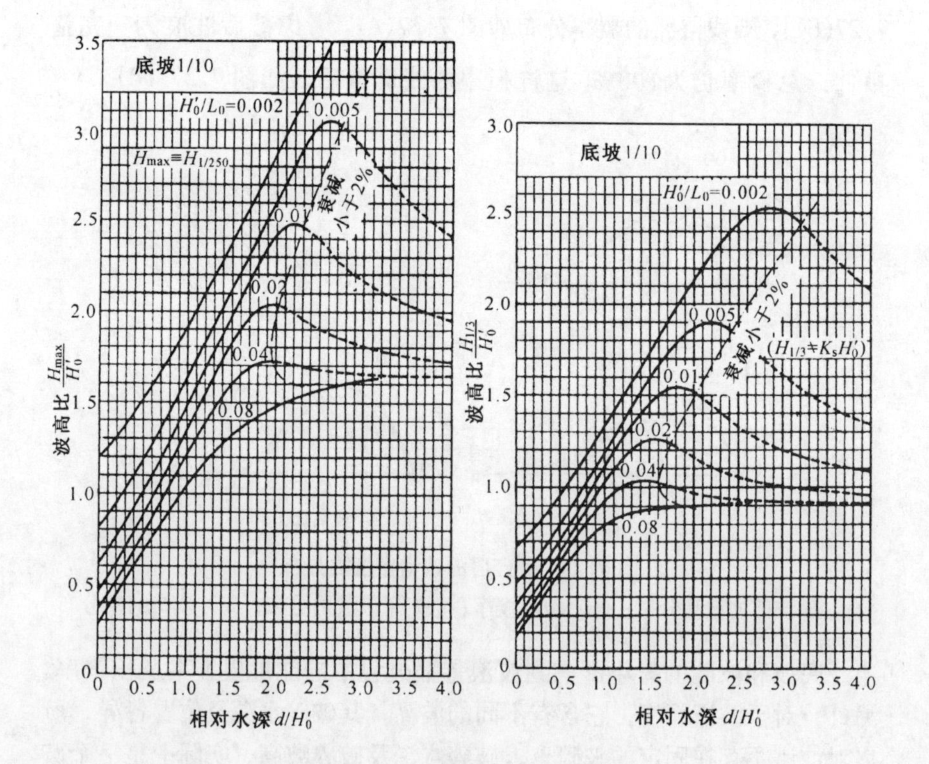

图 7.28 (a)　破波带内 $H_{\max}$ 计算图

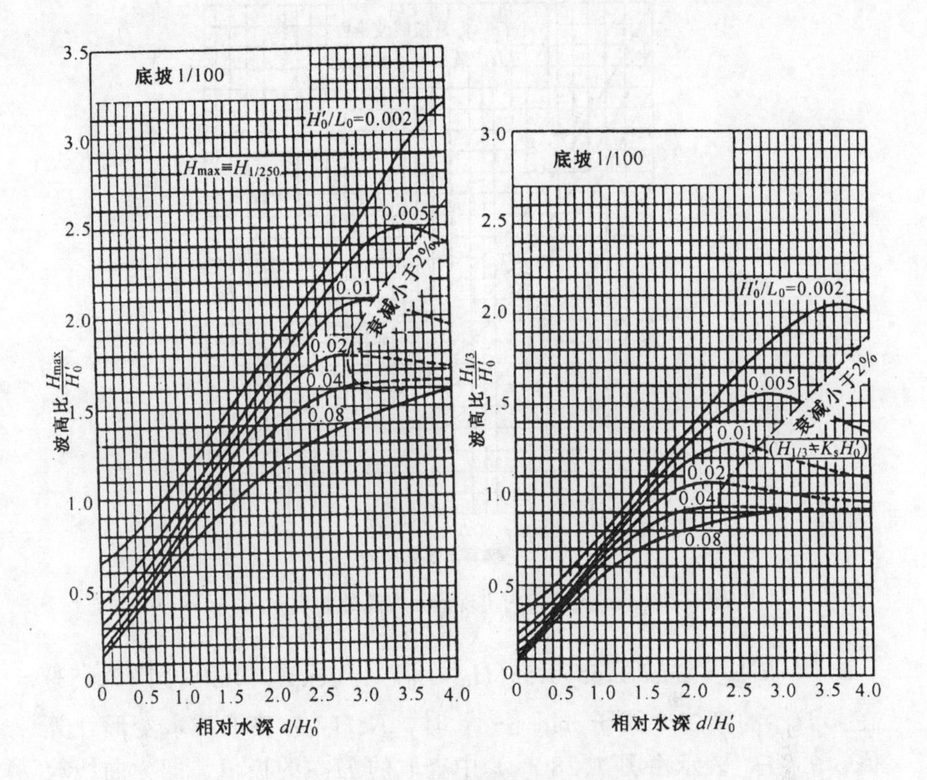

图 7.28(b) 破波带内 $H_{1/3}$计算图

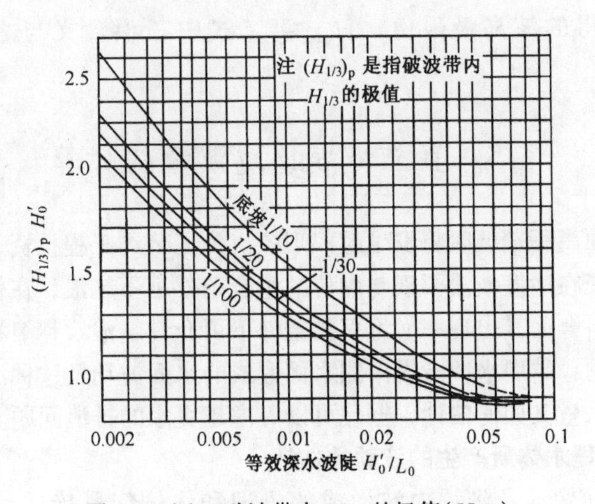

图 7.28(c) 破波带内 $H_{1/3}$的极值$(H_{1/3})_p$

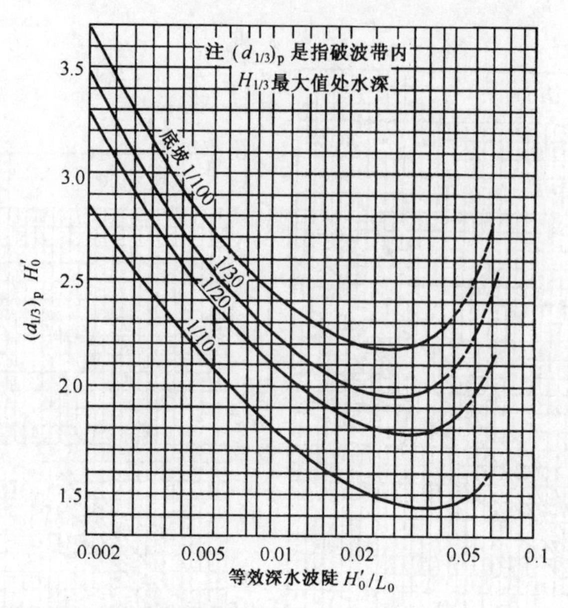

图 7.28(d)　破波带内出现最大波高处的水深$(d_{1/3})_p$

$$\beta_{max}^* = \max[1.65, 0.53(H_0'/L_0)^{-0.29})\exp(2.4\tan\theta)] \quad (7.153)$$

在求 $H_{1/3}$的第二个式子 min ［…］ 时，$K_s H_0'$为波浪浅水变形计算值；$\beta_{max} H_0'$表示由图 7.28（c）中查取的 $H_{1/3}$的极值，即为曲线族中各曲线的峰值；$H_0'/L_0 = 0.08$ 时的极值 $\beta_{max} = 0.92$，当 $H_0'/L_0 < 0.08$ 时该值与 $\tan\theta$ 及 H_0'/L 值有关；$\beta_0 H_0' + \beta_1 d$ 为由浅水变形计算所得的波高极限值。H_{max} 第二式中三项含义与之类同，不赘述。

7.5　直立堤堤顶越波量的计算

当堤顶高程较低时将发生越浪现象。为了节约工程投资，堤顶高程通常只保证在适度波浪要素与潮位的组合条件下不越浪，在较不利的潮位与潮位组合而其出现率又不多的条件下可允许越浪。越浪将产生两个方面的问题：越堤水冲击堤内侧水面形成的水面波动及这种波动如何估计；越堤水量又如何估计，据此可以考虑越堤水的排泄问题。

7.5.1　越堤水体所产生的波动的估计

这个问题涉及到堤内波形成的机理和水体能量传递计算。此过程比较复杂，迄今尚无实用的理论计算方法，往往借助于模型试验确定。此类试验迄今已有不少成果，特别是在日本建造了大量允许越浪的直墙建筑。以下介绍一个由合田良实归纳的经验方法。

设堤内波与堤外波的波高比为 K_t，入射波高为 H_i，堤顶离静水面高为 R_1。在混成堤情况下，K_t 与 R_1/H_i 及 d_1/d 两因子有关，d_1/d 为混成堤直墙前水深 d_1 与堤前水深之比。K_t 将随 R_1/H_i 及 d_1/d 之增大而减小，K_t 值可查图 7.29。K_t 也可利用日本北海道开发局土木实验所的经验公式进行计算。

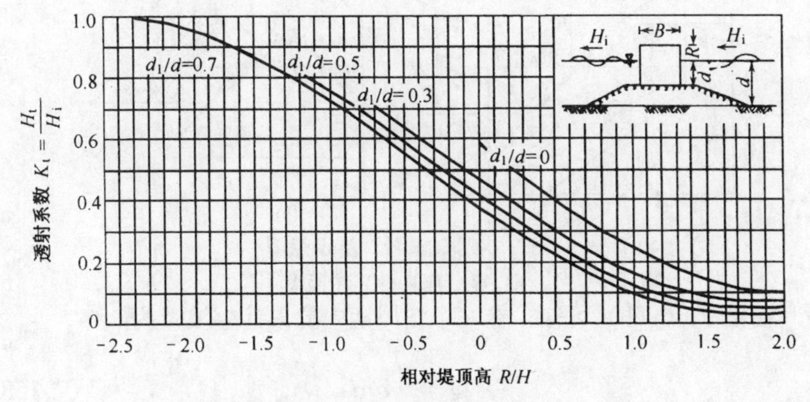

图 7.29　越堤波计算图

对于实体沉箱式建筑，当 $0\leqslant R_1/H_i\leqslant 1.25$ 时有

$$K_t = 0.3\times(1.5 - R_1/H_i) \tag{7.154}$$

对于有消浪结构护面的建筑，当 $0\leqslant R_1/H_i\leqslant 0.75$ 时有

$$K_t = 0.3\times(1.1 - R_1/H_i) \tag{7.155}$$

(7.154) 式与图 7.29 的结果相差不大。

7.5.2　越波量计算

越波量的大小与波浪状况、海堤的外形与地理位置、海滩情况以及风况等有关。

Shiigai and Kono (1970) 将越波量的计算视为宽顶堰的泄流计算。设 $q(t)$ 为越波量的单宽流量，则

$$q(t) = \frac{2}{3}C\sqrt{2g}[y(t) - y_0]^{3/2} \tag{7.156}$$

式中：C——流量系数。

如图 7.30，设 $y(t)=y_m F(t)$ 及 $k=y_m/H_0$，则

$$q(t)=\begin{cases}\dfrac{2}{3}C\sqrt{2g}(kH_0)^{3/2}[F(t)-y_0/kH_0]^{3/2} & (\text{当 } F(t)\geqslant y_0/y_m)\\ 0 & (\text{当 } F(t)<y_0/y_m)\end{cases} \tag{7.157}$$

k值为波陡和斜坡坡度的函数，结构越浪也会使其减小，根据Shiigai and Kono (1970)的研究，对于直墙k值约为1.0，坡度$\tan\alpha=0.35$时最大，约为1.25。

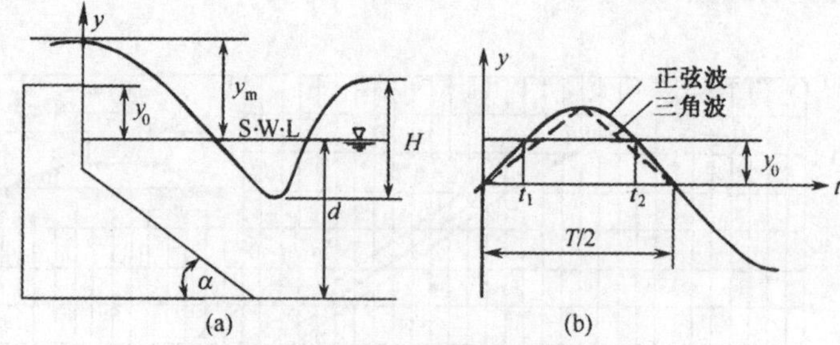

图 7.30　越波量计算示意图

(a) 堤断面；(b) 波面图

由图7.30 (b) 可知，在一个波周期中的累计越波量为

$$Q=\int_{t_1}^{t_2}q\,\mathrm{d}t \tag{7.158}$$

积分式中的时间上下限t_1及t_2是对应于$F(t)>y_0/y_m$这一条件的。

如设$F(t)$为三角形的分布函数，则可得

$$\frac{Q}{TH_0\sqrt{2gH_0}}=\frac{2}{15}Ck^{3/2}(1-y_0/kH_0)^{3/2} \tag{7.159}$$

式中：T——波周期。

如设$F(t)$为正弦曲线，则可得

$$\frac{Q}{TH_0\sqrt{2gH_0}}=\frac{4}{3}Ck^{3/2}1/T\int_{t_1}^{T/4}\left(\sin\frac{2\pi}{T}t-\frac{y_0}{kH_0}\right)^{3/2}\mathrm{d}t \tag{7.160}$$

式中
$$t_1=\frac{T}{2\pi}\sin^{-1}\left(\frac{y_0}{kH_0}\right)$$

由 (7.159) 式可知越波量与y_0/H_0，k及波要素有关，它可表述为图7.31。

相对水深d/L_0对越波量有明显的影响。图7.32为三井在底坡$i=1/10$条件下所得的一组结果。风对越波量也有显著影响。图7.33为岩垣 (1964) 的试验结果。当风速W增加，越波量迅速增加，而后达到一稳定值。合田利用吉田等人的理论分析成果得到计算在不规则波条件下的越波量的图表 (图7.34)。该图表明在$d/H_0=1.7\sim2.2$时越波量最大。

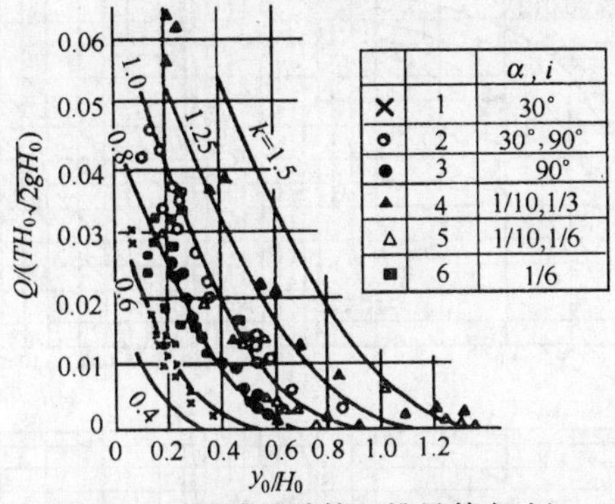

图 7.31 越波量计算（椎贝等方法）

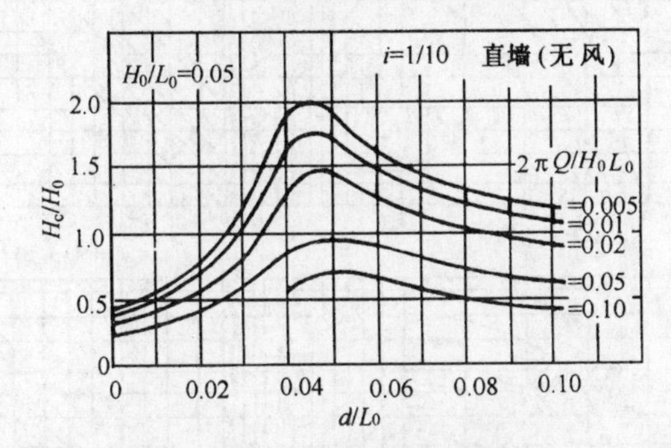

图 7.32 d/L_0 对越波量影响

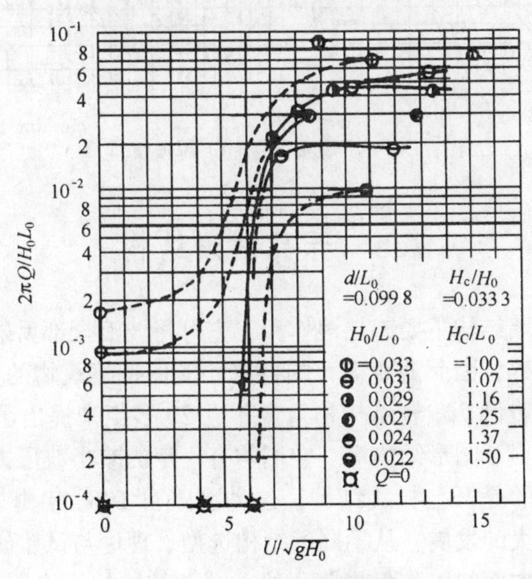

图 7.33 风速对越波量影响

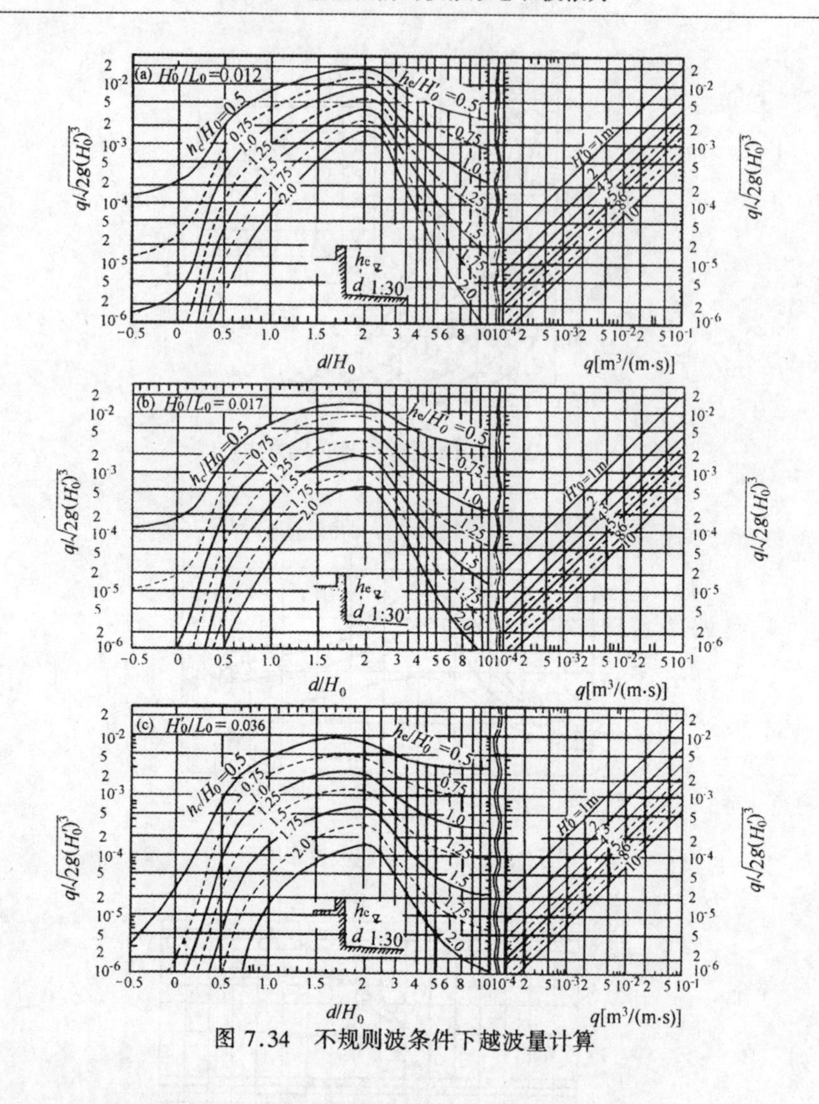

图 7.34　不规则波条件下越波量计算

7.6　开孔消浪结构

传统的直墙结构主要起挡浪作用，它可将波浪全部反射，或是部分反射及部分破碎，因而需要很大的自重才能保持建筑物的安全与稳定。为了降低工程造价、减轻结构物重量，近20多年来提出了许多种新型结构，如削角堤、圆形结构等。它们均有一定的减小波压力的效应，而更为引人注目的是开孔板式结构。这种型式自1960年由加拿大Jarlan提出后有了很大的发展，从不同的结构选型、理论与试验研究，以及实际工程应用等方面的工作发展都很快。开孔结构的消浪原理为：第一，由于反射波的不规则性和与入射波的相位差，使入射波与反射波相互干扰而减小水面振荡；第二，使入射波透过开孔壁进入消浪室消能而达到消波的作用。由于近 20 年来不同断面形式的混成堤（包括开孔消浪结构）在日本建造的最多，所以这方面的研究工作也以日本的最多。

由于开孔消浪结构的消浪机制比较复杂，迄今其尺度的选择与波浪力的计算都只能依赖于理论分析、数值计算与试验研究相结合的办法来确定。从已发表的文献报导来看，Li（2007）和Huang，Li和Liu（2011）对此进行了综合评述，并介绍了李玉成课题组的相关成果。这些成果已被纳入我国2011版《防波堤设计与施工规范》。在不规则波作用下，无顶板开孔消浪结构的反射率 K_r 可计算如下：

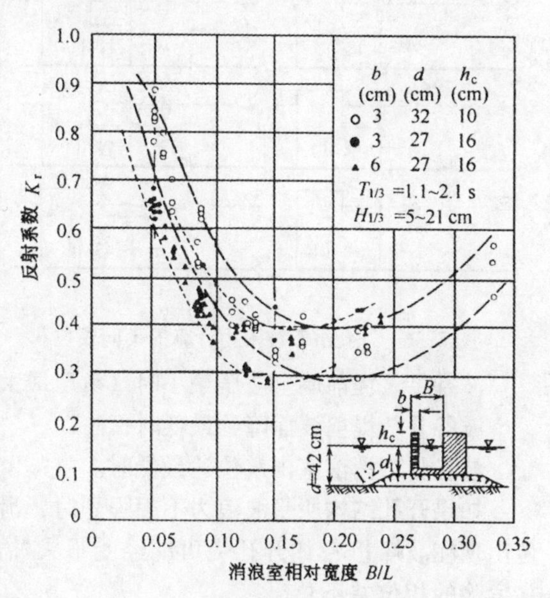

图 7.35 消浪室宽及反射率相关图

T：1.1~2.1s，H：5~21cm

$$K_r=0.913-8.422\left(\frac{B}{L_s}\right)+23.581\left(\frac{B}{L_s}\right)^2+0.18\left(\frac{h}{L_s}\right)-1.88\left(\frac{H_s}{L_s}\right)+0.504\varepsilon \quad (7.161)$$

式中，B-消浪室宽，H_s, L_s-有效波高及波长，h-基岸上水深，ε-开孔率。对于有顶板的反射率在规范中也列出了对（7.161）式的修正计算式。

对于波浪力的计算，日本港湾研究所高桥（1996）推荐采用扩展合田公式，但（7.105）式及（7.112）式中的修正系数 λ_1，λ_2 及 λ_3 应考虑如图 7.36 所示的 6 种相位条件下的波浪力，即分波峰 3 个相位，波谷 3 个相位。它们分别为：

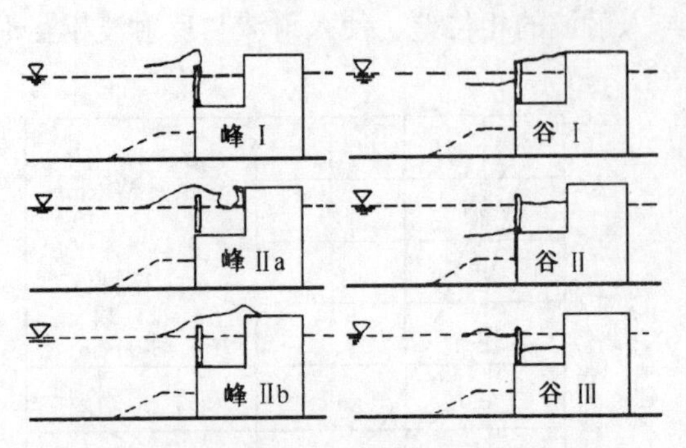

图7.36　开孔沉箱波浪力计算的不同相位

波峰Ⅰ　直立堤前墙（包括开孔与不开孔部分）波浪达最大时；

波峰Ⅱa　消浪室后墙上的冲击波压达峰值，如不发生冲击波压，此相位并不重要；

波峰Ⅱb　消浪室后墙上波压出现次峰时，出现在冲击波压峰之后；

波谷Ⅰ　堤前墙上波压最小时（负压最大）；

波谷Ⅱ　堤前波面降到最低时；

波谷Ⅲ　消浪室内水位达最低时。

如果开孔结构所受波浪力不很强烈时，滑移与倾覆稳定最危险的相位出现在波峰Ⅱb；如开孔堤可能经受很大冲击波压时，对于两种稳定最危险的相位并不总出现于波峰Ⅱb时。

高桥认为，出现正压力的3个相位，即峰Ⅰ、峰Ⅱa及Ⅱb均需计算；此时修正系数λ_1，λ_2及λ_3可分别按表7.10所列值选用，有关符号参见图7.37。该图为波峰Ⅱb时堤上的波压分布。应指出，开孔堤对减小冲击压力和缓变动水压力均有效。陈雪峰等的试验表明，上述方法给出的波压值通常比试验值大很多，有很大的安全度。

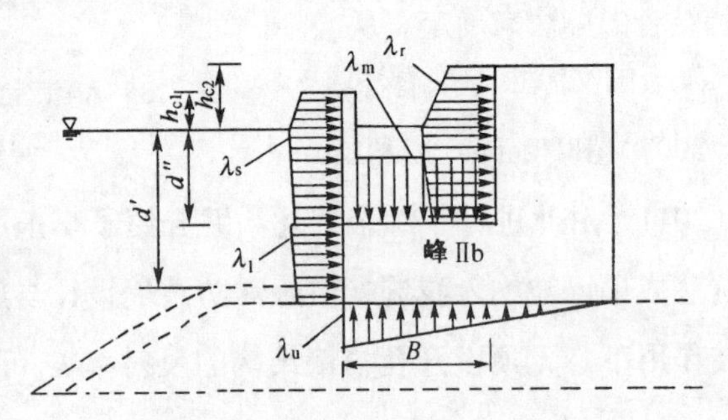

图7.37　波压力分布图的各符号
（波峰Ⅱb相位时）

表7.10　不同相位时的压强修正系数值(高桥,1991)

项　目		波　峰　Ⅰ	波　峰　Ⅱa	波　峰　Ⅱb
前墙透空板部分	λ_{s1}	0.85	0.70	0.30
	λ_{s2}	0.40（$\alpha^*\leqslant0.75$） $0.30/\alpha^*$（$\alpha^*>0.75$）	0	0

续表

项目		波峰Ⅰ	波峰Ⅱa	波峰Ⅱb
前墙实体板部分	λ_{l1}	1	0.75	0.65
	λ_{l2}	$0.40\ (\alpha^* \leqslant 0.5)$ $0.20/\alpha^*\ (\alpha^* > 0.5)$	0	0
消浪室后墙	λ_{r1}	0	$20B/3L'(B/L' \leqslant 0.15)$ $1.00(B/L' > 0.15)$	$1.40\quad (H_d/d \leqslant 0.10)$ $(1.6 \sim 2)H_d/d(0.10 < H_d/d < 0.30)$ $1.00\quad (H_d/d > 0.30)$
	λ_{r2}	0	$0.56(\alpha^* \leqslant 25/28)$ $0.5/\alpha^*(\alpha^* > 25/28)$	0
消浪室底板	λ_{m1}	0	$20B/3L'\ (B/L' \leqslant 0.15)$ $1.00(B/L' > 0.15)$	$1.4\quad (H_d/d \leqslant 0.10)$ $(1.6 \sim 2)H_d/d(0.10 < H_d/d < 0.30)$ $1.00\quad (H_d/d > 0.30)$
	λ_{m2}	0	0	0
浮托力	λ_{u3}	1.00	0.75	0.65

我国行业规范《防波堤设计与施工》(1998)推荐采用下述公式计算开孔堤上的波压力分布：

静水面压强为

$$p_s = \gamma H\left[0.858 - 4.508\frac{b}{L} + 12.64\ (\frac{b}{L})^2\right] \quad (\mathrm{kPa}) \quad (7.162)$$

海底压强为

$$p_d = \gamma H\left[0.52 - 1.19\frac{d}{L} - 0.17\ (\frac{d}{L})^2\right] \quad (\mathrm{kPa}) \quad (7.163)$$

压力零点位于水面上：

$$z = 1.275H \quad (7.164)$$

各点间压力呈线性分布。底部浮托力为

$$P_u = bp_d/2 \quad (\mathrm{kN/m}) \quad (7.165)$$

式中：b——堤身宽。

上述3式适用条件为开孔率ε在0.19～0.25范围，相对消浪室宽度$B/L \leqslant 0.17$，相对水深$d/H \geqslant 2.0$。陈雪峰等（2002）的分析比较表明，(7.162)式至(7.164)式的结果有可能偏小，并建议在规则波条件下计算开孔堤与实体堤相比的波浪力折减系数k_f的公式为

$$k_f = 1.26 - 4.42\frac{H}{L} - 0.45\frac{d}{L} - 1.88\frac{B}{L} + 0.23\varepsilon \quad (7.166)$$

式中：k_f——作用于开孔堤总水平波浪力与作用于实体堤总水平波浪力

之比值；

H 及 L——波高及波长；

d——堤前水深；

B——消浪室宽；

ε——开孔率。

李玉成课题组通过物理模型试验、理论分析和数值计算，对开孔沉箱波浪力进行了系统研究。对比分析了不规则波与对应规则波条件下开孔沉箱的波浪力，发现不规则波作用下开孔沉箱的波浪力通常偏大，因此推荐采用不规则波进行工程设计。研究还发现，开孔沉箱总水平力和总垂直力之间存在一个明显的相位差，当开孔沉箱总水平力达到峰值时，对应的总垂直力较小，甚至有可能作用力方向垂直向下（对提高沉箱稳定性有利），因此在开孔沉箱优化设计中，宜考虑总水平力与总垂直力之间的相位差。李玉成课题组给出如下开孔沉箱波浪力计算公式：

$$\frac{P_1}{P_0}=0.997-1.515\left(\frac{H_s}{L_s}\right)-0.804\left(\frac{h}{L_s}\right)-1.312\left(\frac{B}{L_s}\right)+0.25\varepsilon \tag{7.167}$$

$$\frac{P_2}{P_1}=1.247+0.648\left(\frac{h}{L_s}\right)-0.573\left(\frac{B}{L_s}\right)-0.349\left(\frac{S_c}{H_s}\right)+0.082\left(\frac{S_c}{H_s}\right)^2+0.215\varepsilon \tag{7.168}$$

$$\frac{P_{v1}}{P_{v0}}=0.088+11.154\left(\frac{H_s}{L_s}\right)-2.084\left(\frac{h}{L_s}\right)+8.273\left(\frac{B}{L_s}\right)-19.508\left(\frac{B}{L_s}\right)^2+0.832\varepsilon \tag{7.169}$$

$$\frac{P_{v2}}{P_{v1}}=2.134-7.056\left(\frac{H_s}{L_s}\right)+0.961\left(\frac{h}{L_s}\right)-0.296\left(\frac{B}{L_s}\right)+4.365\left(\frac{B}{L_s}\right)^2-0.811\left(\frac{S_c}{H_s}\right)+0.184\left(\frac{S_c}{H_s}\right)^2-0.703\varepsilon \tag{7.170}$$

$$\frac{l_1}{l_0}=1.063-2.56\left(\frac{H_s}{L_s}\right)+1.019\left(\frac{h}{L_s}\right)-0.88\left(\frac{h}{L_s}\right)^2-1.432\left(\frac{B}{L_s}\right)+2.848\left(\frac{B}{L_s}\right)^2+0.091\varepsilon \tag{7.171}$$

$$\frac{l_2}{l_1}=1.0 \tag{7.172}$$

$$\frac{l_{v1}}{l_{v0}}=1.01-1.917\left(\frac{H_s}{L_s}\right)+1.063\left(\frac{h}{L_s}\right)-2.023\left(\frac{B}{L_s}\right)+2.532\left(\frac{B}{L_s}\right)^2+0.429\varepsilon \tag{7.173}$$

$$\frac{l_{v2}}{l_{v1}} = 1.0 \tag{7.174}$$

$$\frac{\Delta t_1}{T_s} = 0.009 + 0.477\left(\frac{B}{L_s}\right) + 0.099\left(\frac{h}{L_s}\right) + 0.324\varepsilon \tag{7.175}$$

$$\frac{\Delta t_2}{T_s} = -0.237 + 0.304\left(\frac{B}{L_s}\right) + 0.08\left(\frac{h}{L_s}\right) + 0.299\left(\frac{S_c}{H_s}\right) - 0.088\left(\frac{S_c}{H_s}\right)^2 + 0.347\varepsilon \tag{7.176}$$

$$\frac{P_1'}{P_1} = \cos\left(2\pi\frac{\Delta t_1}{T_s}\right) \tag{7.177}$$

$$\frac{P_2'}{P_2} = \cos\left(2\pi\frac{\Delta t_2}{T_s}\right) \tag{7.178}$$

$$\frac{P_{v1}'}{P_{v1}} = \cos\left(2\pi\frac{\Delta t_1}{T_s}\right) \tag{7.179}$$

$$\frac{P_{v2}'}{P_{v2}} = \cos\left(2\pi\frac{\Delta t_2}{T_s}\right) \tag{7.180}$$

式中：

P_1、P_2——无顶板开孔沉箱、有顶板开孔沉箱上的最大总水平波浪力(kN/m)，方向与波向一致；

P_{v1}、P_{v2}——无顶板开孔沉箱、有顶板开孔沉箱上的最大总垂直波浪力(kN/m)，方向向上；

P_0——不开孔沉箱上的最大总水平波浪力(kN/m)，方向与波向一致；按我国《海港水文规范》(2013 版) 的方法计算，波高采用 $H_{1\%}$，波长采用平均周期对应的波长 L；

P_{v0}——不开孔沉箱上的最大总垂直波浪力(kN/m)，方向向上，按我国《海港水文规范》(2013 版) 的方法计算，波高采用 $H_{1\%}$，波长采用平均周期对应的波长 L；

l_1、l_2、l_0——无顶板开孔沉箱、有顶板开孔沉箱、不开孔沉箱上的总水平波浪力对沉箱底的力臂(m)；

l_{v1}、l_{v2}、l_{v0}——无顶板开孔沉箱、有顶板开孔沉箱、不开孔沉箱上的总垂直波浪力对沉箱后踵的力臂(m)；

P_1'、P_2'—— 无顶板开孔沉箱、有顶板开孔沉箱最大垂直力出现时刻的总水平力值(kN/m)；

P_{v1}'、P_{v2}'—— 无顶板开孔沉箱、有顶板开孔沉箱最大总水平力出现时刻的总垂直力值(kN/m)；

Δt_1、Δt_2——无顶板开孔沉箱、有顶板开孔沉箱最大垂直波浪力与出现最大水平波浪力的相位差(s)；

H_s、T_s、L_s——有效波高(m)、有效波周期(s)、有效波长(m)；

h、B、S_c、ε——基床上水深(m)、消浪室净宽(m)、顶板底面离计算水位高度(m)、开孔率(开孔面积除以开孔部分上下沿之间的全部面积)。

除上述计算公式，李玉成课题组还给出了波压力分布的计算方法以及波谷作用时的波浪力计算方法，这些成果已被纳入我国2011版《防波堤设计与施工规范》。关于开孔沉箱波浪力的更多研究进展，读者可参阅Li（2007）以及Huang，Li和Liu（2011）的综述论文。

例题7.1　建筑物前水深 $d=10.0$ m，堤前波高 $H=4.0$ m，波长 $L=80.0$ m。在下述情况下判别堤前产生的波浪形态：

(1) 当为直墙建筑物，波浪与堤正向相遇，如基床上水深 $d_1=10$ m时堤前是什么波浪？如 $d_1=6$ m又为什么波浪？

(2) 当波浪增大为 $H=6.0$ m，$L=120$ m，其他情况同（1），则出现什么波浪？

解：

(1) 原始波波陡为 $H/L=4/80=1/20<1/14$，则不可能出现破碎立波；

当 $d_1=10$ m时，相对水深 $d/H=10/4=2.5>2.0$，由图7.3，堤前形成立波；

当 $d_1=6$ m则为明基床情况，$d_1/d=6/10=0.6$ 属于中基床，此时 $d_1=6$ m，小于中基床破碎水深 $1.8H=7.2$ m，因此堤前出现近破波。

(2) 原始波波陡为 $H/L=6/120=1/20<1/14$，亦不可能出现破碎立波；

当 $d_1=10$ m为埋基床，堤前相对水深 $d/H=10/6=1.67<2.0$，则由图7.3，堤前形成远破波；

当 $d_1=6$ m为中基床，此时 $d/H=1.67<2.0$，同时 $d_1=6.0$ m，小于中基床破碎水深，符合产生远破波及近破波条件，但由于破碎约束条件首先是堤前水深不足，故出现远破波。

例题7.2　试计算当 $d=10$ m，$d_1=8$ m，$H=4.0$ m，$L=60$ m时，直墙建筑上所受的波浪力。

解：

水深比 $d_1/d=8/10=0.8>2/3$，故属于低基床情况。$d>2H$，堤前产生立波，按我国海港设计规范方法计算波浪力。此时堤前相对水深 $d/L=0.167$，波陡 $H/L=1/20$，则按规范应采用简化的Sainflou方法计算波浪力。

波浪中线抬高值

$$h_s=\frac{\pi H^2}{L}\coth\frac{2\pi d}{L}=\frac{\pi 4^2}{60}\coth\frac{2\pi\times 10}{60}=1.07\ (\text{m})$$

水底压强

$$p_b = \frac{rH}{\cosh kd} = 9.8 \times 1\,000 \times 4\left[\cosh\frac{2\pi \times 10}{60}\right]^{-1} = 24.50\ (\text{kPa})$$

(1) 波峰击堤时：

静水面压强

$$p_s = (p_b + \gamma d)\frac{h_s + H}{d + h_s + H_s} = (24.50 + 9.8 \times 10)\frac{1.07 + 4}{10 + 1.07 + 4} = 41.21\ (\text{kPa})$$

堤底压强

$$p_d = (p_b + \gamma d)\frac{h_s + H + d_1}{d + h_s + H_s} - \gamma d_1$$

$$= (24.50 + 9.8 \times 10)\frac{1.07 + 4 + 8}{10 + 1.07 + 4} - 9.8 \times 8 = 27.84\ \ (\text{kPa})$$

作用在单宽堤面上的总波浪力

$$P = \frac{1}{2}p_s(H + h_s) + \frac{1}{2}(p_s + p_d)d_1$$

$$= \frac{1}{2} \times 41.21 \times 5.07 + \frac{1}{2}(41.21 + 27.84) \times 8$$

$$= 380.67\ (\text{kPa} \cdot \text{m})$$

(2) 波谷击堤时：

自由面压强

$$p_s' = \gamma(H - h_s) = 9.8(4 - 1.07) = 28.71\ (\text{kPa})$$

堤底压强

$$p_d' = \gamma d_1 - (\gamma d - p_b)\frac{d_1 - H + h_s}{d - H + h_s}$$

$$= 9.8 \times 8 - (9.8 \times 10 - 24.50)\frac{8 - 4 + 1.07}{10 - 4 + 1.07}$$

$$= 25.69\ (\text{kPa})$$

作用在单宽堤面上的总波浪力

$$P' = \frac{1}{2}p_s'(H - h_s) + \frac{1}{2}(p_s' + p_d')(d_1 - H + h_s)$$

$$= \frac{1}{2} \times 28.71 \times (4 - 1.07) + \frac{1}{2}(28.71 + 25.69)(8 - 4 + 1.07)$$

$$= 179.96\ (\text{kPa} \cdot \text{m})$$

例题 7.3 试计算当 $d = 10$ m，$d_1 = 10$ m，$H = 6.0$ m，$L = 120$ m 时，直墙建筑上所受的波压力。

解：

由例题 7.1 可判别堤前出现远破波。按我国海港设计规范方法计算波浪力。

(1) 当波峰击堤时：

平底时 $K_1 = 1.0$，波陡 $H/L = 1/20$，则 $K_2 = 1.3$。则有

$$p_s = \gamma K_1 K_2 H = 1\,000 \times 9.8 \times 1.0 \times 1.3 \times 6 = 76.44\ (\text{kPa})$$

$$0.75p_s = 0.75 \times 76.44 = 57.33\ (\text{kPa})$$

$$p_d = 0.6p_s = 0.6 \times 76.44 = 45.86\ (\text{kPa})$$

则作用于单宽堤面上的总波浪力

$$P = \frac{1}{2} \times 76.44 \times 6 + \frac{1}{2}(76.44 + 57.33) \times 3 + \frac{1}{2}(57.33 + 45.86) \times 7$$

$= 791.14$ (kPa · m)

(2) 当波谷击堤时：

压强

$$p=0.5\gamma H=0.5\times 1\,000\times 9.8\times 6=29.4\ (\text{kPa})$$

作用在单宽堤面上的总波浪力

$$P' = \frac{1}{2}\times\frac{H}{2}\times p + p\left(d-\frac{H}{2}\right) = \frac{1}{2}\times 3\times 29.4 + 29.4\times(10-3)$$

$$= 249.9\ (\text{kPa}\cdot\text{m})$$

例题 7.4　试求下列情况下直墙所受的波浪力：

(1) $d=10$ m，$d_1=6$ m，$H=4$ m 及 $L=80$ m；

(2) $d=10$ m，$d_1=3$ m，$H=4$ m 及 $L=80$ m。

解：

(1) 由例题 7.1 判别属中基床，堤前产生近破波，按我国海港设计规范计算波浪力。

作用于单宽堤面的总波浪力

$$P = 1.25\gamma H d_1\left(1.9\frac{H}{d_1}-0.17\right)$$

$$=1.25\times 9.8\times 1000\times 4\times 6\times\left(1.9\times\frac{4}{6}-0.17\right)= 322.42\ (\text{kPa}\cdot\text{m})$$

压强零点高度

$$z = \left(0.27+0.53\frac{d_1}{H}\right)H = \left(0.27+0.53\times\frac{6}{4}\right)\times 4 = 4.26\ (\text{m})$$

静水面压强

$$p_s = 1.25\gamma H\left(1.8\frac{H}{d_1}-0.16\right)\left(1-0.13\frac{H}{d_1}\right)$$

$$=1.25\times 9.8\times 1000\times 4\left(1.8\times\frac{4}{6}-0.16\right)\times\left(1-0.13\times\frac{4}{6}\right)= 46.54\ (\text{kPa})$$

堤底压强

$$p_b = 0.6p_s = 0.6\times 46.54 = 27.92\ (\text{kPa})$$

(2) $d_1/d=0.3<1/3$，属高基床，$d_1=3$ m$<1.5H=6$ m，故堤前产生近破波，按同样方法计算波浪力。

作用于单宽堤面的总波浪力

$$P = 1.25\gamma H d_1\left[\left(14.8-38.8\frac{d_1}{d}\right)\left(\frac{H}{d_1}-0.67\right)+1.1\right]$$

$$=1.25\times 9.8\times 1000\times 4\times 3\times\left[\left(14.8-38.8\times\frac{3}{10}\right)\left(\frac{4}{3}-0.67\right)+1.1\right]$$

$$=469.83\ (\text{kPa}\cdot\text{m})$$

压强零点高度

$$z = \left(0.27+0.53\frac{d_1}{H}\right)H = \left(0.27+0.53\times\frac{3}{4}\right)\times 4 = 2.67\ (\text{m})$$

静水面压强

$$p_s = 1.25H\left[\left(13.9 - 36.2\frac{d_1}{d}\right)\left(\frac{H}{d_1} - 0.67\right) + 1.03\right]\left(1 - 0.13\frac{H}{d_1}\right)$$

$$= 1.25 \times 9.8 \times 1\,000 \times 4 \times \left[\left(13.9 - 36.2 \times \frac{3}{10}\right)\left(\frac{4}{3} - 0.67\right) + 1.03\right]$$

$$\times \left(1 - 0.13 \times \frac{4}{3}\right) = 123.47\ (\text{kPa})$$

堤底压强

$$p_b = 0.6\,p_s = 0.6 \times 123.47 = 74.08\ (\text{kPa})$$

例题 7.5 当 $d = 10$ m，$H = 4.0$ m，$L = 80$ m，波峰顶离静水面高度为 4.0 m，堤身为沉箱式直墙，试计算越波量及堤后波高。

解：

由Sainflou理论可得波浪中线抬高 $h_s = 0.96$ m，由 7.5 节的公式 $y_m = 4$ m，$y_0 = 4 - 0.96 = 3.04$ (m)，则 $k = y_m/H_0 = 1.0$ 且 $y_0/H_0 = 0.76$，由图 7.31 可查得无量纲越波量 $Q/(TH_0\sqrt{2gH_0}) = 0.0026$，则单宽堤上越波量 Q 为

$$Q = 0.0026TH_0\sqrt{2gH_0} = 0.0026 \times 8.85 \times 4 \times \sqrt{2 \times 9.8 \times 4} = 0.82\ (\text{m}^3/\text{m})$$

式中：T——波周期，等于 8.85 s。

由 (7.154) 式计算堤后波

$$K_t = 0.3(1.5 - R/H_i) = 0.3 \times (1.5 - 1.0) = 0.15$$

则堤后波高

$$H = K_t H_i = 0.15 \times 4 = 0.6\ (\text{m})$$

参考文献

1 大连工学院港工研究组. 波浪与直立堤的相互作用. 高等学校自然科学学报（土建水利版），1965，(1)，(2)

2 李玉成，刘大中. 直墙堤前不规则波浪形态特性的研究. 水运工程，1992，9

3 交通部. 中华人民共和国行业标准 JTJ213－98，海港水文规范. 北京：人民交通出版社，1998

4 交通部. 中华人民共和国行业标准JTS154－1－2011，防波堤设计与施工规范. 北京：人民交通出版社，2011

5 交通部. 中华人民共和国行业标准JTS154－2－2013，海港水文规范. 北京：人民交通出版社，2013

6 洪广文. 关于表面波非线性相互作用. 华东水利学院学报，1980，(1)

7 邱大洪. 波浪理论及其工程应用. 北京：高等教育出版社，1985

8 大连工学院水利系海港水文规范小组. 远破波波浪力. 大连工学院学报，1975，(2)

9 大连工学院水利系海港水文规范小组. 近破波波浪力. 大连工学院学报，1975，(3)

10 刘大中. 近破波波浪力计算公式的探讨. 见：交通部防波堤会议论文集. 北京：人民交通出版社，1984

11　刘大中. 关于立波波压力计算公式的探讨. 海岸工程，1983，(2)
12　李玉成. 直墙式建筑物波浪力. 大连工学院学报，1980，(1)
13　薛鸿超，顾家龙，任汝述. 海岸动力学. 北京：人民交通出版社，1980
14　合田良实. 港工建筑物的防浪设计. 刘大中等译. 北京：海洋出版社，1983
15　日本港湾協會. 港湾設計基準. 1978
16　日本土木学会. 水力公式集（下集），铁道部科研院水工水文室译. 北京：人民铁道出版社，1976
17　谢世楞. 深水防波堤技术的最新进展. 港工技术，1994，(2)
18　俞聿修. 直墙式防波堤技术的新进展. 港工技术，1996，(1)
19　王云球主编. 防波堤工程技术的新发展. 见：港口水工建筑物（Ⅱ）. 北京：人民交通出版社，2001
20　Hom-ma M., K. Horikawa. Wave force against sea wall. In: Proc. 9th Conf. on Coastal Engineering, 1964
21　Plakida. Pressure of waves against vertical walls, Ch.89. In: 12th ICCE, 1970
22　Tanimoto K., S. Takahashi and K. Mayose. Experimental study of random wave forces on upright sections of breakwater. Report of the Port and Harbour Research Institute, Japan, 1984, 23 (3)
23　Kamel A.M. Shock pressure on coastal structures. Jour. ASCE, 1970, 196 WW3
24　Miche R. Mouvements ondulatoires de la mer in profondeur constante or decroissante. Annals des Ponts et Chaussees, Paris, 1994, 121 (3)
25　Biesel F. Equations generales an second ordre la houle irreguliere. La Houille Blanche, 1952, 7 (3)
26　Rundgren L. water wave forces: a theoretical and laboratory study. Trans. of Institute of Technology of Stokholm, 1958, 122
27　Tadjbakhsh-Keller J.B. Standing surface waves finite amplitude. Jour. Fluid Mech., 1960, 8
28　Goda Y. The fourth order approximation to the pressure of standing waves. Coastal Engineering in Japan, 1967, 10
29　Shore Protection Manual. U S Army Coastal Engineering Research Center. 1977
30　Minikin R.R. Wind Waves and Maritime Structures. McGraw-Hidlll Inc., 1950
31　Nagai S., S. Kakuno. Slit-type breakwater, box-type wave absorber. In: Proc.15th ICCE, 1976
32　Ijima T., E. Tanak and H. Okuzono. Permeable seawall with reservoir and the use of warock. In:Proc.15th ICCE, 1976
33　Marks W., G.E. Jarlan. Experimental studies on a fixed perforated breakwater. In: Proc. 11th ICCE, 1968
34　Takahashi S. Design of Vertical Breakwaters. Port and Harbour Research Institute, Japan, Reference Document N34, 1996
35　Horikawa Y. Coastal Engineering. University of Tokyo Press, 1978
36　Silvester R. Coastal engineering I. Generation, Propagation and Influence on Waves. Elsevier Scientific Publishing Company, 1974

37 Shi-igai H., T. Kono. Analytical approach on wave overtopping prevention of sea walls. In: Proc. 12th ICCE, 1970

38 Goda Y., Y. Kishira and Y. Kamigama. Laboratory investigation on the overtopping rate of seawalls by oirregular waves. Report of Port and Harbour Res., Inst., 1975, 14 (4)

39 Iwagaki Y., Y. Tsuchiya and M. Inoue. Some problems on prevention of wave overtopping on seawalls and seadikes. Disaster Prev. Res. Inst., Kyoto University Annuals, 1964, 7

40 Li Y.C., Yu Y.X. and Xoy M.T.. Investigation of wave pressure on vertical wall. Physical Modelling in Coastal Engineering. Published by A.A. Balkema, Rotterdam, 1985

41 Li Y.C., Liu D.Z. The statistic characteristics of irregular breaking wave forces on vertical walls. Jour. of Hydrodynamics, Ser. B, 1994, 7 (1)

42 Li Y.C., Liu D.Z., Qi G.P. and Su X.J. The irregular broken wave forces on vertical wall. Acta Oceanologica Sinica, 1994, 17 (3)

43 Li Y.C., Liu D.Z., Su X.J. and Qi G.P. The irregular breaking wave forces on vertical wall. Jour. of Hydrodynamics, Ser.B.1997, 9 (2)

44 Fugazza M., L. Natale. Hydraulic design of perforated breakwaters. Jour. of Waterway. Port. Coastal and Ocean Eng., ASCE, 1992, 118 (1)

45 AhnS. M., R. Fujiwa, H. Matsunaja, K. Kurata and S. Kakuno. Reflection coefficients of the step-shaped slit caisson on the rubble mound. In: Proc. 25th ICCE, 1996, 1516~1527

46 Franco L. de M. Gerloni, G. Passoni and D. Gacconi. Wave forces on solid and perforated caisson breakwaters, comparison of field and laboratory measurements. In: Proc. of 26th ICCE, 1998, 1945~1958

47 Bergmann H., H. Oumeraci. Wave pressure distribution on permeable vertical walls. In: Proc. 26th ICCE, 1998, 2 042~2 055

48 Chen X.F., Li Y.C., Sun D.P. and Chen Y.R. Experimental study of reflection coefficient and wave forces acting on perforated caisson. Acta Oceanologica Sinica, 2002, 22 (3)

49 Li Y.C., Dong G.H., Sun Z.C., Mao K. and Niu E.Z. Laboratory study on the interaction between regular obliguely incident waves and vertical walls. China Ocean Engineering, 2001, 15 (2): 195~203

50 **Li Y. C. Interaction between waves and perforated-caisson breakwaters. In: Proceedings of the Fourth International Conference on Asian and Pacific Coasts, 2007, Nanjing, China, pp. 1–16**

51 **Huang Z. H., Li Y. C., Liu Y. Hydraulic performance and wave loadings of perforated/slotted coastal structures: A review. Ocean Engineering, 2011, 38 (10): 1031–1053**

第8章 斜坡堤上的波浪作用

8.1 概 述

在港口及海岸工程中斜坡堤是一种传统的、广为采用的结构型式。这种结构可以采用大量的当地材料，且在超设计标准的外荷载（主要是风浪）的作用下一般不易发生灾害性破坏，因而采用较多。它通常可以用作防波堤、码头、海岸防护用的海堤、运河护坡以及水库土坝的防浪护面等。由于波浪容易在斜坡堤面上发生剧烈破碎，当水深较大时所需的天然块石的重量很大（可高达十几吨或数十吨），因而近30年来已经发展了近百种形状各异、稳定性较高的混凝土人工块体，其中使用较多的有立方体、四脚锥体、扭工字块体及四脚空心方块等。虽然异形块体的应用已有相当长的历史，研究工作也不少，但人类对其认识还并不充分。随着工程建设日益向深海发展，施工条件及波况日趋恶劣，工程失事仍时有出现，其中最严重的引起世界震惊的是葡萄牙锡尼什（Sines）港的外堤失事。该处堤位于大西洋东岸的50 m水深停泊50万t超级油轮的港口。它是重420 kN扭工字块体护面的斜坡堤，顶部有一个小的钢筋混凝土挡浪墙，设计波高为11 m，周期为13.5 s，断面图如图8.1。在1978年2月的一场风暴袭击下有450 m长的外堤遭到严重破坏，其中1/3地段的扭工字块体在水面附近完全消失，工字块体大部发生断裂。

风暴后开始修复工作，但1978年12月及1979年2月又接连发生两场风暴，致使残留的扭工字块体，包括修复补放的块体全部损失，上部挡浪结构也遭破坏。事后进行了多次国际调查，各国学者进行了许多专门研究。这次事故引起了各国对改进斜坡堤设计及施工方法，特别是对块体造型、块体重量的计算方法、块体强度设计以及对不规则波——特别是波群——作用的注意。在我国也发生过风损事故。最突出的是7203号及7406号台风对北方一些港口设施的影响。为此国内曾专门召开7203号台风风损研讨会①。这说明虽然斜坡堤在国内外的应用已有数百年或更长的历史，但人类对其认识还有待不断深化和提高，特别

① 台风波浪对海岸工程的作用技术讨论会技术报告汇编。1973，天津。

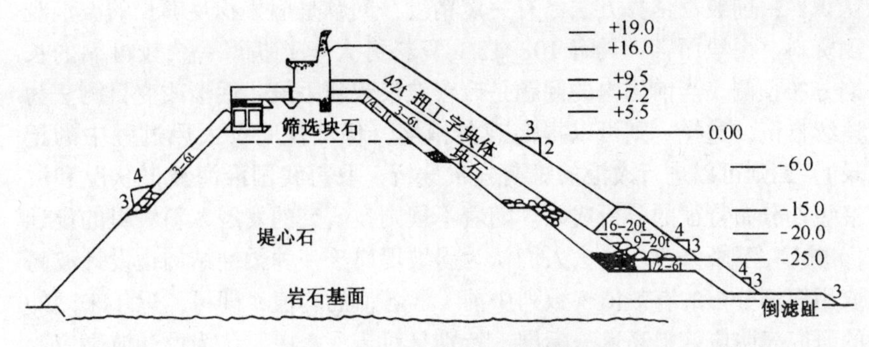

图 8.1（a） 锡尼什港外堤断面

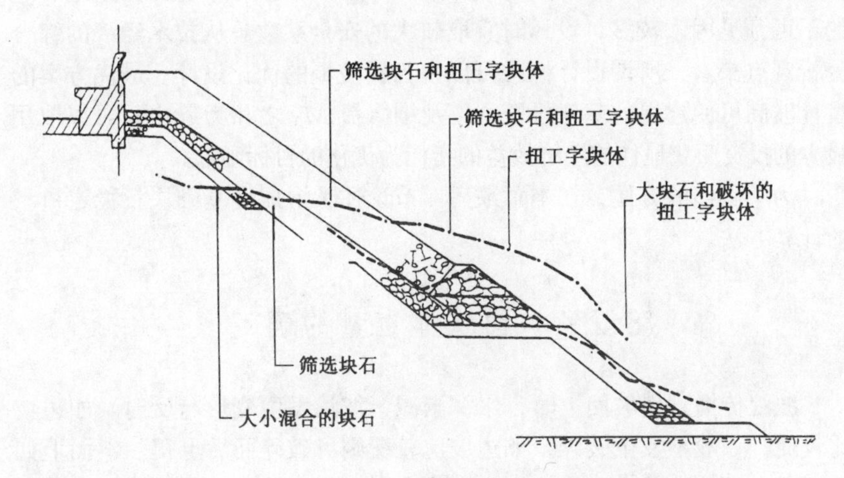

图 8.1（b） 1978 年破坏后的锡尼什港外堤断面

是对深水堤与人工块体问题。

斜坡堤设计涉及的问题很多，从受波浪作用的观点而言，有以下几个主要问题：①设计波况的确定；②护面块体(天然石块及人工块体)重量的确定；③波浪爬高及越波量的计算。

设计波况不属于本章所专门叙述的问题，但它却是一个非常重要且影响又很大的问题。它涉及诸如气象资料的可靠度、波浪要素估算方法的准确性和设计标准等问题。气象资料的可靠度是指地区气象变化的长期变迁而带来资料的代表性问题。有关“台风袭击”在北方 20 世纪的 60 年代以前的资料中很少出现，并未引起注意，仅从 7203 号台风使海岸工程遭到很大损失后方引起注意，这只能通过不断累积资料才能加深认识。目前波浪估算方法已有一定精度，问题是应累积足够长的波浪观测资料。一般而言，具有 10～15 a资料可大体上获得一个较可靠的长期分布预测。当前国内的问题是改善波浪观测手段，逐渐改变目测法为连续自记，这样一则可以提高观测精度（保证夜间及大风过程中的记录），二则可以进行波浪的短期分布分析，取得我国沿海波谱状况和波浪短期分布特征的分析成果。随着不规则波研究的发展，斜坡堤的设计标准正在不断修改。过去人们认为斜坡堤属于一种柔性结构，设计波高取用短期分布的有效值（数列中前 1/3 各值的均值）即可。近年来国外的研究表明应该提高这一标准，特别是对于深水堤，认为设计波高应取为 $H_{5\%}$。我国有关海港设计规范已作出修正：当相对波高 $\overline{H}/d<0.3$ 时设计波高取为 $H_{5\%}$，其他情况仍取 $H_{13\%}$。考虑到海上工程建筑所遇的不可预见因素较多，设计时宜取较大的安全系数。从技术经济的综合分析观点来看，所谓设计标准可以视为斜坡堤的优化设计。最优方案的设计波高可使建堤的基建投资 M_1 及维修费 M_2 之和为最小。可以取用最少的投资而获最佳的经济效益的指标为优化的目标函数。

为了叙述的方便，在本章最后一节论述了混成堤基础块石稳定重量的计算方法。

8.2 护面块体重量的确定

波浪传播到斜坡面上时，水深渐减，波浪发生变形与反射。如边坡比较陡，一般不发生破碎，如边坡比较缓则可破碎而后上爬。斜面上如铺置透空率较大的人工块体，当波浪击堤时则部分水体沿堤坡上爬，部分水体则透过块体与堤心石而渗入堤内；当波浪沿坡面下落时，堤体内部水体也向外渗出。因而，从块体本身的稳定来看，有 3 种失稳的可能性：①当波浪下落，堤内水体外流时形成水流对块体的浮托力。块体可因浮托力过大失重而脱出；②某些基本突出的块体可因受过大的沿堤面的水流冲击而滑动；③表层块体在波浪的作用下翻滚，即力矩失稳。

护面块体稳定重量的确定方法就是从块石周围水流流态的分析入手，确定块体失稳的模式属上述 3 种失稳状态之哪一种，而后得出其计算公式。

最早的计算斜坡堤石块稳定重量的方法是由西班牙工程师 Iribarren (1938) 所出的。他假设波浪在斜坡上完全破碎，形成一射流垂直打击于斜面，在射流消失的瞬间形成一与射流方向相反的浮托力。此时，石块有可能沿斜坡下滑——滑动失稳。如图 8.2，浮托力 F_y 为

$$F_y = K\frac{\gamma}{g}Au^2 \qquad (8.1)$$

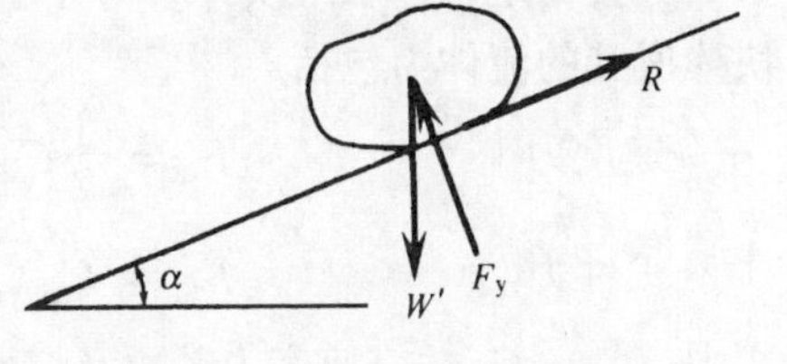

图 8.2　Iribarren 石块受力示意图

式中：γ——水的相对密度；

A——石块在垂直射流方向的投影面积；

u——波浪破碎后的射流流速，视为与破碎时的水质点速度相同。根据孤立波理论，破碎时波速 $C=\sqrt{gd_b}$；

d_b——破碎水深。

因而可得

$$F_y = K\gamma d_b A \tag{8.2}$$

破碎时的临界水深 d_b 正比于当时波高 $H_{b'}$，则有

$$F_y = K'\gamma AH \tag{8.3}$$

由于 A 正比于 $(W/\gamma_s)^{2/3}$，其中 W 为块石重量，γ_s 为其容重，则

$$F_y = K'\gamma H(W/\gamma_s)^{2/3} \tag{8.4}$$

块石的水下重量 $W' = W(1-\dfrac{\gamma}{\gamma_s})$，垂直于坡面重量为 $W'\cos\alpha$，平行于坡面重量为 $W'\times\sin\alpha$。按滑动的极限平衡条件——下滑重等于抵御下滑的摩擦力，则可得

$$W\left(1-\frac{\gamma}{\gamma_s}\right)\sin\alpha = \mu\left[W(1-\frac{\gamma}{\gamma_s})\cos\alpha - K'\gamma H(W/\gamma_s)^{2/3}\right] \tag{8.5}$$

式中：μ——摩擦系数。

经变换可得

$$W = \frac{K\gamma_s H^3\mu^3}{\left(\dfrac{\gamma_s}{\gamma}-1\right)^3[\mu\cos\alpha - \sin\alpha]^3} \tag{8.6}$$

根据试验得 K 在 0.015～0.019 范围内。Iribarren 的公式沿用很久，至今仍为人们所重视，但批评的意见也很多，主要有以下两点：第一，系数 K 并非常数，而是与边坡值 m 及浅水度 d/L 有关的系数，因此给使用带来不便；第二，其若干理论假设值得商榷，诸如波浪是否完全破碎并且垂直打击于斜面上，以及失稳的控制条件是否为滑动失稳等。

1959 年美国陆军工程兵团的 Hudson 提出了另一种方法，即沿用至今的赫德森公式。其基本假定为：波浪在斜面上发生破碎，此时水质点速度等于波速，作用在块石上的速度力即按此值计算。块体由于浮起失

重而失去稳定，即水中块体重等于上托水流力。不计块体间的摩擦力。块体所受的流体力包括：

速度力 $$F_d = \frac{1}{2}C_d k_a l^2 \frac{\gamma}{g}u^2 \tag{8.7}$$

惯性力 $$F_m = C_m k_v l^3 \frac{\gamma}{g}\frac{\partial u}{\partial t} \tag{8.8}$$

式中：C_d，C_m——速度力系数及惯性力系数；

k_a 及 k_v——面积系数及体积系数；

l——块体的特征长度。

将此二力合并计算得

$$F_q = C_q l^2 \frac{\gamma}{g}u^2 \tag{8.9}$$

波浪破碎时 $u_b^2 = C^2 = gd_b = \frac{g}{K}H_b$，则

$$F_q = C_q l^2 \frac{\gamma}{K}H_b \tag{8.10}$$

水下块重 $W' = k_v l^3(\gamma_s - \gamma)$，根据上述的极限平衡条件 $W' = F_q$，则

$$k_v l^3(\gamma_s - \gamma) = C_q l^2 \frac{\gamma}{K}H_b \tag{8.11}$$

令 $s = \gamma_s/\gamma$，空气中块重 $W = K_v l^3 \gamma_s$，则可得

$$\frac{\gamma_s^{1/3}H_b}{(s-1)W^{1/3}} = \frac{K k_v^{2/3}}{C_q} \tag{8.12}$$

(8.12)式的右侧项为一综合系数。Hudson 认为它与下列诸因素有关：斜坡坡角、波浪参数（如波陡 H/L 及浅水度 d/L 等）、水流流态（影响 C_d，C_m，k_a 及 k_v 等因子）、块体的特性（如容重 γ_s、孔隙率 p 及放置厚度等）以及其他参数（如海底坡度等）。在具体分析时只可能选择其主要参量，Hudson 选用的参数及其分式形式：

乱置块石时

$$\frac{\gamma_s^{1/3}H}{(s-1)W^{1/3}} = f(\alpha, H/L, d/L, D) = N_s \tag{8.13}$$

一至二层人工块体时

$$\frac{\gamma_s^{1/3}H}{(s-1)W^{1/3}} = f(\alpha, H/L, d/L, r) = N_s \tag{8.14}$$

式中：D——损坏率指数；

r——块体层数。

实际上在他的最终公式［相对于式（8.13）］中只保留考虑 α 及 D 两个因子而忽略了 H/L 及 d/L 两因子的影响，他取稳定性因子 N_s 为

$$N_s = a(\cot\alpha)^{1/3} \tag{8.15}$$

式中：$a = (K_D)^{1/3}$。则可得

$$\frac{\gamma_s^{1/3}H}{(s-1)W^{1/3}} = (K_D\cot\alpha)^{1/3} \tag{8.16}$$

$$W = \frac{\gamma_s H^3}{K_D(s-1)^3\cot\alpha} \tag{8.16'}$$

式中H的单位为m，γ和γ_s的单位为kg/m^3，W的单位为kg。当损坏率指数D取为0%时，波高为$H_{D=0}$，如$D\neq0$，则波高取为H。应当指出，对于不同的损坏率D，稳定系数K_D是不同的。Hudson给出了相应的曲线；不同型式的块体，系数K_D也不同，亦即K_D取决于块体允许的损坏率、块体的型式及其施工方法。利用Hudson的资料可得

$$\frac{1}{K_D} = \frac{1}{K_{D=0}}(1+D)^{0.46} \tag{8.17}$$

不同块体及铺置方式的$K_{D=0}$值可查表8.1。

表8.1 不同人工块体和块石的K_D值

块体型式	四脚空心块	块　石	四脚锥体	扭工字块体	方　块	块　石	扭王字块
铺置方式	铺一层	铺一层	乱抛二层	安放二层	乱抛二层	乱抛二层	安放一层
$K_{D=0}$	14.0	6.5	7.0	21.0	3.3	2.9	18.0

Hudson公式至今仍广为应用，一般情况下可获较好的结果。但各国学者对其批评意见也很多，不少人提出要建立新的方法取而代之。主要意见为：①在斜坡坡度较陡时，波浪在坡面上并不发生破碎，其假设与实际情况不符；②速度力与惯性力的因子关系并不相同，Hudson将其合而为一，实际上是忽略了惯性力的作用；③失重失稳模式不一定很有代表性，另外脱出时两侧的摩擦力是难以忽略的；④影响稳定性因子N_s的因素很多，但该法对其过于简化，如波陡对稳定块重的影响不容忽略，将坡度的影响表述为块重正比于$\tan\alpha$并无理论依据。前苏联建筑设计规范采用计算块重的公式为

$$W = \frac{\mu\gamma_s H^3}{(s-1)^3\sqrt{1+m^3}}\frac{L}{H} \tag{8.18}$$

(8.18)式反映了波陡的影响。坡度因子的表达与（8.16）式也不相同。近年来的研究表明，并非波陡愈小所需稳定块重愈大。一些工作表明，坡陡的影响宜以Iribarren数$\zeta=\tan\alpha/\sqrt{H/L_0}$为标志。此数综合了坡度与波陡的相互关系，表征波浪在堤上破碎、上爬、下落与下一个波相遇状况的综合指标，大体上ζ_{cr}在2.5～3时所需块重最大；⑤K_D值也有待深入研究，特别是锡尼什港风损事故后，各国除对扭工字块的强度设

计进行研究外，对 K_D 值也进行了研究。目前欧美各国多取 $K_D=15\sim16$，我国海港设计规范也已作了修正，更改为：取 $K_D=18$。与 K_D 值相联系的是设计或试验应采用什么标准——规则波还是不规则波。上面所述数字均指规则波条件，实际海况是不规则的。试验表明，两种条件所得稳定块重结果不同。初步的试验研究认为，与不规则波相比，规则波条件下应取 $H_{5\%}$ 的波浪，二者结果才大体相当。值得指出的是，目前在西方国家已广泛采用荷兰Van der Meer(1987)的计算方法。

在 Van der Meer 方法中除了考虑 Hudson 公式中已经考虑的波高、堤身边坡、护面块重度及其稳定特性外，还分别考虑了波浪形态（破碎与否及破碎形态）、波浪周期（或波陡）、风暴延时（波浪作用个数 N）、堤身结构渗透性（渗透系数 P），以及波浪作用后堤面破坏水平 S 等的影响。该方法被认为是至今在计算护面块重上考虑因素最多和最全面的一种方法。

Van der Meer 方法适用的基本前提是：①护面层由块石组成；②在经受波浪打击时很少越浪或不发生越浪；③堤身边坡是均匀的。在此前提下，他按波浪的两种形态——卷破波与激散波（不破波）分别采用两种不同的公式。波浪形态由波相似性参数 ξ_z 确定（图 8.3）。

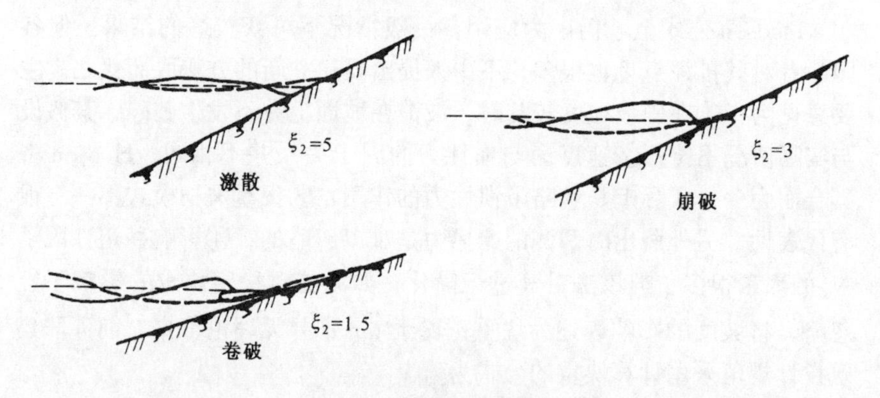

图 8.3　波浪的不同形态

ξ_z 值可计算如下：

$$\xi_z = \tan\alpha/(2\pi H_s/gT_z^2)^{0.5} \tag{8.19}$$

式中：α——堤身边坡坡角；

H_s——有效波高；

T_z——上跨零点法确定的波浪平均周期。

护面块重 W_{50} 或块石名义直径 D_{50} 按波浪形态分别由下述两公式计

算：

当为卷破波时

$$\frac{H_s}{\Delta \times D_{50}}\sqrt{\xi_z} = 6.2P^{0.18}(\frac{S}{\sqrt{N}})^{0.2} \tag{8.20}$$

当为激散波时

$$\frac{H_s}{\Delta \times D_{50}} = 1.0P^{-0.13}(\frac{S}{\sqrt{N}})^{0.2}(\cot\alpha)^{0.5}\xi_z^P \tag{8.21}$$

式中：α——坡角；ξ_z——破波相似性参数，由（8.19）式确定；

H_s——堤前有效波高；P——结构的渗透性系数；

N——波浪个数(风暴延时)；Δ——石块的相对重度，$\Delta = \frac{\gamma_s}{\gamma} - 1$；

γ_s——石块的重度；γ——水的重度；

D_{50}——石块的名义直径；$D_{50} =（W_{50}/\gamma_s）^{1/3}$；

W_{50}——重量分布曲线的50%值（中值）；S——损坏水平；

$S = A/D_{50}^2$；A——横断面上的冲蚀面积（图8.4）。

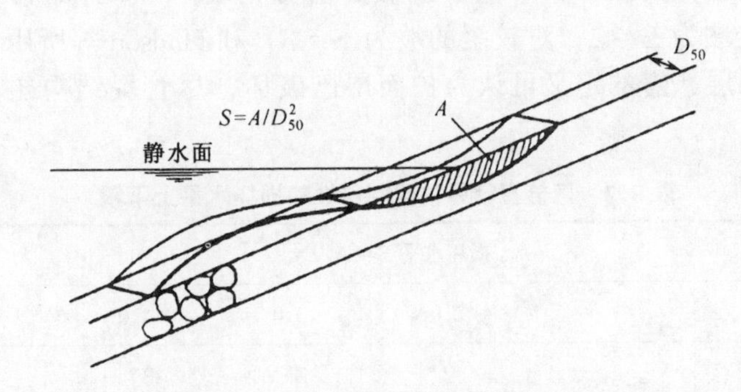

图8.4　冲蚀面积和损坏水平 S

在采用Van der Meer公式时，应注意下述的参数控制：

（1）边坡坡度cotα：cotα值应在1.5～6.0之间。

（2）波高：通常采用有效波高H_s，该值可取为波高统计分布中最高1/3大波的均值或由谱的零阶矩m_0，按$H_s = 4\sqrt{m_0}$算得。

当堤前水深较浅，波浪可能发生破碎时，波高分布是截尾的。此时波高累积概率2%值与瑞利分布值最相近，而按瑞利分布，$H_{2\%}/H_s$值为1.4。此时（8.20）式及（8.21）式中的H_s值应以$H_{2\%}/1.4$代替。

（3）波陡：波陡$2\pi H_s/gT_z^2$在0.005～0.060之间。波陡大于

0.060即不稳定而破碎，此为上限。波浪平均周期按上跨零点法求得，或按 $T_z=\sqrt{m_0/m_2}$ 公式计算，式中 m_2 为能量谱的二阶矩。当取平均周期时，对于不同波谱形状所得稳定性相同，但如采用谱峰周期将得出不同稳定性曲线。

（4）渗透性：Van der Meer研究了3种结构：不透水堤心（黏土或沙），得出 P 的下限值[图8.5(a)]，且假定 $P=0.1$；全部由护面石块组成的均匀结构（图8.5）得出 P 的上限值，假定 $P=0.6$；第三种结构由在透水堤心上加一层两倍直径厚的护面层组成，护面层与堤心石块的直径比值为3.2［图8.5(c)］，对此结构假定 $P=0.5$。可见渗透性对护面层块石的稳定有很大影响。

对于其他结构，例如具有多于一层的护面层[图8.5(b)]或者有一层相当厚的护面层时，必须根据前述已确定的3种特定结构的 P 值予以确定。设计者在选用 P 值时，经验是很重要的。

（5）损坏水平：损坏水平 S 是指在水面附近宽度为 D_{50} 范围内被冲蚀的边长为 D_{50} 的立方形石块数（图8.4）。对于厚度为两倍直径的护面层，其损坏水平上下限假定值可见表8.2。开始损坏的定义（对陡坡为 $S=2$，对较缓的坡为 $S=3$）和Hudson等所用定义相同；反滤层暴露的定义可认为护面层已破坏，尽管堤结构还不立即破坏。

表8.2 两倍直径厚护面层斜坡的损坏水平上下限

	损坏水平 $S=A/D_{50}^2$				
$\cot\alpha$	1.5	2.0	3.0	4.0	6.0
开始损坏	2	2	2	3	3
反滤层暴露	8	8	12	17	17

（6）风暴延时：当风暴延时或波数 $N=1\,000\sim7\,000$ 时，上述公式可适用。当 $N>7\,000$ 时，对损坏的估计趋于偏高。事实上，当 $N=8\,000\sim9\,000$ 时将观测到最大的损坏。

（7）重度：试验中所采用石块的重度在20～30 kN/m³之间，相对重度 Δ 在1.0～3.0之间。

（8）其他参数：Van der Meer公式未含石块分级（乱石或均匀石块）、谱宽度和波群特性等参数影响。研究表明，乱石和均匀石块之间的稳定性没有差别，如采用波浪平均周期而不是谱峰周期，谱形和波浪群性对护面层稳定性也没有影响。

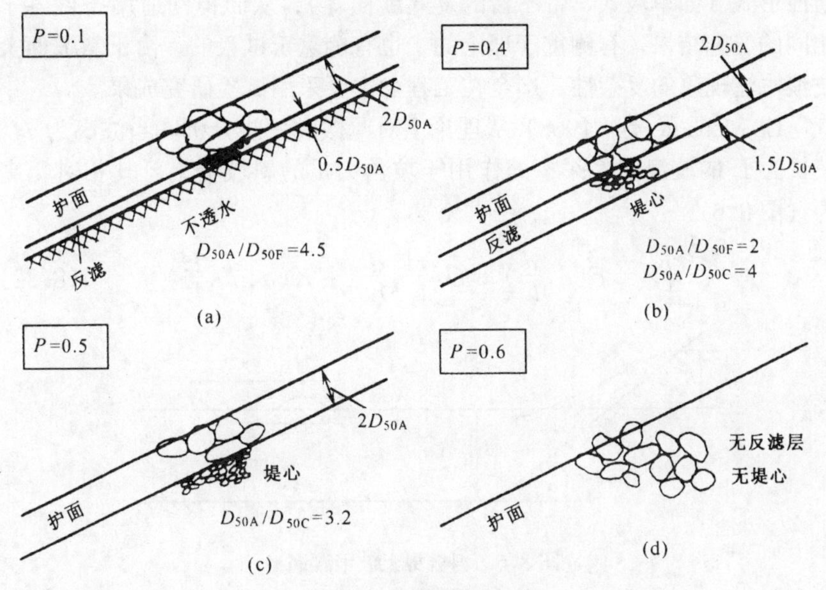

图 8.5 渗透性系数 P

D_{50A}，D_{50F}，D_{50C}分别为护面、反滤层及堤心的标称直径

对于 Van der Meer 方法，目前各国在应用中对它有许多讨论，大体有以下一些方面：

（1）损坏水平 S 值：Van der Meer 建议 S 值取 2（陡坡）或 3（较缓坡）。Medina 建议取 $S=1$。加拿大国家研究委员会（NRC）认为应取 $S=2$ 较合适，并认为冲蚀面积 A 定义含义不准，可以是一个深坑(此时损坏较大)，也可为一大片浅坑（危害较小），不如改用覆盖厚度 d_c 作为损坏指标，并建议取 $d_c/D_{50}>1.0\sim1.5$ 以代替 S。

（2）公式的适用范围：Allsop 等利用欧洲资料分析后认为 Van der Meer 公式对块石应用优于 Hudson 公式，但对堤头损坏估计不足，对方块护面则符合不好，对四脚锥护面也不比 Hudson 公式有改进。另外对一些参数的定义和选用各家也不尽相同，因而仍然应依靠模型试验确定护面层设计。

8.3 斜坡堤的爬高计算

波浪爬高的确定在斜坡堤设计中是一个很关键的参数，它直接影响堤高的大小。而堤身工程量系正比于堤高的平方，因此爬高对工程量的影响极大，所以迄今对此已有许多研究。而由于斜坡堤有着各种不同的断面形式（如单坡式、带平台的复式断面等），从而得到适用条件各不相同的研究结果，有侧重于理论的，也有侧重于试验的。由于斜坡面上波浪水流现象的复杂性，迄今在工程上主要采用试验研究成果。

Le Mehaute 等（1968）从理论上对此做过一些分析。当波高为 H、波长为 L 的波浪在水深 d 处作用于坡角为 α 的斜坡堤上，其相对爬高为（图8.6）

$$\frac{R}{H}=F(\alpha,\frac{d}{L})+G(\frac{H}{L},\frac{d}{L})-K(\alpha,\frac{d}{L},\frac{H}{L}) \tag{8.22}$$

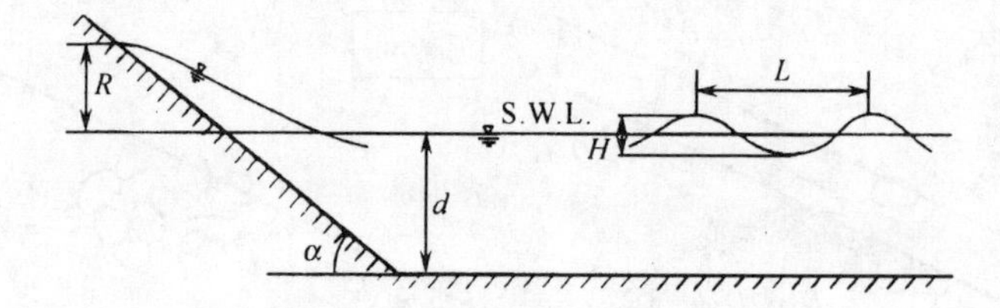

图8.6　斜坡堤上波浪爬高

式中：F——当波陡 H/L 很小时，基于线性波理论的爬高；

G——考虑波浪的非线性影响，主要是波陡 H/L 及浅水度 d/L 的影响；

K——考虑波浪破碎及底摩擦阻力的能量损耗。

波浪的破碎与坡角 α，波陡 H/L 及浅水度 d/L 有关，而底摩擦阻力损耗取决于 H/L 及 d/L 两个因子。当海底有坡度（图8.7）时，还应增加考虑底坡 i 及底糙率 k 等因子。如取波浪要素为深水值 H_0 及 L_0，则爬高公式可写为

$$\frac{R}{H}=f(\frac{H_0}{L_0},\frac{d}{L_0},i,\tan\alpha,k) \tag{8.23}$$

式中：$i=\tan\beta$——海底坡度。

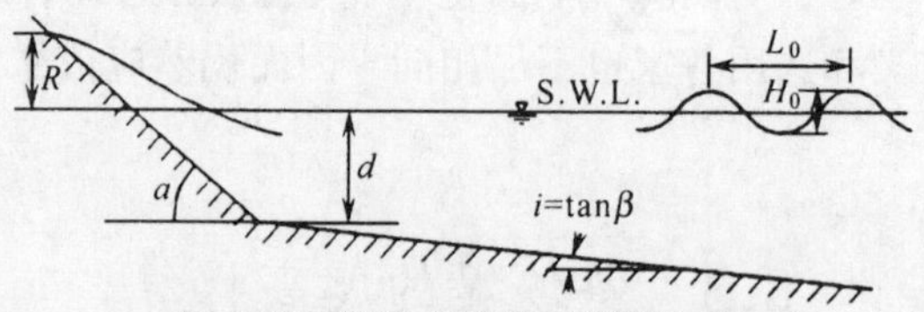

图8.7　海底有坡度时斜堤爬高

从波浪形态看，斜坡堤前波浪可能只反射而不破碎，也可能破碎而反射较小。两种情况爬高计算的方法不同，所以首先要区分是否发生波浪破碎。Miche 对此作过分析。

当斜坡坡角为 α 时，波浪只反射而不破碎的极限波陡 $\delta_m=(H/L)_{max}$ 可由下式确定：

$$\delta_m=\sqrt{\frac{2\alpha}{\pi}}\frac{\sin^2\alpha}{\pi} \tag{8.24}$$

当深水波陡 $\delta_0>\delta_m$ 时波浪发生破碎，$\delta_0\leqslant\delta_m$ 时不发生破碎。当已知深水波陡 H_0/L_0，也可由（8.24）式求得极限坡角 α_c，此时取 $\delta_m=H_0/L_0$。

8.3.1 $\alpha\geqslant\alpha_c$，波浪不破碎时的爬高计算公式

（1）Miche 方法：适用于微幅波

$$R/H=\sqrt{\frac{\pi}{2\alpha}} \tag{8.25}$$

式中：α——弧度计。

（2）高田（1974）的修正式：适用于不同波陡

$$R/H_0=\left[\sqrt{\frac{\pi}{2\alpha}}+\left(\frac{\eta_s}{H}-1\right)\right] \tag{8.26}$$

式中 $$\frac{\eta_s}{H}=1+\pi\frac{H}{L}\coth kd \quad \text{(Sainflou 公式)} \tag{8.27}$$

或 $$\frac{\eta_s}{H}=1+\pi\frac{H}{L}\coth kd\left[1+\frac{3}{4\sinh^2 kd}-\frac{1}{4\cosh^2 kd}\right] \quad \text{(Miche 公式)} \tag{8.28}$$

η_s 为波峰顶离静水面的高度。(8.25)式及(8.26)式表明坡角愈小，相对爬高愈大。

8.3.2 $\alpha<\alpha_c$，波浪破碎时的爬高计算公式

Hunt（1961）方法：

$$R/H=\frac{1.01\tan\alpha}{(H/L_0)^{1/2}} \tag{8.29}$$

高田认为 R/H 正比于 $\tan\alpha$ 的 2/3 次方而不是一次方，即

$$R/H_0=\left[\sqrt{\frac{\pi}{2\alpha_c}}+\left(\frac{\eta_s}{H}-1\right)\right]K_s\left(\frac{\cot\alpha_c}{\cot\alpha}\right)^{2/3} \tag{8.30}$$

式中：K_s——浅水因子。

爬高可由(8.26)式及(8.27)式计算。当 $\alpha=\alpha_c$ 时爬高最大。当波浪不破碎时，理论计算值与试验结果的对比如图 8.8 所示，此时海底底坡对爬高的影响甚小；当波浪破碎时，影响爬高的因素十分复杂，主要

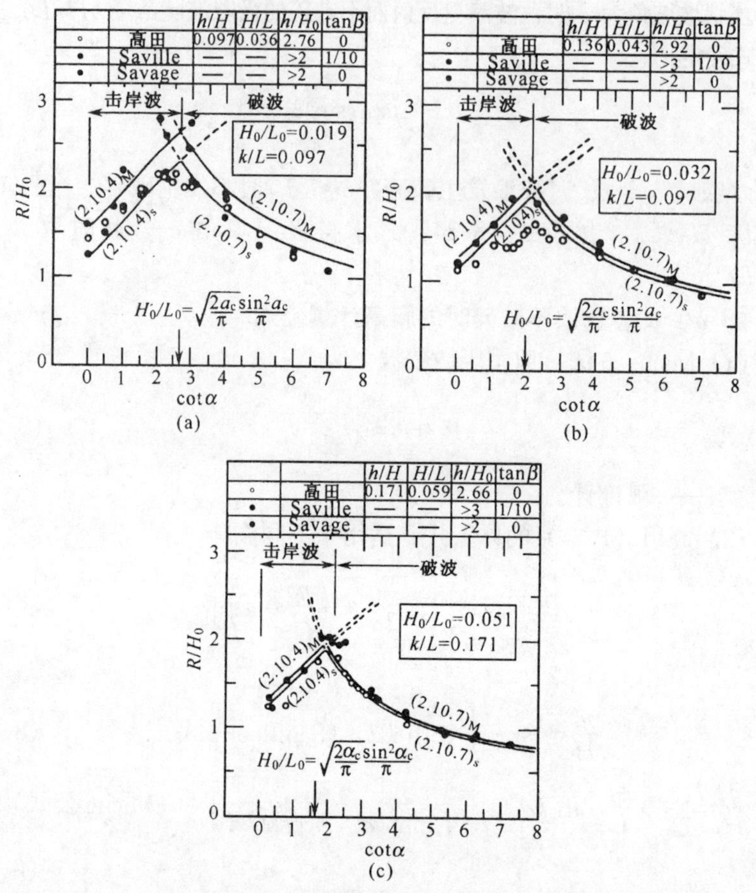

图8.8 爬高计算与试验比较

(a) $H_0/L_0=0.019$;(b) $H_0/L_0=0.032$;(c) $H_0/L_0=0.051$

靠试验确定。经验表明，当底坡 $i<1/10$ 时，其对爬高的影响就不甚明显。图8.9为边坡坡度为1:2时的估算爬高图。由图可见陡波的爬高远小于坦波的相应值，而且陡波发生最大爬高的水深要大于坦波时的数值。

定性地判断堤面粗糙度及渗透性是简单的，即它们将使波浪爬高减小。由于影响因素的复杂，定量的估计只有依靠模型试验。Machemchl和Herbich（1970）的试验表明，对30°边坡的斜面，粗糙度可减小爬高的25%，而Saville（1956）的试验表明抛石坡的爬高仅为光滑坡数值的一半。

波浪不规则性对爬高的影响还有待深入地研究。荷兰学者Van Oorshot（1968）的试验表明，波谱宽度对爬高有影响，宽谱时该值会增大。他们认为亨特的结果在 1∶4～1∶6 的光滑坡面上是可用的，可用 (8.31) 式进行计算：

$$R/H_{1/3}=C\tan\alpha\left(\frac{gT_{max}^2}{2\pi H_{1/3}}\right)^{1/2} \tag{8.31}$$

式中 C 值随谱宽 ε 值而异。当为充分成长的波浪，其 $\varepsilon\approx0.6$，此时 $C=0.7$；当为窄谱时，取 $C=0.85\times0.70$。另外它与所取的累积频率有关。(8.31)式是按累积频率为 2%而考虑的。

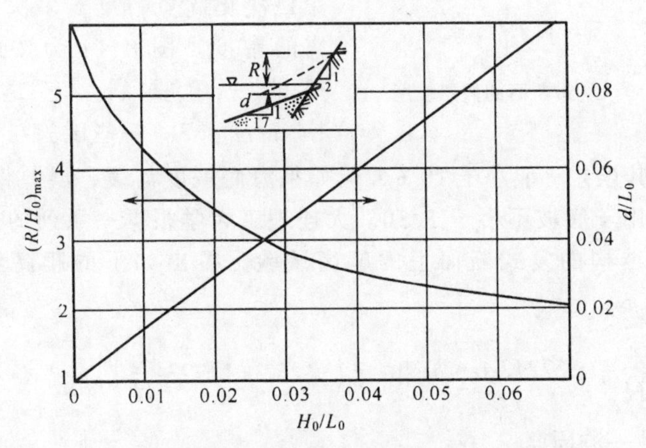

图 8.9 堤坡为 1∶2 时波浪爬高

当为斜向波作用时，一般认为爬高将减小，即取爬高为 $K_\theta R$，R 为正向波爬高值，K_θ 为斜向波修正系数。表 8.3 为日本对 1∶2 斜坡所做试验的结果。当缺乏资料时，此表可供参考应用。由表可见斜向波时爬高减小，当 $\theta\leqslant30°$ 时，一般 $K_\theta>0.9$。英国水力试验站(HRS)1980 年的专题报告中指出，对越波量而言，最大越浪不是发生在正向波时，而是当 $\theta=15°$ 时，与上述资料有出入。这可能是由于具体试验条件不同所造成。

表 8.3 斜向浪修正系数 K_θ

H_0/L_0	0.01	0.015	0.02	0.025	0.03	0.04	0.05
$\theta=10°$	0.97	0.97	0.97	0.97	0.97	0.97	0.97
20	0.94	0.94	0.94	0.94	0.94	0.94	0.94
30	0.90	0.91	0.91	0.90	0.90	0.89	0.88
40	0.88	0.88	0.89	0.87	0.86	0.85	0.84
50	0.80	0.79	0.78	0.75	0.73	0.70	0.65
60	0.77	0.72	0.62	0.54	0.48	0.41	0.34

实际海岸及港口工程中常常采用复式断面的斜坡堤。此时影响爬高的因素更为复杂，迄今只有由试验而得的一些经验结果。美国 Saville

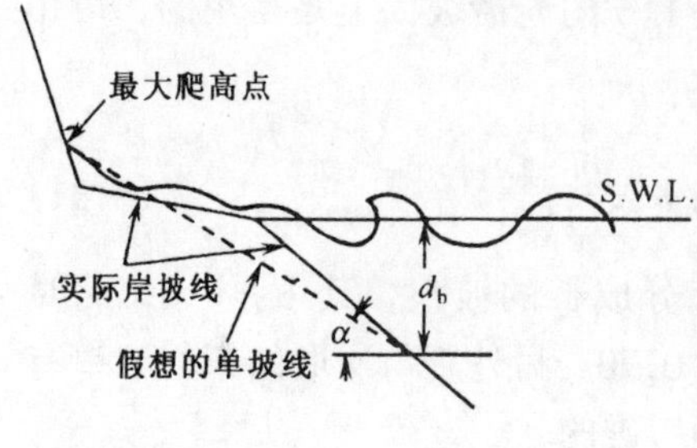

图8.10　复式断面的假想坡度

(1958) 提出过一种简便的将复式断面换算为假想的单坡情况的方法。如图8.10，假想的坡度系自破碎点坡面处到最高爬高点的连线。破碎位置可由计算确定，最大爬高点需经迭代计算，即先设一爬高点求第一次假想坡，再求第二次爬高点，反复多次以达所需的精度。图8.11为按此法所得的一组曲线，它适用于 $1<d/H_0<3$。一些试验与计算的比较表明其误差一般小于10%，但如果海底坡度甚缓，误差将较大，故该法适用于底坡不小于1/30。大连理工大学根据一系列的规则波在有平台结构的复式断面上的爬高试验，得出如下的爬高经验关系式：

$$\frac{R}{T\sqrt{gH}}=0.522K_{\Delta}\tan\alpha\exp\left[-\left(1.253+1.723\frac{d_1}{H}\right)\frac{b_1}{L}\right] \qquad (8.32)$$

式中：T——波周期；

K_{Δ}——堤面糙渗系数；

H 及 L——波高及波长；

b_1——平台宽度；

d_1——平台上水深，如平台高于静水面则 d_1 为正，反之为负。

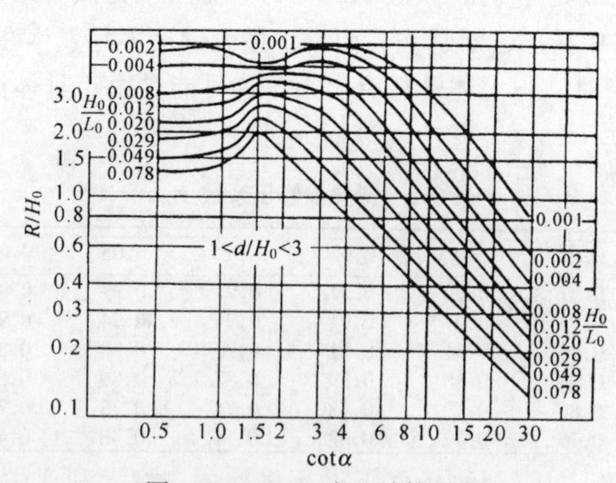

图8.11　Saville方法计算爬高

(8.32)式在一些工程试验中得到验证。可认为（8.32）式适用于潮间带的海堤工程，更广范围的适用性有待进一步工作的验证。式中 K_Δ 值可取为：混凝土护面 0.90，砌石 0.75～0.80，单层砌块石 0.60～0.65，四脚空心块 0.55，抛填石块石 0.50～0.55，两层扭工字块 0.3。

我国行业标准《海港水文规范》(2013 版)依据河海大学的有关研究试验，经综合分析，给出以下正向规则波在斜坡式建筑物上的爬高计算公式：

$$R = K_\Delta R_1 H \tag{8.33a}$$

$$R_1 = 1.24\tanh(0.432M) + [(R_1)_m - 1.029]R(M) \tag{8.33b}$$

$$M = \frac{1}{m}\sqrt{\frac{L}{H}}\left(\tanh\frac{2\pi d}{L}\right)^{-1/2} \tag{8.33c}$$

$$(R_1)_m = \frac{4.98}{2}\tanh\frac{2\pi d}{L}\left(1 + \frac{\frac{4\pi d}{L}}{\sinh\frac{4\pi d}{L}}\right) \tag{8.33d}$$

$$R(M) = 1.09M^{3.32}\exp(-1.25M) \tag{8.33e}$$

式中：R 表示波浪爬高（m）；K_Δ 为护面结构糙渗系数，取值见表 8.4；H 为建筑物前波高（m）；L 为波长（m）；d 为建筑物前水深（m）；m 为斜坡坡度系数，斜坡坡度为 1: m。此外，《海港水文规范》(2013 版)还给出风直接作用下，不规则波在斜坡式建筑物上的爬高计算公式，读者可参阅规范条文。

表 8.4 斜坡式建筑物糙渗系数 K_Δ

护面结构型式	K_Δ	护面结构型式	K_Δ
沥青混凝土	1.00	块石（2 层）	0.50~0.55
混凝土护面	0.90	混凝土方块（2 层）	0.50
砌石	0.75~0.80	四脚锥体（2 层）	0.40
块石（1 层）	0.60~0.65	扭工字块体（2 层）	0.38
四脚空心方块（1 层）	0.55	扭王字块体	0.47

8.4 斜坡堤越波量的估算

现有的一些成果都是基于模型试验的。Saville、岩垣等分别都做过工作，他们都是在规则波条件下进行试验的。澳大利亚学者 Silvester (1974) 将其综合成为一个应用比较方便的图（图 8.12）。它可适用于

30°单坡、1:6及1:10复式边坡和1:3及1:10复式边坡的斜坡堤。先根据浅水堤前波陡 H/L 求出相对爬高 R/H，然后由堤顶相对高度 R_1/H 求出相对越堤水量 $\overline{Q}\times10^2/(gH^3)^{1/2}$，此为单宽堤顶的越波量。

英国水力试验站在不规则波条件下对单坡及复式断面进行了大量试验，得出了一套可资实用的经验图表。其试验范围边坡 m 为1～4，堤顶离静水面高 R_1 为0～3.0 m，复式平台上水深 d_b 为0～4 m，平台宽度 B 为1～80 m，有效波高 H_s 为0.75～4.0 m，波陡值 H_s/L_0 近似为0.035～0.055，波向角 β 为0°(正向波)～60°，波谱型式为JONSWAP谱，海底坡度1:20，堤前水深 $d=4.0$ m，模型比尺1:25。试验表明，如果取无量纲越波量 $Q^*=\overline{Q}/\overline{T}gH_s$，其中 $\overline{Q}$ 为单位堤长上100个平均波周期 $\overline{T}$ 中的平均越波量，其单位为 $m^3/(s\cdot m)$，取无量纲堤高 $R^*=R_1/\overline{T}\sqrt{gH_s}$，则无论对单坡或复式断面，上述 Q^* 及 R^* 均存在如(8.34)式的相关式：

$$Q^*=A\exp(-BR^*) \tag{8.34}$$

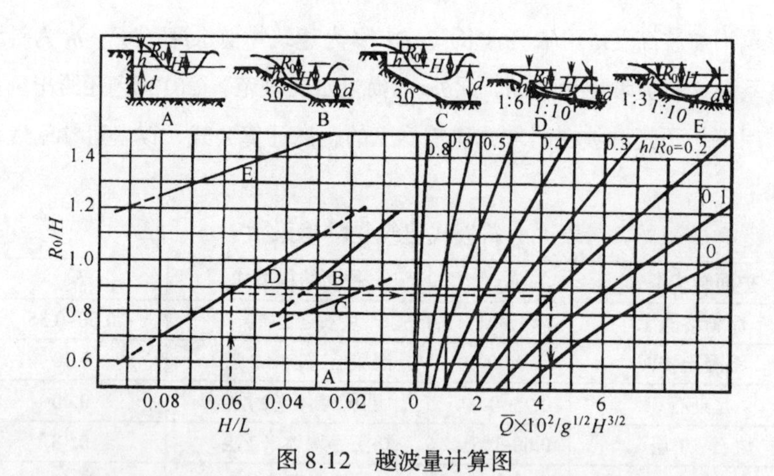

图8.12 越波量计算图

对于不同断面可取不同的 A，B 值。水力试验站的试验资料表明，(8.34)式的相关性及置信度都很好。A 及 B 的数值可查表8.5及表8.6。斜向坡作用时，A 及 B 值的修正系数可查图8.13。由图8.13可见，当波向偏离正向15°时的越波量最大，这是值得注意的。表8.5、表8.6及图8.13所给出的 A，B 值均为堤面光滑时的值，当斜坡堤为粗糙面时应考虑修正，引入爬高的糙率修正系数 r，它为

$$r=R_r/R_{sm} \tag{8.35}$$

式中：R_{sm}——光滑面时的爬高；

R_r——粗糙面时的爬高。

可证明（8.34）式应修正为

$$Q_r^* = A\exp[-(B/r)R_s^*] \tag{8.36}$$

r 值可查表 8.7。

表 8.5　单坡时 A 及 B 值

堤坡 m	A	B
1	7.94×10^{-3}	20.12
1.5	1.02×10^{-2}	20.12
2	1.25×10^{-2}	22.06
2.5	1.45×10^{-2}	26.1
3	1.63×10^{-2}	31.9
3.5	1.78×10^{-2}	38.9
4	1.92×10^{-2}	46.96

表 8.6　复式断面时的 A 及 B 值

堤坡 m	平台离静水位高度（m）	平台宽（m）	A	B
1			6.40×10^{-3}	19.5
2	-4.0	10	9.11×10^{-3}	21.5
4			1.45×10^{-2}	41.1
1			3.40×10^{-3}	16.52
2	-2.0	5	9.80×10^{-3}	23.98
4			1.59×10^{-2}	46.63
1			4.79×10^{-3}	18.92
2	-2.0	10	6.78×10^{-3}	24.20
4			8.57×10^{-3}	45.80
1			1.55×10^{-2}	32.68
2	-1.0	5	1.90×10^{-2}	37.27
4			5.00×10^{-2}	70.32
1			9.25×10^{-3}	38.90
2	-1.0	10	3.39×10^{-2}	53.30
4			3.03×10^{-2}	79.60
1			9.67×10^{-3}	41.90
2	0.0	10	2.90×10^{-2}	56.70
4			3.03×10^{-2}	79.60

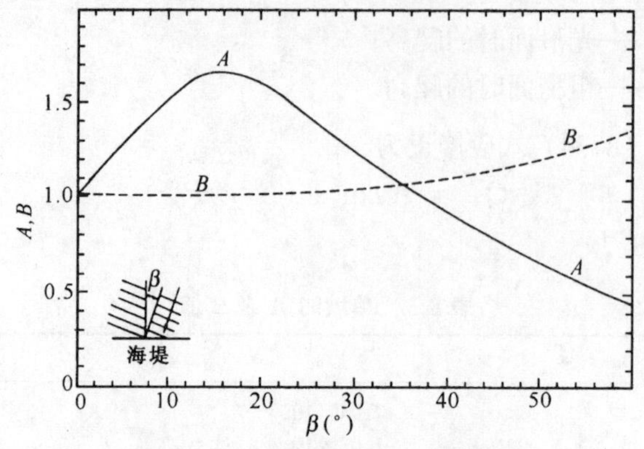

图8.13 斜向波时的A，B系数

表8.7 爬高糙率修正系数 *r*

堤面结构	r
光滑、不透水	1.0
干砌或浆砌块石	0.95
混凝土块	0.90
花岗石砌块	0.85~0.90
粗糙的混凝土	0.85
不透水层上砌置一层块石	0.80
堆砌的圆石料	0.60~0.65
二层以上大块石	0.50~0.60

向岸风将影响越波量的大小。其影响包括：形成风增水、增加爬高以及将水沫吹向堤内。迄今这方面的研究成果还较少。这里引用美国《海岸防护手册》上提出的可供初步估计其影响的方法，对于规则波及不规则波均可用以作一个粗略估计。可将上述计算越波量的结果乘上风的影响系数K_w，K_w值由下列不等式式限定：

$$(1.0+1.1W_f\sin\theta) > K_w > (1.0+0.1W_f\sin\theta) \quad (8.37)$$

式中：θ——堤坡角；

$\sin\theta = 1/\sqrt{1+m^2}$；

W_f——风速因子。当无风时$W_f=0$，当风速为13 m/s，$W_f=0.5$，当风速为26 m/s，$W_f=2.0$，其他风速时可以内插求W_f。

当R^*值很小时，取（8.34）式中K_w的下限，当R^*值很大时则取其上限，即越波量大时，风影响较小。

根据日本及荷兰的研究，在设计新堤时，设计越波量的大小可参考表8.8及表8.9予以确定。

表 8.8 可能造成海堤损坏的允许越波量

情　况	海堤型式和构造	允许越波量[$m^3/(s\cdot m)$]
有后坡	堤顶及堤后坡无保护（如黏土、夯实土料，铺草地面）	$<5\times10^{-3}$
	堤顶有保护，后坡无保护	2×10^{-2}
	堤顶、后坡均有保护	5×10^{-2}
无后坡	堤面不铺砌	5×10^{-2}
	堤面有铺砌	2×10^{-1}

表 8.9 对建筑物、车辆及人员可能造成危害的允许越波量

情　况	类　型	允许越波量[$m^3/(s\cdot m)$]
堤后有行人	略感不适	$<4\times10^{-6}$
	略有危险	$<3\times10^{-5}$
堤后有车辆	高速行车	$<1\times10^{-6}$
	低速行车	$<2\times10^{-5}$
堤后有建筑	受害而不破坏	$<1\times10^{-6}$
	受害，门窗等局部受破坏但结构不破坏	$<3\times10^{-5}$

《欧洲越浪手册》通过分析大量试验数据，给出各类斜坡堤和直立堤的越浪量计算方法，并给出了越浪量在线计算工具（http://www.overtopping-manual.com/calculation_tool.html），其中的详细计算过程读者可参阅网站和越浪手册。

8.5 斜向波对斜坡堤的作用

斜坡堤断面的设计和试验一般都基于波浪正向打击的情况，认为此时作用最强烈。而过去的某些试验研究指出，对于抛筑斜坡堤，斜向波的作用在某些情况下更为恶劣。其表现在：一是在护面块稳定方面，由于块体常常是单体存在，斜向波的作用产生沿堤的切向力对某些块体的稳定有可能比正向波作用更为不利。例如 Whillock 等（1997）的试验表明：对扭工字块，最不利的稳定条件是在斜向角 $\beta=10°\sim30°$时（正向浪时 $\beta=0°$）；二是在爬高和越浪方面，斜向浪有时可能大于正向浪。为此各国做过许多研究，现将近期的成果综述如下。

8.5.1 斜浪作用下的护面块体稳定性

8.5.1.1 堤身段

法国 Galland（1994）对带平台的斜坡堤在斜向不规则波作用下多种护面块的稳定性进行了试验研究，其结果如下：

对于 1:1.5 块石护面：波向角 β 在 $0°\sim60°$范围内，稳定性变化不大，当 $\beta=75°$时，稳定性大增。此结果与以前结果类同。

对于 1:4/3 的改型方块和四脚锥护面：稳定性随 β 增大而增大，块

体开始破坏时间推迟，但损坏速度快于正向波。而当 $\beta>45^\circ$（改型方块）或 $\beta>60^\circ$（四脚锥）时，几乎不再出现破坏。Gamot 也曾观测到四脚锥的稳定性随 β 的增加而增大。

对于钩连块护面：$\beta=15^\circ$时与正向波相近，当 β 较大时，块体有些损坏后自动调整后又趋稳定，损坏不再发展。

护脚棱体的稳定性也随 β 角的增加而增大。从试验成果分析，可以得出对应于正向波的等效波高为 $H_s\cos\beta^x$。

式中：H_s——斜向波有效波高；

β——入射角（正向波时 $\beta=0^\circ$）；

x——依赖于块体类型及其放置位置的系数，由表 8.10 查取。

表 8.10 斜向波等效波高换算的系数 x 值（护面层）

项 目	改型方块	四脚锥体	块石	扭王字块
护面层	0.6	0.3	0.25	1.0
护脚层	0.6	0.4	0.6	0.4

对于护面层而言，扭王字块的斜向等效波高折减最大，块石的斜向等效波高折减最小，几乎不发生变化。至少对于这些块体而言，不存在斜向波更危险的问题。

大连理工大学俞聿修等进行了多向不规则波对斜坡堤上 4 种块体的稳定性试验，4 种块体分别为扭工字块、扭王字块、四脚空心方块及天然石块。按 Hudson 公式反推，当失稳率 n 为 1%时不同方位来波时的稳定系数 $K_{D,\theta}=K_{D,\theta=0^\circ}\cos^{-m}\theta$，$\theta$ 为波向线与堤身轴线的法线间的夹角，其结果如表 8.11 所示。

表 8.11 不同波型及块体的 m 值

波 型	扭工字块	扭王字块	四脚空心方块	天然石块
单向不规则波（$S=\infty$）	1.02	2.30	1.47	1.95
多向不规则波（$S=40$）	0.76	1.79	1.34	1.73
多向不规则波（$S=10$）	0.98	1.75	1.36	1.17

值得注意的是，根据近年来国内一些工程试验表明，当斜坡堤堤身很长和斜向浪斜角很大，切向力作用很强时，随机摆放钩连块的稳定性比在正向波时要差。但如果为规则摆放，其稳定性仍然能保持和正向波时一样。这一点也为一些工程实际所证实。因此，当斜坡堤堤身很长而且斜向浪斜角很大，切向力作用很强，而钩连块又为随机摆放时，与正向波作用时相比其块重不宜减小，可能还要加大。另外，我国港口工程规范还规定对扭工字块（也是随机摆放的）不考虑斜向波作用时块重的减小。

8.5.1.2 堤头

日本 Matsumi 等在多向不规则波浪水池中研究了波向对堤头稳定性的影响。采用单向不规则波和多向不规则波（方向分布参数 $S=2$），在正向波和斜向波（15°）条件下进行对比试验。堤头为坡比 1:2 的双层块石护面。将半圆堤头按圆心角分成前部（迎浪面）、中部及后部（背浪面）。试验表明：对前部主波向 $\beta=15°$ 的单向波比多向波危险；对中部，不论 $\beta=0°$ 或 15°都是多向波比较危险；对后部则两者差别甚小。在单向波条件下，对于前部及后部，斜向波比正向波危险，而对中部则差别不明显。

应当认为，对于斜坡堤的堤头设计，采用多向不规则波进行模型试验是较为妥当的。

8.5.2 越浪量

对于斜向波的越浪量，仍可采用（8.34）式，但应作一些修正。法国 Galland 的试验提出，对于斜向波的越浪量可以和块体重量的分析相似，采用对应于正向波的等效波高 $H_s\cos\beta^x$，其中系数 x 视块体类型而异，可由表 8.12 选取。由此可见，斜向波时的越浪量比正向波为小，当采用改型方块时折减最大，采用块石的折减最小，甚至很少变化。

表 8.12 不同块型斜向波等效波高换算的系数 x 值（越浪量）

块　型	改型方块	四脚锥体	块石	扭王字块
越浪量用 x 值	1	0.6	1/3	0.75

应当指出，当考虑波浪的三维性时，其越浪量和单向（二维）波相比会有所减小。

8.6 宽肩台斜坡式防波堤

这是在 20 世纪 80 年代初发展起来的一种新的斜坡堤型式，其典型断面图如图 8.15 所示。堤身由两部分石料筑成，堤心石为重量较小、有一定级配的不分类石料，护面块石为重量较重、也有一定级配的不分类石料。护面块石在施工时在高水位以上堆筑成有相当宽度的肩台，故称宽肩台斜坡堤。断面建成后，在波浪的作用下，容许堤身外侧部分有一定变形，并形成一个 S 形的动态平衡剖面，变形过程中不允许堤心石暴露。

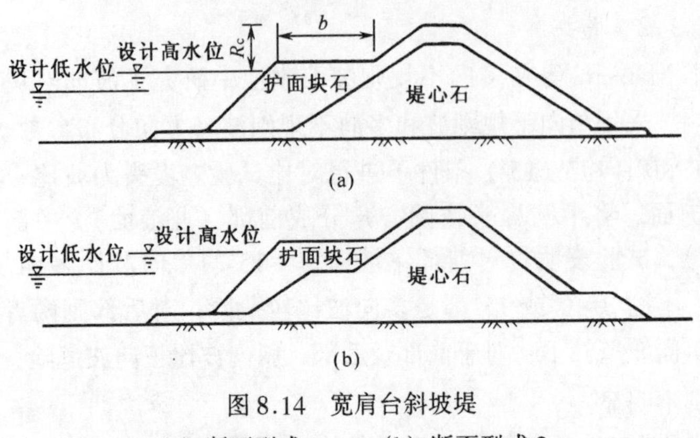

图8.14 宽肩台斜坡堤

(a) 断面型式1； (b) 断面型式2

8.6.1 宽肩台斜坡堤的特点

(1) 其外坡容许变形：当斜坡堤的护面块石重量不足时，在波浪作用下其外坡将发生变形，而后形成在静水位附近坡度较缓，而在其上下区域坡度较陡的S型剖面。按照这一原则，有人建议直接用重量较轻的块石建筑S型剖面斜坡堤或是在静水位下一定深度处建造带有平台和比较近似于平衡剖面的斜坡堤。但前者施工相当困难，而后者则必须采用水上施工和水下检验，所以难于推广。也有人建议采用较轻的块石做成单一斜坡护面，并把护面层加厚，以求变形后的坡面线仍在护面层范围之内而不使堤心和垫层石暴露，但这种设想的护面层将变得非常厚而不甚经济。宽肩台斜坡堤的断面则是介于上述几种设想之间的最优方式，它既略具S型剖面的外形，其肩台又在水位线之上，便于采用陆上施工工艺快速完成筑堤。

宽肩台斜坡堤外坡容许变形是指其变形值是经过设计而最终控制在设计允许范围之内。它不致影响防波堤所应具有的功能，而且在设计条件下也无需维护。

(2) 其护面块石要求的重量较轻：对宽肩台斜坡堤，其护面块石重量可以比常规斜坡堤为小。其理由如下：首先，护面层越厚其透水性越好，则相应要求的稳定块重越小。常规式斜坡堤的护面层只有两层块石，宽肩台式斜坡堤的护面层比常规式要大得多，因此其块重可较轻。其次，当波浪越过空隙率较大的由护面块石组成的宽肩台时，波能损耗较大，它将有利于护面块石的稳定。而更为重要的原因是宽肩台式斜坡堤的外坡允许变形，在波浪作用下形成一个与动力条件相适应的平衡剖面，而且在此平衡坡面上仍允许有部分块石随波来回移动，即所谓的动态平衡剖面。这种稳定条件显然低于常规式斜坡堤上护面块石的静态稳定条件。一般认为，宽肩台式斜坡堤护面块石的重量仅为常规式斜坡堤护面块石重的1/5以下。

(3) 可充分利用采石场的石料：假设有一座斜坡堤，当采用常规式断面时，护面块石重量为6～8 t，垫层块石重200～400 kg，堤心石为10～100 kg，则石场中100～200 kg以及400～6 000 kg的石料将留下或再进行二次加工。但若采用宽肩台式断面，由于它只分护面块石和堤心石两部分，则有可能将石料按较重与较轻两类分选，分别用于护面及堤心。对堤心石的重量不必限于常规式断面的10～100 kg。

(4) 施工较简便：由于宽肩台式斜坡堤一般只分两种规格石料，肩台的设置又在设计高水位之上，这将便于使用陆上设备采用端进法逐步向外海堆筑。在多数情况下只需采用自卸卡车和推土机进行抛填，而不必使用起重机，而且有足够宽的堤身作为施工通道。施工时期的风浪作用对完成堤身断面的影响较小，同时堤身断面尺寸的允许偏差也较常规堤为宽。这些有利条件可使建造宽肩台式斜坡堤有较快的施工进度。

(5) 造价较低：从堤身断面的面积看，宽肩台式断面比常规式略大，国外资料表明在水深10～20 m范围内，宽肩台式断面积比常规式的加大10%～20%。当建堤处附近有丰富的石料场时，加上以上所述(2)～(4)诸原因，统计分析表明宽肩台式斜坡堤造价仅为常规堤的50%～70%。

(6) 在特大波浪作用时的损害较轻：国外的研究表明，在使用期若遭受超过设计情况的波浪作用，宽肩台堤所遭到的损害将比常规堤为轻。诸如人工护面块体的断裂、护面块石被打落露出垫层或堤心，或者堤顶被摧毁等情况均不致发生。

图8.15是对一座宽肩台式斜坡堤在各种波浪条件作用下形成动态平稳坡面的预测。其设计波浪重现期为50a，而如经受400年一遇特大波浪的打击，仅使上部坡面的冲刷略有所增。

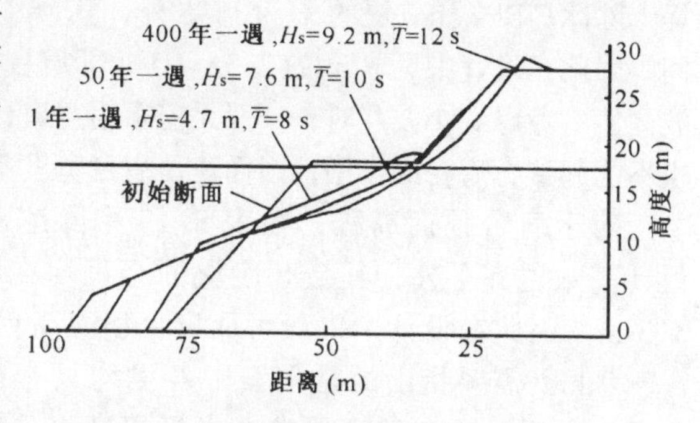

图8.15 波浪重现期对平衡坡面的影响

鉴于上述的种种优点，自20世纪80年代开始采用宽肩台式斜坡堤之后，世界各地纷纷效仿，至今建成和在建的宽肩台式斜坡堤已有几十座之多，仅冰岛在1983年以来就已建造了15座。

8.6.2　断面尺度

其断面尺度主要是堤顶高程、肩台顶面高程和宽度以及肩台的上、下边坡等。由于国内外还没有公布对宽肩台式斜坡堤断面尺度所作出的规定或经验成果，我国谢世楞对国外有关堤的基本数据进行了统计分析，其成果已纳入我国行业标准之《防波堤设计与施工规范》(1998)修订本的有关条文。表8.12为国外9座基本数据比较齐全的宽肩台式斜坡堤的统计表。

表8.13　宽肩台斜坡堤基本数据表

防波堤堤址	H_s (m)	T (s)	d (m)	高水位 (m)	肩台高程 (m)	肩台宽 (m)	堤顶高程 (m)	上坡	下坡	块石重 (t)
美国 Racine	4.4	10	8.4	1.4	2.4	12.2	4.9	1:3	1:1.2	0.14~3.6
美国 St.George	6.4	18	8.25	1.55	3.7	16.8	7.95	1:3	1:1.5	2~10
丹麦 Skalavik	7.0	14	15	0.7	4.0	20	9.5	1:1.5	1:1	3~15
丹麦 Skopun	7.0	18	21	1.0	4.0	20	12.0	1:2	1:1	10~15
冰岛 Husavik	4.0	15.5	~8	2.7	4.0	11.6	6.0	1:3	1:1.25	1~5
冰岛 Blonduos	4.8	12	~6	2.5	4.0	9.5	7.0	1:3	1:1.25	1~6
冰岛 Helguvik	5.8	9.6	~30	5.0	5.0	14	9.0	1:3	1:1.5	1.7~7
冰岛 Keilisnes	5.9	12	32	4.7	6.0	15	14.0	1:1.7	1:1.3	8~14
冰岛 Bolungarvik	6.3	17	~7	3.5	5.0	15	9.5	1:3	1:1.25	3~8

注：H_s为有效波高，T为周期，除Racine为有效周期T_s外，其余均为谱峰周期T_p，d为水深。

对于肩台宽度b，若以$b=xH_s$来表示，对表8.13中的9座斜坡堤，除冰岛Blonduos堤的x为1.98外，其余8座堤的x在2.38~2.90间，因此在设计中可取x为2.3~2.9，即肩台宽度为2.3~2.9倍设计波高值。考虑到小波高时，一般无需采用宽肩台型式，同时如肩台太窄也不能起到宽肩台的作用，因而建议肩台宽度不宜小于6.0 m。

对于肩台顶面高程，在表8.13中除冰岛Helguvik堤的高程与设计高水位齐平外，其余8座堤的高程均在设计高水位以上1.0~3.3 m，因此在设计中一般可取肩台顶面高程在设计高水位以上1.0~3.0 m。需要指出的是上表中各堤均只有设计高水位的数据，而在我国的设计中一般还要求考虑极端高水位时波浪对堤的作用。如在大连北良粮食港的宽肩台斜坡堤的初步方案中，取肩台宽为2.5H，肩台顶面高程在设计高水位以上1.0 m，此高程比极端高水位低0.1 m。而后在物模试验中发现，在极端高水位条件下，肩台很快被波浪冲塌并造成肩台以上坡面和堤顶的冲蚀，因而在以后的设计中将肩台提高约 1.0 m。所以如在设计中要求在极端高水位（重现期为 50a）时堤顶仍不能被冲蚀，则肩台顶高程应至少在极端高水位以上 1.0 m。

对于堤顶高程在设计高水位以上的高度 R_c，若以 $R_c = yH_s$ 表示，表 8.13 中 9 座堤的 y 值在 0.69～1.58 之间，有 6 座堤的 $y \leqslant 1.0$，因此宽肩台斜坡堤的堤顶高程一般可定在不低于设计高水位以上 1.0 倍设计波高值处。应指出，这并不是不越浪的标准，如冰岛 Keilisnes 斜坡堤的堤内侧为码头，为了限制越浪量，将 y 值由 1.24 提高到 1.58。又如大连北良粮食港斜坡堤，当堤顶高程在设计高水位以上 $1.0H_s$ 时，在 $H_s = 4.2$ m 的不规则波作用下，在设计高水位和极端高水位时大波的爬高可分别达堤顶以上 1.1～1.4 m 和 1.4～1.6 m，堤后波高分别为 0.4 m 和 0.6 m。通过试验，确定将堤顶高程提高，因而当要求在极端高水位保证堤顶及内坡的安全时，堤顶高程应不低于极端高水位以上 $1.0H_s$ 处。

根据表 8.13 的资料，宽肩台式斜坡堤的外坡，在肩台以上和以下分别取为1:1.5～1:3 和 1:1～1:1.5。上坡较缓，在坡面变形后对堤顶的影响较小。下坡较陡，适合于陆上抛填，尽可能避免水下理坡和检验。

8.6.3 外坡块石重量

Baird 和 Hall 比较了宽肩台式和常规式斜坡堤二者护面块石的重量（表 8.14）。由表 8.13 可见，当采用宽肩台式斜坡堤时，其护面块石重量仅为边坡比为 1:2 的常规式斜坡堤的护面块石重量的 1/20～1/5。

表 8.14 两种斜坡堤护面块石重量的比较

设计波高 H_s（m）	宽肩台堤护面块石重量（t）	常规式堤护面块石重量（t）	
		边坡 1:1.5	边坡 1:2
4	0.2～1.1	7.1	5.3
6	0.7～3.5	24	18
8	1.8～8.4	57	43

由于宽肩台断面最终要在波浪打击下变形为近似于 S 型的断面，其所需的护面块石重量难以用一个坡度函数表示，因此各国趋向于用稳定参数 $H_s/\Delta \times D_{50}$ 来确定护面块石的中值直径 D_{50}（m），D_{50} 定义为 $(10W_{50}/\gamma_s)^{1/3}$，$W_{50}$ 为护面块石重量的中值（t），γ_s 为石料重度（kN/m^3），则 D_{50} 实际为等效立方体的边长。相对重度 $\Delta = (\gamma_s/\gamma) - 1$，$\gamma$ 为水的重度（kN/m^3）。

表8.13中第2至第4例的$H_s/\Delta\times D_{50}$在2.6～3.4间。Sigurdarson和Viggosson在分析冰岛15座的宽肩台斜坡堤的数据（包括表8.12中所列5座）后认为$H_s/\Delta\times D_{50}$可取为2.4～3.2。

当波浪斜向作用于堤身时，堤坡上的石块还会有一定的纵向移动，丹麦Aalborg大学对$\alpha\leqslant30^\circ$（正向打击时$\alpha=0^\circ$）的试验表明，$H_s/\Delta\times D_{50}$不应大于3.5。

综上所述，一般情况下可取稳定参数的最大值（相应于最小块重）为3.5。由此得对应于H_s为4 m，6 m和8 m时的块重W_{50}为0.9 t，3.0 t及7.0 t，比表8.14中所列值略大。

宽肩台型堤头的稳定参数按冰岛15座堤的资料为1.65～2.4。丹麦Aalborg大学根据少数模型试验结果认为不应大于3.0。当堤头的稳定参数取为3.0和2.4时，堤头块石重量为堤身块石重量的1.6～3.1倍。

在确定D_{50}和W_{50}后，进一步需确定其级配。一般认为只要级配在合理的范围内，其级配对平衡坡面的影响不大。由表8.13可见，护面块石的最大与最小重量之比W_{max}/W_{min}为1.8～26，多数在3～6之间。更恰当的是用不均匀系数D_{85}/D_{15}作控制，D_{85}和D_{15}分别表示在块石料径分布曲线上和累积率85%及15%相对应的粒径。当$D_{85}/D_{15}<3$时，细颗粒不致于使块石间的空隙被堵。通常D_{85}/D_{15}可在1.25～2.25间选用，与之对应的W_{85}/W_{15}为1.95～11.4。例如表8.13中美国阿拉斯加St.George港护面块石的$D_{85}/D_{15}=1.35$，对应的$W_{85}/W_{15}=2.46$，而$W_{max}/W_{min}=5.0$。

应当指出，在设计前，最好能先获得采石场的块石粒径或重量分布曲线，然后根据护面块石和堤心石的用料估算，将石料分成两部分，再分别检验两部分石料，主要是护面块石的D_{85}/D_{15}值。在确定其护面块石W_{50}时，应注意并不一定要选用最小的W_{50}，而是选用当地能开采到的大块石重量。

8.6.4 内坡块石重量

当堤顶高程在设计高水位以上1.0倍设计波高时，仍会发生越浪，因此通常都将护面块石层延伸到内坡，如图8.15所示。当堤顶高程较低时，需核算内坡块石的稳定性。目前对此研究尚不多，下面介绍一种初步的方法。

Andersen等根据模型试验的观察，认为内坡的破坏发生在外坡形成冲刷剖面之后，越顶的波浪可把内坡稍高于水面位置处的一些块石打落，然后造成其上护面层下滑，严重时可使堤心石外露。由作用于内坡块石上的力的极限平衡方程，可求得如下公式：

$$\frac{R_c}{\Delta \times D} \geqslant \frac{\tan\alpha \dfrac{H_s}{\Delta \times D}\dfrac{1}{\sqrt{S}}}{\dfrac{\mu\cos\beta - \sin\beta}{0.2}\left(\tan\alpha \dfrac{H_s}{\Delta \times D}\dfrac{1}{\sqrt{S}}\right)^{-1} + 1} \tag{8.38}$$

式中：R_c——堤顶离静水位的高度；α——外坡的坡角；

β——内坡坡角；$\mu = \tan\varphi$，φ——块石的天然休止角；

S——深水坡陡；$S = 2\pi H_s / g\overline{T}^2$，$\overline{T}$——平均波周期。

为简化，将 D_{50}写成 D，其余符号定义同前述。

如取 $\tan\alpha = 1:5$，$\tan\beta = 1:1.5$ 和 $\mu = 1.0$，可求得内坡块石稳定曲线(图8.16)。如由 $R_c/\Delta \times D$ 和 $(H_s/\Delta \times D)(1/\sqrt{S})$ 确定的数据点在曲线之上，则内坡块石稳定；反之则不稳定，此时可采用诸如加大 R_c 等措施。以此方法对表 8.12 中 9 座防波堤的内坡块石重量进行验证，结果表明图 8.16 的稳定曲线略偏安全，如极端高水位时仍有一定越浪，则还应保证此水位条件下内坡护面的稳定。

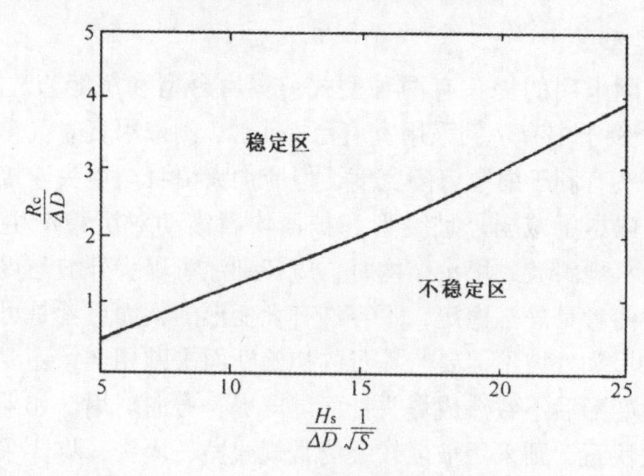

图 8.16 内坡块石稳定曲线

8.6.5 动态平衡坡面

在宽肩台斜坡堤的外坡被波浪塑造成动态平衡坡面的过程中，具有一定级配的块石将在运动时逐渐滞留于合适的空隙中。当达到动态平衡坡面时，将只有一部分块石在坡面上随波运动。护面块石的中值粒径对于平衡坡面形状的影响不很大。一些试验研究表明坡面 $\tan\alpha$ 与$D_{50}^{0.22}$成正比。如当 $H_s = 6$ m，并取 $D_{50} = 1.0$ m，则 $D_{50}^{0.22} = 1.0$；当 $H_s = 4$ m 和 8 m 时，D_{50}分别为 0.7 m 和 1.4 m，两者的 $D_{50}^{0.22}$值与 $H_s = 6$ m 时的 $D_{50}^{0.22}$值相比，其差值均不超过 8%。因而对于平均的动态平衡坡面可忽略 D_{50}的影响。

对于某一初始断面相应的平衡坡面，应保持冲蚀的面积与堆积的面积相等（图 8.17)。当初始断面的尺度在 8.6.2 节所述的范围内变动时，它对平衡坡面的影响不大。对于动态平衡坡面，一般应采用不规则波进行试验，从初始断面演变到动态平衡坡面的作用波数一般需 3 000 ~6 000 个。少数规则波的对比试验表明，对于平衡坡面试验而言，规则波所采用的等效波高应略大于有效波高 H_s。通常对平衡坡面试验所采用的水位至少应包括设计高、低水位和极端高水位，并应考虑水位由高至低，然后由低至高的连接试验。起始水位由高水位或由低水位开始的影响不大。

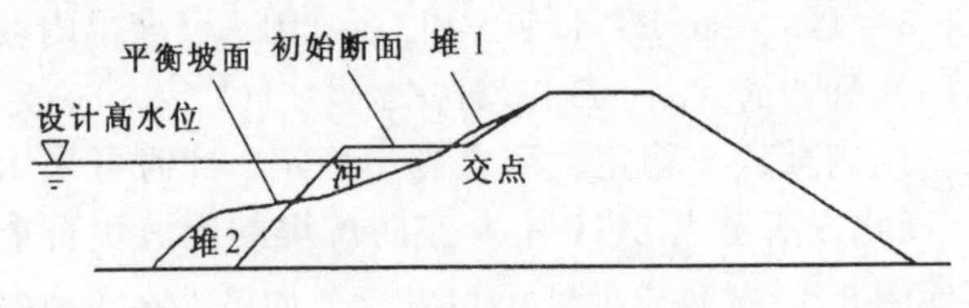

图 8.17　初始断面与平衡坡面

8.6.6　堤头型式

国外实际采用的堤头有两种型式：宽肩台型和沉箱直立型，在表 8.13 的 9 个例子中有 7 例采用宽肩台堤头，2 例采用直立沉箱堤头。采用直立式堤头有利于缩窄口门宽度，但应加大堤身与堤头连接段的护面块石重量，以尽量减弱外坡变形和护面块石滚动对沉箱产生的撞击作用。当采用常规斜坡式堤头结构时，应特别注意堤头外坡与堤身外坡的连接，因为前者是静态稳定，不容许有大变形的，而后者是可以有大变形的。所以堤头外坡不但要与堤身的初始断面平顺相连，还要保证在堤身外坡发生变形后不致造成堤头护面层向堤身方向坍塌。如果当地可以开采到较大块石，则采用坡度较缓的常规式抛石堤头，将比采用坡度较陡的以混凝土人工块体护面的堤头更适合于与宽肩堤身的连接。而且在堤身外坡变形后，即使有一些堤头护面块石向堤身方向滚落，其后果将比混凝土护面块体的滚移影响为小，因为后者可能会使块体断裂。

在斜向波作用下，宽肩台堤坡上的块石会产生一定的纵向移动。对于平面上为半圆形的宽肩台堤头而言，总有一部分处于非正向波的作用下，如果护面块石重量不够，它们将向港内逐渐移动，严重时甚至会造成整个堤头在平面上向港内侧倾斜。因而，宽肩台堤头的护面块石重量比堤身护面块石重量的增大倍数（1.6~3.1 倍）要比常规斜坡堤时相应的增大倍数为大。

由于堤头护面块石有向港内侧逐渐移动的趋向，因此通常对于堤头试验的作用波数要加大到 10 000 个以上。

8.7 混成堤基础块石稳定重量的计算

本节所述基础系指直墙建筑的基础，其块石重量的确定与斜坡堤护块石重量的确定属于同一类型的问题。

加拿大 Brebner 及 Donnelly（1962）提出了一个试验成果。其基本概念是将 Hudson 关于斜坡堤上块体重的计算公式用于基础块石重量的计算，即仍取$\gamma_s H^3/(S-1)^3 W = N_s^3$这一公式形式。在斜坡堤上 $N_s = a(\cot\alpha)^{1/3}$,在直墙建筑基础上，基础边坡设为定值，Brebner 引入另一因子——基床上水深与堤前水深之比 d_1/d，则此时稳定性因子 N_s 的相关式为

$$N_s^3 = f(d_1/d, d/L, H/L) \tag{8.39}$$

他的试验表明 d/L 及H/L 二因子对N_s值的影响甚微，因而最终的相关式为

$$N_s^3 = f(d_1/d) \tag{8.40}$$

结果得出稳定块重 W 正比于H^3 而反比于 d_1/d，即床上相对水深愈小，所需块重愈大。近 30 年来这一方法为各国广为采用，并列入了一些国家的规范之中。如日本《港湾构造物设计基准》、《美国海岸防护手册》及我国《防波堤设计与施工规范》中都予以采用。根据我们的研究，发现该方法往往给出偏大甚多的结果，它在以下几点上值得商榷：①该方法以 Hudson 公式为基础，而 Hudson 公式系以失重失稳为计算模式并忽略了惯性力的影响，但实际上基础块石往往以滚动失稳居多而且惯性力的影响不容忽视；②稳定性因子 N_s 的影响因素考虑过于简化；③往往给出过大的计算结果；④块重 W 与H^3 及 d_1/d 的相关关系会引出一些不合理的结果。例如当 $H=5$ m，$d_1=20$ m 及 $d=40$ m 查得所需块重为 5 t，而当波高不变，$d_1=7.5$ m 及 $d=10$ m 则得稳定块重为 3.8 t，实际上后者的稳定块重应较大；⑤其模型比尺过小。由于比尺效应将使结果偏大。以下就大连理工大学的研究成果作一阐述。

块石失稳有如下几种情况：①因浮力过大而失稳——脱出；②因沿基础面的推力过大而失稳——滑动；③因稳定力矩不足而失稳——滚动。试验中观察到多数失稳是滚动失稳。由于基础表面的不平整性，滑动失稳是不可能的。所以取滚动失稳为计算模式。

分析规则堆砌的圆球体。球体直径为 D，容重为 γ_s，液体容重为 γ，水平方向（沿基础面）的流速为$u_x(t)$,加速度为$\partial u_x(t)/\partial t$,垂直方向(垂直于基础面)由于绕流而引起升力,产生升力的等效速度正比于 $u_x(t)$,令其等于 $ku_x(t)$,则升力加速度为$\partial[ku_x(t)]/\partial t$,设阻力系数为

C_d，惯性力系数为 C_m，则稳定力矩为

$$M_1=(\gamma_s-\gamma)\alpha D^3 bD \tag{8.41}$$

式中：α——体积系数；

b——力臂系数。

以圆球相应值代入得

$$M_1=(\gamma_s-\gamma)\frac{\pi}{6}D^3\frac{D}{4} \tag{8.42}$$

倾覆力矩包括水平速度力力矩、水平惯性力力矩，垂直速度力力矩及垂直惯性力力矩 4 项，即

$$\begin{aligned} M_2 &= -\gamma\frac{\pi}{4}D^2C_d\frac{u_x^2}{2g}CD-\gamma\frac{\alpha D^3}{g}C_m\frac{\partial u_x}{\partial t}CD \\ &\quad+\gamma\frac{\pi}{4}D^2C_d\frac{(ku_x)^2}{2g}bD+\gamma\frac{\alpha D^3}{g}C_m\frac{\partial(ku_x)}{\partial t}bD \\ &=\gamma\frac{\pi}{4}D^2C_d\frac{u_x^2}{2g}\frac{\sqrt{3}}{4}D\alpha_1+\gamma\frac{\pi D^3}{6}\frac{C_m}{g}\frac{\partial u_x}{\partial t}\frac{\sqrt{3}}{4}D\alpha_2 \end{aligned} \tag{8.43}$$

式中：C——水平力力臂系数；b——垂直力力臂系数；

$\alpha_1=-1+k^2\frac{\sqrt{3}}{3}$；$\alpha_2=-1+k\frac{\sqrt{3}}{3}$。

当处于极限稳定时，$M_1=M_2$。由此可解得稳定所需的球直径 D，进而得稳定块重 W 的表达式为

$$\frac{W}{\left(\frac{u_{x\max}^2}{g}\right)^3}\frac{\left(\frac{\gamma_s}{\gamma}-1\right)^2}{\gamma_s}=\alpha\left[1-\frac{\beta}{\left(\frac{\gamma_s}{\gamma}-1\right)^2}\left(\frac{u_{x\max}}{gT}\right)^2\right]^3 \tag{8.44}$$

式中：α 及 β——两个无量纲常数，它取决于块体的形状。

对于规则堆砌的圆球体，是可用函数表示的，而对于形状不规则的任意堆砌的天然石块或各种人工异形块体，则只有通过试验予以确定。由（8.44）式可知，可以通过试验确定无量纲块重 $W\left[\frac{u_{x\max}^2}{g}\right]^{-3}\times(S-1)^3\gamma_s^{-1}$ 与无量纲波浪流 $\frac{u_{x\max}}{gT}$ 间的相关函数。设 $(S-1)^3\gamma_s^{-1}=K_r$ 并考虑基床相对水深 d_1/d 及基床边坡 m 的影响，则有

$$W\left(\frac{u_{x\max}^2}{g}\right)^{-3}K_r=f\left(\frac{u_{x\max}}{gT},m,\frac{d_1}{d}\right) \tag{8.45}$$

对 $u_{x\max}/gT$，m 及 d_1/d 三参量影响的处理办法是：先设 m 为常数，取 $m=2$，确定此时无量纲块重与 $u_{x\max}/gT$ 及 d_1/d 二参数的相关图如图 8.13，然后再对不同边坡 m 求出其修正系数。

从图 8.18 可见，无量纲块重与因子 u/gT 及 d_1/d 均为降函数相关。在这些因子中大体上可认为 u^2/g 项表示速度力的影响，u/gT 项

表示平均惯性力的影响。综合而言，块重不仅与波高而且与波周期有关，且块重并非与波高的三次方成正比而是与波高的平方成正比。

边坡 m 的影响可见图 8.19。平底时块石滚动的稳定条件为

$$Fr\sin\alpha = Wr\cos\alpha \tag{8.46}$$

即
$$\frac{W}{F} = \tan\alpha \tag{8.47}$$

斜坡上块石的稳定条件为

$$Fr\sin\alpha = W_\theta r\cos(\alpha + \theta) \tag{8.48}$$

即
$$\frac{W_\theta}{F} = \frac{\sin\alpha}{\cos(\alpha + \theta)} \tag{8.49}$$

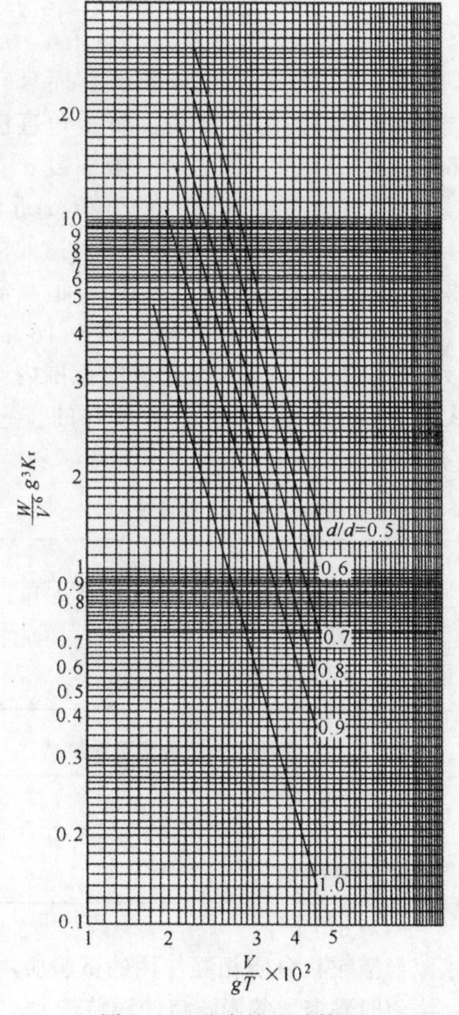

图 8.18　稳定块重计算图

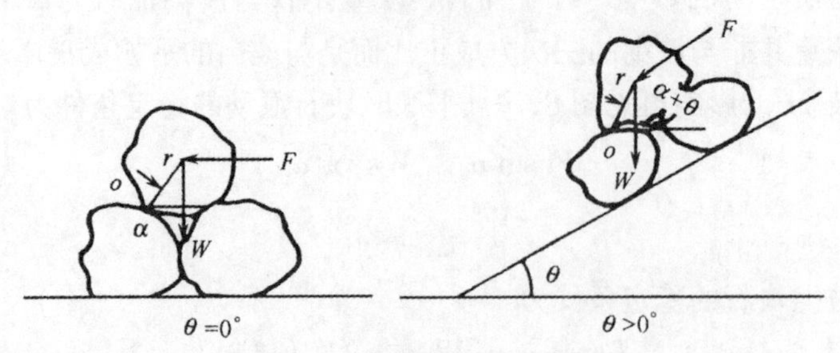

图8.19　斜坡上块石受力图

则斜坡上块石稳定重量与平底时值之比 K_θ 为

$$K_\theta = W_\theta / W = \frac{\cos\alpha}{\cos(\alpha+\theta)} = \frac{\sec\theta}{1-\tan\alpha\tan\theta} \tag{8.50}$$

由（8.50）式可见 K_θ 不仅与 $m=\cot\theta$ 有关，而且与块石重心到接触点之间的连线与坡面间的夹角 α 有关，而 α 角直接与块体形状有关。圆球时 $\alpha=60°$，扁平体的 α 值小。一般而言 $\alpha<60°$，过大的 α 角甚难保持稳定。根据对块石试验资料的分析 α 近似为 $40°\sim50°$。不同 α 及 m 值时 K_θ 的理论值如表8.15所示。由此可以推得将前述 $m=2$ 的试验结果用于其他边坡的修正系数 K 值（表8.16）。表中只列出工程上实际常用边坡的有关数值。表8.16表明在常用的边坡值条件下稳定块重正比于 $\tan\theta$，在更宽的范围内则不一定。这说明Hudson公式认为 W 正比于 $\tan\theta$ 是有条件的，它与块石形状与所采用的边坡值有关。

表8.15　K_θ 理论值

α	m		
	2.0	2.5	3.0
40°	1.92	1.62	1.47
50°	2.75	2.06	1.75

表8.16　不同边坡块重修正系数

m	2.0	2.5	3.0
$K=\frac{K_{m=2}}{K_m}$	1.0	1.25	1.50

顺便指出，水流与散粒状介质相互作用的试验所用比尺不宜过小，因为如比尺过小，绕流时黏滞力的影响将使误差较大。对块重而言，试验结果可能过于安全。

例题 8.1 在水深10 m，波高 4.0 m，波长 80 m 地区建造斜坡堤，试计算：

(1) 当用铺砌块石，石块重量不超过 500 kg 时斜坡堤的设计堤坡为多少？此时的爬高为多大？

(2) 当用扭工字块体护面，堤坡为 1:1.5 时，扭工字块重至少应多大？此时产生的爬高为多少？

(3) 当堤顶高程在静水面以上 4.0 m 时，估计上述二情况的越波量。

解：

(1) 堤面为铺砌块石时：按 Hudson 公式，查表 8.1，$K_D = 6.5$，由 (8.16′) 式：

$$m = \cot\alpha = \frac{\gamma_s H^3}{K_D(s-1)^3 W} = \frac{2.65 \times 1\,000 \times 4^3}{6.5 \times \left(\dfrac{2.65}{1.025} - 1\right)^3 \times 500} \approx 13.10$$

则 $\alpha \approx 4.4°$，此时波浪破碎的极限波陡为

$$\delta_m = \sqrt{\frac{2\alpha}{\pi}}\frac{\sin^2\alpha}{\pi} = \sqrt{\frac{2 \times 0.077}{\pi}}\frac{0.077^2}{\pi} = 4.14 \times 10^{-4} < H/L = 1/20$$

故波浪在堤上破碎，按 Hunt 法计算爬高

$$R = \frac{1.01\tan\alpha}{(H/L_0)^{1/2}}H = \frac{1.01 \times 0.076}{(4.0/125)^{1/2}} \times 4 = 1.72\ (\text{m})$$

式中 L_0 为深水波长，可由水深及当地波长反求为 125 m。计算爬高小于堤顶离静水面高差，故不发生越顶。

(2) 堤面采用扭工字块体护面时：查表 8.1 $K_D = 21$，由 (8.16′) 式，最小的扭工字块重为

$$W = \frac{\gamma_s H^3}{K_D(s-1)^3 m} = \frac{2.3 \times 4^3}{21 \times \left(\dfrac{2.3}{1.025} - 1\right)^3 \times 1.5} \approx 2.4\ (\text{t})$$

堤坡角 $\alpha = 33.7°$，此时波浪破碎的极限波陡 δ_m 为

$$\delta_m = \sqrt{\frac{2\alpha}{\pi}}\frac{\sin^2\alpha}{\pi} = \sqrt{\frac{2 \times 0.588}{\pi}}\frac{0.5547^2}{\pi} = 0.06 > H/L = 0.05$$

故波浪在堤上不碎碎，按 Miche 公式计算爬高（堤面光滑时）为

$$R = \sqrt{\frac{\pi}{2\alpha}}H = \sqrt{\frac{\pi}{2 \times 0.588}} \times 4 \approx 6.5\ (\text{m})$$

按我国规范计算爬高为

$$R = K_\Delta K_d R_0 H = 0.38 \times 1.07 \times 2.58 \times 4 = 4.20\ (\text{m})$$

利用 (8.35) 式计算越波量，无量纲堤顶高 $R^* = R_t/(T\sqrt{gH}) = \dfrac{4}{8.85\sqrt{9.8 \times 4}} = 0.072\,2$，由表 8.3 得 $m = 1.5$ 的单坡 $A = 1.02 \times 10^{-2}$ 及 $B = 20.12$，由表 2.4 取糙度修正系数 $r = 0.5$，则由(8.35)式计算无量钢越波量 Q_r^*：

$$Q_r^* = A\exp[-(B/r)R_s^*]$$

$$=1.02\times10^{-2}\exp\left[-\frac{20.12}{0.5}\times0.0722\right]=5.58\times10^{-4}$$

则单宽堤的越波量 Q 为

$$Q=Q_r^* TgH=5.58\times10^{-4}\times8.85\times9.8\times4=0.194\ [\mathrm{m^3/(s\cdot m)}]$$

例题 8.2 现拟建筑一混成堤式的防波堤，条件为堤前水深 $d=10$ m，床上水深 $d_1=8$ m，波高 $H=4$ m，波长 $L=80$ m，试计算此时基床块石应采用多大的石块？

解：

(1) 利用大连理工大学方法，由上例题，波周期 $T=8.85$ s，床上最大底速按立波公式计算为

$$u_{\max}=\frac{2\pi H}{T}\frac{\cosh k(d+z)}{\sinh kd}=\frac{2\pi\times4}{8.85}\frac{\cosh\frac{2\pi}{80}(10-8)}{\sinh\frac{2\pi}{80}\times10}=3.28\ (\mathrm{m/s})$$

则$\dfrac{u_{\max}}{gT}=\dfrac{3.28}{9.8\times8.85}=3.78\times10^{-2}$，查图 8.19 得 $WK_rg^3/V_{\max}^6$值为 0.8：

$$K_r=\frac{(s-1)^2}{\gamma_s}=\frac{\left(\frac{2.65}{1.025}-1\right)^3}{2.65}=1.50$$

则
$$W=\frac{0.8\times V_{\max}^6}{K_rg^3}=\frac{0.8\times3.28^6}{1.50\times9.8^3}=0.7\ (\mathrm{t})=700\ (\mathrm{kg})$$

(2) 查我国防波堤设计规范得所需块石重为 1.6 t；

(3) 查 Brebner 图表，块重应为 1.8 t。

从上述计算可知大连理工大学方法所得设计石块重最小，根据工程经验判别此数字比较合理。

参 考 文 献

1 谢士楞．斜坡式防波堤设计中若干问题的探讨．水运工程，1983，(1)

2 方天中．斜坡式防波堤异型块体的损坏原因及使用加筋块体的探讨．水运工程，1983，(1)

3 范期锦．四脚锥体护面在不规则波作用下的稳定性．海洋工程，1984，(4)

4 俞聿修．在规则波和不规则波作用下斜堤护面块体的稳定性试验研究．大连工学院学报，1985，24 (1)

5 交通部．中华人民共和国行业标准 JTS145－2－2013，海港水文规范．北京：人民交通出版社，2013

6 李玉成，仲跻权．直墙建筑抛石基础稳定块重的确定．大连工学院学报，1981，(3)

7 薛鸿超，顾家龙，任汝述．海岸动力学，北京：人民交通出版社，1980

8 谢世楞．防波堤研究设计的新进展．见：交通部防波堤设计、研究及施工讨论会会议论文集．北京：人民交通出版社，1984

9 赫尔别克主编,. 海岸及海洋工程手册（第一卷）. 李玉成，陈士荫等译校. 大连：大连理工大学出版社，1992

10 俞聿修. 斜坡式防波堤技术的新进展. 港工技术，1995，(3)

11 谢世楞. 宽肩台斜坡式防波堤设计. 港工技术，1996，(2)

12 Mettam J.D. Design of main breakwater at Sines harbour. In: Proc. 15th ICCE, 1976

13 Mansard E.P.D., J. Ploeg. Model tests at Sines breakwater. LTR. HY. 67. National Research Council Canada, 1978

14 Iribarren R. Una Formula Para el Calcula de los Diques de Escollera. Revista de Obras Publicas, 1938, Madrid

15 Hudson R.Y. Laboratory investigation of rubble-mound breakwaters. In: Proc. ASCE, 85, WW3, 1959

16 Le Mehaute B., R.C.Y. Koh and L.A. Hwang. Synthesis on wave run-up. In: Proc. ASCE, 94, WW1, 1968

17 Horikawa Y. Coastal Engineering. University of Tokyo Press, 1978

18 Takada A. Estimation of wave overtopping quantity over sea-walls. In: Proc. 14th ICCE, 1974

19 Hunt I.A. Design of sea-walls and breakwaters. Trans. ASCE, 126, Part Ⅳ, 1961

20 Machemehl J.L., J.B. Herbich. Effects of Slope Roughness on Wave Run-up on Composite Slopes. Texas A and M Univ., COE Rep., 1970

21 Silvester R. Generation, propagation and influence of waves. Coastal Engineering I. Elsevier Scientific Publishing Company, 1974

22 Van Oorschot J.H., K.D′Angremond. The effects of wave energy spectra on wave rup-up. In: Proc. 11th ICCE, 1968

23 Saville T. Wave rup-up on shore structures. In: Proc. ASCE, 82, Paper 925, 1956

24 Hosoi M., N. Shuto. Run-up height on a single slope dike due to wave coming obliquely. In: Proc. of Coastal Engineering in Japan, 1964

25 Hydraulic Research Station. Design of seawalls allowing for wave overtopping. Report No. EX 924, 1980

26 Saville T. Wave run-up on composite slopes. In: Proc. 6th ICCE, 1963

27 Brebner A., P. Donnelly. Laboratory study of rubble foundation for vertical breakwaters. In: Proc. 8th ICCE, 1962

28 Owen M.W. The Hydraulic Design of Seawall: Profiles, Shorline Protection, Hydraulic Reserch Station, 1983

29 СНИП Ⅱ-57-75, Нагрузки и Возбействия на Гиброчехкические Сооружения, Москва, 1976

30 Galland J.C. Rubble mound breakwater stability under oblique waves: an experimental study. In; Proc. of 24th ICCE, Ch. 77, 1994

31 Van der Meer, J.W. Stability of breakwater armour layers - Design formulae. Coastal Engineering, 11(3), pp. 219-239, 1987

第9章　波浪对柱状结构物的作用

9.1　概　　述

海岸工程及近海工程的结构物中，特别是固定式结构物和一些半潜式浮动结构物中，各种型式的杆件或柱形结构得到了广泛的应用。这些杆件或柱体可以是垂直的、水平的或斜向布置的，其截面尺度相对于波要素可以是小尺度的或是大尺度的。由于海上波浪方向的多变性，为了适应来自不同方向的海浪而保持较小的体形阻力系数，其截面形状多半是圆形的。在各种方向布置的构件中最典型的是垂直构件，本章中将着重讨论垂直构件所受波浪力的计算问题。该波浪力的计算按照其尺度大小的不同而导致受力特性的不同，故采用了两种不同方法：

(1) 对于小直径构件至今仍主要采用1950年由美国加利福尼亚州伯克利大学的莫里森、O'Brien及Johnson（1950）所提出的方法，目前通称为莫里森方程（或方法）。这是一个半经验半理论方法，它认为当构件直径D与波长相比很小——$D/L \leqslant 0.15$时，波浪场将基本上不受桩柱存在的影响而传播。这时其所受波浪力可视为由两部分力组成，一部分是由未扰动的波浪速度场所产生的速度力，另一部分是由波浪加速度场所产生的加速度力。

(2) 对于大直径构件通常采用1954年由美国工程兵团的MacCamy和Fuchs（1954）所提出的绕射理论。它假定水体是无黏性的，波浪作有势运动，并取线性化后的自由水面边界条件，因而其适用条件大体为：首先是符合线性化条件。一般认为当$D/L > 0.25$时，线性化误差不大；其次是流体绕过柱体时不发生分离现象。为此要求$H/D \leqslant 1.0$，即波高与柱径之比较小，此时可采用无黏性的假定（图9.1）。根据D/L及H/D二参数的不同组合可以划分为4个区域：

Ⅰ区：$D/L < 0.15$及$H/D < 1.0$，此时不考虑黏性及绕射的影响，可按莫里森方程进行计算。

Ⅱ区：$D/L > 0.15$及$H/D < 1.0$，此时不考虑黏性，但应考虑绕射作用，可按线性绕射理论（MacCamy方法）进行计算。

Ⅲ区：$D/L < 0.15$及$H/D > 1.0$，此时不考虑绕射影响，可按莫里森方程进行计算。

Ⅳ区：$D/L > 0.15$及$H/D > 1.0$，此时应既考虑黏性又考虑绕射的影响，而波浪的极限波陡为 $(H/L)_{max}=1/7\approx0.15$，所以此区的波浪已经破碎，实际上不存在，可不予考虑。

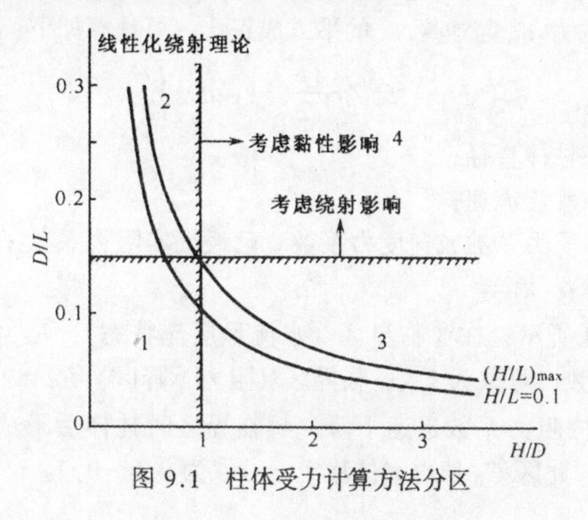

图 9.1　柱体受力计算方法分区

9.2　柱体的绕流现象

当流体为理想状态，作无黏稳定的势流运动（图 9.2）。其前后对称点的附加压力亦对称为 $p=\rho gU^2/2$，速度为 0。上下对称点速度为 $2U$，压力对称并相等，因而柱体各方所受力是平衡的，即在理想状态下柱体上并不感受到力的作用。实际上存在的柱体因绕流而受力是由于流体黏性所产生的现象。由于黏性影响，在固体边界面附近产生流体的边界层，边界层内水流受固体界面影响而流速减小，反过来水流对固体有一剪切力作用，也可称之为表面摩阻力。当雷诺数很小时，该力与水流的速度成正比。对圆球而言，此雷诺数 $Re=UD/\nu<1$，ν 为流体运动黏滞系数，这是柱体受力的第一种情况。当流体运动的雷诺数很大时，边界层沿柱壁逐渐发展并产生分离现象，分离的水流形成紊动而在圆柱体后方产生尾流及涡漩，形成一个负压区，而前方为一正压区，前后的压力差形成一个作用力。边界层的流

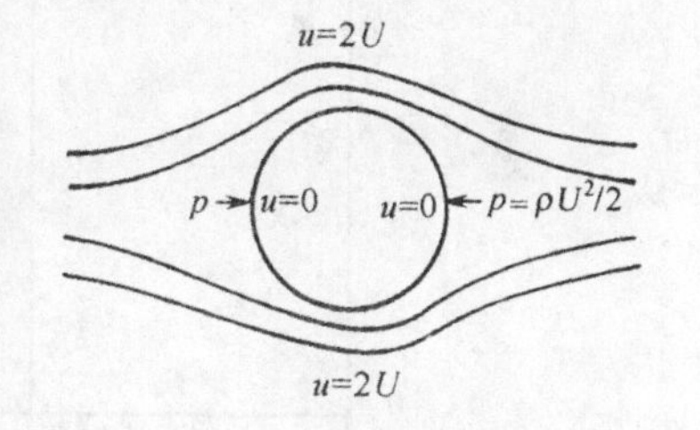

图 9.2　理想流态时的柱体绕流

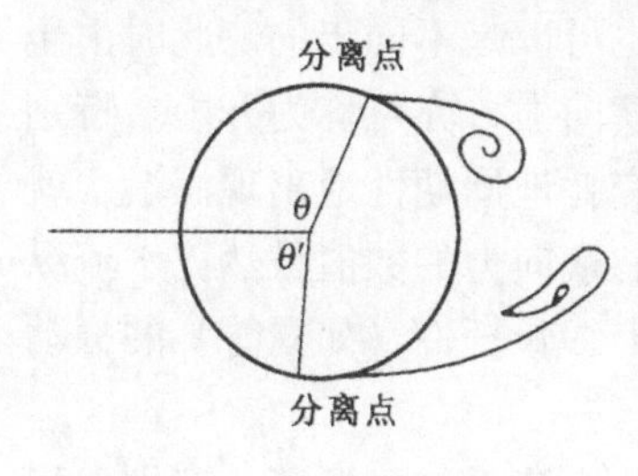

图 9.3　柱体绕流的分离

态也可分为层流与紊流两种（图 9.3）。边界层产生分离现象时的分离点角度 θ 随流态而异，层流边界时 $\theta \approx 82^\circ$，紊流边界时 $\theta = 10^\circ \sim 130^\circ$。此时所产生的力 F_d 与速度 U 的平方成正比，可计算如下：

$$F_d = C_d A\rho \frac{U^2}{2} = C_d D\rho \frac{U^2}{2} \tag{9.1}$$

式中：D——柱体直径；

U——水流流速；

C_d——阻力系数或速度力系数。已经证实阻力系数 C_d 与雷诺数 Re 有关。

如图 9.4 所示，在亚临界区（水流呈层流状态），$Re < 2.0\times10^5$，C_d 值约为常数，可取为 1.2；临界区（阻力下降区）$Re = 2\times10^5 \sim 5\times10^5$，此区域内阻力系数迅速下降；超临界区时柱体后形成强烈涡漩，$Re > 5\times10^5$，此区 C_d 值也大体稳定，可取为 0.6～0.7。

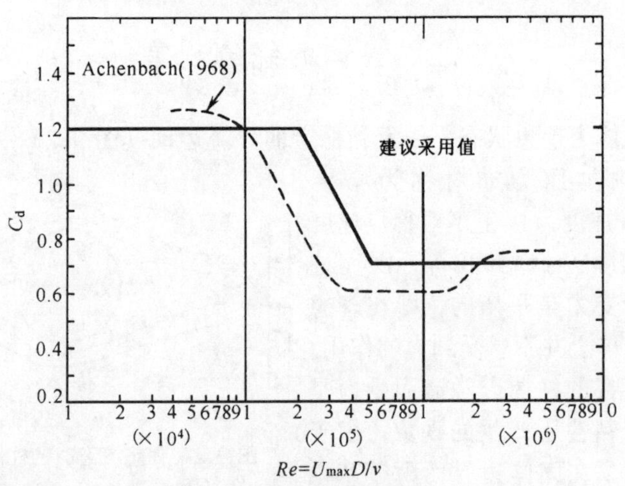

图 9.4　稳定流时阻力系数

尾流区所释放的涡流可能有如下几种状态：①对称地同步释放等强的涡漩；②不对称释放，可以是不等强度也可以是不同步的。此时由于涡漩的不对称性就产生垂直于水流方向的横向力，亦可称为升力。特别在不同步的涡释时，柱体后水流方向两侧交替地周期性地出现涡漩，就形成与涡释交替周期相同的周期性横向力。横向力的数值虽然比水流纵向力小，但由于它是振动的，就将造成海上细长杆件（如立管）的振动与疲劳问题。

以上是稳定流的情况。当为振荡流时，水流系往复振荡，有别于稳定流状态。首先由于往复振荡，原来处于下游位置的已释放并下移的涡体有可能随水流的回荡而带回。在回移过程中可能出现多种情况：一些原来发育不良的涡体可能消失；一些较弱的涡体在回移时不一定沿原路且不一定通过柱体；有一些涡体回移并通过柱体则又将释放新的涡体，从而造成了振荡水流的不稳定性，进而将影响水流力的变化。所以此时的水流力将有别于稳定流情况，同时这种差异也将影响其升力的变化情况。另一方面，由于振荡流的水流强度是随时间而变的，其雷诺数也随时间而变，则在不同时间其流态（包括边界层状况）以及涡释条件均将有所变化。此外可以看出，由于涡漩的往复运动，上一时刻的流态对现在及以后时间的流态将发生影响，这是一个重要特点。

实际的波动水流与上述两种流态都有所区别。按线性波理论，水质点沿椭圆或圆运动，则波动水流绕过柱体运动时就需同时考察沿椭圆轨迹两个轴向的影响。这种影响对于水平构件的影响更为明显。

由于流态不同，水流绕过柱体的状态也将不同，从而将影响构件所受的力。所以可以这样说，正确合理地确定柱体所受的流体力，其关键之一在于合理选择作用力系数，而该系数的正确确定有赖于正确地了解和分析水流现象，主要是水流绕过柱体后的水流分离现象。而这一问题的解决，迄今试验研究和原体观测仍是一种有效的手段，同时随着计算和电脑技术的发展，高速、高效的数值模拟也是一个重要发展趋向。

9.3 作用于小直径柱体上的波浪力——莫里森方程

莫里森方程的基本假定是柱体的存在不影响波浪的运动，亦即波浪速度及加速度仍可按原来的波浪尺度并由所拟采用的波浪理论来加以计算。这一假定对于小直径桩柱而言是可以接受的。所产生的波浪力由两部分组成：

（1）惯性力 F_i：由于柱体的存在，使柱体所占空间的水体必须由原处于波浪运动之中变为静止不动，因而对柱体产生一个惯性力。它等于这部分水体质量乘以它的加速度。由于这部分体积中各点的加速度并不相同，为此可取柱体中轴线处的加速度以代表该范围的平均加速度。另外，除了柱体本身所占据的水体外，其附近一部分水体也将随之变速，这部分水体的质量称为附连水质量，则真正作用于柱体上的质量应乘上一质量系数，该质量系数即等于惯性力系数 C_m。

$$F_i = f_i \Delta Z = C_m \rho \Delta V \frac{\partial u}{\partial t} = C_m \rho \frac{\pi D^2}{4} \frac{\partial u}{\partial t} \Delta Z \tag{9.2}$$

则
$$f_{\mathrm{i}}=C_{\mathrm{m}}\rho\frac{\pi D^2}{4}\frac{\partial u}{\partial t} \tag{9.3}$$
其中
$$C_{\mathrm{m}}=1+C'_{\mathrm{m}} \tag{9.4}$$
式中：f_{i}——单位高度柱体上所受的惯性力；

D——柱体直径；

C'_{m}——附连水质量系数。

(2) 速度力 F_{d}：上节中已提到，在稳定流条件下，当为紊流时，速度力为
$$F_{\mathrm{d}}=f_{\mathrm{d}}\Delta Z=C_{\mathrm{d}}\frac{\rho}{2}Du^2\Delta Z \tag{9.5}$$
则
$$f_{\mathrm{d}}=C_{\mathrm{d}}\frac{\rho}{2}Du^2 \tag{9.6}$$
莫里森在将（9.6）式应用于波浪运动中，考虑水流的往复性，速度力也有往复性，即有正有负，因而（9.6）式中的 u^2 项应改为 $u|u|$，同时速度力系数 C_{d} 也应按不同流态取用适当的数值。则速度力公式可表述为
$$f_{\mathrm{d}}=C_{\mathrm{d}}\frac{\rho}{2}Du|u| \tag{9.7}$$
则作用于单位高度柱体上的总波浪力 f 为
$$f=f_{\mathrm{i}}+f_{\mathrm{d}} \tag{9.8}$$
（9.3）式、（9.7）式及（9.8）式即为莫里森方程求柱体波浪力的几个基本方程。其中速度力系数 C_{d} 及惯性力系数 C_{m} 为经验系数，它取自模型试验及原体观测。由于它们随雷诺数 Re 的改变而有剧烈变化，因而目前强调在工程实用上必需取测自原体的数据。另外由于速度及加速度场的观测比较困难，所谓实测的 C_{d} 及 C_{m} 值系指由实测波浪力和波要素并按一定的波浪理论计算速度及加速度，再推求而得。所以 C_{d} 及 C_{m} 值的应用必须对应于一定的波浪理论。

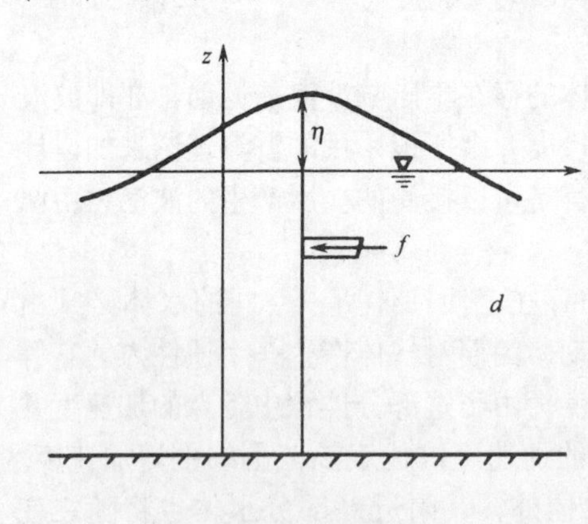

图9.5　坐标系

根据微幅波理论，取如图9.5所示的坐标系，则总波浪力
$$\begin{aligned}f_x&=f_{x\mathrm{i}}+f_{x\mathrm{d}}\\&=-f_{x\mathrm{imax}}\sin\omega t+f_{x\mathrm{dmax}}\cos\omega t\,|\cos\omega t|\end{aligned} \tag{9.9}$$

式中
$$f_{x\mathrm{imax}} = C_{\mathrm{m}} \frac{\gamma\pi D^2 kH}{8} \frac{\cosh k(z+d)}{\cosh kd} \tag{9.10}$$

$$f_{x\mathrm{dmax}} = C_{\mathrm{d}} \frac{\gamma DkH^2}{4} \frac{\cosh^2 k(z+d)}{\sinh 2kd} \tag{9.11}$$

利用（9.9）式即可求得作用于任意高度柱体上的总波浪力和对某截面的水平力矩。从（9.9）式可看出惯性力与速度力之间的相差为90°，因此对总波浪力最大值出现的时间和其数值就应进行具体分析。对（9.9）式求导并将导数置零即可求得最大波浪力出现的时间并进而求出其极值。由$\frac{\mathrm{d}f_x}{\mathrm{d}t}=0$得

$$\frac{\mathrm{d}f_x}{\mathrm{d}t} = -\omega\cos\omega t(f_{x\mathrm{imax}} + 2f_{x\mathrm{dmax}}\sin\omega t) = 0 \tag{9.12}$$

（9.12）式能够成立的条件为

$$\cos\omega t = 0 \tag{9.13}$$

由
$$f_{x\mathrm{imax}} + 2f_{x\mathrm{dmax}}\sin\omega t = 0 \tag{9.14}$$

由于$|\sin\omega t|\leqslant 1$，则$f_{x\mathrm{dmax}}$必需等于或大于$0.5f_{x\mathrm{imax}}$，因而可得：

（1）当$f_{x\mathrm{dmax}}<0.5f_{x\mathrm{imax}}$时，最大波浪力出现的时间应符合（9.13）式，即在$\cos\omega t=0$时出现。在线性波理论中此时间对应于质点的水平速度为0，即波面刚通过静水面，此时有

$$f_{x\mathrm{max}} = f_{x\mathrm{imax}} \tag{9.15}$$

（2）当$f_{x\mathrm{dmax}}=0.5f_{x\mathrm{imax}}$时，$\sin\omega t=-1$，$\cos\omega t=0$，则此情况同（1）。因而可归结为在$f_{x\mathrm{dmax}}\leqslant 0.5f_{x\mathrm{imax}}$条件下最大波浪力在水平分速等于0时出现，此时存在（9.15）式，即是求最大波浪力可不计速度力项。

（3）当$f_{x\mathrm{dmax}}>0.5f_{x\mathrm{imax}}$时，出现最大波浪力的时刻为

$$\sin\omega t = -\frac{1}{2}\frac{f_{x\mathrm{imax}}}{f_{x\mathrm{dmax}}} \tag{9.16}$$

此时最大波浪力为

$$f_{x\mathrm{max}} = f_{x\mathrm{dmax}}\left[1+\frac{1}{4}\left(\frac{f_{x\mathrm{imax}}}{f_{x\mathrm{dmax}}}\right)^2\right] \tag{9.17}$$

由（9.17）式可知，当$f_{x\mathrm{dmax}}>2f_{x\mathrm{imax}}$时$\left(\frac{f_{x\mathrm{imax}}}{f_{x\mathrm{dmax}}}\right)^2<\frac{1}{4}$，略去此平方项所产生的（9.17）式的误差小于6.0%，则这种情况下可略去惯性力项。

综上所述，可得当$f_{x\mathrm{dmax}}\leqslant 0.5f_{x\mathrm{imax}}$时可不计速度力影响；当$f_{x\mathrm{dmax}}>2f_{x\mathrm{imax}}$时可不计惯性力影响；当$2f_{x\mathrm{imax}}>f_{x\mathrm{dmax}}>0.5f_{x\mathrm{imax}}$时为

中间状态，此时应同时考虑速度力与惯性力的作用。

9.4 速度力系数 C_d 与惯性力系数 C_m 的确定

9.4.1 分析计算 C_d 及 C_m 值的几种方法

在波动水流中速度及加速度均随时间而变，因而就产生了不同的分析计算方法，目前大体上有如下几种方法。

9.4.1.1 利用瞬时值计算 C_d 及 C_m

根据线性波理论，当 $\cos \omega t = 0$ 时，速度 $u = 0$，加速度 $\partial u / \partial t$ 有极值，利用该瞬时波浪力资料可计算 C_m 值；当 $\sin \omega t = 0$ 时，速度 u 有极值而加速度 $\partial u / \partial t = 0$，取该瞬时资料可计算 C_d 值。这种方法计算简单，但必须保证所取瞬时资料的速度及加速度两个量中一个值为极值，而另一个为0。由于波浪的非线性效应，这一条件不一定成立。此外，还应考虑观测资料的某些不规律性。为了减小这种不规律性所造成的误差，有时对此瞬时附近的一个小时段取多个值，分析后进行平均。

9.4.1.2 傅里叶分析法计算 C_d 及 C_m 值

在稳定流中，试验证明 C_d 及 C_m 为雷诺数 $Re = UD/\nu$ 的函数，而在波浪运动中雷诺数是周期性地变化的。美国的 Keulegan 及 Carpenter 发现系数 C_d 及 C_m 与速度力和惯性力的比值有关，并定义 K_c 数为

$$K_c = \frac{U_{max} T}{D} \tag{9.18}$$

式中：U_{max}——波浪水质点运动的最大速度；

T——波周期。

目前人们认为在波动水流中系数 C_d 及 C_m 是与 Re 及 K_c 两个参数有关。

Keulegan 和 Carpenter（1958）提出由于在波浪水流中流速及加速度均随时间而周期性地变动，则 C_d 及 C_m 也应在一个周期中统一加以考虑，即可以在一个周期中用傅里叶分析法来取均值，称为傅里叶分析均值。他们认为波浪力应为一奇函数，即半周期内异号：

$$F(\theta) = -F(\theta + \pi) \tag{9.19}$$

则

$$\frac{2F}{\rho D U_m^2} = 2(A_1 \sin\theta + A_3 \sin 3\theta + A_5 \sin 5\theta + \cdots + B_1 \cos\theta + B_3 \cos 3\theta + B_5 \cos 5\theta + \cdots) \tag{9.20}$$

改写成与莫里森方程相对应的表达式可得

$$\frac{2F}{\rho D U_m^2} = \frac{\pi^2}{K_c} C_m \sin\theta + 2(A_3 \sin 3\theta + A_5 \sin 5\theta + \cdots) -$$

$$- C_d \mid \cos\theta \mid \cos\theta + 2(B_3{}'\cos 3\theta + B_5{}'\cos 5\theta + \cdots) \quad (9.21)$$

式中取
$$U = - U_m \cos\theta \quad (9.22)$$

如果仅取和莫里森方程相同的项则可得

$$\frac{2F}{\rho D U_m^2} = \frac{\pi^2}{K_c} C_m \sin\theta - C_d \mid \cos\theta \mid \cos\theta \quad (9.23)$$

应指出，在此认为 C_d 及 C_m 与相角 θ 无关，在雷诺数 Re 及 K_c 数已知时为一常数，且当 $n \geqslant 3$ 时 A_n 及 B_n 各项均为 0。

将（9.23）式的等号两侧各乘以 $\cos\theta$ 并对 θ 在（0，2π）范围内积分可得

$$C_d = - \frac{3}{4} \int_0^{2\pi} \frac{F \cos\theta}{\rho D U_m^2} d\theta \quad (9.24)$$

再将（9.23）式等号的两侧各乘以 $\sin\theta$ 并对 θ 在（0，2π）范围内积分可得

$$C_m = \frac{2 U_m T}{\pi^3 D} \int_0^{2\pi} \frac{F \sin\theta}{\rho D U_m^2} d\theta \quad (9.25)$$

由（9.24）式及（9.25）式就可求得按傅里叶分析法所得的 C_d 及 C_m 均值。

另外由（9.23）式可得

$$\frac{\partial F}{\partial t} = \frac{\rho D U_m^2}{2} \left(\frac{\pi^2}{K_c} C_m \omega \cos\theta + C_d \omega \mid \cos\theta \mid \sin\theta \right) \quad (9.26)$$

当加速度 $\partial u / \partial t$ 最大时有 $\sin\theta = 1$ 而 $\cos\theta = 0$，则 $\partial F / \partial t = 0$；而当速度 U 最大时有 $\cos\theta = 1$ 及 $\sin\theta = 0$，则 $\partial F / \partial t$ 正比于 $C_m / K_c T$。因此当用瞬态法进行分析、C_d 值的数据取自速度为极值时，$\partial F / \partial t$ 值与 $C_m / K_c T$ 有关，即确定 C_d 值的波浪力数据受到 $C_m / K_c T$ 值的影响，所以瞬态法分析所得值是不够准确的。

9.4.1.3 最小二乘法计算 C_d 及 C_m 值

设 F_m 为力的瞬时实测值，F_c 为力的计算值，其误差为 E，总误差为

$$E^2 = (F_m - F_c)^2 \quad (9.27)$$

根据最小二乘法原理，所选用的 C_d 及 C_m 值应符合下列条件：

$$\frac{dE^2}{dC_d} = 0 \quad (9.28)$$

及
$$\frac{dE^2}{dC_m} = 0 \quad (9.29)$$

则利用最小二乘法所得的阻力系数 C_{dls} 及惯性力系数 C_{mls} 分别为

$$C_{dls} = -\frac{8}{3\pi}\int_0^{2\pi}\frac{F_m \mid \cos\theta \mid \cos\theta}{\rho D U_m^2}d\theta \tag{9.30}$$

及

$$C_{mls} = C_m \tag{9.31}$$

由上述分析，目前一般推荐采用傅里叶分析法或最小二乘法。

9.4.2　影响 C_d 及 C_m 值的诸因素

根据尺度分析原理，通常认为柱体所受的无量纲化的波浪力决定于

$$\frac{2F}{\rho L D U_m^2} = f\left[\frac{U_m T}{D}, \frac{U_m D}{\nu}, \frac{k_1}{D}, \frac{t}{T}\right] \tag{9.32}$$

式中：L——柱体长度；

　k_1——柱壁糙度。

与（4.23）式相联系可得

$$C_d = f_1(K_c, Re, k_1/D, t/T) \tag{9.33}$$

及

$$C_m = f_2(K_c, Re, k_1/D, t/T) \tag{9.34}$$

该二式表明，作为 C_d 及 C_m 二系数的最一般的表达式，它们应为雷诺数 Re，KC 数 K_c、相对糙度 k_1/D 及时间的函数。然而莫里森方程的导出以及目前人们习惯的认为 C_d 及 C_m 与时间无关，这只是一种假定，其合理性将在以后予以讨论。如果暂不计时间因素的影响，可得

$$\left.\begin{matrix} C_d \\ C_m \end{matrix}\right\} = f_i(K_c, Re, k_1/D) \tag{9.35}$$

美国学者 Sarpkaya（1981）认为对于波动流或振荡流而言，雷诺数 Re 并非一良好的参数，他建议用一个参数 β 代替 Re：

$$\beta = Re/K_c = D^2/\nu T \tag{9.36}$$

称 β 为频率参数，则（9.35）式可转化为

$$\left.\begin{matrix} C_d \\ C_m \end{matrix}\right\} = f_i(K_c, \beta, k_1/D) \tag{9.37}$$

在（9.35）式及（9.37）式中参数 β 及 Re 二者是互相可以置换的，即

$$Re = \beta K_c$$

9.4.2.1　光滑壁条件下的 C_d 及 C_m 值

如前述，C_d 及 C_m 值主要依靠观测资料来确定，而稳定流的资料并不适用于波动流状态。在试验室条件下要产生高雷诺数的波浪场是困难的，因而发展了振荡流的试验设备——U 形水洞。另外，国外也做了许多原型观测。原型观测的优点是：观测条件符合于实际使用情况，

流态的雷诺数很高。其缺点是：①波浪很不规则，数据的离散性大；②天然情况往往同时存在着水流，由于波动流速场的观测比较麻烦，所以造成波浪流与水流二者分离的困难；③环境条件难以控制，不易进行因素分离的系统研究；④迄今的设计计算还多以规则波考虑，在国外也是如此，与现场观测条件也不符。所以，尽管原型观测是研究 C_d 及 C_m 值的十分重要的手段，但至今还未能取得足够良好的结果，表 9.1 为若干原型观测的有关资料。

表 9.1 C_d 及 C_m 的若干原型观测值

观测分析者	C_d	C_m	观测条件
Kim 及 Hibbard (1975)	0.61	1.20	澳大利亚巴斯海峡，桩径 32.39 cm，长 11.59 m 只测到小浪
Heidman 及 Olsen (1979)	0.6－2.0 ($8<K_c<20$)	1.51（最小二乘法） 1.65（瞬态法）	墨西哥湾，$Re=2\times10^5\sim6\times10^5$，水深 4.58 m，桩径 40.6 cm
Bishop (1979)	0.73（测波杆） 1.0（主杆）	1.22～1.66（测波杆） 1.85（主杆）	克里斯丘奇（Christchurch）大海湾 $Re=10^5\sim10^6$，$K_c=2\sim30$
Ohmart 及 Gratz (1979)	0.7	1.5～1.7	伊迪丝（Edith）飓风 $Re=3\times10^5\sim3\times10^6$

Sarpkaya 利用 U 形水洞对振荡流进行了系统的工作，他得到 C_d 及 C_m 值与 K_c 及 β 二参数的相关图（图 9.6，图 9.7），其与 K_c，β 及 Re 三参数的相关图如图 9.8 及图 9.9 所示，与 Re 及 K_c 二参数的相关图如图 9.10 及图 9.11 所示。从这些图中可以看出，随着 K_c 值的增大，C_d 值有所增加而后减小，C_m 值则有所减小而后复增；当 $K_c<10$ 时，惯性力显著增大；当 $K_c>15$ 时，阻力显著增大。另外值得注意的是，

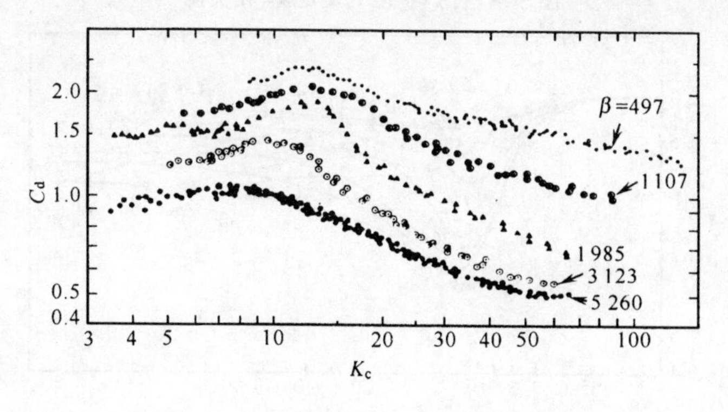

图 9.6 C_d 与 K_c 及 β 相关图

在雷诺数较小而 K_c 值较大时，惯性力系数 C_m 将小于 1，这表明此时的附连水质量系数为负值。图中关于 C_d 值的突然下降是由于边界层分离产生涡流所引起的。由于种种原因，C_d 值下降的下限值可能是不稳定的。人们也讨论过 C_d 及 C_m 平均值的相关关系。由图 9.12 可见，C_d 及 C_m 间并不存在一种简单的单一相关关系，它们间的联系还与 K_c 数有关。

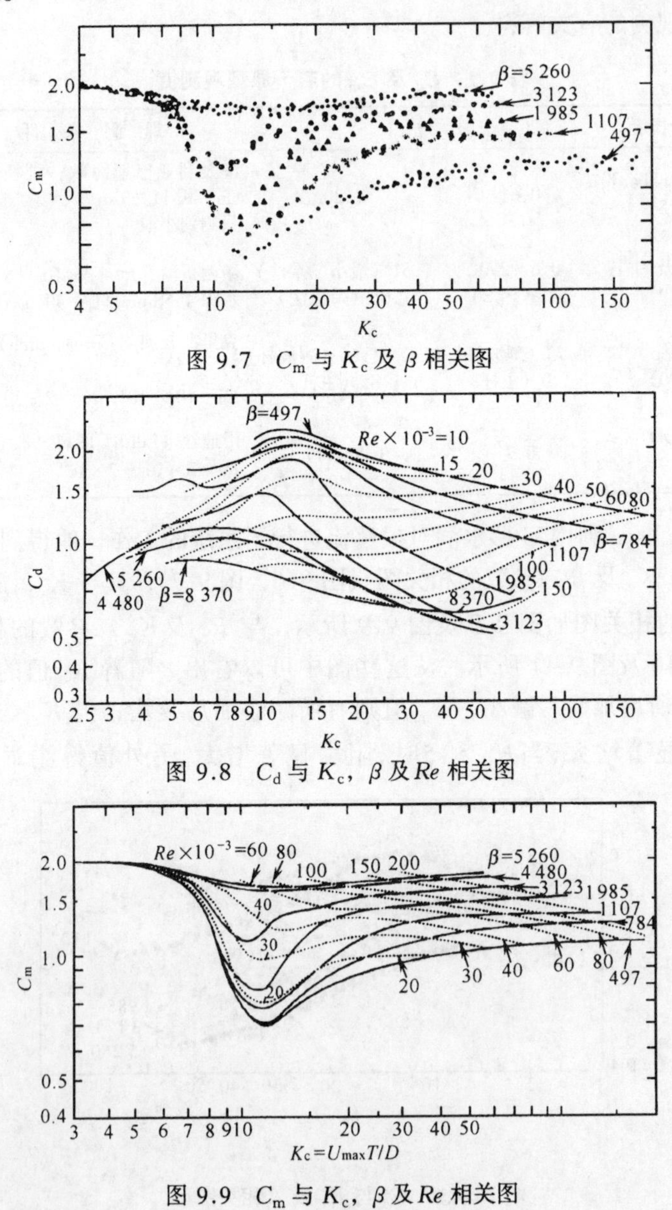

图 9.7　C_m 与 K_c 及 β 相关图

图 9.8　C_d 与 K_c，β 及 Re 相关图

图 9.9　C_m 与 K_c，β 及 Re 相关图

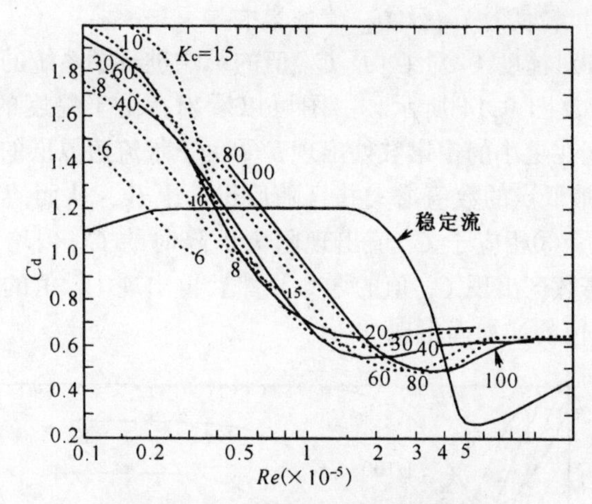

图 9.10　C_d 与 Re 及 K_c 相关图

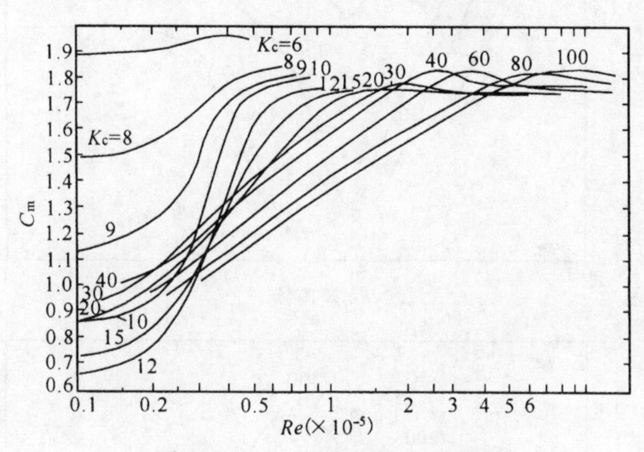

图 9.11　C_m 与 Re 及 K_c 相关图

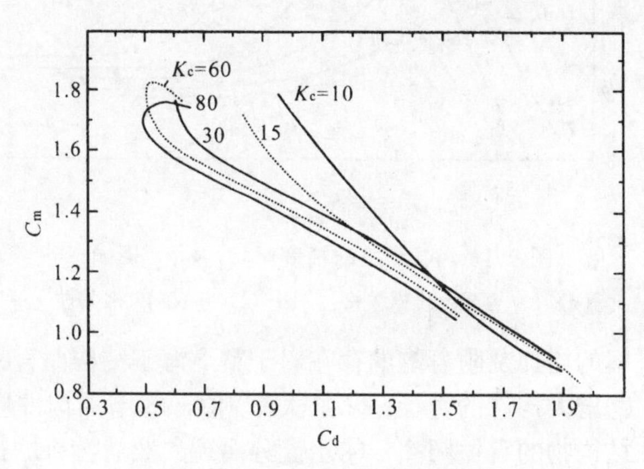

图 9.12　C_d 与 C_m 的相关性

9.4.2.2 糙度对 C_d 及 C_m 值的影响

Sarpkaya对糙度 k_1 对 C_d 及 C_m 值的影响进行了系统的试验，其结果如图9.13及图9.14所示。由图可以看出，由于糙度的增加将使：①阻力下降区在更小的雷诺数处出现；②由于水流边界层的分离加快与加剧，C_d 值最低点的数值增大并且随后迅速上升，从而使高雷诺数区的 C_d 值增大；③相应于 C_d 值出现阻力下降时的 C_m 值增大，亦即将在较小的雷诺数区出现 C_m 值的增大，然后再出现 C_m 值的下降，其下降系伴随 C_d 值的增加而出现。

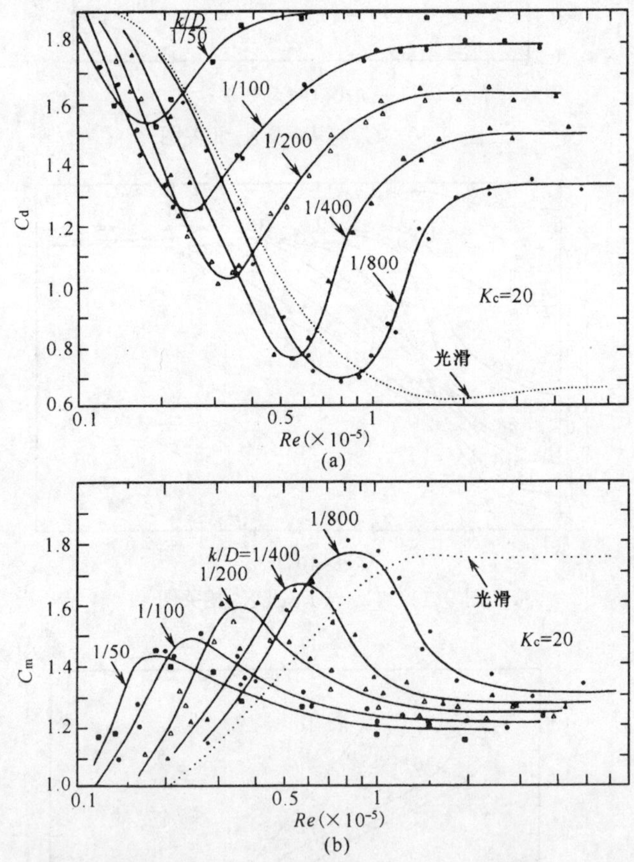

图9.13 $K_c=20$ 时糙度对 C_d 及 C_m 影响

(a) C_d 与 Re 的相关性；(b) C_m 与 Re 的相关性

表面糙率的增加及附着物的存在对于整个海工结构而言将产生如下一些效应：①增大构件的直径；②加大 C_d 值；③增加构件质量及附连质量并减小结构物的自振频率；④水流分离现象及涡漩将增强并增加动力的不稳定性。从工程观点来看，重要的是要确定当地海区海生物等附着物的生长状况的具体资料。特别是在潮位变动区，该区既是海生物生长最迅速、最活跃的地区，也是波浪运动最强烈的区域。

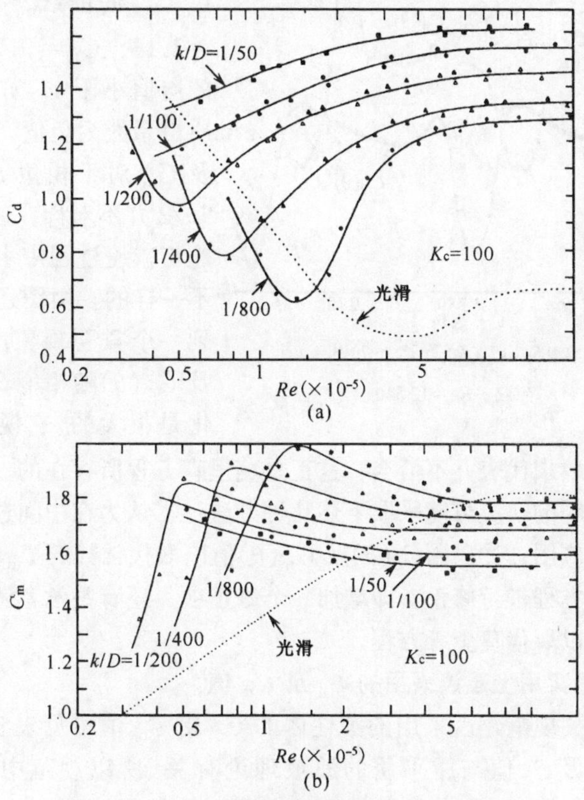

图 9.14 $K_c=100$ 时糙度对 C_d 及 C_m 影响

(a) C_d 与 Re 的相关性；(b) C_m 与 Re 的相关性

9.4.3 将 C_d 及 C_m 值视为相角 θ 的函数

在 9.4.2 中已提到作为一般表达式，系数 C_d 及 C_m 是和与时间及位置有关的相角 θ 相关的，只是在目前实用中将其视为与 θ 无关。这个假定只有在阻力显著区（可只考虑阻力即速度力）及惯性力显著区(可只考虑惯性力）才可采用。一般可取 $K_c<8$ 时为惯性力显著区，$K_c>25$ 时为阻力显著区，而在 $25>K_c>8$ 的中间区域内上述假定就有问题。这个区域也是莫里森方程应用问题较多的区域。此时应将 C_d 及 C_m 视为 θ 的函数，即 $C_i=C_i\ (\theta)$。在资料分析时，应将 θ 划分成每段为 3°的许多小区段，在每个小段内视 C_d 及 C_m 为常数，则该二系数可综合表示为

$$C(\theta)=\frac{2F}{\rho DU_m^2} \tag{9.38}$$

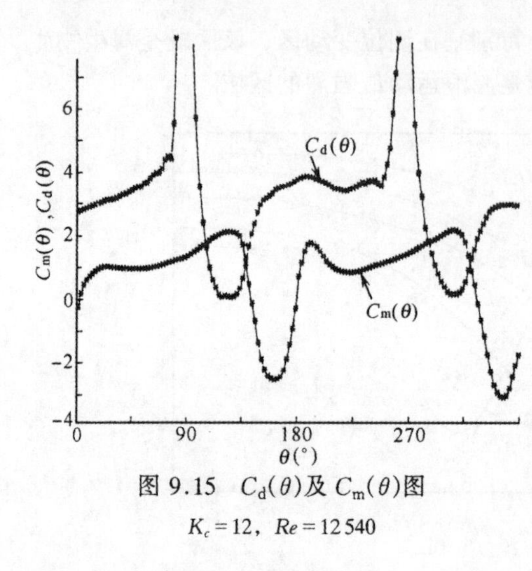

图 9.15　$C_d(\theta)$及$C_m(\theta)$图

$K_c=12$，$Re=12\,540$

图 9.15 为按此方法由傅里叶分析法所得$C_d(\theta)$及$C_m(\theta)$的曲线，平均的 $C_d=2.13$，$C_m=0.70$，即 C_m 的均值小于1，亦即附连水质量系数为负值。另外，C_d 及 C_m 对于相角 $\theta=\pi/2$ 及 $3\pi/2$ 并不对称，这说明在加速与减速过程中水流状态是不一样的。由图还可以注意到一个重要现象，即$C_d(\theta)$及$C_m(\theta)$随相角 θ 不同的变化是很大的。它说明用一个平均值或常数来代表并不恰当，这正是莫里森方程所存在的一个主要问题。这个问题的解决可能采取下述几种办法：①认为在中间过渡区莫里森方程不能应用；②采用$C_d(\theta)$及 $C_m(\theta)$值以取代常数的 C_d 及 C_m 值；③对莫里森方程进行修正，即增加一个修正项。还有些学者认为应该发展其他方法以取代莫里森方程。

9.4.4　工程实用上建议采用的 C_d 及 C_m 值

各国有关规范建议采用的圆柱体的 C_d 及 C_m 值可见表 9.2。如前述，由于C_d及C_m值与所采用的波浪理论有关，所以规范中都同时对

表 9.2　各国规范所采用的 C_d 及 C_m 值

各国规范	我国规范(海港水文)(2013)	美国 API 规范(1981)	挪威船检局规范(1974)	英国 DTI 指导(1974)
采用的波浪理论	线性波理论	斯托克斯五阶波理论及流函数理论	斯托克斯五阶波理论	对应水深采用适当波浪理论
阻力系数 C_d	1.2	0.6~1.0(≮0.6)	0.5~1.2	取可靠的观测值
惯性力系数 C_m	2.0	1.5~2.0(≮1.5) C_d,C_m 与采用的波浪理论有关	2.0 采用其他波浪理论时可取其他适当的C_d,C_m值;高雷诺数时 $C_d>0.7$	

C_d 及 C_m 值和采用的波浪理论作了规定。我国除港口工程规范外，交通部船检局的《海上移动式钻井船入级与建造规范》(1982 年)中规定采用线性波理论与斯托克斯五阶波理论，C_d 值取 1.0，C_m 值取 2.0；

而船检局的另一个规范《海上固定平台入级与建造规范》（1984 年）中规定当 $d/L>0.2$ 及 $H/d\leqslant0.2$ 时采用线性波理论；当 $0.1<d/L<0.2$ 及 $H/d>0.2$ 时采用斯托克斯五阶波理论；当 $0.05<d/L\leqslant0.1$ 时采用椭圆余弦波理论，C_d 值取 0.6～1.2，C_m 值取 2.0。从表 9.2 及上述资料中可以看到：①迄今在实用上认为 C_d 及 C_m 与相角无关而视为常数；②规定的 C_d 及 C_m 值在相当大的范围内变动。这种变动的主要原因是：a. 已有的观测数据十分分散而且高雷诺数的观测值还比较少；b. 所获观测资料的取用的条件与设计标准取用的条件有差异；c. 对莫里森方程所存在的问题尚有不清楚之处。

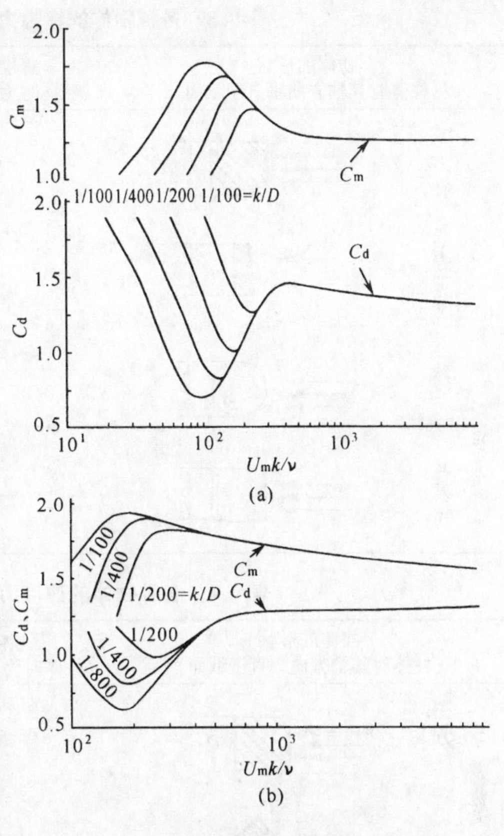

图 9.16　粗糙壁的 C_d 及 C_m 值

(a) $K_c=20$；(b) $K_c=100$

Sarpkaya 和 Isaccson（1981）提出的一些总结性建议是值得注意的。他们认为：对于光滑的圆形桩柱，可以采用诸如斯托克斯五阶波理论或是流函数理论等适当的波浪理论计算雷诺数 Re 及 K_c 数，然后查图 9.10及图 9.11 求得 C_d 及 C_m 值；如果 $Re>1.5\times10^6$，即 Re 超过该二图中雷诺数的上限，可取 $C_d=0.62$ 及 $C_m=1.8$。对于粗糙的桩柱，附着生物的生长情况应按当地经验适当地予以考虑。有效直径应取附着生物的平均直径处，然后采用适当的波浪理论，按糙壁雷诺数公式 $Re_k=U_mk_1/\nu$ 由图 9.16 查取 C_d 及 C_m 值；对于其他的 k_1 值，可由二图值内插求得。

对于其他截面形式的构件，只须改取适当的 C_d 及 C_m 值，仍可采用莫里森方程进行计算。此时典型截面的 C_d 及 C_m 值可查表 9.3 及表 9.4。

表 9.3 各种物体的惯性力系数 C_m

物体的形状（柱体时其轴方向垂直于纸面）	基准体积（柱体时为单位长度）	质量力系数（l——柱体的长度）
正方柱	 D^2	2.19（$l \gg D$）
长方形板	 $\pi D^2/4$	1.0（$l \gg D$）
球	 $\pi D^3/6$	1.5
立方体	 D^3	1.67

表 9.4 各种物体的速度力系数 C_d

物体的形状（柱体时其轴方向垂直于纸面）	基准体积[1)]（柱体时为单位长度）	阻力系数（l——柱体的长度）
正方柱	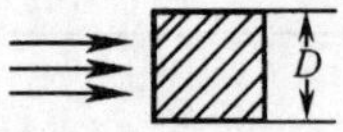 D	2.05（$l \gg D$）
正方柱	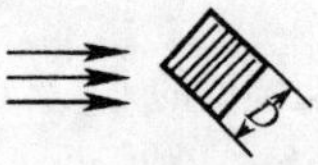 $\sqrt{2}D$	1.55（$l \gg D$）
L形柱	 D	2.00（$l \gg D$）
I形柱	 D	2.10（$l \gg D$）
长方形板	 D	2.01（$l \gg D$）
球	 $\pi D^2/4$	0.5
立方体	 D^2	1.05

1）物体对水流方向的投影面积。

9.4.5 对莫里森方程的评价

该方法自1950年提出以来在工程上得到了广泛的应用。随着应用及研究工作的深入，人们认识到该方法尚存在问题，此后对其评论日益增多。这种评论可分为两大类：一类主要是持否定态度，认为该方法既无严密的理论基础，应用又有问题，因而应发展新的理论与计算方法以取代它；另一类是基本肯定并寻求克服其所存在缺点的办法。迄今企图提出新理论的尝试并不少，但目前还没有能够足以取代莫里森方程者，其关键在于至今人类对绕桩柱的水流分离、涡体发展等现象的认识还不足。可以预期，随着紊流理论和计算技术的发展，必将出现更加完善的理论和计算方法。目前比较现实的办法是搞清莫里森方法可以应用的范围和在其不适用的范围内如何进行修正以减少其计算误差。

如前述，在$K_c<8$惯性力显著区及$K_c>25$阻力显著区内应用莫里森方程并无问题，在$25>K_c>8$惯性与速度力均起作用的过渡区内必须对莫里森方程加以修正——引入一个修正项，如下式：

$$\frac{2F}{\rho DU_m^2}=\frac{\pi^2}{K_c}C_m\sin\theta-C_d\cos\theta|\cos\theta|+\Delta R \tag{9.39}$$

式中：ΔR——修正项。由（9.21）式可知

$$\begin{aligned}\Delta R&=2[A_3\sin 3\theta+A_5\sin 5\theta+\cdots]\\&\quad+2[B_3\cos 3\theta+B_5\cos 5\theta+\cdots]\end{aligned} \tag{9.40}$$

当ΔR甚大时，可利用（9.40）式通过傅里叶分析法计算A_n及B_n。Keulegan及Carpenter只取A_3及B_3两项以代表ΔR，即便如此也可使莫里森方程在$10<K_c<25$的区域内较好地符合实际。此时待定常数不仅为C_d及C_m，还包括A_3及B_3。有时只计A_3及B_3的精度还不够，则进一步须引入A_5及B_5两项，但此时需求解6个系数，其过程比较繁复而难以实际应用。也由于此，虽然人们早已了解莫里森方程的问题，却至今往往仍不加修正地沿用着。Sarpkaya（1980）提出了一个供修正用的改进方法：

$$\frac{2F}{\rho DU_m^2}=\frac{\pi^2}{K_c}C_m\sin\theta-C_d\cos\theta|\cos\theta|+C_3\cos(3\theta-\phi_3) \tag{9.41}$$

分析表明，式中C_3及ϕ_3是影响圆柱体的C_m值，使其偏离理论值2.0的很重要的因素。将C_3及ϕ_3表示为$(2-C_m)$，K_c及Re的函数，则

$$\frac{2F}{\rho DU_m^2}=\frac{\pi^2}{K_c}C_m\sin\theta-C_d\cos\theta|\cos\theta|+$$

$$+ \beta^{3/4}[(2 - C_m)/(100K_c)]\cos[3\theta + (K_c - 4)(2 - C_m)\pi/2K_c] \tag{9.42}$$

这一方法几乎可以将误差项减小一半多（图9.17）。这表明，采用(9.42)式进行修正可获良好的结果。

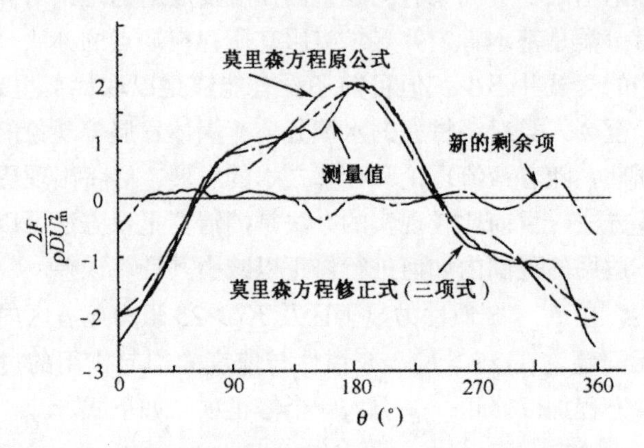

图9.17　莫里森方程原公式及修正公式与测量值的比较

$K_c = 14$，$Re = 27\ 800$

9.5　作用于柱体上的横向力及Strouhal数（St）

当水流绕过柱体的分离水流产生不对称的涡旋时，在垂直于水流的方向（横向）就产生了振荡的横向力或称升力。根据流体力学原理，此单位长桩柱上的横向力可按下式计算：

$$F_l = C_l \rho D \frac{u^2}{2} \tag{9.43}$$

式中：C_l——升力系数；其他符号意义同前。

试验发现横向力的振荡频率是波浪流或振荡流的倍频，至少是二倍频，故某小段柱体所受的横向力也可写为

$$F_l = F_{l\max} \cos 2\ (kx - \omega t) \tag{9.44}$$

其中

$$F_{l\max} = C_l \frac{\gamma D H^2}{2} K_z \tag{9.45}$$

$$K_z = \frac{2kz_2 - 2kz_1 + \sinh 2kz_2 - \sinh 2kz_1}{8\sinh 2kd} \tag{9.46}$$

z_2 及 z_1 分别为该小段柱体二端的垂直坐标。

Sarpkaya对振荡流情况下的升力系数做过不少工作，他测得的升力系数 C_l 与 Re 及 K_c 两参数的关系可见图9.18。

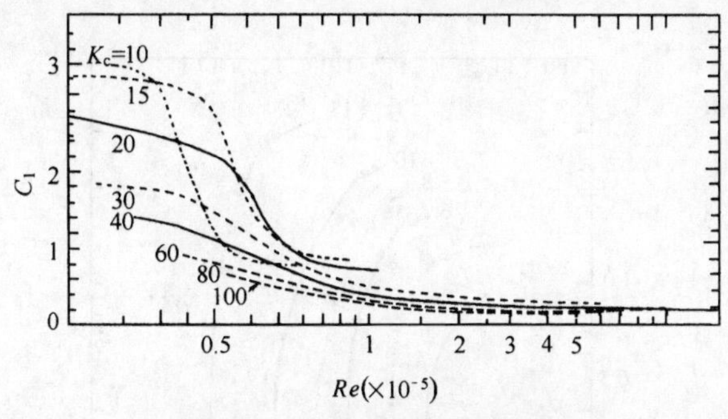

图 9.18　C_l 与 Re 及 K_c 相关图

试验表明，只有 K_c 值超过一定数值后才能出现横向力。当 $K_c=4$ 时仅有5%的几率可能出现横向力，而当 $K_c=5$ 时该几率增长为90%，在 $K_c\approx12$ 时，C_l 有极大值，随后将随 K_c 值的增加而迅速减小。由图9.18还可发现，当 $Re\times10^{-3}<20$ 时，C_l 值主要决定于 K_c 数；当 $Re\times10^{-3}=20\sim100$ 时，C_l 值将同时取决于 Re 及 K_c 两个参数；而当 $Re\times10^{-3}>100$ 时，C_l 值将趋近于常数。因而当 $Re>1.5\times10^{6}$ 时，可取 $C_l=0.2$。

Maul 和 Milliner 于1978年进行的试验表明，当 $K_c=13$ 时横向力的主频为波浪频率的2倍，当 $K_c=18$ 时其主频将为波频的3倍，当 K_c 值更高时，横向力将有更高的主频。设

$$f_r = f_v/f_w \tag{9.47}$$

式中：f_v——横向力的最大频率；

f_w——波频。

图9.19系表示 f_r 与 Re 和 K_c 二参数的相关情况。

Strauhl（1878）发现涡释频率、柱体直径与水流流速之间具有某种特定的联系，这种相关性可用 Strauhl 数（St）表述：

$$St = \frac{f_v D}{U_{max}} = \frac{f_r}{K_c} \tag{9.48}$$

式中：U_{max}——最大水质点运动速度。

Sarpkaya（1976）的试验表明，当 $f_r>3$ 时，$St=0.22$，雷诺数很大时，$St\approx0.3$，作为平均状况有 $St=0.14\sim0.16$。

涡释产生的横向力及其振荡将引起诸如深水中细长管（如立管）的振动与疲劳问题，它是当前世界海洋工程中所特别关注的一个问题。

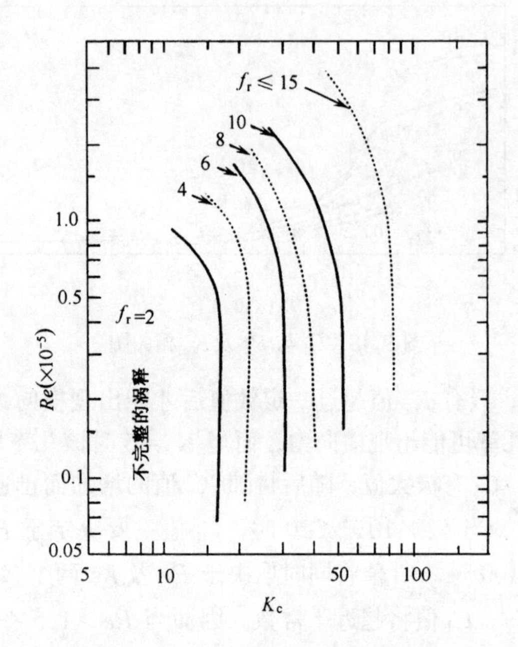

图 9.19　f_r 与 Re 及 K_c 值相关图

9.6　固定边界对柱体受力系数的影响

9.6.1　振荡流条件下的试验成果

当柱体附近有实体墙存在时，柱体周围的水流将因实体墙的存在而改变。在实体墙附近存在的边界层对柱体所受的速度力与升力有重要的影响。由于柱体邻近实体墙面，水流绕过柱体将不再对称。当柱体与墙面间的间隙很小时，缝隙间的流速很大，升力将指向实体墙，此时升力系数记为 C_{lt}；而当此间隙减为0时，柱体与实体墙面间不再有流速而只存在柱体上方的流速，此时升力方向为离开实体墙，升力系数记为 C_{la}。实际上在波动流或振荡流条件下水流现象还将更复杂些。Sarpkaya (1977) 利用U形水洞对此进行过研究，测定了在不同间隙情况下 C_d，C_m 及 C_l 值的变化，其结果分别如图9.20至图9.25所示。很显然，实体墙将使 C_d，C_m 及 C_l 各系数增大，间隙越小其增大越甚。由图可见 C_d 及 C_m 的变化主要视相对间隙度的大小而定，受 Re 数及 K_c 数的影响并不大，而升力系数 C_{la} 及 C_{lt} 则同时受相对间隙度及雷诺数的影响，雷诺数愈小时升力系数愈大。

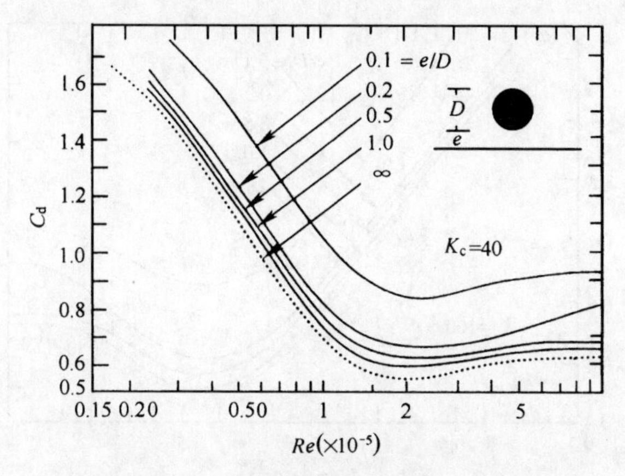

图 9.20　$K_c=40$ 时实体墙对 C_d 影响

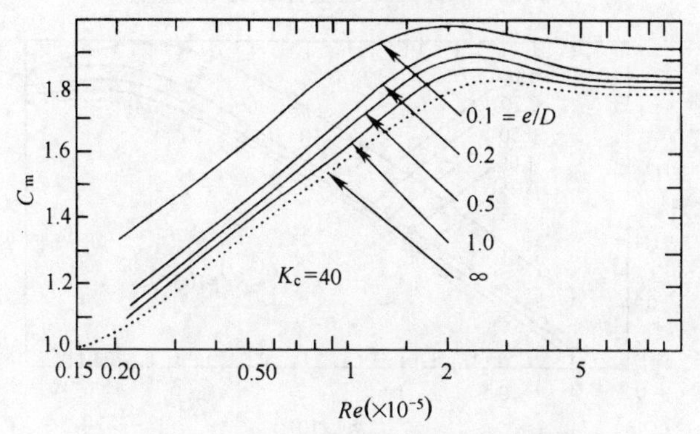

图 9.21　$K_c=40$ 时实体墙对 C_m 影响

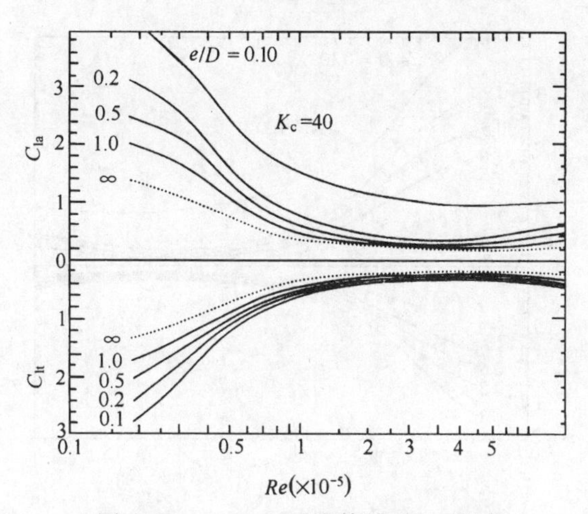

图 9.22　$K_c=40$ 时实体墙对 C_l 影响

t 为指向墙方向，a 为背离墙方向

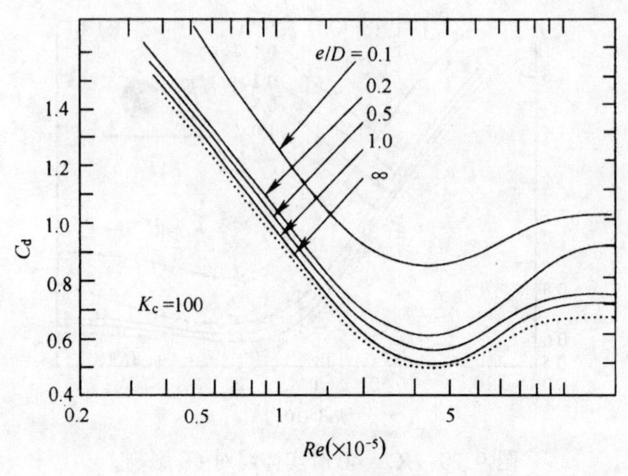

图 9.23　$K_c = 100$ 时实体墙对 C_d 影响

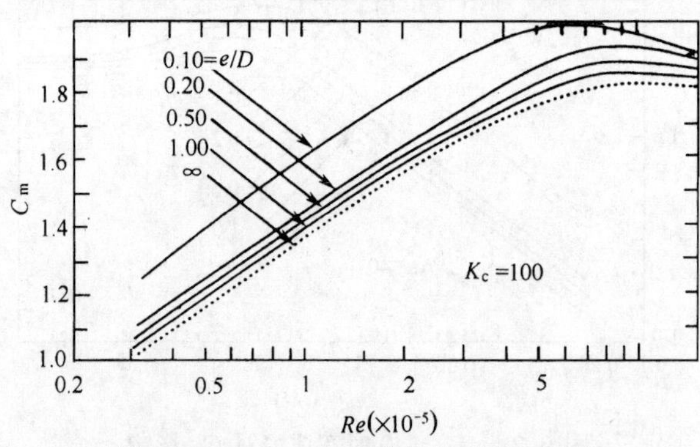

图 9.24　$K_c = 100$ 时实体墙对 C_m 影响

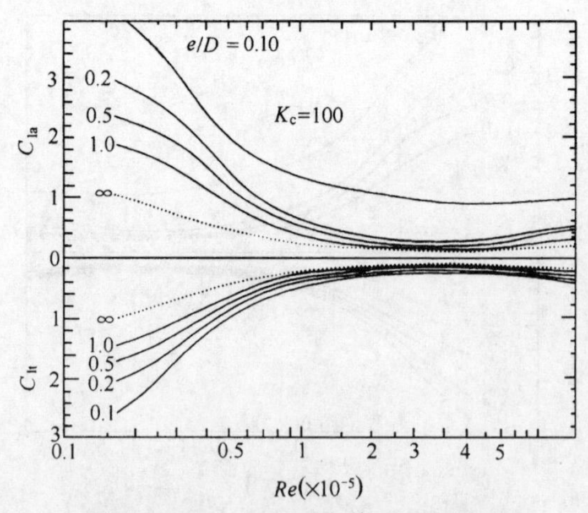

图 9.25　$K_c = 100$ 时实体墙对 C_l 影响

t 为指向墙方向，a 为背离墙方向

9.6.2　波浪作用下的受力系数

在9.5.1中讨论了当构件临近边壁时构件离边壁距离对杆件受力系数的影响。李玉成及张宁川（1994）通过试验研究讨论了海底管线贴近海底时规则波、不规则波以及水流对受力系数的影响。通常认为在室内试验条件下，杆件受力系数主要与 KC 数相关，而与试验时的雷诺数 Re 基本不相关。对于不规则波，在 KC 数定义 $K_c = u_m T/D$ 中如取周期 T 为谱峰周期 T_p 并用 $H_{1/3}$ 计算 u_m，则可得阻力系数 C_d 与 K_{cp} 数相关图（图9.26），即规则波与不规则波的 C_d-K_c 曲线不相同。但在计算底部水质点速度 u_m 时如取用 $H_{1/10}$ 及 $H_{1/100}$ 波高而周期仍取谱峰周期 T_p，则对于规则波及不规则波（加水流）所得 C_d-K_{c1} 曲线基本相同（图9.27）。即不论是规则波或不规则波和不论是否有流，可取如图9.27所示的相同阻力系数。对于惯性力系数 C_m，李玉成及张宁川认为可取为常数2.0。

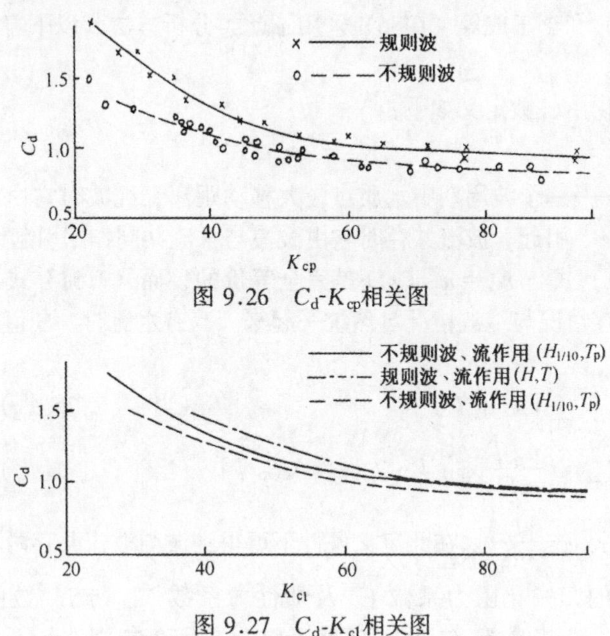

图9.26　C_d-K_{cp} 相关图

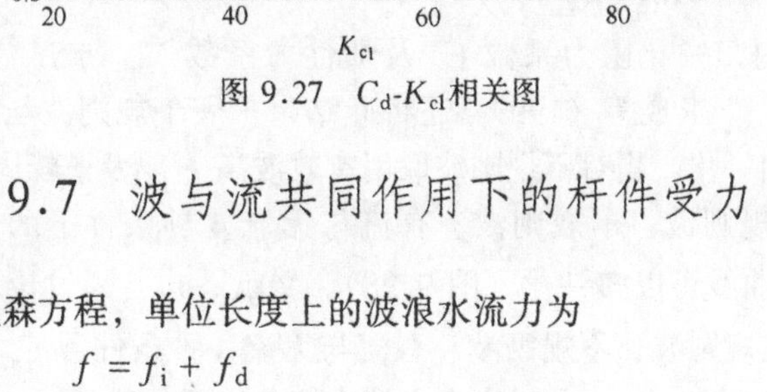

图9.27　C_d-K_{c1} 相关图

9.7　波与流共同作用下的杆件受力

按莫里森方程，单位长度上的波浪水流力为

$$
\begin{aligned}
f &= f_i + f_d \\
&= \rho C_m \dot{u} \frac{\pi D^2}{4} + \frac{1}{2} \rho C_d u_{wc} \mid u_{wc} \mid D
\end{aligned}
\qquad (9.49)
$$

式中：$\dot{u}$——波受流影响后的波浪水平加速度；

u_{wc}——波与流共同作用下的综合水平流速，可计算如下：

$$u_{wc} = u_w + U \tag{9.50}$$

式中：u_w——受流影响后的波浪水质点水平速度；

U——受波影响后的水流速度，由第6章分析可知，作为平均可取断面平均水流速。

(9.49) 式的关键在于如何选取波与流共同作用下的水动力系数。目前对此有几种不同处理办法：①将（9.49）式中阻力项分解为与时间无关的定常项和与时间有关的波动项，取不同阻力系数；②将（9.49）式中阻力系数的确定改变为求 C_d/C_{d0} 与 U/u_m 的相关关系。C_d 为波流共存时阻力系数，C_{d0} 为纯波时系数，U 为水流速，u_m 为波动最大水质点速度。丹麦水力研究所（DHI）及任佐皋采用这一种方法；③采用重新定义的 KC 数，此时可将纯波条件与波流共存条件归一化，岩垣等（1984）和李玉成等（1986）采用了此类分析方法。以下着重介绍归一化方法。

归一化 KC 数定义如下：

$$K_c = \pi S/D \tag{9.51}$$

式中：S——一个波周期中水质点最大移动距离，纯波时它由波浪运动引起，波流共存时它由波浪与水流共同作用引起。

(9.51) 式与 $K_c = u_m T/D$ 是完全等价的，而（9.51）式的定义可将波流共存情况与纯波情况自然统一起来。当有水流时，S 值可计算如下：

$$S = \begin{cases} |U|T & (\text{当} |U| \geqslant u_m) \\ \dfrac{u_m T}{\pi D}[\sin\phi + (\pi - \phi)\cos\phi] & (\text{当} |U| < u_m) \end{cases} \tag{9.52}$$

式中 $\phi = \arccos \dfrac{|U|}{u_m}$。在此定义条件下可得纯波与波流共存两种情况下对于圆柱的归一化阻力系数 C_d 及惯性力系数 C_m 与 K_c 数的相关图(图9.28)。李玉成等（1999）还将此结果扩展于规则波与不规则波受力系数的归一化。当对不规则波取用有效波高 $H_{1/3}$ 及谱峰周期 T_p 计算 K_{cp} 数，则规则波、不规则波、有流与无流4种条件下的 C_d，C_m 与 K_{cp} 的相关曲线可以归一化（图9.28）。文献［17］还讨论了对于方柱受力系数在规则波、不规则波、有流与无流4种条件下 C_d，C_m 与 K_c 数相关结果的归一化。此时由于方柱水流分离现象重于圆柱，不规则波应取 $H_{1\%}$ 波高及谱峰周期 T_p，所得 K_c 数定义为 K_{c1}，其结果如

图 9.29。

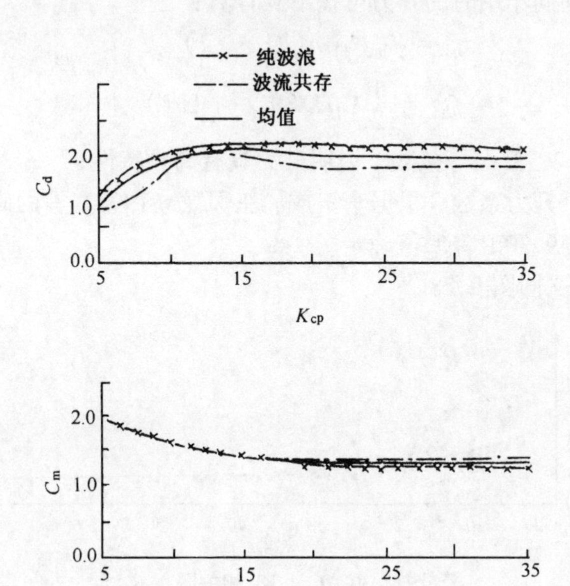

图 9.28 垂直桩柱归一化的 C_d 及 C_m 与 K_{cp} 相关图

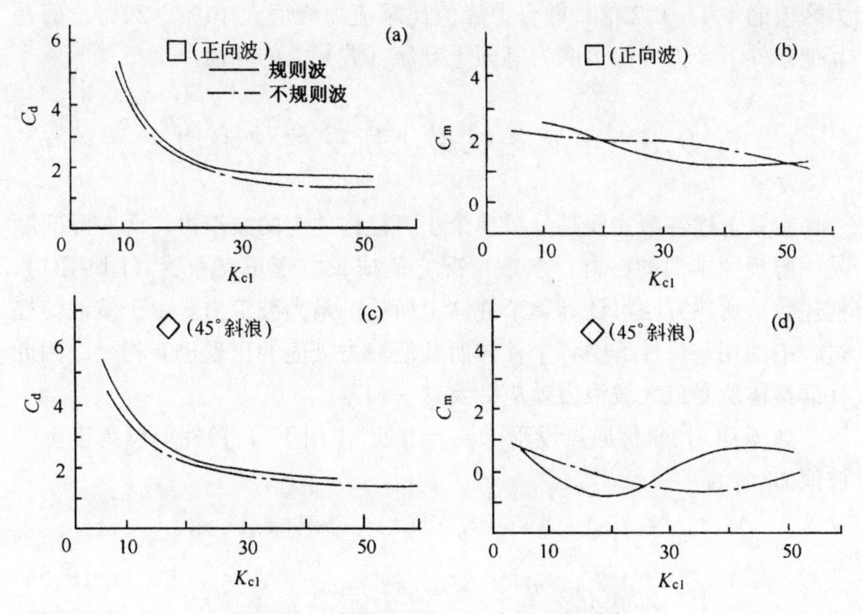

图 9.29 方柱的 C_d，C_m 与 K_{c1} 相关图

(a) 及 (b) 为波浪正向入射；(c) 及 (d) 为波浪 45°斜入射

波与流共同作用时的升力可按下式计算：

$$\left.\begin{aligned} f_l &= f_{lm}\cos n(kx-\omega t) \\ f_{lm} &= \frac{1}{2}C_l\rho D(u_m+|U|)^2 \end{aligned}\right\} \tag{9.53}$$

式中：n——2，3，…等整数，说明升力具有高频特性；

C_l——升力系数，根据李玉成、王凤龙（1991）等的研究可按图9.30由K_{cp}值确定。

K_{cp}的定义同图9.28。

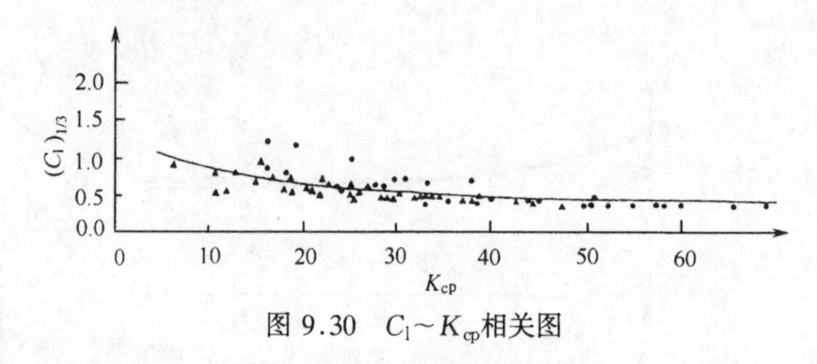

图9.30　$C_l\sim K_{cp}$相关图

从结构的强度及稳定性分析，当同时存在顺流力及升力时，还希望确定合力的大小及方向。由于顺流力及升力二者的峰值往往有相位差，文献［18］指出，在升力显著区（$15<K_{cp}<30$），合力值为顺流（波）力峰值的1.1～1.2倍，即合力峰值比顺流力峰值大10%～20%，而在其他条件下合力峰值可取为等同于顺流（波）力的峰值。

9.8　小直径柱群上所受的波浪力

本章上述各节主要是分析单个小直径柱体上的波浪力，而实际问题是一群规则排列的柱群，多数情况它们成长方形正交布置（图9.31）。前述各节所述方法可计算单个柱体上所受的最大波浪力。由于波浪传播过程中的相差，柱群中各个柱体所受波浪力极值的出现也有相差，因此柱群整体所受最大波浪力就应计及这一相差。

如图9.31，坐标原点设于$i=j=1$处，作用于(i,j)柱单位高度上的波浪力f_x为

$$\begin{aligned} f_{x_{i,j}} &= f_{x\mathrm{dmax}ij}\cos(kx_{ij}-\omega t)|\cos(kx_{ij}-\omega t)| \\ &\quad + f_{x\mathrm{imax}ij}\sin(kx_{ij}-\omega t) \end{aligned} \tag{9.54}$$

式中　$$x_{ij}=(i-1)a\cos\theta-(j-1)b\sin\theta \tag{9.55}$$

a，b及θ符号意义见图9.31。

$(i,\ j)$ 柱所受波浪力为

$$F_{x_{i,j}} = \int_{-d}^{\eta_{ij}} f_{x_{i,j}} \mathrm{d}z \tag{9.56}$$

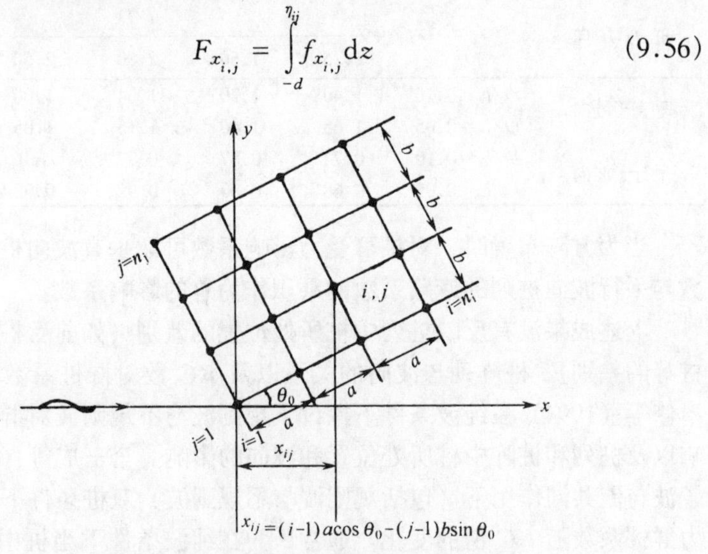

图 9.31　长方形正交排列的柱群

各柱的 $\eta_{i,j}$应取计算瞬时该柱处的波面高程。整个柱群所受总波浪力为

$$F_x = \sum_i \sum_j F_{x_{i,j}} \tag{9.57}$$

除了上述各柱间的位相所造成的影响外，还应考虑柱体对流场所产生的影响。这种影响包括柱与柱间形成的实体性及遮帘性的影响和多柱情况下水体分离及涡释现象的差别。迄今还只能主要依靠物理模型试验来研究和分析这种影响。所谓实体性系指柱体在沿波峰线方向上同相排列所产生的影响。所谓遮帘性系指柱体在沿波向线方向上依序排列所产生的影响。我国行业标准《海港水文规范》（JTS145-2-2013）中所规定的考虑这种影响的系数与前苏联 1960 年规范的规定相同，具体数值见表 9.5。按此规定，当柱中心距 l 大于 4 倍柱径 D 后即可忽视这种影响。前苏联 1975 年颁布的建筑法规对 1960 年公布的规定做了修改，修改后的数值见表 9.6。按该表，当 $l/D \geqslant 3$ 时就可忽略柱体间的影响，它还增加了一个影响因素——桩径与波长比 D/L，此比值减小，柱体间影响加剧。

表 9.5　我国港口工程规范值

桩列方向	l/D		
	2	3	4
垂直于波向	1.50	1.20	1.10
平行于波向	1.00	1.00	1.00

表 9.6 前苏联 1975 年规范的规定

桩列方向		l/D				
		1.25	1.50	2.00	2.50	3.00
垂直于波向	$D/L=0.10$	1.40	1.20	1.04	1.00	1.00
	$D/L=0.05$	1.65	1.40	1.15	1.05	1.00
平行于波向	$D/L=0.10$	0.72	0.87	0.97	1.0	1.00
	$D/L=0.05$	0.68	0.80	0.92	0.98	1.00

当为方阵布置时，对桩群受力影响系数可取垂直波向桩列的实体系数与平行波向桩列的遮蔽系数的乘积作为总的影响系数。

上述成果没有反映桩列中桩所处位置的差别（如前后桩、边桩与中桩等的差别）、桩阵列与波向的关系以及 KC 数对群桩系数的影响。俞聿修等（1994）在纯波条件下探讨了规则波与不规则波对群桩系数的影响以及桩列和桩阵中桩所处位置和波向的影响。李玉成等（1991）探讨了波与流共同作用下（包括规则波与不规则波）双桩条件下前、后桩受力群桩系数随 KC 值的变化。通常认为在纯波条件下当桩中心距大于 4 倍桩径时群桩影响即可忽略，但在波与流共同作用时，由于水流的存在，桩中心距应大于 8～10 倍桩径才可忽略群桩影响。

9.9 作用于柱体上的不规则波波浪力

本章以上各节所述乃是规则波条件下柱体所受波浪力的分析计算方法，它们将成为不规则波对柱体作用力的分析的基础。作用于柱体上的不规则波波浪力的分析可采用以下几种方法。

9.9.1 特征波法

根据波谱理论，海面不规则波的波高及周期均按一定规律分布，深水波高大体遵守瑞利分布，周期也遵守一定的分布律。对于海工建筑物的安全而言，危险的是其中的大浪，因而波浪的设计值应取分布中的较高累积率的波要素作为设计标准，然后即可按规则波方法进行计算。

对于波高通常取设计值为最大波高 H_{max}——指 N 个波中最大浪高的数学期望值，按瑞利分布

$$H_{max}/H_{1/3} = 0.706\sqrt{\ln N} \tag{9.58}$$

N 的取值决定于设计标准，通常取 100～10 000，此时

$$H_{max} = (1.5 \sim 2.0)H_{1/3} \tag{9.59}$$

相应的波周期大体上为

$$T_{max}(\approx T_{1/10} \approx T_{1/3}) \approx (1.10 \sim 1.15)\overline{T} \tag{9.60}$$

实际上还应考虑现实可能出现的波高与波周期的联合分布。对应于最大波高，一般认为其波周期的变动范围限于

$$\sqrt{6.5H_{\max}} < T < 20 \tag{9.61}$$

式中最小波周期$\sqrt{6.5H_{\max}}$取为深水极限波陡所具有的波周期，极限波陡取为$\left(\frac{H_{\max}}{L_0}\right)_{Cr} \approx \frac{1}{10}$。

从考虑结构物与波浪相互作用的动力响应来说，不一定最大周期下最危险，而应考虑频率响应。在不计频率响应时，设计波周期的选取应根据结构受力条件选用可能产生最危险荷载的波周期值。

特征波分析法一般只适用于准静力计算，对于无需考虑动力响应及疲劳分析问题的建筑物来说，可采用准静力法。

9.9.2 谱分析法

当结构物为线性系统时，也可采用谱分析法。其计算框图如图9.32及图9.33。

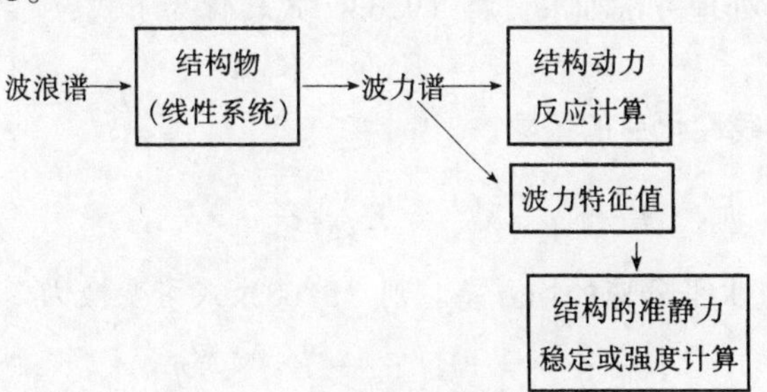

图 9.32 波谱法分析结构框图

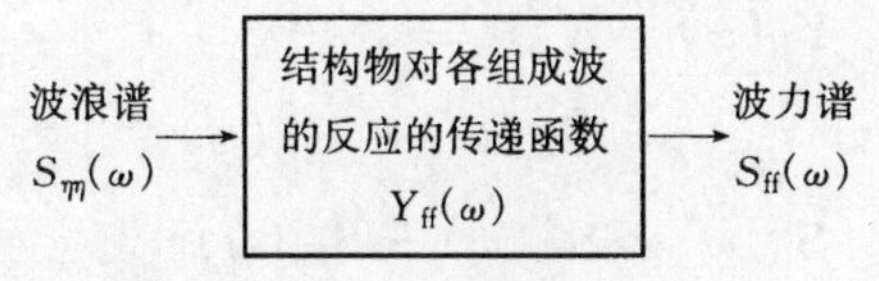

图 9.33 波力谱计算框图

作用于单位高度柱体上的波力谱 S_{ff}可计算如下：

$$S_{ff}(\omega) = |Y_{ff}(\omega)|^2 S_{\eta\eta}(\omega) \tag{9.62}$$

式中：$S_{\eta\eta}(\omega)$——波浪谱密度曲线；

$Y_{ff}(\omega)$——系统的波浪力传递函数。

由莫里森方程，波浪力为

$$f = C_m \rho A \frac{\partial u}{\partial t} + C_d \frac{\rho D}{2} |u| u$$

$$= K_1 \dot{u} + K_2 u |u| \tag{9.63}$$

速度为

$$u = Y_u \eta \tag{9.64}$$

速度传递函数为

$$Y_u = \omega \frac{\cosh (z + d)}{\sinh kd} \tag{9.65}$$

加速度为

$$\dot{u} = Y_{\dot{u}} \eta \tag{9.66}$$

加速度传递函数为

$$Y_{\dot{u}} = \omega^2 \frac{\cosh (z + d)}{\sinh kd} \tag{9.67}$$

其中 η 为波面高程。由上式可知速度 u、加速度 $\dot{u}$ 与波面高程 η 具有相同的概率分布。由（9.63）式可知惯性力 f_i 与波面高程 η 为线性相关而速度力 f_d 系与波面高程 η 为平方相关，因而波浪力与波浪间不是一个线性系统。作为一个准线性系统来处理时，必须对速度力项进行线性化处理，其处理方法如下。将（9.63）式转化为下式：

$$f = K_1 \dot{u} + K_2' u \tag{9.68}$$

式中 K_2' 为线性化后的系数

$$K_2' = K_2 \sqrt{\frac{8}{\pi}} \sigma_u \tag{9.69}$$

σ_u 为水质点水平分速的均方差。则（9.68）式可变换为

$$f = (K_1 Y_{\dot{u}} + K_2' Y_u) \eta \tag{9.70}$$

则整个波浪力的传递函数 Y_{ff} 为

$$\begin{aligned} Y_{ff}(\omega) &= K_1 Y_{\dot{u}} + K_2' Y_u \\ &= Y_{ffi}(\omega) + Y_{ffd}(\omega) \end{aligned} \tag{9.71}$$

或

$$\begin{aligned} S_{ff}(\omega) &= S_{ffi}(\omega) + S_{ffd}(\omega) \\ &= [(K_1 Y_{\dot{u}})^2 + (K_2 Y_u)^2] S_{\eta\eta}(\omega) \end{aligned} \tag{9.72}$$

沿水深积分后可得总水平波浪力谱 S_{FF}（ω）为

$$S_{FF}(\omega) = S_{FFi}(\omega) + S_{FFd}(\omega) \tag{9.73}$$

积分系在（9.72）式的括号内进行。

从上面的推导可以看出线性化以后的总波力谱的分布也应遵守瑞利分布，其方差应为

$$\sigma_F^2 = \int_0^\infty S_{FF}(\omega) \mathrm{d}\omega \tag{9.74}$$

对于任意累积概率F(%)的波浪力可按下式求得：

$$P_F = K_\sigma \sigma_F \tag{9.75}$$

按瑞利分布，(9.75) 式中的 K_σ 为

$$K_\sigma^2 = 2\ln[F(P)]^{-1} \tag{9.76}$$

将 (9.76) 式制成表格如表 9.7 所示。

在海上采油平台的动力分析中谱分析法常予应用。

表 9.7　$K_\sigma - F(P)$表

$F(P)$(%)	0.1	0.5	1.0	2.0	3.0	3.9[1)]	5.0	10.0	13.5[2)]
K_σ	3.7	3.25	3.04	2.79	2.64	2.55	2.44	2.15	2.00
$F(P)$(%)	20	30	40.5[3)]	60	70	80	90	95	100
K_σ	1.79	1.56	1.25	1.01	0.85	0.67	0.45	0.30	0.0

注：1）相当于 1/10 大值的均值；　2）相当于有效值；　3）相当于均值。

9.9.3　概率分析法

作为随机量的波浪力 f 也可从其数值的概率分布的某些特征值来分析。这些特征值在准静力法的设计中也往往够用了。概率分析可从两个不同角度来进行：一种方法只考虑每个波所产生波浪力的两个极值，分析此极值的概率分布，而后取其特征值，它相当于分析波面过程线时所得波高值的概率分布；另一种方法是对波浪力过程线的瞬时值进行概率分布的分析，它相当于波面过程线瞬时值的概率分析。这两种方法的概率分布是不同的。对于波面过程而言，其极值服从于瑞利分布，而其瞬时值服从于正态高斯分布。以下分别阐述这两种方法的一些原则。

9.9.3.1　波浪力极值概率分布

(1) 简易方法：已知波浪速度力正比于波高的平方，而波浪惯性力正比于波高，因而可知速度力的极值分布即为波高平方值的分布，而惯性力的极值分布则为波高的概率分布。因而任意概率 p% 的速度力 f_d 和惯性力 f_i 与 $\bar{f}_d$ 及 $\bar{f}_i$ 的相关关系为

$$f_d = \frac{4}{\pi}\ln[F(f_d)]^{-1}\bar{f}_d = K_p^2\bar{f}_d \tag{9.77}$$

$$f_i = \left[\frac{4}{\pi}\ln[F(f_i)]^{-1}\right]^{1/2}\bar{f}_i = K_p\bar{f}_i \tag{9.78}$$

式中速度力 $\bar{f}_d$ 及平均惯性力 $\bar{f}_i$ 系用平均波高 $\bar{H}$ 及平均周期 $\bar{T}$ 代入计

算而得。K_p 值可查表9.8。$\tilde{f}_{\mathrm{d}}$ 与速度力均值 $\bar{f}_{\mathrm{d}}$ 间的关系为

$$\tilde{f}_{\mathrm{d}} = \frac{4}{\pi}\bar{f}_{\mathrm{d}} \tag{9.79}$$

表9.8　K_p-$F(p)$表

$F(p)(\%)$	0.1	1	2	3	5	10	20	30	40	50	60	70	80	90	95	100
K_p	2.96	2.42	2.23	2.11	1.95	1.71	1.43	1.24	1.08	0.94	0.81	0.67	0.53	0.37	0.26	0.0

（2）由联合概率分布求解法：波浪力极值 f_{m} 的分布即为其瞬时值 f_1 及其一、二阶导数 f_2 和 f_3 的联合概率分布。当瞬时值 f_1 为极大值或极小值时，其一阶导数 $f_2=0$，其二阶导数在 $f_1=f_{1\max}$ 时 f_3 为正，在 $f_1=f_{1\min}$ 时 f_3 为负。在三者联合成立时即得波浪力极值 f_{m} 的概率分布为

$$P[f > f_{\mathrm{m}}'] = \frac{1}{\sqrt{2\pi}}\left\{\varepsilon^2\int_{f_{\mathrm{m}}'/\varepsilon}^{\infty}\exp[-x^2/2]\mathrm{d}x + \sqrt{1-\varepsilon^2}\exp[-f_{\mathrm{m}}'^2/2]\int_{-\infty}^{f_{\mathrm{m}}'\sqrt{1-\varepsilon^2}/\varepsilon}\exp\left[-\frac{x^2}{2}\right]\mathrm{d}x\right\} \tag{9.80}$$

式中：ε——谱宽度；

$\varepsilon = 1-\dfrac{M_2^2}{M_0M_4}$；

M_0，M_2 及 M_4——力谱的零阶矩、二阶矩及四阶矩。

其计算步骤为：由海浪谱 $S_{\eta\eta}(\omega)$ 求波谱的各阶谱矩 m_n，再计算波浪力的各阶矩 M_0，M_2 及 M_4，然后由（9.80）式求算极值的概率分布。所以这一方法是在求出波力谱后再计算极值的概率分布的，而简易法则无需求出波力谱值。

9.9.3.2　波浪力瞬时值的概率分布

根据波面过程线瞬时值服从于高斯分布的特点，可以推断，对于经过线性化处理的速度力及惯性力来说，它们的瞬时值分布也均符合于正态分布，即对于速度力有

$$p(f_{\mathrm{d}}) = \frac{1}{\sqrt{2\pi}\sigma_{f_{\mathrm{d}}}}\exp\left[-\frac{f_{\mathrm{d}}^2}{2\sigma_{f_{\mathrm{d}}}^2}\right] \tag{9.81}$$

对于惯性力有

$$p(f_{\mathrm{i}}) = \frac{1}{\sqrt{2\pi}\sigma_{f_{\mathrm{i}}}}\exp\left[-\frac{f_{\mathrm{i}}^2}{2\sigma_{f_{\mathrm{i}}}^2}\right] \tag{9.82}$$

由概率的叠加原理可知，总波浪力瞬时值的概率分布为

$$p(f)=\frac{1}{\sqrt{2\pi}\sigma_f}\exp\left[-\frac{f^2}{2\sigma_f^2}\right] \tag{9.83}$$

式中

$$\sigma_f^2=\sigma_{f_\mathrm{d}}^2+\sigma_{f_\mathrm{i}}^2$$

$$=K_1^2\sigma_{\dot{u}}^2+\frac{8K_2^2}{\pi}\sigma_u^4 \tag{9.84}$$

如图 9.34，$|f|\geqslant f'$的累积频率$P(f')$为

$$P(f')=2\int_{f}^{\infty}p(f)\mathrm{d}f$$

$$=2\int_{f}^{\infty}\frac{1}{\sqrt{2\pi}\sigma_f}\exp\left[1-\frac{f^2}{2\sigma_f^2}\right]\mathrm{d}f \tag{9.85}$$

令

$$r=\frac{f}{\sqrt{2}\sigma_f}\text{ 及 }r'=f'/(\sqrt{2}\sigma_f) \tag{9.86}$$

则

$$P(f')=\frac{2}{\sqrt{\pi}}\int_{r'}^{\infty}\exp(-r^2)\mathrm{d}r$$

$$=1-\mathrm{erf}[f'/(\sqrt{2}\sigma_f)] \tag{9.87}$$

又设

$$f_\mathrm{s}=\sqrt{2}\sigma_f \tag{9.88}$$

则

$$P(f')=1-\mathrm{erf}(f'/f_\mathrm{s}) \tag{9.89}$$

因此利用此方程计算瞬时值概率分布的步骤为：由波浪谱求算惯性力谱$S_{\mathrm{Fi}}(\omega)$及速度力谱 $S_{\mathrm{Fd}}(\omega)$,由该二力谱计算出总力谱的均方差σ_f,然后由(9.88)式求出特征波浪力 f_s,最后可利用(9.89)式计算任意概率$P(f')$的瞬时总波浪力 f'。

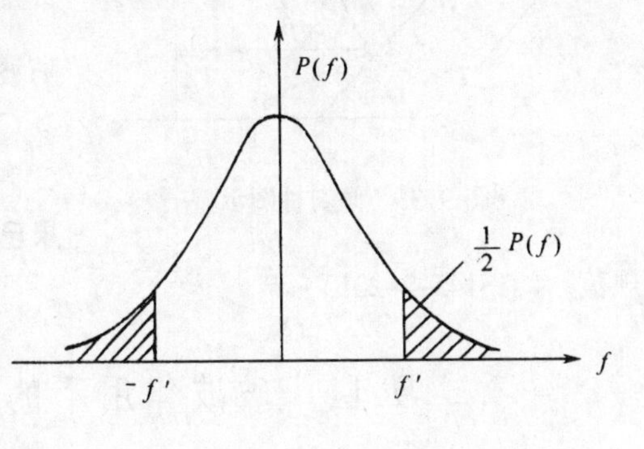

图 9.34 波浪力概率分布

邱大洪（1981）曾证明对于群桩的不规则波浪力以及考虑波能方向分布函数后的波浪力，其概率分布特征不变。

最后应着重指出，当速度力进行线性化处理后，速度力的表达式已经变换。分析表明，此时速度力系数必须较规则波数据增大，方可获较合理的结果，但如何合理增大却缺乏论证。

9.10　倾斜桩柱上的受力系数

在工程上倾斜桩柱是常用的一种构件，其受力也可用莫里森方程计算，但其受力系数主要是阻力系数及惯性力系数，这和垂直桩柱有所不同。目前文献中报导过一些有关结果，例如 Chakrabarti 的试验结果等，但这些结果往往未形成系统成果而难以具体应用。滕斌等（1990，1991）找到了倾斜柱受力系数 C'_d 及 C'_m 与垂直柱受力系数 C_d 及 C_m 间的相关关系，介绍如下：

$$C'_d = C_d(1 - \cos^3\mu)^{-1} \tag{9.90}$$

$$C'_m = C_m/\sin\mu \tag{9.91}$$

$$\tan\mu = \tan\theta/\cos(\alpha + \beta) \tag{9.92}$$

式中：μ——其定义如图 9.35 所示；β——水流与 Y 轴间夹角；
α——水流与波向线间的夹角；θ——倾斜柱的倾角（图 9.35）。

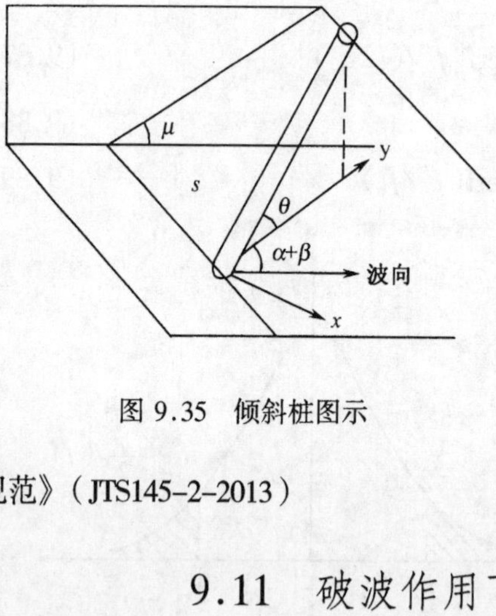

图 9.35　倾斜桩图示

当桩柱随波浪倾斜时，μ 角小于 $\pi/2$；当桩柱迎波浪倾斜时，μ 角大于 $\pi/2$；当 $\alpha + \beta = 90°$ 时，$\mu = 90°$。由此可见，当桩柱在波峰线平面内倾斜时，$C'_d = C_d$ 及 $C'_m = C_m$；当桩柱随波浪倾斜时，$C'_d > C_d$ 及 $C'_m > C_m$；当桩柱迎波浪倾斜时，$C'_d < C_d$ 及 $C'_m > C_m$。以上成果已纳我国行业标准《海港水文规范》（JTS145–2–2013）

9.11　破波作用下的桩柱受力

目前有关破波对桩柱的作用已有不少成果，有的是基于动量交换理论分析，也有是基于试验研究的分析。由于问题的复杂，至今尚未有系统的可供实用的理论成果。对于工程实用，目前可以借鉴的是一些基于试验研究的经验成果，现介绍如下。

9.11.1　作用于圆柱上的破波波浪力

Apelt（1987）在 3 个不同尺度水槽中，对两种尺度圆柱在 1:15 底坡上进行破波对圆柱作用试验，得到如下经验关系：

$$F/\gamma DH_0^2 = 0.41(D/H_0)^{0.5}(H_0/L_0)^{-0.45} \tag{9.93}$$

式中：D——圆柱直径；

H_0 及 L_0——深水波高及波长；

F——作用于圆柱的破波力。

天津大学李炎保等（1989）对于5种底坡上的破波波浪力进行了试验，得到如下结果，（该成果已列入行业标准《海港水文规范》）：

$$F/\gamma DH_0^2 = A(D/H_0)^{0.35}(H_0/L_0)^B \tag{9.94}$$

式中符号意义同（9.93）式，A 及 B 值可查表9.9。

表 9.9　A 及 B 值与底坡 i 的相关值

i	1/15	1/20	1/25	1/33	1/50	1/100
A	0.48	0.45	0.28	0.16	0.12	0.11
B	−0.42	−0.48	−0.60	−0.70	−0.75	−0.76

9.11.2　作用于方柱上的破波波浪力

董国海等（1998）在1:50底坡上，对5种方形截面桩柱进行了规则波破波波浪力的试验，得到了与圆柱条件相类同的经验关系：

$$F/\gamma DH_0^2 = 0.294(D/H_0)^{0.469}(H_0/L_0)^{-0.566} \tag{9.95}$$

式中符号意义同（9.93）式，但 D 表示方柱边长。上式是在方柱边长正向迎浪时得出的结果，该试验未对方柱的其他迎浪方向和底坡影响进行试验。

例 9.1　在水深为10 m，波高为4.0 m，波长为80 m的条件下，设有一桩径为1.0 m的孤立垂直桩，试计算其所受的总水平波浪力。

解：

现 $H/D=4/1=4$，$D/L=1/80=0.0125$，则此时应按莫里森方程计算波浪力。

单位长度上的速度力极值为

$$f_{x\mathrm{dmax}} = C_\mathrm{d}\frac{\gamma DkH^2}{4}\frac{\cosh^2 k(z+d)}{\sinh 2kd}$$

总速度力极值

$$F_\mathrm{dmax} = \frac{1}{16}\gamma C_\mathrm{d} DH^2\left[1+\frac{2kd}{\sinh 2kd}\right]$$

单位长度上的惯性力极值

$$f_{x\mathrm{imax}} = C_\mathrm{m}\frac{\gamma\pi D^2 kH}{8}\frac{\cosh k(z+d)}{\cosh kd}$$

总惯性力极值

$$F_\mathrm{imax} = \frac{1}{8}\gamma\pi D^2 HC_\mathrm{m}\frac{\sinh kd}{\cosh kd}$$

查我国港口工程规范，取 $C_d=1.2$，$C_m=2.0$，则

$$F_{dmax}=\frac{1.025}{16}\times9.8\times1.2\times1\times4^2\times\left[1+\left(\frac{4\pi\times10}{80}\right)/\sinh\frac{4\pi\times10}{80}\right]=20.29\ (\mathrm{kN})$$

$$F_{imax}=\frac{1}{8}\times1.025\times9.8\times\pi\times1^2\times4\times2.0\times\frac{\sinh\dfrac{2\pi\times10}{80}}{\cosh\dfrac{2\pi\times10}{80}}=20.70\ (\mathrm{kN})$$

则此时属于 $2f_{imax}>f_{dmax}>0.5f_{imax}$ 的情况即为中间过渡状态，最大波浪力 F_{xmax} 为

$$\begin{aligned}F_{xmax}&=F_{dmax}\left[1+\frac{1}{4}\left(\frac{F_{imax}}{F_{dmax}}\right)^2\right]\\&=20.29\left[1+\frac{1}{4}\left(\frac{20.70}{20.29}\right)^2\right]=25.57\ (\mathrm{kN})\end{aligned}$$

例 9.2 在上例的条件下，试求桩上所受的最大横向力。

解:

由前几章例题已知波周期

$$T=8.85\ \mathrm{s}$$

总横向力极值

$$F_{lmax}=\frac{\gamma}{16}C_lDH^2\left[1+\frac{2kd}{\sinh 2kd}\right]$$

横向力系数 C_l 可由图 9.18 查取。

垂线平均最大水平分速

$$\begin{aligned}\bar{u}_{max}&=\int_{-d}^{0}u_{max}(z)\mathrm{d}z/d\\&=\frac{H\omega}{2Kd}=\frac{HL}{2Td}\\&=\frac{4\times80}{2\times8.85\times10}=1.81\ (\mathrm{m/s})\end{aligned}$$

水温 20℃时 $\nu=1.0\times10^{-6}$，则雷诺数

$$Re=\frac{uD}{\nu}=\frac{1.81\times1.0}{1.0\times10^{-6}}=1.81\times10^6$$

KC 数
$$K_c=\frac{uT}{D}=\frac{1.81\times8.85}{1.0}\approx16$$

则可查得
$$C_l\approx0.2$$

所以最大横向力

$$F_{lmax}=\frac{1.025}{16}\times0.2\times1.0\times4^2\times9.8\left[1+\frac{4\pi\times10/80}{\sinh(4\pi\times10/80)}\right]=3.38\ (\mathrm{kN})$$

例 9.3 同例9.1的水深及波浪条件。现有一直径为 15 m 的圆形墩台，试求该圆墩台所受的最大总波浪力。

解:

此时 $D/L=15/80=0.1875$ 及 $H/D=4/15=0.267$，按规定应按线性绕射理论

计算所受波浪力。

为方便计算，我国《海港水文规范》依据绕射理论制成了系数表，惯性力的最大值按下式计算

$$F_{x\max} = C_{\mathrm{m}} \frac{\rho g \pi D^2 H}{8} \tanh kd$$

根据规范查得，在当前条件下 $C_{\mathrm{m}} = 2.0$，因而

$$F_{x\max} = 2.0 \times \frac{1.025 \times 9.8 \times \pi \times 15^2 \times 4}{8} \tanh\left(\frac{2\pi \times 10}{80}\right)$$

$$= 4\ 656.4\ (\mathrm{kN})$$

例 9.4 设水深为24 m，有效波高 $H_{1/3} = 6.0$ m，波谱为 PM 谱，现有一柱径为 9.0 m 的孤立柱，试求该柱所受的波浪力。

解：

总速度力谱可写为

$$S_{\mathrm{FFd}}(\omega) = \left[\sqrt{\frac{8}{\pi}}\ \frac{1}{2} C_{\mathrm{d}} \rho D \frac{\omega}{\sinh kd} \int_{-d}^{0} \sigma_u(z) \cosh k(z+d) \mathrm{d}z\right]^2 S_{\eta\eta}(\omega)$$

式中

$$\sigma_u^2(z) = \int_0^{\infty} \frac{\omega^2 \cosh^2 k(z+d)}{\sinh^2 kd} S_{\eta\eta}(\omega) \mathrm{d}\omega$$

采用近似计算，在求 σ_u^2 时仅对其中波谱部分进行积分，以 PM 谱代入得

$$\sigma_u^2(z) = \frac{1}{16} H_{1/3}^2 \left[\frac{\omega \cosh k(z+d)}{\sin kd}\right]^2$$

则

$$S_{\mathrm{FFd}}(\omega) = \frac{1}{8\pi} \left[\frac{1}{2} C_{\mathrm{d}} \rho D\right]^2 g^2 H_{1/3}^2 \left[\frac{\sinh 2kd + 2kd}{\sinh 2kd}\right]^2 S_{\eta\eta}(\omega)$$

总惯性力谱可写为

$$S_{\mathrm{FFi}}(\omega) = \left[\frac{\gamma^2}{16} C_{\mathrm{m}}^2 \pi^2 D^4 \tanh^2 kd\right] S_{\eta\eta}(\omega)$$

PM 谱为

$$S_{\eta\eta}(\omega) = \frac{0.78}{\omega^5} \exp\left[-3.11 \omega^{-4} H_{1/3}^{-2}\right]$$

按 $\Delta\omega = 0.1$ 为间隔进行计算，得到如表 9.10的结果，由于此时柱径较大，故以惯性力为主，表中所列总波浪力亦即总惯性力，计算中 C_{m} 取为 2.0。由波力谱可求得总波力的有效值 $F_{1/3} = 3\ 007$ kN。

表 9.10 按谱法计算柱上的总波浪力

No.	ω_n (s^{-1})	深水波长(m) $Lon^{1)} = 1.56 T_n^2$	$\tanh^2 k_n d$	波谱 $S_{\eta\eta}(\omega)$ ($\mathrm{m}^2 \cdot \mathrm{s}$)	波总力谱 $S_{\mathrm{FF}}(\omega)$ ($\mathrm{kN}^2 \cdot \mathrm{s}$)
1	0.30	438	0.204 1	0.08	2.50×10^4
2	0.40	247	0.342 2	2.62	138.9×10^4
3	0.50	158	0.492 7	6.27	478.6×10^4
4	0.60	110	0.643 7	5.17	515.5×10^4
5	0.70	81	0.770 9	3.24	386.9×10^4
6	0.80	62	0.869 7	1.99	268.1×10^4

续表

No.	ω_n (s^{-1})	深水波长(m) $Lon^{1)}=1.56T_n^2$	$\tanh^2 k_n d$	波谱 $S_{\eta\eta}(\omega)$ ($m^2 \cdot s$)	波总力谱 $S_{FF}(\omega)$ ($kN^2 \cdot s$)
7	0.90	49	0.934 9	1.16	168.0×10^4
8	1.00	40	0.972 4	0.72	108.4×10^4
9	1.10	33	0.989 8	0.46	70.5×10^4
10	1.20	27	0.996 6	0.30	46.3×10^4
11	1.30	23	0.999 0	0.20	30.9×10^4
12	1.50	18	1.000 0	0.10	15.5×10^4
				$\sum S_{\eta\eta}\Delta\omega=2.23$	$\sum S_{FF}\Delta\omega=226.1\times10^4$

1) Lon 表示 n 分频组成波的深水波长。

如按特征波法计算，PM谱的峰频 $\omega_0=1.257/\sqrt{H_{1/3}}=0.513$，则波周期 $T_p=2\pi/\omega_0=12.2$ s，平均波周期 $\bar{T}=T_p/1.10=11.1$ s，平均波长 $\bar{L}=147$ m，则特征波法计算的波浪力 F_{imax}为

$$F_{imax}=C_m\frac{\rho g\pi D^2 H}{8}\sinh k(d+\eta)/\cosh kd$$

$$=2.0\frac{1.025\times9.8\times\pi\times9^2\times6}{8}\sinh\frac{2\pi}{147}(24+3)/\cosh\frac{2\pi}{147}\times24=3\,479\ (kN)$$

参考文献

1　交通部．中华人民共和国行业标准 JTS145-2-2013，海港水文规范．北京：人民交通出版社，2013

2　邱大洪．波浪理论及其工程应用．北京：高等教育出版社，1985

3　邱大洪．不规则波对孤立墩柱的波浪．大连工学院学报，1979，(3)

4　邱大洪．桩群上的最大总波浪力．海洋学报，1981，(1)

5　俞聿修．孤立桩柱上不规则波浪力的计算．海洋学报，1980，(4)

6　邱大洪．关于圆柱墩波浪力计算中的几个问题．港工技术，1984

7　邱大洪，朱大同．圆柱墩群上的波浪力．海洋学报，1985，(7)

8　日本土木學會．水理公式集．1971

9　Morison J.R.，M.P.O'Brien，J.W.Johnson and S.A.Schaff．Forces exerted by surface waves on piles．Petro．Trans.，Am．Inst．of Mining Eng.，1950，189

10　MacCamy R.C.，R.A.Fuchs．Wave forces on piles：a difraction theory．Beach Erosion Board Tech．Memo.，1954，69

11　Sarpkaya T，M. Isaacson．Mechanics of Wave Forces on Offshore Structures．Van Nostrand Reinhold Company，1981

12　Silvester R．Generation，propagation and influence of waves．Coastal Engineering I．Elsevier Scientific Publishing Company，1974

13　U.S. Army Coastal Engineering Research Center．Shore Protection Manual．1977

14　Hogben N．Wave loads on structures．In：Proceeding of 1st Boss Conference．1976

15　Burton W.J.，R.M.Sorensen．The effects on surface roughness on the wave forces on a circular cylindrical pile. COE Report, 121. Coastal and Ocean Engineering Division, Texas Engineering Experiment Station, Texas A and M University, 1970

16 СНИП Ⅱ-57-75. Нагрузки и Воздеиствия на Гудротехнические Сооружения, 1976, Строииздат, Москва

17 Li Y. C. Normalization of hydrodynamic coefficients in Morison equation. China Ocean Engineering, 1999, 13 (2)

18 Li Y. C., Wang F. L. and Kang H. G. Wave-current forces on slender circular cylinders. China Ocean Engineering, 1991, 5 (3)

19 Iwagaki Y., T. Asano. Hydrodynamic forces on a circular cylinder due to combined wave and current loading. In: Proc. of 19th ICCE, 1984

20 Li Y. C., Zhang F. R. Wave-current forces on vertical cylinder. Acta Oceanologica Sinica, 1986, 8 (6)

21 Yu Y. X., Shi X. H. Hydrodynamic coefficients for grouping piles under the action of irregular waves. China Ocean Engineering, 1994, 8 (2)

22 Dong G. H., Li Y. C. Laboratory study of forces induced by spilling breaking waves on vertical square cylinders. Jour. of Hydrodynamics, Ser. A, 1998, 13 (4)

23 Apelt C. J., P. Baddiley. Breaking wave forces on vertical cylinders. Coastal Engineering, 1987, 11

24 李炎保．破碎波对桩柱的作用力及其流场的研究进展．水动力学研究与进展，1989，4 (2)

附录A 驻相法

考虑被积函数显示高速振荡态一类的积分

$$I(t)=\int_a^b f(k)\mathrm{e}^{\mathrm{i}tg(k)}\mathrm{d}k \quad (t\to\infty) \tag{A1}$$

式中f和g是k的光滑函数。当t很大时，$\mathrm{e}^{\mathrm{i}tg(k)}$随$k$的变化而迅速振荡。若画出被积函数随$k$变化的曲线，则一般来说，曲线之下的净面积很小，积分近乎为0，例外的情形是相位$tg(k)$有驻定点k_0，即

$$g'(k)=0 \quad (在\ k=k_0\ 处) \tag{A2}$$

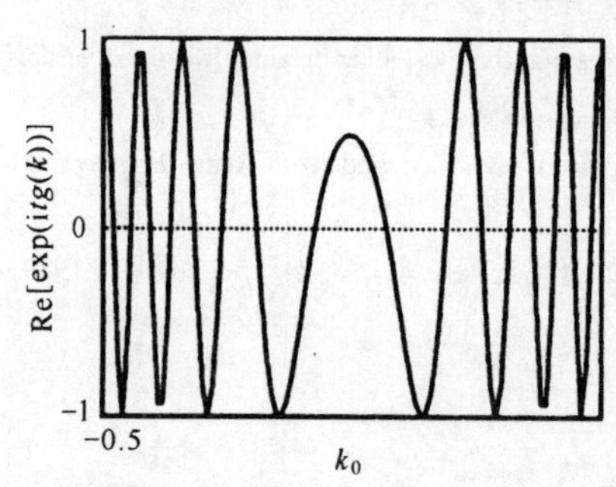

图A1 驻相法的几何解释

从图A1可明显地看到，当$t\to\infty$时，$\mathrm{e}^{itg(k)}$代表了高速振荡因子。如果无驻相点，上述积分在内点处由于互相抵消几乎为0，主要贡献来自边界附近区域的积分；有驻点时，由于该点附近振荡减慢，所以该点附近区域的积分将作出主要贡献，这就是驻相法的几何实质。

现在我们集中研究驻点邻域附近的贡献。如果把$g(k)$作泰勒级数展开，近似到二阶导数项时：

$$g(k)\approx g(k_0)+\frac{1}{2}(k-k_0)^2 g''(k_0) \tag{A3}$$

则积分可写成

$$I(t)\approx \mathrm{e}^{\mathrm{i}tg(k_0)}f(k_0)\int_a^b \mathrm{e}^{\mathrm{i}(k-k_0)^2 tg''(k_0)/2}\mathrm{d}k \tag{A4}$$

由于上式在$(-\infty,\ a)$和$(b,\ \infty)$处无驻点，在上述区域的积分为小量，上式可将积分上、下限a，b近似地取作$-\infty$，∞

$$I(t)\approx \mathrm{e}^{\mathrm{i}tg(k_0)}f(k_0)\int_{-\infty}^{\infty} \mathrm{e}^{\mathrm{i}tg''(k_0)(k-k_0)^2/2}\mathrm{d}k \tag{A5}$$

利用已知结果

$$\int_{-\infty}^{\infty} \mathrm{e}^{\pm \mathrm{i}tk^2}\mathrm{d}k=\sqrt{\frac{\pi}{t}}\mathrm{e}^{\pm \mathrm{i}\pi/4} \tag{A6}$$

最后得到

$$I \approx e^{itg(k_0)} f(k_0) \sqrt{\frac{2\pi}{t\,|g''(k_0)|}}\, e^{\pm i\pi/4} \tag{A7}$$

式中，当 $g''(k)>0$ 取“+”号；当 $g''(k)<0$ 取“-”号。通过更为细致的分析可证明，上述结果的误差为 $O(t^{-1})$ 量级，还可证明，如果 (a, b) 区间内无驻点，则积分[(A1)式]的量级至多为 $O(t^{-1})$。

附录 B　傅氏级数的乘积

在极坐标系下，流体中速度势等函数可展开成傅氏级数的形式，对于用傅氏级数表示的两个函数 X 和 Y

$$\left.\begin{aligned} X &= \sum_{m=0}^{\infty} \varepsilon_m A_m \cos m\theta \\ Y &= \sum_{m=0}^{\infty} \varepsilon_m B_m \cos m\theta \end{aligned}\right\} \tag{B1}$$

它们的乘积可写为

$$\begin{aligned} XY &= \sum_{n=0}^{\infty}\sum_{m=0}^{\infty} \varepsilon_m \varepsilon_n A_m B_n \cos n\theta \cos m\theta \\ &= \frac{1}{2}\sum_{n=0}^{\infty}\sum_{m=0}^{\infty} \varepsilon_m \varepsilon_n A_m B_n [\cos(n+m)\theta + \cos(n-m)\theta] \end{aligned} \tag{B2}$$

经过整理$\cos(n+m)\theta$ 项可写为

$$\sum_{n=0}^{\infty}\sum_{m=0}^{\infty} \varepsilon_n \varepsilon_m A_n B_m \cos(n+m)\theta = A_0 B_0 + \sum_{p=1}^{\infty}\sum_{n=0}^{p} \varepsilon_n \varepsilon_{p-n} A_n B_{p-n} \cos p\theta \tag{B3}$$

$\cos(n-m)\theta$ 项可写为

$$\begin{aligned} \sum_{n=0}^{\infty}\sum_{m=0}^{\infty} \varepsilon_n \varepsilon_m A_n B_m \cos(n-m)\theta &= A_0 B_0 + \sum_{n=1}^{\infty} 4 A_n B_n \\ &+ \sum_{p=1}^{\infty}\sum_{n=0}^{\infty} \varepsilon_n \varepsilon_{p+n} (A_n B_{p+n} + A_{p+n} B_n) \cos p\theta \end{aligned} \tag{B4}$$

这样，(B2) 式重新整理后可得到

$$XY = \sum_{p=0}^{\infty} \varepsilon_p C_p \cos p\theta \tag{B5}$$

其中

$$C_0 = 2A_0 B_0 + \sum_{n=1}^{\infty} 4 A_n B_n$$

$$C_p = \frac{1}{2}\sum_{n=0}^{p} \varepsilon_n \varepsilon_{p-n} A_n B_{p-n} + \frac{1}{2}\sum_{n=0}^{\infty} \varepsilon_n \varepsilon_{p+n} (A_n B_{p+n} + A_{p+n} B_n) \quad (p > 0)$$

中外文人名对照表

Andersen	安德森
Bagnold	贝格诺德
Bernoulli	伯努利
Biesel	贝塞尔
Bishop	比斯肖普
Boussinesq	鲍辛乃斯克
Brebner	布雷伯纳
Bretherton	布雷什敦
Bretschneider	布雷什奈德
Carpenter	卡彭特
Cartwright	卡特赖特
Christofferson	克里斯托弗逊
Denny	丹尼
Fuchs	富希斯
Funke	芬克
Gaillard	盖勒德
Galland	盖伦得
Garrett	加勒特
Gerritsen	迦略逊
Gratz	格雷兹
Healy	希利
Heideman	海德曼
Herbich	赫尔别克
Hibbard	希伯得
Hudson	赫德森
Hunt	亨特

Iribarren	伊里巴伦
Isaccson	伊萨克森
James	詹姆斯
Jarlan	耶兰
Johnson	约翰逊
Jonnson	琼森
Kamel	卡美尔
Keller	基勒
Keulegan	库莱冈
Kim	金
Lagrange	拉格朗日
Lamkrakos	蓝姆布拉考斯
Longuet-Higgins	朗奎特-希金斯
Laplace	拉普拉斯
Le Mehaute	莱·梅霍特
MacCamy	麦克卡米
Machemehl	麦克梅尔
Mansard	曼什德
Maul	莫尔
Miche	米许
Michell	米歇尔
Milliner	米利纳
Minikin	米尼金
Morison	莫里森
Neumann	纽曼
O'Brien	奥布赖恩
Ohmart	奥赫马特
Olsen	奥尔逊
Philips	菲利普
Pierson	皮尔逊

Rayleigh	瑞利
Reid	里德
Ross	罗斯
Rundgren	伦德格伦
Sainflou	森弗罗
Sarpkaya	萨普卡耶
Saville	萨维拉
Silvester	西尔凡斯特
Skjelbreia	斯克杰尔布雷
Smith	史密斯
Stewart	斯图尔特
Stokes	斯托克斯
Strauhal	斯特劳哈尔
Tadjbakhsh	塔得巴克斯
Van der Meer	范德米尔
Van Oorshot	范奥肖特
Загрядская	柴格列茨卡娅
Крылов	克雷洛夫
Кузнецов	库滋涅佐夫
Парамонов	巴拉莫诺夫
Плакида	勃拉基达
Секереж-Зенъкович	谢克尔日-津科维奇